Historische Geographie als lebensweltliche Umweltanalyse

Europäische Hochschulschriften
Publications Universitaires Européennes
European University Studies

Reihe III
Geschichte und ihre Hilfswissenschaften
Série III Series III
Histoire, sciences auxiliaires de l'histoire
History and Allied Studies

Bd./Vol. 369

PETER LANG
Frankfurt am Main · Bern · New York · Paris

Hubert Mücke

Historische Geographie als lebensweltliche Umweltanalyse

Studien zum Grenzbereich zwischen Geographie und Geschichtswissenschaft

PETER LANG
Frankfurt am Main · Bern · New York · Paris

CIP-Titelaufnahme der Deutschen Bibliothek

Mücke, Hubert:

Historische Geographie als lebensweltliche Umweltanalyse : Studien zum Grenzbereich zwischen Geographie u. Geschichtswiss. / Hubert Mücke. - Frankfurt am Main ; Bern ; New York ; Paris : Lang, 1988
   (Europäische Hochschulschriften : Reihe 3, Geschichte und ihre Hilfswissenschaften ; Bd. 369)
   Zugl.: Bonn, Univ., Diss., 1988
   ISBN 3-8204-1464-9

NE: Europäische Hochschulschriften / 03

D 5
ISSN 0531-7320
ISBN 3-8204-1464-9

© Verlag Peter Lang GmbH, Frankfurt am Main 1988.
Alle Rechte vorbehalten.

Das Werk einschließlich aller seiner Teile ist urheberrechtlich geschützt. Jede Verwertung außerhalb der engen Grenzen des Urheberrechtsgesetzes ist ohne Zustimmung des Verlages unzulässig und strafbar. Das gilt insbesondere für Vervielfältigungen, Übersetzungen, Mikroverfilmungen und die Einspeicherung und Verarbeitung in elektronischen Systemen.

Printed in Germany

Historische Geographie als lebensweltliche Umweltanalyse
Studien zum Grenzbereich zwischen Geographie und Geschichtswissenschaft

Inaugural-Dissertation

zur

Erlangung der Doktorwürde

vorgelegt

der

Philosophischen Fakultät

der Rheinischen Friedrich-Wilhelms-Universität

zu Bonn

von

Hubertus Alois Mücke

aus

Herford

1988

Angefertigt mit Genehmigung der Philosophischen Fakultät
der Rheinischen Friedrich-Wilhelms-Universität Bonn

1. Referent: Prof. Dr. Klaus Fehn
2. Referent: Prof. Dr. Hans Böhm

Tag der mündlichen Prüfung: 10. Juni 1987

Meinen Eltern
und
Adelheid

INHALTSVERZEICHNIS

1. EINLEITUNG 7

2. DIE HISTORISCHE GEOGRAPHIE IM INTERNATIONALEN RAHMEN 13

   2.1. Die Historische Geographie in der Bundesrepublik Deutschland 13
   2.2. Die Historische Geographie in der Deutschen Demokratischen Republik 20
   2.3. Die Historische Geographie in den Niederlanden 28
   2.4. Die Historische Geographie im englischsprachigen Raum 32
   2.5. Die Historische Geographie in Frankreich 44

3. DIE PHASE DER VORLÄUFIGEN PROBLEMDEFINITION 49

   3.1. Die Historische Geographie als Grenzwissenschaft in historischer Perspektive 49
   3.2. Die Annales als Synthese von Geographie und Geschichtswissenschaft 60
   3.3. Die Vorformulierung des Problems 67

4. GRUNDLEGENDE BEGRIFFE ZUR LÖSUNG DES PROBLEMS 73

   4.1. Allgemeine Grundbegriffe 73
      4.1.1. Grundkategorien der Geographie vornehmlich aus der geometrischen Tradition 73
      4.1.2. Methodologische Kategorien der Geschichtswissenschaft 81
            4.1.2.1. Die Forschungskonzeption des Historismus 81
            4.1.2.2. Die Historische Sozialwissenschaft 85
            Exkurs: Das Konzept der Sozialwissenschaften 88
            4.1.2.3. Historische Sozialwissenschaft und systematische Sozialwissenschaften 93

4.2. Fachspezifische Gegenstandsbereiche 96

    4.2.1. Der Raum in der Geographie 96
    4.2.2. Region und Regionalisierung in der Geographie 101

    4.2.3. Methodische Raumtypen 106

    4.2.4. Metatheoretisch begründete Raumbegriffe 108

    4.2.5. Methoden der Raumanalyse 112

    4.2.6. Gesellschaft in der Geschichtswissenschaft 113

4.3. Die Zeitkategorie in Geographie und Geschichtswissenschaft 121

    4.3.1. Die Zeitkategorie in der Geschichtswissenschaft 121

    4.3.2. Die Zeitdimension in der Geographie 124

    4.3.3. Methoden der Zeitanalyse 129

4.4. Theorie- und Modellbildung in Geographie und Geschichtswissenschaft 131

    4.4.1. Allgemeine Probleme der Modellbildung 131

    4.4.2. Modell- und Theoriebildung in der Geographie 136

    4.4.3. Modelle in der Historischen Geographie 138

    4.4.4. Theorien in der Geschichtswissenschaft 141

5. FESTSTELLUNG DES GEGENSTANDSBEREICHES 151

5.1. Kulturlandschaft und Kulturlandschaftswandel 151

    5.1.1. Geschichte und Bedeutung des Begriffs Kulturlandschaft in der Geographie 151

    5.1.2. Kategorien der Kulturlandschaft und des Kulturlandschaftswandels 157

5.2. Geographie und Gesellschaft 161

5.3. Geschichte und Raum 177

    5.3.1. Raum als Axiom geschichtswissenschaftlicher
           Forschung 177
    5.3.2. Geschichte als Siedlungsgeschichte 187

    5.3.3. Geschichte und Region 192

        5.3.3.1. Region als Axiom innerhalb geschichts-
                wissenschaftlicher Forschung 192
        5.3.3.2. Regionalgeschichte 194

    5.3.4. Geschichte und Urbanisierung 202

6. DIE ABGRENZUNG DES GEGENSTANDES AUF MITTLERER EBENE 204

    6.1. Voraussetzungen der Behandlung sozialer Tatbestände
         auf mittlerer Ebene 204

        6.1.1. Raumbezogenheit sozialer Probleme 205

        6.1.2. Die Sozialraumanalyse 206

        6.1.3. Die Konzeption der Sozialökologie 209

        6.1.4. Hauptprobleme des Sozialraumes 211

    6.2. Methodologische Probleme bei der Behandlung lebens-
         weltlicher Tatbestände auf mittlerer Ebene 213

        6.2.1. Das Maßstabsproblem 213

        6.2.2. Alltag als Interaktion 222

        6.2.3. Die alltägliche Dimension der Gesellschaft in
               Raum und Zeit 224

        6.2.4. Methodologische Probleme der lebensweltlichen
               Alltagsraumforschung 236

    6.3. Alltägliche Raumkonzepte 239

        6.3.1. Räumliche Definition des Alltags 239

        6.3.2. Chroneographische Alltagsraumkonzepte 245

        6.3.3. Alltagsräumliche Konzeptionen der time -
               geography 247

        6.3.4. Quellenprobleme lebensweltlicher Umweltanalyse 252

7. METHODISCHE INSTRUMENTARIEN ZUR RAUM-ZEIT ANALYSE 256

7.1. Die genetische Erklärung 256

    7.1.1. Die genetische Methode in der Historischen Geographie 256

    7.1.2. Die genetische Methode in der Wissenschaftstheorie 259

    7.1.3. Die genetische Erklärung in der Historischen Geographie 263

7.2. Die Prozeßforschung 270

    7.2.1. Der allgemeine Gebrauch von Prozessen 270

    7.2.2. Prozesse innerhalb der Geschichtswissenschaft 271

    7.2.3. Der geographische Prozeßbegriff 280

    7.2.4. Der historisch-geographische Prozeßbegriff 285

8. SCHLUßBETRACHTUNGEN 292

8.1. Allgemeine Kooperationsschwierigkeiten 292

8.2. Probleme der Modellbildung auf der Ebene der Mensch-Raum Beziehung 294

8.3. Lebenswelt und Umwelt im Modell 295

8.4. Methodische Konsequenzen des Problembereichs 305

    8.4.1. Ein wissenschaftstheoretisch fundiertes relationales Raum-Zeit Konzept 305

    8.4.2. Eine Methode zur kontextbezogenen Prozeßanalyse 307

LITERATURVERZEICHNIS 310

1. EINLEITUNG

In den letzten Jahren werden von der Historische Geographie neue Fragestellungen und Methoden zur Diskussion gestellt. Diese Fragestellungen sind zum Teil von ihr selbst aufgeworfen worden, zum Teil wurden sie aus anderen Bereichen, seien es gesellschaftliche Bereiche oder wissenschaftliche Bereiche, an sie herangetragen. Hier sind die Problembereiche einer Angewandten Historischen Geographie ebenso zu nennen wie die Entwicklung prozessualer raum-zeitlicher Modelle. Dabei sind auch von Seiten der Geschichtswissenschaft Fragen an die Historische Geographie herangetragen worden, welche sie mit den ihr zur Verfügung stehenden Mitteln beantworten muß. Die bundesdeutsche Geschichtsschreibung hat sich mittlerweile Fragestellungen gegenüber geöffnet, die Raum und Räumlichkeit als Bedingungen menschlichen Handelns thematisieren und auch Raumphänomene in die Diskussion miteinbeziehen. So wurden historische Lehrpfade und historische Stadterkundungen entwickelt. Auch erleben Begriffe, wie Heimat und Region, in der Öffentlichkeit und innerhalb einer neuen Regionalgeschichte eine neue Belebung. Hiermit wird der Blick auf den Problembereich Mensch-Umwelt und insbesondere Mensch-Raum gelenkt, aber nicht auf Raum und Umwelt als Globalphänome, sondern Raum und Umwelt als Lebenswelt und somit als Mikrokosmos des Alltags. Ein raum-zeitliches Detaildenken hat sich mittlerweile in vielen Bereichen eingebürgert und wird auf weitere Probleme übertragen. So konstatiert Oskar NEGT:[1]

> „Man kann Herrschaft geradezu so definieren, daß sie jederzeit imstande ist, die Regeln vorzugeben, nach denen die Menschen ihre Zeit aufzuteilen gezwungen sind und in welchen Räumen sie sich zu bewegen haben. Herrschaft besteht primär nicht in globalen Abhängigkeitsverhältnissen, sondern ‚in einer Detailorganisation von Raum- und Zeitteilen, die den einzelnen Menschen in seiner Lebenswelt wie in ein Korsett einspannen. Ist er von ‚globalen' Verhältnissen abhängig, so ist das nur ein weiterer Hinweis darauf, daß ihm auch die Souveränität über den ihm überlassenen Parzellenbesitz des ‚unmittelbaren'Lebensumkreises fehlt."

Hiermit ist ohne Zweifel ein Ansatz zum Verständnis vorhandener Unzufriedenheit und kleinräumiger Renaissance geliefert.

Auch von Seiten der Geographie als Gegenwartsgeographie werden in den letzten Jahren Versuche unternommen, die lebensweltliche Perspektive in die geographischen Perspektive einzubauen. Hier sind vor allem Gerhard HARD (Osna-

---

[1] Oskar NEGT (1985: 21).

brück) und Robert GEIPEL (München) zu nennen.

Im Bereich der bundesdeutschen Historischen Geographie blieben allerdings die sich in den letzten Jahren zugespitzen Gegensätze sozialwissenschaftlicher und interpretativer Analyse, welche den Hintergrund der neuen Fragestellungen und Sichtweisen bilden, ausgespart. Die Fragestellungen einer interpretativen Methodologie sind im Grenzbereich Geographie - Geschichtswissenschaft angesiedelt. Sie befassen sich mit Begriffen, wie Lebenswelt, Umwelt und Kontext, und betonen stärker als dies bisher der Fall war, die Geschichtlichkeit menschlichen Verhaltens und menschumgebender Umwelt, ohne daß sie bisher in der Lage gewesen wären, das Mensch-Umwelt Problem adäquat zu beschreiben, da ihnen, und hier beziehen wir uns auf die Geschichtswissenschaft und die Geographie als eigenständige Wissenschaften, das notwendige Instrumentarium für die Analyse eines raum-zeitlichen Phänomens wie es die Lebenswelt darstellt, fehlt.

Hier bietet sich für die Historische Geographie die Chance, durch ihre synthetische Betrachtungsweise und ihre genuin interdisziplinäre Methodologie, Hilfestellungen anzubieten und ein eigenes Forschungsparadigma zu entwickeln, das umfassender als alle bisher entworfenen Vorschläge, das Mensch-Umwelt Problem auf begrifflicher, methodischer und theoretischer Ebene sinnvoll beschreibt. Sie kann dabei sowohl auf eigene Traditionen zurückgreifen als auch neue Methodologien aus anderen Disziplinen weiterentwickeln.

Wie schon Klaus FEHN 1976 ganz richtig formulierte, sind heutzutage „wesentliche Fortschritte <nur noch> im Grenzbereich von Wissenschaften (...) durch interdisziplinäre Zusammenarbeit"[2] möglich. Insgesamt hat die Interdisziplinarität der Forschung in den siebziger Jahren enorm zugenommen. Somit wird die Kenntnis und aufgeschlossene Auseinandersetzung mit fachfremden Ansätzen geradezu überlebensnotwendig für jede Disziplin. Dies gilt mehr als für alle anderen Bereiche für das Problemfeld Mensch-Umwelt, Mensch-Raum.

Eine Vermittlung gegenseitigen Verständnisses scheint insbesondere für diese Fragestellung angebracht zu sein. Ein Vergleich der Methodologien von Geschichtswissenschaft und Geographie sowie Historischer Geographie bot sich somit an. Wir gehen damit von einer Definition von Historischer Geographie aus, welche Historische Geographie als Wissenschaft zwischen Geographie und Geschichtswissenschaft auffaßt. Diese Definition stellt nur eine von mehreren möglichen dar. Andere werden im Bericht zur Lage der Historischen Geographie

---

[2] Klaus FEHN (1976: 47).

in der Bundesrepublik erläutert.

Die Eigenständigkeit einer Historischen Geographie als Grenzwissenschaft zwischen Geographie und Geschichtswissenschaft zeigt sich allein in der Tatsache, daß Vorläufer einer Definition durch den Vergleich der Gegenstände und Methoden der umschließenden Wissenschaften nicht bekannt sind. Bei der Bearbeitung des Themas wurde auch schnell deutlich, warum dies so ist. Interdisziplinarität bedeutet mehrgleisig denken können und sie bedeutet die doppelt intensive Auseinandersetzung mit fachwissenschaftlichen Problemen, um nicht durch oberflächliche Behauptungen falsche oder triviale Aussagen zu treffen. Wenn auch kein Vergleich innerhalb der Historischen Geographie bekannt ist, so heißt das nicht, daß ähnliche Arbeiten nicht existierten. Ganz im Gegenteil ist die vorliegende Studie von einigen in den letzten Jahren erstellten Untersuchungen mit methodisch ähnlichem Ansatz beeinflußt, welche sich allerdings auf andere Fachbereiche beziehen. Hier ist neben den Arbeiten von Reinhard IMMENKÖTTER (1978) und Günther HEYDEMANN (1980) insbesondere die Studie von Dieter RULOFF (1984) zu nennen. Diese Arbeiten zeigen gleichzeitig das verstärkte Interesse an fachfremden und fachbenachbarten Ansätzen,[3] was auch die positive Aufnahme der publizierten Arbeiten durch die wissenschaftliche Öffentlichkeit bezeugt. Die Arbeit von Dieter RULOFF hat in vielen Punkten als Vorbild gedient, auch wenn sie, insbesondere vom Umfang her, nicht als Maßstab dienen konnte.

Ein Vergleich verlangt nach der Frage, was denn miteinander verglichen werden soll. Diese Frage war im Fall der Mensch-Umwelt, Mensch-Raum Beziehung schwieriger zu lösen als in anderen Fällen, da noch nicht einmal der Gegenstandsbereich als abgeschlossen definiert angenommen werden konnte. Wir haben uns allerdings dem Vorgehen der angegebenen Vorbilder angeschlossen und sind nicht speziell auf den Bereich der Quellengattungen eingegangen. Wenn dies nötig erschien, wurde in den einzelnen Problembereichen darauf hingewiesen. In der Geschichtswissenschaft ist immer noch und auch wohl in Zukunft die schriftliche Quelle die wichtigste empirische Grundlage der Forschung. Demgegenüber kann innerhalb der Historischen Geographie wohl die Karte und das im Zusammenhang mit ihr angefertigte Schriftgut als die originäre Quellengattung

---

[3] Die Arbeiten von Reinhart IMMENKÖTTER und Günther HEYDEMANN stellen Dissertationen dar, während diejenige von Dieter RULOFF seine Habilitationsschrift wiedergibt.

hervorgehoben werden. Kartenmaterial und Quellentexte können als sogenanntes prozeß-produziertes Material aufgefaßt werden. Es sind große Anstrengungen unternommen worden, dieses Material in quantitative Daten zu überführen, um die Anwendung quantitativer Methoden zu ermöglichen. Die Grenzen dessen, was gezählt werden kann, sind aber schnell erreicht, denn Geschichtswissenschaft und Historische Geographie haben es mit sogenannten weichen Daten zu tun. Dieses Datenmaterial zeichnet sich durch eine gewisse Unschärfe aus. Das bedeutet aber nicht, daß die angewandten Methoden in ihrer Unschärfe derjenigen der Quellen entsprechen müssen. Das Gegenteil ist der Fall. Gerade aufgrund des unscharfen Materials müssen Methoden und Begriffe verwendet werden, welche ein hohes Maß an Exaktheit aufweisen. Ein weiterer Grund war für die Vernachlässigung fachspezifischer Quellengattungen verantwortlich. Selbstverständlich sind die Geschichtswissenschaft und die Historische Geographie in der Lage, das Problem des Menschen in seiner Umwelt zwischen Gesellschaft und Raum mit eigenen originären Quellen zu bearbeiten, doch ist der Quellenbegriff, und damit auch der fachspezifische Quellenbegriff, in der neueren Forschung so weit zu fassen, daß er in seiner größten Ausdehnung all das bedeutet, was aus der Vergangenheit übriggeblieben und überliefert ist. Zudem werden heute bei geringen Quellenbeständen Quellen erst rekonstruiert oder sogar erst hergestellt, wie in der Oral History Methode. Es haben sich allerdings bestimmte Quellengattungen als besonders aufschlußreich für die Analyse lebensweltlicher Tatbestände erwiesen, so daß es notwendig schien, diese mehr zu betonen als fachspezifische Quellengattungen. Insgesamt ist eine Auflösung der Definitionsmöglichkeit von Wissenschaften über deren Quellen festzustellen. Nicht nur Methoden-, sondern auch Quellenpluralismus ist ein Charakteristikum neuerer Ansätze.

Von einer Quellenkritik im eigentlichen Sinn des Wortes kann hier nicht die Rede sein, doch weist auch das in diesem Rahmen benutzte Material gewisse Eigenschaften auf, welche Einschränkungen in der Gebrauchsfähigkeit mitsichbringen. So ist allgemein festzustellen, daß das von der Geographie vorgelegte Material sehr weit mehr modernen Standards von Wissenschaftlichkeit entspricht als dasjenige von geschichtswissenschaftlicher Seite. Wir erleben hier die immer noch große Nähe der historischen Forschung zur Philosophie, welche von geographischer Seite demgegenüber nahezu vollkommen vernachlässigt wird. Des weiteren haben sich in den letzten Jahrzehnten eine große Anzahl von „Schulen" herausgebildet, deren jeweiliger Ausgangspunkt notwendig zum Verständnis der Arbeiten ist. Gerade innerhalb eines Vergleichs ist es nicht zu umgehen, die fachspezifisch internen Probleme richtig einschätzen zu können, um den Stellenwert bestimmter Aussagen zu überblicken. Fachspezifische Analysen erhalten erst innerhalb facheigener Diskussionszusammenhänge und Anliegen ihren Sinn. Die vorliegende Arbeit war anfänglich dazu gedacht, eine Vermittlerposition zwischen bundesdeutscher Geographie, Historischer Geographie und Geschichtswissenschaft zu begrüden und damit den nationalen Traditionen Rechnung zu tragen. Den Ausgangspunkt stellten allerdings von Anbeginn an neueste Ansätze innerhalb der Britischen Historischen Geographie dar. Eine Beschränkung auf bundesdeutsche Arbeiten sollte die Verständnisschwellen möglichst klein halten. Es stellte sich aber heraus, daß in vielen Bereichen entweder keine oder nur unzureichende Arbeiten aus dem deutschen Sprachraum vorliegen. Darüber hinaus war festzustellen, daß nationale Schwerpunkte der geschichtswissenschaftlichen und der geographischen sowie historisch-geographischen Forschung existieren, so daß einige Aspekte des Verhältnisses Mensch-Umwelt auch räumlich konzentriert bearbeitet werden. Diese räumliche Diversität zeigte sich im übrigen stärker ausgeprägt innerhalb der geographischen Literatur als innerhalb der geschichtswissenschaftlichen. Im Vergleich zur internationalen Forschung scheint die bundesdeutsche Geschichtswissenschaft in der Lage gewesen zu sein, sich neuen Fragestellungen und Problemen schnell zu öffnen und diese in einer sicherlich eigenen Art und Weise zu adaptieren. Für alle Bereiche gilt, daß es für einen Außenstehenden große Schwierigkeiten bereitet, sich in die spezifischen Denkansätze einzuarbeiten, da keine "textbook" ähnlichen Einführungen bzw. Zusammenfassungen vorliegen, am wenigsten noch für die Geschichtswissenschaft. Hier ist sogar zu konstatieren, daß solch propädeutische Arbeiten, wie diejenigen von Jürgen KOCKA (1977) und FABER/GEISS (1983) einen völlig falschen Einblick in die tatsächliche Forschungssituation liefern. Die konkrete Arbeit des sozialwissenschaftlich arbeitenden Historikers geht weit über das von den genannten Autoren Beschriebene hinaus.

Der Vergleich ist in mehrere Phasen aufgeteilt, welche ausgehend von der Rekonstruktion der momentanen internationalen Forschungssituation in bezug auf das Mensch-Umwelt, Mensch-Raum und Gesellschaft-Raum Verhältnis Methodiken und Begriffe gegenüberstellen und gleichzeitig von der Hypothese ausgehen, damit auch Beziehungsfelder des angesprochenen Problems aufzudecken. Der Suchbereich beschränkt sich, entsprechend dem disziplinären Ausgangspunkt der Arbeit, auf die Geographie und die Geschichtswissenschaft. Dabei mußte der vorgegebene Suchpfad häufig genug verlassen werden, wenn es sinnvoll erschien, Inhalte durch Rückgriffe in benachbarte, häufig grundlegende Bereiche, zu erläutern, was insbesondere für die Wissenschaftstheorie und Soziologie im weitesten Sinn gilt. Dieses Vorgehen mag Historische Geographen, Geographen und Historiker in manchen Fällen enttäuschen oder gar verwirren. Es legitimiert sich aber aus der Tatsache, daß Forschungstechniken vom Thema bzw. der Hypothese bestimmt sein sollten und nicht umgekehrt. Folglich erweist sich der vorhandene Begriffs- und Methodenapparat in vielen Fällen beim Auftreten einer neuen Fragestellung als unzureichend. Er muß dann durch Instrumentarien aus anderen Bereichen aufgefüllt werden.

Somit liegt kein Vergleich im üblichen Sinn des Wortes vor, sondern ein Vergleich, welcher durch die ausgewählten Themen zum eigentlichen Problem hinführen soll und damit gleichzeitig Instrumentarien anbietet, welche bei der Behandlung des Problems benutzt werden können. Was auf keinen Fall erwartet werden sollte, und auch nicht beabsichtigt war, ist ein wissenschaftsgeschichtlich orientierter Überblick. Alle Rückgriffe in die Wissenschaftsgeschichte, die hier vorgenommen wurden, dienen lediglich dazu, das Forschungsproblem einzuordnen oder die Genese bestimmter bestehender Probleme darzustellen. Einige wissenschaftsgeschichtliche Rückgriffe wurden zudem getätigt, da wir in diesen Fällen der Meinung waren, daß diese, häufig in der Wissenschaftsgeschichte verschütteten Konzepte, Möglichkeiten bieten, das Problem einer lebensweltlichen Umweltanalyse im Bereich der Historischen Geographie anzugehen.

Hiermit entsteht hoffentlich ein für Historiker wie Historische Geographen gleichermaßen interessantes Konglomerat an Wissensbeständen, welche für die praktische Arbeit von Nutzen sein mögen.

2. Die Historische Geographie im internationalen Rahmen[4]

Zur Feststellung integrativer Forschungsstrategien für die Historische Geographie ist es angebracht, deren Stellung in Gebieten außerhalb der Bundesrepublik Deutschland zu beschreiben, um von dieser Grundlage aus Forschungsprobleme und Fragestellungen aufzudecken, die auch für eine Ergänzung der bundesdeutschen Historischen Geographie von Interesse sein könnten. Dieses Vorgehen bietet sich vor allem an, da die Historische Geographie im Ausland zum Teil anderen Rahmenbedingungen unterliegt, die sie entweder mehr der Geographie oder mehr der Geschichtswissenschaft zuordnen. Wie sich die Historische Geographie in diesem Zwischenbereich zu behaupten versucht, werden wir im folgenden sehen. Es wird dabei nicht darauf ankommen, eine vollständige Übersicht über den jeweiligen Forschungsstand zu liefern. Vielmehr werden solche Gedanken aufgegriffen, die entweder implizit oder explizit die Zusammenarbeit mit den historisch orientierten Sozialwissenschaften suchen und so den Menschen und sein Verhältnis zum umgebenden Raum sowie den Menschen als Teil der Umwelt stärker von einer lebensweltlichen Seite betonen als das bisher der Fall war. Die geographische Dimension innerhalb einer „Umweltgeschichte des Menschen" wird am deutlichsten in den Konzeptionen einer Historischen Geographie der DDR, während die angelsächsische Historische Geographie mehr die soziale und kommunikative Seite der Mensch-Umwelt Problematik hervorhebt.

2.1. Die Historische Geographie in der Bundesrepublik Deutschland

Wenn in wissenschaftsgeschichtlichen Arbeiten die Historische Geographie beschrieben werden soll, ist eine Tendenz auffallend, Historische Geographie

---

[4] Es ist nichts schwieriger als die Situation des eigenen Fachgebietes im eigenen nationalen Rahmen abzuhandeln. Jede generalisierende Aussage verursacht ein schlechtes Gewissen und jede Facette, die unerwähnt blieb, bewirkt Unbehagen. Als Lösung bietet sich vielen Autoren eine Chronologie von Personen und Veröffentlichungen an. Eine komplette Darstellung der Historischen Geographie in der Bundesrepublik Deutschland darf der Leser hier nicht erwarten. Vielmehr dient der Überblick über ausgewählte Probleme der historisch-geographischen Forschung dazu, eine provisorische Mängelliste von Themen, Methoden und Theorien für eine historische lebensweltliche Mensch-Umwelt Analyse aufzustellen. Die aufgezeigten Mängel sollen im folgenden, nach einer Verträglichkeitsprüfung mit historisch-geographischen Grundsätzen, weiter präzisiert und ausgefüllt werden.

in Deutschland bis zum zweiten Weltkrieg und anschließend in der Bundesrepublik als einen eigentlich undefinierbaren Bereich darzustellen. Einerseits steht sie der Geographie nahe, andererseits sollen die Beziehungen zur Geschichtswissenschaft nicht abgebrochen werden. So dient Historische Geographie beiden Wissenschaften als Informationsquelle, hat aber ebenso eigenständige Aufgaben zu erfüllen.[5] Die Forschungsgeschichte und damit das Forschungskonzept sind in der Tat unüberschaubar, da die Historische Geographie in der Bundesrepublik kaum institutionell verankert ist. Forschung und Lehre werden von Personen getragen, die sich nicht explizit als Historische Geographen bezeichnen. Dabei ist das Feld der Beteiligten nicht auf die Geographie beschränkt, sondern umfaßt auch die Geschichtswissenschaft und hier insbesondere den Bereich der Landesgeschichte. Für beide, Geographen und Historiker, gilt aber eines gemeinsam: Sie sehen ihre Hauptaufgabe in anderen Fragestellungen, disziplinorientierten, in einer gegenwartsorientierten Geographie einerseits[6] und in Fragestellungen, die nicht auf die Siedlung oder das Siedeln bezogen sind andererseits.

Den breiten Kanon an Fragestellungen, die die Disziplingeschichte der Historischen Geographie bisher bestimmt haben, hat Gerhard HARD von geographischer Seite zusammengefaßt:[7]

„‚Historische Geographie' ist im Laufe der Disziplingeschichte und von verschiedenen Vertretern der Historischen Geographie sehr verschieden aufgefaßt worden: Historische Geographie als Entdeckungsgeschichte; als Geschichte der kartographischen Erschließung der Erde; als umfassende Geschichte der Reisen, der Kenntnis bzw. der wissenschaftlichen Erschließung der Erdoberfläche; als Geschichte der Veränderung der politischen Einheiten und Grenzen; als Studium der Rolle, welche ‚der geographische Faktor' bzw. ‚die physisch-geographischen Bedingungen' in der Geschichte gespielt haben (‚die geographischen Grundlagen der Geschichte'); als Studium der historisch variablen Art und Weise, in der sich die menschlichen Gruppen an bestimmten Erdstellen, in bestimmten Regionen mit der physisch-biotischen Umwelt auseinandergesetzt haben; als Beschreibung und genetische Erklärung der Transformation von Natur- und Kulturlandschaft; oder schließlich umfassend als ‚Rekonstruktion vergangener Geographien' - sei es als Historische Landschaftskunde (Kulturlandschaftsentwicklung) oder als Historische Sozial- und Wirtschaftsgeographie. Es versteht sich, daß jede Art, Historische Geographie zu treiben, aufs engste verbunden war mit der Art, wie der betreffende historische Geograph die Geographie insgesamt

---

[5] Vgl. vor allem die Arbeiten von Klaus FEHN (1976 und 1987).

[6] Vgl. Wilfried KRINGS (1984: 211).

[7] Gerhard HARD (1973: 273f.).

verstanden hat und wie die zeitgenössische Geographie insgesamt betrieben wurde."

Dabei unterscheidet Klaus FEHN drei Abschnitte in der Nachkriegsentwicklung der Historischen Geographie der Bundesrepublik Deutschland.[8] Bis 1961 war die Historische Geographie auf Geographentagen noch sehr zahlreich vertreten und hatte auch innerhalb der gegenwartsbezogenen Geographie einige anerkannte Vertreter aufzuweisen, wie Hans BOBEK, Gabriele SCHWARZ und Peter SCHÖLLER, um nur die Bekanntesten zu nennen. Nach 1961 traten historisch-geographische Beiträge immer mehr in den Hintergrund. Historische Geographie wurde nun von der „Neuen Geographie", deren Wortführer Dietrich BARTELS und Gerhard HARD waren, immer mehr vernachlässigt. Anfang der siebziger Jahre allerdings, wurde die Historische Geographie erneut in die disziplininterne Diskussion einbezogen und als eine Möglichkeit zur Förderung der Theoretischen Kulturgeographie vorgeschlagen, welche durch die historische Dimension in die Lage versetzt werden sollte, raumrelevante Prozesse in abgeschlossenen Zeiten zu verfolgen.

Die Diversität der Beteiligtenstruktur und der Fragestellungen darf uns nicht dazu verleiten, keine Gemeinsamkeiten erkennen zu können. Ganz im Gegenteil scheint es, als ob trotz aller Unterschiede ein Kernbereich an Konzeptionen vorhanden sei, der gleich ob von Historikern oder Geographen oder sogar von Archäologen betrieben, doch eine historisch - geographische Arbeit auszeichnet.

Diesen Kernbereich meinen wir mit der historisch - genetischen Siedlungsforschung ansprechen zu können. Diese ist zwar stärker innerhalb der Geographie als Gegenstück zur gegenwartsbezogenen Allgemeinen Geographie integriert, analog dem, nach dem zweiten Weltkrieg beherrschenden Disziplinkonzept von Helmut JÄGER[9], wird aber auch von der Geschichtswissenschaft, als „weitere Rahmenbedingung für die Historische Geographie"[10], mitbearbeitet. Durch die starken Affinitäten zur genetischen Siedlungsforschung stellt sich die Historische Geographie als Teilaspekt einer gegenwartsbezogenen Allgemeinen Geographie dar. Sie vertritt die historische Dimension innerhalb der geographischen Forschung, und dies tut sie in der ganzen Fülle und Breite der geographischen

---

[8] Vgl. Klaus FEHN (1982b: 65f.) und (1987).

[9] Vgl. Helmut JÄGER (1969a), (1969b) und (1982).

[10] Wilfried KRINGS (1984: 217).

Ansätze, ohne einen Bereich besonders hervorzuheben. So stammt denn auch der größte Teil der Forscher, welche einen Teil ihrer Arbeit historisch-geographischen Themen widmen, aus der Geographie oder besser, aus geographischen Disziplinen.

Die historisch - genetische Siedlungsforschung läßt sich zusammengefaßt als die „Untersuchung der physiognomisch - strukturellen Landschaften und der funktionalen Räume der Vergangenheit einschließlich der Geschichtslandschaften"[11] definieren. Neurdings wird zudem die Analyse der Dynamik räumlicher Strukturen hervorgehoben. Forschungsobjekt dieser historisch - genetischen Siedlungsforschung in ihrer geographischen Spielart ist die Siedlung als komplexer Oberbegriff, der eine ganze Reihe landschaftlich sichtbarer Resultate menschlichen Handelns beinhaltet.[12] Die Siedlung bietet dem Historischen Geographen mit den Bereichen Wohnfläche, Nutzfläche und Verkehrsfläche alle notwendigen Begriffe, um auch komplexe Kulturlandschaftseinheiten beschreiben zu können.[13] Geographische Landschaft, Kulturlandschaft und Siedlung stellen die „realen Räume"[14] dar. Sie sieht der Historische Geograph als materielle Gefüge und betrachtet sie unter räumlicher und zeitlicher Perspektive. Ihr Studium unter historischen Aspekten gehört zu den Hauptaufgaben der Historischen Geographie.[15] Von vielen historischen Landschaftsgeographen wird vor allem die Zusammenarbeit mit der Naturgeographie und den ihr zugrundeliegenden Naturwissenschaften betont. Unter Zusammenarbeit wird hier die Übernahme von Ergebnissen und die Anwendung naturwissenschaftlicher Techniken verstanden. Eine

---

[11] Klaus FEHN (1975: 52).

[12] Vgl. hierzu Hans-Jürgen NITZ (1974); Martin BORN (1978) und den Artikel "Siedlung" in Westermanns Geographischem Lexikon.

[13] Zwar anerkennt auch Helmut JÄGER (1969a) in dem bisher einzigen Lehrbuch der Historischen Geographie, daß sich Historische Geographie nicht auf Siedlung beschränken soll, sondern auch andere Bereiche, wie Bevölkerung und Gesellschaft, Staat, Handel und Verkehr untersuchen soll, doch reflektiert er dabei nicht den heuristischen Wert dieses Begriffs. Die Methodologie der Historischen Geographie ist ohnehin unterentwickelt, allerdings mit den Begriffen Kulturlandschaft und Siedlung nicht vorparadigmatisch (vgl. zur Struktur vorparadigmatischer Wissenschaften Wolfgang VAN DEN DAELE, 1977).

[14] Helmut JÄGER (1982: 119).

[15] Vgl. ibidem. Helmut JÄGER vertritt hiermit die herrschende Meinung über Historische Geographie in der Bundesrepublik Deutschland.

Übernahme naturwissenschaftlicher, zum Beispiel ökologischer Erklärungsskizzen und Modelle fand bisher nur in Ausnahmen statt. Darin zeigt sich einmal mehr Historische Geographie als die Anwendung eines bestimmten Kanons von Techniken auf ein so unbestimmtes Forschungsobjekt wie die Landschaft. Grundlagenforschung bedeutet also nicht, die Grundlagen gegenwärtiger Probleme der Kulturlandschaft zu untersuchen, sondern einen Beitrag zu einer kontinuierlichen Kulturlandschaftsgeschichte zu liefern.

Der Zeitraum historisch-geographischen Forschens lag bisher vor der Industrialisierunsphase bzw. vor der Zeit der Agrarreformen. Das war nur zu verständlich, denn die historisch - genetische Siedlungsforschung beabsichtigte, die Kulturlandschaft nach genetischen Urtypen zu ordnen und diese in eine möglichst lückenlose Kulturlandschaftsgeschichte einzubauen.[16] Die genetischen Urformen von Siedlungsformen ebenso wie von Flurformen hatten aber auch einen gewissen Wert für die geographische Länderkunde, die ja selbst eine Art Historische Geographie darstellte. Ihr Forschungsobjekt, die Landschaft, konnte für die Historische Geographie nur durch intensives Eingehen auf die Geschichte der Landschaft verstanden werden.[17] Dagegen verlor die Relevanz historischer Daten für die Neue Geographie ihre Selbstverständlichkeit und mußte von Fall zu Fall geprüft werden. So konstatierte Heiner DÜRR:[18]

> „Auch und gerade ‚planungsorientierte Analysen' setzen die Anwendung der prozessual - genetischen Betrachtungsweise voraus (...) Es ist jedoch in jedem Einzelfall kritisch zu fragen, wie weit die stets sehr arbeitsaufwendigen genetischen Untersuchungen zurückreichen müssen, um die gegenwärtigen wirklich ‚planungs'relevanten Prozesse zu erfassen. Im vorliegenden Fall (...) stellte sich während der weiteren Untersuchung heraus, daß Ereignisse der Phase vor der Verkoppelung nur so wenig zur Erklärung heutiger Strukturen und Prozesse beitragen können, daß eine dem topologischen Untersuchungsmaßstab angemessene Dokumentation dieser Phase nicht lohnend ist."

Zudem waren die Ergebnisse der Historischen Geographie so plastisch, daß sie identitätsstiftenden Charakter besaßen. Sie waren verwertbar für den an der Heimat Interessierten und für den Schulunterricht. Auch die genetische Siedlungsgeographie diente der „Gemeinschaftserziehung", wie es Karlheinz FILIPP

---

[16] Vgl. Helmut JÄGER (1958).

[17] So noch Wolfgang KULS (1970: 19).

[18] Heiner DÜRR (1971: 83).

1979 gezeigt hat,[19] zumal die Betonung des Beharrenden und Persistenten die Stabilisierung räumlicher wie auch gesellschaftlicher Strukturen nachsichzog.

Dies alles ist verständlich, wenn man bedenkt, daß Geographie bis in die sechziger Jahre hinein reines Lehramtsstudium war. Erst Ende der sechziger Jahre hatten die meisten Universitäten mit Geographieangebot auch einen Diplomstudiengang eingerichtet,[20] der aber bis in die achziger Jahre zahlenmäßig weit hinter dem Lehramtsstudiengang rangierte.

Einen entscheidenden Impuls erhielt die Historische Geographie in der Bundesrepublik Deutschland durch die Gründung des Arbeitskreises für genetische Siedlungsforschung im Jahr 1974. Dieser sollte einen Kommunikationsrahmen und eine Organisation für alle Wissenschaften zur Verfügung stellen, die sich mit historischen Kulturlandschaftselementen beschäftigen. Der Arbeitskreis entstand in einer Krisensituation von Geographie und Geschichtswissenschaft. Die angedrohte Integration beider Fächer in ein neues Schulfach der Gemeinschaftskunde oder Sozialkunde hätte die akademischen Fächer ihrer Grundlage beraubt. Im allgemeinen Kampf um Stellen und beim Versuch, bei einer insgesamt abnehmenden Personaldecke in allen gesellschaftlichen Bereichen jeweils in Nachbarbereiche (Domänen) einzubrechen, war die Sammlung der Kräfte zur „Erfassung und Reduktion der Komplexität" (Niklas LUHMANN) in einer rational durchformten Institution wichtig, zumal die Historische Geographie bis dahin ein soziales System mit besonders niedrigem Organisationsniveau aufwies und so folglich weder ein einheitliches Resultat entwickelt hatte noch in der Lage war, eines adäquat anzubieten. Insbesondere durch die seit 1983 erscheinende Zeitschrift des Arbeitskreises[21] ist ein schneller Informationsfluß gesichert. Trotz dieser guten Voraussetzungen für interdisziplinäres Arbeiten sind Fortschritte in bezug auf Konzeptionen- und Methodenentwicklung vom Arbeitskreis kaum ausgegangen. Grund hierfür scheint die homogene Mitgliederstruktur des Arbeitskrei-

---

[19] Vgl. Karlheinz FILIPP (1979).

[20] Vgl. Wilfried KRINGS (1984: 221).

[21] Siedlungsforschung. Archäologie - Geschichte - Geographie, in Verbindung mit dem Arbeitskreis für genetische Siedlungsforschung in Mitteleuropa herausgegeben von Klaus FEHN et al., Bonn 1983 -. Hier erscheinen in der Regel die Beiträge der jährlichen Tagung des Arbeitskreises, Konferenzberichte und eine ausführliche Bibliographie der Neuerscheinungen.

ses zu sein,[22] die eine diverse und konträre Diskussion verhindert. Als Gegenbeispiel mag die Situation in Großbritannien dienen.

Die homogene Mitgliederstruktur betrifft auch das Verhältnis von Geographen zu Historikern innerhalb historisch-geographischer Forschung. Die Bedeutung der Geschichtswissenschaft für die Historische Geographie war und ist eine wesentlich unbedeutendere als diejenige der Geographie, auch wenn einige Vorbilder der Zusammenarbeit von Geographen und Historikern zu nennen sind, wie die Erarbeitung von Wirtschaftskarten oder Themen der Stadtgeschichte.[23] Auch im Rahmen des Arbeitskreises sind einige Beiträge von Historikern gerade zum Thema Stadtrandphänomene geliefert worden. Es ist aber auffällig, und das war mit homogener Mitgliederstruktur gemeint, daß sich diese Beiträge kaum von denjenigen der Geographen unterscheiden. Das geschichtswissenschaftliche Moment scheint abhanden gekommen zu sein. Zumindest ist es kein produktives Moment, das neue Aspekte miteinbringen könnte. Die Ursache ist darin zu suchen, daß sich das Verhältnis von Geographie zu Geschichtswissenschaft wesentlich von demjenigen in den noch zu besprechenden Ländern unterscheidet. Haben in der DDR Geographie und Geschichtswissenschaft als gemeinsame Grundlage einen leninistisch umgedeuteten Historischen Materialismus, in Frankreich vielleicht eine strukturale Anthropologie und in den angelsächsischen Ländern eine weitgehende Soziologisierung und einheitswissenschaftliche Methodik, so fehlen diese Grundlagen in der Bundesrepublik. Das Verhältnis ist immer noch durch die gegenseitige Informationsbereitstellung geprägt. Dabei ist die Rolle der Geographie noch eine weitergehendere. Sie stellt mittlerweile eine Reihe theoretischer Konzepte zur Verfügung, die auch für die geschichtswissenschaftliche Arbeit von Wert sind. Sie sprechen in der Regel die Siedlungsgeschichte an. Diese muß allerdings heutzutage wesentlich weiter begriffen werden als noch vor zwei Jahrzehnten. Solange die Geschichtswissenschaft keine originären theoretischen Konzepte anzubieten hatte, dienten „Theoretische Konzepte der Geographie als Grundlagen für die Siedlungsgeschichte"[24]. Erst langsam beginnen auch Geographen und Historische Geographen, Modelle, welche

---

[22] Die Analyse stützt sich auf die Analyseformen der Organisationssoziologie. Vgl. hierzu zum Beispiel Gabor KISS (1976: 103-116).

[23] Vgl. hierzu die Beispiele bei Wilfried KRINGS (1984: 217-219).

[24] So der Titel eines Aufsatzes von Elisabeth LICHTENBERGER (1974).

mittlerweile von Seiten der Geschichtswissenschaft entwickelt wurden, in ihre Arbeiten einzubeziehen. Insbesondere die Ergebnisse der historischen Entwicklungsländerforschung von Alexander GERSCHENKRON, Walt W. ROSTOW und Immanuel WALLERSTEIN scheinen von Interesse für die Historische Geographie zu sein, und auch auf dem Gebiet der historischen Bevölkerungsforschung finden Interferenzen statt, die zu einer Historisierung der Geographie führen könnten.[25] Gerade aber auf Gebieten ähnlicher Interessenlagen wird deutlich, von welch unterschiedlichen Prämissen ausgegangen wird. Hier ist nicht nur die Kenntnisnahme der Ergebnisse von fachfremden Arbeiten notwendig, sondern auch die Auseinandersetzung mit methodologischen Grundprinzipien, die den Arbeiten ihren „fachspezifischen Zug" verleihen. Eine Historische Geographie als eigenständige Wissenschaft im Grenzbereich Geographie/Geschichtswissenschaft muß nicht nur beide wissenschaftstheoretischen Standorte verbinden, sondern auch einen produktiven Beitrag zur Forschung leisten, der darin liegt, Gegenstände und Fragestellungen von Geographie und Geschichtswissenschaft zu verbinden, in Beziehung zu setzen und drittens somit etwas leisten, zu dem Geographen und Historiker in der Regel nicht in der Lage sind.

Einige Alternativen und Probleme sind hier aufgezeigt worden. Im folgenden wird es darauf ankommen, die Grundlagen für einen historisch - geographischen Diskurs bereitzustellen.

2.2. Die Historische Geographie in der Deutschen Demokratischen Republik

Die Entwicklung der Historischen Geographie in der DDR nach dem zweiten Weltkrieg verlief ähnlich unbestimmt wie diejenige der bundesdeutschen Historischen Geographie. Sie hatte die totale Neugestaltung der Geschichtswissenschaft nach 1945 nicht überstanden und begann erst in den fünfziger Jahren „in Gestalt eines Rudiments", wie sich Carsten GOEHRKE[27] ausdrückt, wiederaufzuleben. Zunächst mußten die Methoden der marxistisch-leninistischen Gesellschaftsanalyse adaptiert werden, und sie mußte den ideologischen Wert historisch geographischer Arbeit für die Gestaltung des sozialistischen Menschen

---

[25] Zur historischen Bevölkerungsforschung vgl. den Sammelband herausgegeben von Jürgen TEUTEBERG (1983).

[27] Carsten Goehrke (1975: Anm.25).

unter Beweis stellen. Ersteres gelang Gerhard SCHMIDT-RENNER 1961 mit seiner „Elementaren Theorie der Ökonomischen Geographie", dem anerkanntermaßen ersten historisch-geographischen Produkt unter marxistisch-leninistischem Vorzeichen. SCHMIDT-RENNERs herausragende Arbeit setzte auch sogleich die Diskussion um eine Definition von Historischer Geographie in Gang. Er hatte Historische Geographie als Ergänzung zur gegenwartsbezogenen Geographie gesehen. Doch in den sechziger Jahren bestanden noch andere Alternativen für die Orientierung der Historischen Geographie.

Diese Alternativen wurden deutlich auf der Tagung „Gegenwärtige Probleme der Historischen Geographie bzw. der Geographischen Wirtschaftsgeschichte in der DDR" und innerhalb der darauffolgenden Konstituierung des Arbeitskreises Historische Geographie in der Fachsektion Ökonomische Geographie der Geographischen Gesellschaft der DDR im Jahre 1967.[28]

Die Historische Geographie hatte bis zu diesem Zeitpunkt keine Rolle im DDR Wissenschaftsbetrieb gespielt. Sie war nicht institutionell verankert und in ihrer Methodologie nicht festgelegt, sondern wurde, wie in der Bundesrepublik von unterschiedlichen Disziplinen betrieben. Im wesentlichen wurde sie als „Grenzsaum" - Wissenschaft[29] zwischen ökonomischer Geographie und Wirtschaftsgeschichte aufgefaßt. Die im Jahre 1967 durchgeführte Tagung hatte denn auch zum Ziel, die Zusammenarbeit von Geographie und Geschichtswissenschaft zu intensivieren[30] und eine breite disziplinäre Basis zu schaffen[31]. Leider muß resümiert werden, daß die Gründung des Arbeitskreises diese Zusammenarbeit nicht gefördert hat[32], sondern die Historische Geographie als Teildisziplin der Geographie etablierte[33]. Die Zugehörigkeit der Historischen Geographie war in den Debatten von 1967 keineswegs unumstritten.

---

[28] Vgl. BENTHIEN/STRENZ, Hgg. (1970), Gerhard NARWELEIT (1967) und Ernst NEEF (1967b).

[29] NARWELEIT/NEEF/STRENZ (1978: 8) und Wilfried STRENZ (1985: 104).

[30] Vgl. Bruno BENTHIEN in BENTHIEN/STRENZ, Hgg. (1970: 72).

[31] Vgl. Ernst NEEF (1967b: 333).

[32] Er sollte hauptsächlich der Koordinierung der Forschung dienen. Auch die „Nicht Historische Geographie" der DDR besitzt wesentliche Aufgabenfelder in der Projektleitung, Koordinierung, Zusammenschau und Theoriebildung.

[33] Vgl. hierzu Wilfried STRENZ (1985: 100).

Neben der Gruppe, die die Historische Geographie als historischen Zweig der ökonomischen Geographie auffaßte, traten die Vertreter der geographischen Wirtschaftsgeschichte entweder für eine Trennung ein, indem sie der Historischen Geographie als Untersuchungsgegenstand den Naturraum und Wirtschaftsraum als Ergebnis der historischen Entwicklung zuwiesen und demgegenüber der geographischen Geschichte die historischen Abläufe innerhalb des geographischen Milieus zuteilten[34]. Sie sahen überhaupt keinen Unterschied, oder nur einen vernachlässigbaren, zwischen Historischer Geographie und geographischer Wirtschaftsgeschichte[35]. Hauptvertreter dieser Richtung war Wilfried STRENZ, welcher schon 1963 seine Gedanken ausführlich dargelegt hatte. Aus seinen damaligen Ausführungen wird deutlich, daß von der Historischen Geographie erwartet wurde, die räumliche Komponente in die Wirtschaftsgeschichte einzubringen[36] und eine ergänzende Funktion in dem Sinn auszuüben, daß sie „die Entstehungsursachen und Gegebenheiten der besonderen räumlichen Lage, der territorialen Verteilung, der räumlichen Massierung oder Nichtmassierung, der Schwerpunkthaftigkeit der vorhandenen oder vorhanden gewesenen Wirtschaftsstandorte"[37] darstellt, denn man glaubte, ohne die Erforschung der Gründe und Erscheinungen ihrer Standortverteilung- und verknüpfung im geographischen Milieu die Entwicklung der Wirtschaft nur unvollständig erfassen zu können.

Eine weitere Gruppe sah eine zukunftsorientierte Aufgabe der Historischen Geographie ausgehend von einem Integrationsprozeß, der die bisherigen klaren Abgrenzungen der Wissenschaften zu verdecken schien und neue Aufgaben für sie stellte, um die Grundlage einer ersten sozialistischen Gemeinschaftsarbeit darzustellen. Nicht die Suche nach Abgrenzungen stand hier im Zentrum, sondern diejenige nach neuen Inhalten, die die Richtung der Arbeit bestimmen sollten. Auf dieser Grundlage war unter Historischer Geographie zu verstehen,

1. eine Methodengruppe, die die Geographie benutzt, um Raumverhältnisse zu erklären, und
2. eine Disziplin, die im Rahmen einer Arbeitsteilung die aus der Gegenwart in die Vergangenheit rückführenden Untersuchungen unter einem ge-

---

[34] So vor allem Edgar LEHMANN (1968) und IDEM zitiert in Gerhard NARWELEIT (1967: 322f.).

[35] Eigentlich alle vortragenden Historiker bezogen diese Stellung.

[36] Cf. Wilfried STRENZ (1963: 113, 114).

[37] Ibidem: 112f.

netischen Prinzip auffängt.

Bei entsprechenden Fragestellungen konnten sich somit Wissenschaftler unterschiedlicher Disziplinen zu einer neuen Disziplin zusammenfinden.[38]

Diese neue, gemeinsame Fragestellung sahen einige historisch - geographisch Interessierte in der Erforschung der Mensch - Umwelt Beziehung[39], in einer Problematik, die sowohl für Geographen als auch für Historiker zu komplex erschien, als daß sie sich ausgehend von ihren Fachdisziplinen ihrer widmen konnten. Fachspezifische Versuche in diese Richtung konnten nie die Tiefe erreichen, die historisch - geographische Arbeiten aufwiesen.[40]

Aus der Einsicht, daß die dialektisch-materialistische Erkenntnis der Geltung der Natur- und gesellschaftlichen Dialektik „die ganze Geschichte der menschlichen materiellen und geistigen Naturaneignung"[41] voraussetzt, waren Geographie und Geschichtswissenschaft aufgefordert, sich dieser komplexen Fragestellung in Form einer Zusammenschau zu widmen, die nicht nur entweder geographische oder historische Aspekte der gesellschaftlich determinierenden Raumstruktur darstellen sollte, sondern eine Verknüpfung historischer und geographischer Betrachtungsweisen anzustreben hatte. Grundlage dieser Zusammenschau konnte allerdings nicht eine länderkundlich verstandene geographische Totalität sein, sondern eine Totalität, die die mannigfachen Beziehungen eines Dinges zu anderen Dingen meint, also dasjenige, was wir heute mit Komplexität bezeichnen würden, eine prozeßhafte, systematisch verstandene Beziehungs- oder Systemlehre, die in diesem Fall einem Prozeßmodell zwischen Natur und Gesellschaft entspricht, das durch Impulse und Rückkoppelungen seine Dynamik

---

[38] Vgl. Wolfgang JONAS zitiert in: Gerhard NARWELEIT (1967: 327).

[39] Vgl. NARWELEIT/NEEF/STRENZ (1967), MUSOLEK et al. (1983) und STRENZ et al. (1984).

[40] Vgl. als Stellungnahme von geschichtswissenschaftlicher Seite die sicherlich kompetenten Beiträg von Jürgen KUCZYNSKI (1963 und 1972) und Hans MOTTEK (1974), von geographischer Seite Ernst NEEF (1972). Gegenüber NEEF, der stets versucht, nichtmarxistische Ansätze in die DDR-Geographie einzuführen, bleiben HAASE/HAASE (1971) im Rahmen der marxistischen Theorie, liefern aber wohl den bisher umfassendsten und praktikabelsten Entwurf eines Mensch-Umwelt Systems.

[41] Hans-Jörg SANDKÜHLER (1973: 105). Vgl. auch das Kapitel "Dialektik" in Friedrich ENGELS "Dialektik der Natur" (MEW 20: 348-570) in dem es auf Seite 348 heißt:"Es ist also die Geschichte der Natur wie der menschlichen Gesellschaft, aus der die Gesetze der Dialektik abstrahiert werden."

erhält. Die Mensch-Umwelt Beziehung kann in diesem Sinn nur als „gesellschaftliche Ökologie"[42] behandelt werden.

Auf drei Fragestellungen wird bei der Behandlung der Beziehungen zwischen Gesellschaft und Umwelt besonderes Augenmerk gelegt:[43]

- „Welche konkreten gesellschaftlichen und natürlichen Voraussetzungen formen diese Beziehungen?
- Auf welche Art und Weise gestalten sich die Beziehungen zwischen Gesellschaft und Umwelt?
- Welche Resultate entstehen aus diesen Beziehungen für Gesellschaft und Umwelt und beeinflussen ihre weiteren Beziehungen?"

Das Hauptthema, nämlich die Beziehungen zwischen Gesellschaft und Umwelt zur Gestaltung von Produktion und Konsumtion, wird unter zwei Aspekten dargestellt:

- dem der Versorgung von Bevölkerung und Wirtschaft, das heißt dem Angebot und der Nutzung der vorhandenen Naturreichtümer, und
- dem der Entsorgung, d.h. der Abgabe der innerhalb der von Produktion und Konsumtion entstehenden Abprodukte an die natürliche Umwelt.

Der räumliche Aspekt der Mensch - Umwelt Beziehung scheint hiermit zunächst einmal beiseite gelassen. Aufgrund der Ausbildung der Bearbeiter gerät er aber doch immer wieder in den Analysezusammenhang des Gegenstandes. So legen STRENZ et al. (1984: 95) besonderen Wert auf die lokale Häufung umweltzerstörerischer Phänomene, auf kumulative Effekte also.[44]

Für den Grenzbereich Geographie/Geschichte am interessantesten scheint der Bereich der gebauten Umwelt. Er ist nach Gerhard SCHMIDT-RENNER Resultat der biotisch und sozial determinierten Reproduktion der Gesellschaft, die aus dem Naturmilieu in allen sozialen Epochen die Produktion von Produktionsmitteln und sonstigen Anlagen und Einrichtungen (Siedlungen etc.) verlangt. Mit ihrem Entstehen wurden die Phänomene der gebauten Umwelt zu „materiell-gegenständli-

---

[42] Helmut FLEISCHER (1977: 68).

[43] Wilfried STRENZ et al. (1984: 89).

[44] Diese kumulativen Effekte der Umweltzerstörung werden auch von neueren Arbeiten zur Umweltfrage hervorgehoben. Cf. Klaus-Dieter MAGER, Umwelt, Raum, Stadt: zur Neuorientierung von Umwelt- und Raumordnungspolitik (Frankfurt a.M. Bern/New York 1985. Beiträge zur kommunalen und regionalen Planung 10).

che<n> Verfestigungen sozialer Beziehungen"[45] und somit zu Umweltbestandteilen der Gesellschaft. Diese gebaute, produzierte oder auch technische Umwelt unterteilt SCHMIDT-RENNER weiter in eine eigentliche bauliche Umwelt und eine besondere technische „Maschinenumwelt"[46].

Die geographische Umwelt oder das geographische Milieu bezieht sich zusammenfassend sowohl auf die natürliche als auch auf die künstliche, anthropogen geformte Umwelt.[47] Der Umweltbegriff schließt also auch die technisch gestaltete Umwelt[48] mit ein, somit die Umwelt der räumlichen Strukturen, die den Menschen in seiner sozialökonomischen Umwelt beeinflußt. Es sind hiermit insbesondere Probleme des Verkehrs angesprochen, „Probleme der Lage, der Wechselwirkung mit oder der Getrenntheit der verschiedenen geschichtlichen Produktionsorganismen voneinander"[49], eine Beziehung, die insbesondere für die Zusammenarbeit von Geographen und Historikern sinnvoll scheint. Die Standorte einzelner Aktivitäten und Institutionen wirken trennend oder verbindend im Hinblick auf die Kommunikationsmöglichkeiten des Menschen mit anderen Menschen. Kommunikation bedeutet in diesem Zusammenhang Produktion von Gemeinschaft, in der sich der Mensch als soziales Wesen zeigt.[50] Auch wenn der Mensch die Natur für seine Belange, seine Bedürfnisse modifiziert, „unterwirft"[51] er sich ihr, er folgt ihr, da die Änderungen der Natur auf den Menschen und sein soziales Gefüge zurückwirken, indem sie ihn zwingen, sich auf die veränderte Umwelt in seinem Verhalten einzustellen, sich veränderten

---

[45] Gerhard SCHMIDT-RENNER (1978: 210).

[46] Loc. cit.

[47] Vgl. zu den Begriffen Umwelt und Milieu a.o. NARWELEIT/NEEF/STRENZ (1967) und STRENZ et al. (1984), sowie mittlerweile grundlegend Gerhard SCHMIDT-RENNER (1978).

[48] Vgl. HAASE/HAASE (1971).

[49] K(arl)-A(ugust) WITTFOGEL (1929: 706). Die hier zitierte Arbeit von Wittfogel wird leider in der Literatur häufig übergangen, obwohl sie u.E. eine der klassischen Arbeiten zum Thema Mensch-Natur Verhältnis und Geographie und Geschichte darstellt. Wittfogel wird dagegen regelmäßig als Kronzeuge für Fragen der „Asiatischen Produktionsweise" und der Geopolitik herangezogen.

[50] Vgl. Jürgen HABERMAS (1981).

[51] Ibidem: 724.

Umweltstrukturen anzupassen. Somit erfährt sich der Mensch[52] in der Arbeit an der Natur. Der „Stoffwechsel" Mensch-Natur heißt Arbeit des Menschen an der Natur. Geschichtlicher Fortschritt wird im marxistischen Umwelt Konzept beschrieben als „Veränderung der Natur durch menschliche Arbeit plus Veränderung des Menschen durch Arbeit an der Natur"[53]. Im Laufe der Geschichte der Auseinandersetzung des Menschen mit der Natur nimmt, im Gegensatz zur landläufigen Meinung, die Abhängigkeit des Menschen von der Natur zu.[54] Diese Abhängigkeit ändert allerdings ihren Charakter und wird immer vermittelter.[55] Die materielle Basis der Bedürfnisbefriedigung des Menschen gerät dem Bewußtsein in Vergessenheit.[56] Die Ursache hierfür ist neben der Entfremdung des Menschen von der Natur in dem ständig zunehmenden Einbezug der Natur in die menschliche Produktion zu sehen. Dementsprechend unterscheidet die DDR-Forschung eine mo-

---

[52] Mensch ist hier und im folgenden als Kategorie des marxistischen Systems aufgefaßt, als bewußtes und somit historisches Wesen, als soziales Wesen.

[53] Hans-Jörg SANDKÜHLER (1973: 131). Diese Arbeit stellt eine der Grundkategorien des MARXschen Systems dar. Im Verhältnis zur Natur bedeutet Arbeit "zunächst ein<en> Prozeß zwischen Mensch und Natur, ein<en> Prozeß, worin der Mensch seinen Stoffwechsel mit der Natur durch seine eigene Tat vermittelt, regelt und kontrolliert" (SANDKÜHLER 1973: 118). Die Welt ist für Marx nicht Markt, sondern ein "ungeheurer Komplex von Arbeitswerkstätten" (Karl-August WITTFOGEL 1929: 716).

[54] Je stärker im historischen Prozeß die Naturausbeutung zunimmt, desto höher steigen die Kosten für die Aufbereitung der Naturresourcen. Ökomomisch gesprochen, gehen Kosten immer weiter in die Kostenfunktion ein. Diese Kosten beanspruchen einen immer höheren prozentualen Anteil. Auch die Produktion auf Grundlage von Naturressourcen, seien es regenenierbare oder nichtregenerierbare Ressourcen, unterliegt einer Grenzkostenkurve. Je intensiver aber die Ausbeutung, desto empfindlicher die Reaktionen auf ökologische Krisen (vgl. Horst SIEBERT, Hg., 1979, Gerard GÄFGEN, Hg., 1982 und Lutz WICKE, 1982).

[55] Vgl. Karl-August WITTFOGEL (1929: 698f.; 702) und im Band III des Kapital von Karl Marx S.84. In diesem Zusammenhang wäre es interessant, Entfremdung von der Natur als distanziellen Prozeß zu beschreiben. Es ist anzunehmen, daß die Entfernung von Mensch zu Natur, also die Erreichbarkeit von Natur, in historischer Perspektive zugenommen hat. Die distanzielle und zeitliche Entfremdung, die Verbannung von Natur in ihrer landschaftlichen Form aus unserem Alltag, hat sicherlich zur allgemeinen geistigen Entfremdung des Menschen von der Natur beigetragen. Auch WITTFOGEL muß u.E. in diesem materiell raum-zeitlichen Sinn verstanden werden, wenn von Entfremdung die Rede ist.

[56] Vgl. Hans-Jörg SANDKÜHLER (1973: 127).

difizierte natürliche Umwelt,[57]
- „aus von der Gesellschaft noch unbeeinflußten Elementen der natürlichen Umwelt,
- durch gesellschaftliche Tätigkeit umgestaltete Elemente der natürlichen Umwelt und
- aus den zusätzlichen materiellen Objekten, die ebenfalls durch gesellschaftliche Tätigkeit entstanden."

Die DDR-Forschung geht hier ganz offensichtlich von dem auch in der bundesdeutschen Forschung anerkannten Naturlandschaft-Kulturlandschaft Konzept aus. Sie möchte allerdings zur Charakterisierung der geographischen Umwelt des Menschen gesellschaftliche Gesetzmäßigkeiten heranziehen. Diese Gesetzmäßigkeiten werden folgendermaßen gesehen:[58]

„Die Beziehungen der Gesellschaft zur natürlichen Umwelt vollziehen sich in der Form, daß sie - die natürliche Umwelt - über den gesellschaftlichen Reproduktionsprozeß Eingriffen unterworfen wird, die sich auf die Ökosysteme mehr oder weniger auswirken und damit das in der Tendenz vorhandene Gleichgewicht stören. Es treten dadurch Veränderungen im Naturhaushalt ein, die - als notwendige Bedingung und Erscheinung fortschreitender Entwicklung - zu einem neuen beweglichen Gleichgewicht führen. Werden diese gesellschaftlichen Eingriffe ständig und massiv fortgesetzt, werden damit Prozesse in Gang gebracht, die zu einer vollständigen Umwandlung des ursprünglichen Ökosystems führen können."

Hieraus wird deutlich, daß es gesellschaftliche Prozesse sind, die von Interesse sind. Es sind fehlgeleitete gesellschaftliche Prozesse, die das Ökosystem Mensch-Umwelt stören oder sogar zerstören. Das Mensch - Umwelt Verhältnis spiegelt ebenso das Mensch - Mensch Verhältnis wieder. Das Mensch - Umwelt Verhältnis ist somit säkulare Erscheinung des Mensch -Mensch Verhältnisses, Historische Umweltforschung nur im Grenzbereich Geschichte - Geographie denkbar.

Dabei war der Begriff Umwelt als Terminus und in seiner inhaltlichen Bedeutung nie unumstritten. Die Bezeichnungen Natur, Umwelt und geographisches Milieu kämpften seit Beginn der Auseinandersetzung mit dieser Thematik um Anerkennung.[59] Häufig wurden Natur und geographisches Milieu synonym gebraucht,

---

[57] STRENZ et al. (1984: 84) und ähnlich NARWELEIT/NEEF/STRENZ (1967: 218).

[58] STRENZ et al. (1984: 83).

[59] Vgl. hierzu NARWELEIT/NEEF/STRENZ (1967: 211-213) und STRENZ et al. (1984: 82 und 84, Anm.17).

doch sollte mit Natur am besten die Natur oder der Teil der Natur verstanden werden, der ohne menschliche Einwirkung existiert oder nach natürlichen Gesetzmäßigkeiten geformt wird. Das geographische Milieu bezeichnet dann konsequenterweise die gesamte Umwelt des Menschen, gleich ob der Genese nach natürlich, anthropogen überformt oder schon der technischen Umwelt zuzurechnen. Unter Umwelt kann dann der Teil der Umwelt verstanden werden, der als materielle Grundlage für die Reproduktion der Gesellschaft dient, aus dem die Materie zur Bedürfnisbefriedigung stammt. Natur, geographisches Milieu und Umwelt sind somit nicht gegenständlich abgegrenzt, sondern stellen analytische Begriffe dar, die zur Beantwortung unterschiedlicher Fragen herangezogen werden.

Leider hat sich dieser Ansatz nicht in dem Maße durchgesetzt als es der Historischen Geographie als eigenständiger Wissenschaft zu wünschen gewesen wäre. Im Gegenteil zeigen der Faktenreichtum, die Vielfalt der Probleme und die unterschiedlichen Methoden des Herangehens der Historischen Geographie in den siebziger Jahren deren Zersplittertheit auch in der DDR Forschung.[60] Zudem driftet die Historische Geographie immer mehr in Richtung einer Teildisziplin der Geographie, einem notwendigen historischen Gegenstück mit sich verschlechternden Lehrbedingungen.[61]

2.3. Die Historische Geographie in den Niederlanden[62]

Wollen wir die Historische Geographie in den Niederlanden verstehen, so müssen wir bedenken, wie sehr dieses Land durch die Auseinandersetzung mit dem Wasser, sowohl als Meer als auch als Fluß, Binnengewässer und Moor geprägt wurde. Die physischen Grundlagen der Geschichte werden in den Niederlanden dadurch wesentlich intensiver wahrgenommen, als in anderen europäischen Ländern. Die Zusammenarbeit und die Interferenzen sind heute wieder stark vor allem mit den Disziplinen der Bodenkunde, der Geologie und der Agrarge-

---

[60] Vgl. hierzu die Aussagen in Heinzpeter THÜMMLER (1974).

[61] Vgl. Wilfried STRENZ (1985: 99, 103). Carsten GOEHRKE machte schon 1975 auf die Gefahren für eine eigenständige Historische Geographie durch die enge Anbindung an Geographie und Geschichtswissenschaft aufmerksam (1975: Anm.25).

[62] An dieser Stelle sei Herrn Drs. Peter Burggraaff, Bonn, für seine Hilfe bei der Anfertigung dieses Abschnitts herzlich gedankt.

schichte. Innerhalb der Wissenschaften und speziell der Geographie der Niederlande ist die Historische Geographie ein „Spätentwickler"[63]. Richtig Fuß gefaßt hat sie eigentlich erst nach 1945. Das heißt nicht, daß sie vor diesem Zeitpunkt in der Forschung nicht vertreten gewesen sei. Die geographischen Wissenschaften waren allerdings bis zum ersten Weltkrieg nicht so differenziert, als daß eine eigenständige Historische Geographie hätte entstehen können. Eine erste institutionelle Verankerung erhielt die Historische Geographie der Niederlande durch die Vergabe einer Privat-Dozentur für die Lehre der Historischen Geographie an der Universität Utrecht an C. te LINTE im Jahre 1911. Zuvor, aber auch nachher, wurde die Historische Geographie zu weiten Teilen von Laien oder außeruniversitären Einrichtungen betrieben. So gilt der Mathematiklehrer Anton Albert BEEKMANN als der Begründer der niederländischen Historischen Geographie. Er betrachtete die Historische Geographie als „die Geschichte des geographischen Bildes (...) der Veränderungen, die bezüglich des Bodens, der Gewässer, der Vegetation, der Bevölkerung, der Siedlungen usw. im Laufe der Zeiten stattgefunden haben und dieses Bild berühren"[64]. Er definierte damit eine Kulturlandschaftsgeographie im weitesten Sinn, deren Entwicklung 1921 durch den Beschluß der institutionellen Trennung und der Trennung von Physischer und Anthropogeographie in Lehre und Forschung unterbrochen wurde. Diese Trennung, die lange Zeit in der Bundesrepublik Deutschland gefordert wurde, konnte einer Weiterentwicklung der Historischen Geographie in den Niederlanden nur im Wege stehen. Die Trennung ging dann sogar noch weiter, als sich in Amsterdam die Soziographie als räumliche Soziologie etablierte. Sie verstand sich mehr als Soziologie denn als Geographie und überließ der Geographie das Feld der Erforschung der mit materiellen Produkten angereicherten Landschaft.

Was den Anteil der Historiker an der Entwicklung der Historischen Geographie anbelangt, so ist hier Slicher van BATH hervorzuheben. Er vertrat das Fach Agrargeschichte, welches durch die Gründung der Landwirtschaftshochschule in Wageningen einen bedeutenden Anteil an der Historischen Geographie der Nachkriegszeit hatte.

Nach dem zweiten Weltkrieg bestanden sechs verschiedene Auffassungen über

---

[63] Historisch-geografische bijdragen betreffende Iaag-Nederland (1977).

[64] Anton Albert BEEKMANN (1912).

den Inhalt der Historischen Geographie:[65]
1. Historische Geographie ist eine historische Wissenschaft
2. Historische Geographie ist eine geographische Wissenschaft
3. Historische Geographie orientiert sich neben der Vergangenheit auch auf die Gegenwart
4. Historische Geographie beschäftigt sich mit dem gesellschaftlichen Leben
5. Historische Geographie beschäftigt sich mit den geistesgeschichtlichen Phänomenen
6. Historische Geographie ist die Geschichte der Geographie

Daneben bestanden unterschiedliche Auffassungen darüber, ob Historische Geographie lediglich Hilfswissenschaft für Geographie und Geschichtswissenschaft sei, oder ob sie innerhalb der Anthropogeographie den gleichen Stellenwert besitzt wie Wirtschafts-, Regional- oder Sozialgeographie. Diesen Zustand der Historischen Geographie als eines „Landes ohne Grenzen" hat Marcus Willem HESLINGA vor wenigen Jahren nochmals betont und geäußert, daß die Grenzen der geographischen wie der geschichtswissenschaftlichen Wissenschaften nicht festgelegt seien.[66] Als einer der Großen der niederländischen Historischen Geographie der Nachkriegszeit hat er dieses Programm in seinen Arbeiten über die Geschichte der ländlichen Baukunst und Volkskunst, über Industriearchäologie, Historische Siedlungsgeographie, Kulturlandschaftsgeographie und über historisch-kulturelle Hintergründe der interregionalen Unterschiede deutlich gemacht.

Bis in die sechziger Jahre hinein spielte die Historische Geographie in der niederländischen Wissenschaftslandschaft keine große Rolle. Ein Aufschwung setzte erst in den siebziger Jahren ein. Zuvor, 1964, wurde zwar die Historische Geographie akademisch anerkannt, als Elisabeth GOTTSCHALK als Lektorin an die Universität von Amsterdam berufen wurde und Historische Geographie nun ein Bestandteil des Grundstudiums in Geographie wurde. Es dauerte aber noch bis 1978, daß Historische Geographie innerhalb der geographischen Wissenschaften mit einem eigenen „Doktoralexamen" im akademischen Statut anerkannt wurde. Elisabeth GOTTSCHALK war der Meinung, daß sich Histo-

---

[65] Wir müssen hierbei immer bedenken, daß der zweite Weltkrieg insgesamt für die Niederlande keinen so großen Bruch bedeutete, wie für die Bundesrepublik Deutschland. Die Pläne, ob Stadtentwicklungspläne oder Pläne zur Wissenschaftsorganisation, welche vor allem Ende der zwanziger und dreißiger Jahre entwickelt worden waren, wurden nun bruchlos verwirklicht.

[66] Vgl. Marcus Willem HESLINGA (1982).

rische Geographie als eigenständige Wissenschaft der Vergangenheit, der Genese und Entwicklung der Kulturlandschaft widmen müsse und somit die Gegenwart nur als Hilfestellung für die Vergangenheit dienen solle. Historische Geographie war für Sie entweder „past geography" oder rekonstruktive Geographie und „changing geography" oder Veränderungsgeographie. Dagegen betrachtete Marcus Willem HESLINGA die Historische Geographie als eine geographische Wissenschaft der Gegenwart, die, wie in der angelsächsischen Geographie, „the past in the present" untersuchen solle. Er unterschied zwei Richtungen:
1. die genetische Geographie, welche danach fragt, wie die gegenwärtige Situation entstanden ist und
2. die Reliktgeographie, die nach Überresten vergangener Kulturlandschaftsepochen in der heutigen Landschaft sucht.

Die zweite Richtung sollte für die siebziger und achziger Jahre entscheidende Bedeutung für die Historische Geographie der Niederlande erlangen. Die Reliktgeographie oder Angewandte Historische Geographie wurde besonders durch G.J. BORGER - nach der Zusammenlegung der Fachgruppen für Historische Geographie der Universität von Amsterdam und der Freien Universität Amsterdam formal der einzige universitäre Historische Geograph der Niederlande - gefördert und gilt heute als die alles beherrschende Richtung.[67] Bei Flurbereinigungsplänen, in der Denkmalpflege und in Raumordnungsverfahren werden mittlerweile historisch-geographische Gutachten verlangt ebenso wie bei Verfahren der Landesplanung und bei der Berichterstattung über die Umweltbelastung. Auch in diesem Zusammenhang spielt die Landwirtschaftsschule in Wageningen eine bedeutende Rolle. Leider hat sich die Forschung bisher lediglich auf die Ausarbeitung möglichst rationeller und kostengünstiger Aufnahmeverfahren für die historisch-geographische Kartierung landschaftlicher Relikte (Historisch-Geographische Landesaufnahme) bemüht, und dabei die Bedeutung und den Wert von Relikten und alten Strukturen für das regionale Zusammenleben unterstellt, ohne dies selbst als Frage aufzuwerfen. So existiert der gesellschaftliche Nutzen der Historischen Geographie aufgrund eines alle Beteiligten einschließenden Gefühls der Wertschätzung landschaftlicher Kulturrelikte. Eine Basis, die sich langfristig als tönerner Fuß

---

[67] Vgl. G.J. BORGER (1981).

herausstellen könnte.[68]

2.4. Die Historische Geographie im englischsprachigen Raum

Die Historische Geographie im englischsprachigen Raum hat sich in den siebziger Jahren, genauer in der zweiten Hälfte der siebziger Jahre, zum produktivsten Bereich innerhalb der Geographie dieses Landes entwickelt. Insbesondere die Historische Geographie Großbritanniens hat eine Vorreiterposition eingenommen, die weltweit, abgesehen vom deutschsprachigen Raum und von der französischen Historischen Geographie mit Abstrichen anerkannt wird und selbst die osteuropäische Historische Geographie angeregt hat.[69] Die Historische Geographie in Nordamerika und Australien sollte in diesem Zusammenhang nicht vergessen werden, wenn auch die besseren institutionellen Voraussetzungen in Großbritannien gegeben sind.[70] Zwar ist nur ein Lehrstuhl in realiter als historisch-geographischer ausgewiesen, doch bezeichnen sich de facto nahezu 150 Wissenschaftler als Historische Geographen.[71] Diese enorme Massierung historisch-geographischer Arbeit wird dadurch ermöglicht, daß die Historische Geographie einen anerkannten Studiengang im Geographiestudium darstellt. Somit können Spezialisten ausgebildet werden, die durch exzellente Arbeit wiederum das Image und somit die Lehrsituation der Historischen Geographie insgesamt positiv beeinflussen.

Zu den fundamentalen komparativen Vorteilen der englischsprachigen Histori-

---

[68] Die Maßnahmen der historisch-geographischen Landesaufnahme langfristig abzusichern, ist gegenwärtig das größte Anliegen der Historischen Geographie in den Niederlanden. Hiervon verspricht man sich zudem Arbeitsplatzeffekte für arbeitslose Historische Geographen, deren existenzielle Situation in den Niederlanden nicht viel besser bestellt ist als in der Bundesrepublik Deutschland. Einige arbeitslose Historische Geographen geben seit 1983 die erste, und bisher einzige, historisch-geographische Zeitschrift der Niederlande, die „Historisch-geografische Tijdschrift" heraus, welche wohl recht großen Anklang gefunden hat.

[69] Vgl. zu den internationalen Auswirkungen die Arbeit der historisch-geographischen Arbeitsgruppe der IGU.

[70] So ist die Geographie, die auch in den USA den Großteil der historisch-geographischen Forschung trägt, an vielen großen Universitäten überhaupt nicht vertreten.

[71] Vgl. die Angaben bei Anngret SIMMS (1982).

schen Geographie gehört ihre „economy of scale", ihre Produktion in großen Mengen, die es ihr erlaubt, eine Fülle von Zeitschriften und Reihen aufrechtzuerhalten, und so selbst eher marginalen Bereichen und Ansätzen eine Überlebenschance durch Publikation und Information zu garantieren. Der Großteil der historisch-geographischen Zeitschriften besitzt allerdings eher den Charakter von Informationsblättern mit starken Rezensionsteilen. Insbesondere im JOURNAL OF HISTORICAL GEOGRAPHY werden häufig keine Originalbeiträge abgedruckt, sondern Aufsätze, die schon in anderen Zeitschriften erschienen sind.[72] Dagegen sind für die interne Diskussion innerhalb der einzelnen Richtungen die Veröffentlichungsreihen von besonderer Bedeutung.[73] Hier erscheinen nicht nur paradigmatische Arbeiten, hier wird auch die inhaltliche und theoretische Diskussion weitergeführt.

Im folgenden möchte ich mich auf die durch zwei der bekanntesten neuen Reihen repräsentierten Richtungen beschränken. Sie gehören zu den modernen Richtungen, die auch „Die Moderne" kritisch analysieren, und sie sind auf keinen Fall so homogen, wie es weiter unten scheinen mag, sondern stellen „upper wings" dar, die eine ganze Reihe weiterer Ansätze integrieren.

Derek GREGORY beschreibt die Entwicklung der „New Historical Geography" in zwei Phasen.[74] Innerhalb der ersten Phase kann die Herausbildung der grundlegenden Basishypothesen der „New Historical Geography" nachvollzogen werden. Ihr chronologisches Auftreten kumuliert im Laufe der Zeit zum Ausgangspunkt der neuen Konzeption. Dieser Ausgangspunkt ist um die Jahrzehnthälfte der siebziger Jahre erreicht. Nach einem Prozeß, der vor allem durch intradisziplinäre Integration gekennzeichnet war, haben sich bestimmte historisch-geographische Schulen herausgebildet, welche nun aus sich heraus die Diskussion aufgrund eigener Fragestellungen weiterführen. In der zweiten Phase verlaufen die Diskussionen zum Teil in anderen Bahnen als in der Allgemeinen Geographie.

---

[72] Vgl.hierzu die Zeitschriften AREA, HISTORICAL GEOGRAPHY NEWSLETTER, HISTORICAL METHODS, JOURNAL OF HISTORICAL GEOGRAPHY und LANDSCAPE HISTORY. Für die Zeitschrift HISTORICAL METHODS gilt das Gesagte nur eingeschränkt.

[73] Zum einen ist hier die Reihe CRITICAL HUMAN GEOGRAPHY, herausgegeben von Derek Gregory, Mark Billinge und Ron Martin zu nennen, zum anderen die Reihe CAMBRIDGE STUDIES IN HISTORICAL GEOGRAPY, herausgegeben von Alan R.H. Baker, John B. Harley und David Ward.

[74] Vgl Derek GREGORY (1981a: 147-149).

Halten wir uns an die Periodisierung GREGORYs, so kann die erste Phase der Entwicklung einer „New Historical Geography" durch die kritische Auseinandersetzung mit der eigenen Tradition und die Annäherung an die „revolutionierte" Allgemeine Geographie im Sinne Thomas S. KUHNs beschrieben werden. Die Kritik an der traditionellen, auf Feldforschung und Landschaftsdarstellung gegründeten Historischen Geographie bezog sich im wesentlichen auf deren detailliertes Quellenstudium, ohne einerseits Generalisierungen anzustreben und ohne Theorien und Modelle zum Ausgangspunkt der Forschung zu machen. Die traditionelle Historische Geographie meinte in den Quellen all das aufzufinden, was zum Verständnis der Landschaft als Untersuchungsobjekt notwendig war. Gerade das bezweifelte die „New Historical Geography". Sie warf der traditionellen Historischen Geographie einen „Naiven Empirizismus" vor, der von einem „empirical given" ausginge und somit „inevitably incomplete but theoretical empty"[75] sei. Die „New Historical Geography" näherte sich somit den methodologischen Gedanken des kritischen Rationalismus an; ein Resultat der verstärkten Anlehnung an die Allgemeine Geographie und ihre neuen Strömungen.[76] Das Bedürfnis nach methodischer Fundierung ist charakteristisch für die Diskussionen der siebziger Jahre.[77] Zum ersten Mal wurde die Methodendiskussion aus den Seminaren, wo Methodik bisher mündlich überliefert worden war,[78] in die wissenschaftliche Öffentlichkeit hinausgetragen. Dabei war die Methodik der „New Historical Geography" abgesehen von der kritisch-rationalistischen Grundposition durch ein starkes Interesse an statistischen Verfahren und neuen Quellengattungen, die nun erst erschließbar waren, gekennzeichnet.

Grundlage aller Fragestellungen wurde der räumliche Bezug (spatial context),

---

[75] IDEM (1978b).

[76] Das hiermit die Übernahme allgemein sozialwissenschaftlicher Methodologien einherging, läßt sich aus der insgesamt starken Integration der angelsächsischen Geographie in die Sozialwissenschaften (humanities) erklären. Die beherrschende Strömung innerhalb der Geographie war seit Mitte der sechziger Jahre die „Locational Analysist School" (vgl. Peter HAGGETT 1973 und HAGGETT/CLIFF/FREY 1977).

[77] Vgl. die Untersuchung über das Zitierverhalten in bezug auf methodische Arbeiten innerhalb der Historischen Geographie von Alan R.H. BAKER (1973). Eine ähnliche Arbeit legte Gerhard HARD (1977b) vor, was auf konvergente Entwicklungen hinweist.

[78] Vgl. Peter G. GOHEEN (1983: 13).

Historische Geographie wurde Raumwissenschaft gegenüber der räumlichen Synthese, der Landschaftssynthese, wie sie Cole HARRIS noch 1971 als Wissenschaft der regionalen Synthese gegenüber einer Wissenschaft der räumlichen Beziehungen forderte. Dabei war es nicht einmal Ziel der „New Historical Geography", diese räumliche Synthese zu verlassen. Sie sollte lediglich methodisch anders fundiert verlaufen.[79] Funktionale und genetische Ansätze sollten im neuen Konzept miteinander verbunden werden. Das zeigen unter anderem die nun beherrschenden Fragestellungen. Zwei Hauptfragestellungen konnten unterschieden werden. Sie faßten einerseits die Auseinandersetzung des Menschen mit seiner räumlichen Umwelt, andererseits diejenige mit seiner stofflichen Umwelt ins Auge.[80] Die erste Fragestellung betonte die räumlichen Alternativen sozialen Handelns in ihrer Bedeutung für die Organisierung der Umwelt. Sie beinhaltete aber auch die Frage nach dem Zusammenhang von räumlichem Verhalten und sozialer Interaktion.[81] Innerhalb der Regionalanalyse wurden jetzt Begriffe wie Territorialität und Nahverhalten relevant, um die Auseinandersetzung des Menschen mit seiner Umwelt zur Grundlage der Regionalanalyse zu machen. Damit mußten aber auch konzeptionelle Verbindungen zu anderen Wissenschaften gesucht werden, vor allem zu solchen, die sich mit dem Menschen oder mit menschlichem Verhalten beschäftigen.[82]

Treffend charakterisierte John A. JAKLE 1971 die zukünftigen Aufgaben der Historischen Geographie:[83]

„We should continue the debate as to how temporal and spatial parameters can be effectively related in historical and geographical research. How should we measure and analyze behavioral change through time and across space? On a less epistemological level focus should be placed on the hi-

---

[79] Hier wäre vor allem an das von Karl POPPER geprägte Wort zu denken, daß zwar alles erklärbar ist, jedoch nicht alles durch jedes. Gerade diese Regel wird allzu häufig bei länderkundlichen Arbeiten vergessen. Im schlimmsten Fall stehen völlig unvermittelt Fakten aus Bereichen nebeneinander, welche nur schwerlich in einen sinnvollen Zusammenhang zu bringen sind. Insbesondere für eine Humangeographie wird es darauf ankommen, Tatsachen so auszuwählen und Quellen so aufzubereiten, daß sie die Welt so interpretieren lassen, wie sie von den die Umwelt bewertenden Menschen gesehen wird.

[80] Vgl. John A. JAKLE (1971: 1102).

[81] Vgl. John A. JAKLE (1971: 1084).

[82] Vgl. ibidem: 1100f.

[83] Ibidem: 1103.

storical actor and his awareness of alternatives of action in both time and space. How did persons in a past society perceive their place in the temporal and spatial sense, an untertake decision making accordingly? To what extent did the timing and spacing of persons, objects, and events in past environments influence the management of human affairs?"

Wir kommen nun zum letzten Punkt, den wir für entscheidend für die „New Historical Geography" der achtziger Jahre halten. Dieser Punkt kann als „Gesellschaftsrelevanz" beschrieben werden.[84] Beginnend mit der mittlerweile schon klassischen Arbeit von David HARVEY, „Social justice and the city" (London 1973) wurde ein starkes Ungleichgewicht entdeckt

„between the sophisticated theoretical and methodological framework which we are using and our ability to say anything really meaningful about events as they unfold around us."[85]

Der traditionellen Richtung innerhalb der Historischen Geographie wurde vorgeworfen, daß sie mehr an ihren Forschungsarbeiten per se interessiert gewesen sei als an dem Sinn ihres kulturgeographischen Bemühens: „Sie hätten die Historische Geographie in eine bedenkliche intellektuelle Isolation gerieben."[86] Gesellschaftsrelevanz meint in diesem Zusammenhang die Betonung des Menschen gegenüber der Landschaft als Forschungsobjekt, da der Mensch der eigentliche Verursacher des Landschaftswandels ist. Gesellschaftsrelevanz wendet sich ebenso gegen die Betonung von Gegenständen anstatt von Ideen und Symbolen, von Ereignissen anstatt von Verhalten und von äußeren Formen anstatt inneren Prozessen.[87]

Der „New Historical Geography" insbesondere des angelsächsischen Bereichs wird häufig ein starker politisch - moralischer Grundzug nachgesagt, insbesondere in der Form eines „Humanmarxismus".[88] Dieses Phänomen darf aber weder überbetont werden, noch darf es zu einer Gleichsetzung aller in der neuen Richtung Engagierten führen. Es ist ein allgemeines Charakteristikum der politischen Kultur Großbritanniens, daß „moral issues" eine Notwendig-

---

[84] Vgl. Anngret SIMMS (1979: 6).

[85] David HARVEY (1973: 128f.).

[86] Alan A.H. BAKER zitiert in Anngret SIMMS (1979: 6).

[87] Diese Aufzählung beruht auf der Darstellung von Anngret SIMMS (1979: 6) bereinigt von Übersetzungsungenauigkeiten.

[88] Vgl. zum Beispiel Anngret SIMMS (1982).

keit jedweder Aktivität mit ausgesprochen gesellschaftlicher Relevanz bilden.[89] So ist denn auch die von vielen bevorzugte Auseinandersetzung mit dem Marxismus auf den „jungen Marx" bezogen und nicht so sehr auf dessen politökonomische Schriften.

Nachdem die wesentlichen Basishypothesen der „New Historical Geography" in ihrer historischen Entwicklung dargestellt sind, werden anschließend zwei Problembereiche näher betrachtet, die für die neue Konzeption grundlegende Bedeutung besitzen. Hier ist die Frage nach dem Zusammenhang von menschlicher Aktion und Raum gemeint und das damit in Verbindung stehende Problem der Integration der Historischen Geographie in den breiten Kanon der Wissenschaften vom menschlichen Verhalten.

Im Problembereich Integration war die Ausgangssituation in Großbritannien und den USA sehr ähnlich und doch wurden unterschiedliche Lösungen angestrebt. Die Historische Geographie stand im englischsprachigen Raum, ganz im Gegensatz zur bundesdeutschen Historischen Geographie, in sehr engem Kontakt zur Geschichtswissenschaft. Der Zustand, den G.S. DUNBAR 1980[90] schildert, ist repräsentativ für die Zeit bis in die erste Hälfte der siebziger Jahre. DUNBAR bezeichnet Historische Geographie als die Art von Geographie, die von Geographen in der bei Historikern üblichen Form betrieben wird. Historische Geographen waren in der Regel bis zu diesem Zeitpunkt geschult in geschichtswissenschaftlicher Methodik, lasen Zeitschriften der Historiker und veröffentlichten in diesen Beiträge in allgemein geschichtswissenschaftlicher Manier. Sie blieben allerdings Geographen und konnten von Historikern durch ihre stärkere Betonung der Kartographie, von Umweltstudien und durch Feldforschung unterschieden werden.

Diese Situation änderte sich zumindest für die Historische Geographie Großbritanniens Anfang der siebziger Jahre. Während noch H.C. DARBY 1973 in der Einleitung zu „A new historical geography of England" behauptete, Hi-

---

[89] Vgl. Karl ROHE (1984: 173f.)

[90] Vgl. G.S. DUNBAR (1980: 1). Dunbar macht weiterhin darauf aufmerksam, daß Historische Geographie im 19. und beginnenden 20. Jahrhundert den Bereich der nicht-physischen Geographie benannte. In seinem Aufsatz wird der große Einfluß der Geschichtswissenschaft auf die Geschichte der Historischen Geographie deutlich. Dieser Einfluß wird bei der ohnehin nur fragmentarisch aufgearbeiteten Geschichte der Historischen Geographie häufig vernachlässigt. Einzig Klaus FEHN (1982) scheint dem Einfluß der Geschichtswissenschaft gebührenden Raum einzuräumen.

storische Geographie werde stets spezifisch eigene Probleme und Prozesse zu untersuchen haben,[91] war es ein Hauptanliegen der „New Historical Geography", die isolationistische Entwicklung der Historischen Geographie durch interdisziplinäre Integration zu ersetzen. In der angelsächsischen Historischen Geographie war damit zunächst die Integration innerhalb der Allgemeinen Geographie gemeint und anschließend, als deren purer räumlicher Ansatz der historisch-geographisch regionalen Synthese nicht entsprechen konnte, wurde vor allem die Annäherung an Disziplinen, wie Anthropologie, Archäologie und Soziologie gesucht. In dieser teilweise recht polemisch geführten Diskussion, in der neben unterschiedlichen Inhalten auch unterschiedliche Verhaltensweisen aufeinanderprallten, kommentierte Mark BILLINGE das Verhalten folgendermaßen:[92]

„It should no longer surprise the historical geographer to learn that not all the fairies at the bottom of the garden are fellow geographers. Neither is there anything revolutionary or even new in the assertion that geography possesses a number of related and well endowed neighbours, whose gardens have frequently appeared rather more ordered than our own."

Während in Großbritannien die Annäherung an die Sozialwissenschaften und an Modelle und Theorien generellen menschlichen Verhaltens gesucht wurde, verlief die Diskussion um Integration in Nordamerika auf der Grenzlinie zwischen Geographie und Geschichtswissenschaft. Traditionell ist hier der Kontakt zwischen Geographie und Geschichtswissenschaft eng. Beide Wissenschaften arbeiten sehr quellennah. Als Kontaktstelle dienen die Archive, welche auf Konferenzen Historiker und Historische Geographen zusammenführen.[93] Zudem ist die nordamerikanische Historische Geographie sehr stark von den Arbeiten der „New Economic History"[94] beeinflußt worden und stand damit zeitweise in der „Vorfront"[95] der Bewegung hin zu einer systematischen Sozial- und Wirtschafts-

---

[91] Das entsprechende Zitat findet sich bei Alan R.H. BAKER (1979: 560).

[92] Zitiert in R.A. BUTLIN (1982: 13).

[93] Vgl. Ralph E. EHRENBERG, ed. (1975) und Jonathan LEVINE (1971). Einen Überlick über die Nordamerikanische historisch geographische Forschung geben ERNST/MERRENS (1978).

[94] Zur New Economic History vgl. Reinhart IMMENKÖTTER (1978) und für die Verbindungen zur nordamerikanischen Historischen Geographie William NORTON (1984).

[95] Jonathan LEVINE (1971: 27).

geschichte. Hier stellte sich die Entwicklung keineswegs einseitig orientiert dar, wie es in Großbritannien immer wieder beklagt wurde, denn auch Historiker begannen, sich räumlichen Problemen zu widmen und den Raum als Beschreibungs- und Erklärungskategorie in ihre Arbeiten einzubeziehen.[96]

Vorläufiges Endergebnis dieses geschichtswissenschaftlichen Einflusses auf die nordamerikanische Historische Geographie sind die Ausführungen von William NORTON (1984). Dieser tritt, ausgehend vom Einbezug von Fragestellungen und Methoden vor allem quantitativer Art, für eine pluralistische Anwendung von Theorien und Modellen ein. Besonderes Gewicht legt NORTON auf die Untersuchung von Kulturlandschaftswandel als räumlichem Prozeß. Dabei sind Kulturlandschaftsphänomene für ihn das Ergebnis von Prozessen unterschiedlichster Art. Gesellschaftliche, kulturelle und ökonomische Prozesse vereinigen sich im Wandel der Kulturlandschaft. Eine Analyse lediglich aufgrund der Form, das heißt der geometrischen Form im Sinn von Raumstruktur, ist so nicht möglich. Vielmehr durchläuft ein Prozeß die Form. Diesen Vorgang gilt es zu untersuchen und eventuell Prozeßgesetze zu ermitteln.

Nach dem bisher Gesagten ist es nicht verwunderlich, wenn wesentliche Stellungnahmen zum Verhältnis von Geschichtswissenschaft und Historischer Geographie aus dem Bereich Nordamerikas stammen. Hier begann die Diskussion ab Anfang der siebziger Jahre mit Stellungnahmen eher traditioneller Historischer Geographen, die die historistische Einstellung vertraten, beide Wissenschaften teilten das gemeinsame Vorhaben, vergangene Phänomene in ihrer eigenen Zeit zu studieren. Sie sahen zudem Geschichtswissenschaft und Historische Geographie als analog, komplementär und interdependent.[97] Dabei traten die Historischen Geographen nicht in interdisziplinärem Vorhaben auf, sondern verstanden Historische Geographie in ihren Forschungen und Ergebnissen als Konkurrent der Geschichtswissenschaft; sicherlich verständlich und die einzige Möglichkeit der Historischen Geographie im Rahmen neuer Entwicklungen ihr Gewicht zu erhalten, wurden doch Geographie und Historische Geographie allzulang lediglich

---

[96] Ein sehr schönes Beispiel gibt Charles TILLY, ein bekannter Wirtschaftshistoriker in Zusammenarbeit mit R.A. SCHWEITZER bei der räumlichen Analyse kommunalpolitischer Konflikte in London 1758 - 1834, vgl. TILLY/ SCHWEITZER (1982).

[97] Vgl. D.W. MEINIG (1978: 1186).

als Quelle von Modellen und Formeln benutzt, ohne auf speziell räumliche Probleme einzugehen.[98] Die Karte als Darstellungsmittel von Verteilung und Koexistenz von Dingen im Raum war mittlerweile auch von Historikern entdeckt worden und zum normalen Handwerkszeug des Historikers avanciert,[99] insbesondere bei regionalen Untersuchungen.

D.W. MEINIG stellte 1978 seine Vorstellungen einer historisch ausgerichteten Historischen Geographie vor.[100] Ausgehend von den Vereinigten Staaten als einem dynamischen Raum und damit als einer Kultur, einer Gesellschaft und einer Nation, die ständig ihre räumliche Ausdehnung, Struktur, Funktion und ihren Inhalt ändert, meinte er, ein Konzept vorstellen zu können, das zwar ein geschichtswissenschaftliches sei, das aber ebenso für Geographen offenstände,[101] da es die geographische Sichtweise integriert, welche weniger mit „zufälligen" (episodic) politischen Ereignissen befaßt sei als vielmehr mit meßbaren kulturellen Resultaten, wie landeskundlicher Architektur, Stadtplänen, Agrarsystemen, Kirchspielen und sozialen Institutionen sowie mit der Bewegung (Zirkulation, Diffusion, Migration etc.) von Diensten und Waren.[102] Hierfür sieht er die dreifach geographische Untersuchung von Kulturlandschaft, räumlichem System und Sozialgeographie als adäquates Konzept an. Jeder räumliche Kern, der die amerikanische Geschichte bestimmt hat, besteht, wenn er als räumliches System aufgefaßt wird, aus einem Netzwerk von Knoten und Verbindungen, die die Bewegung von Menschen, Waren und Informationen innerhalb der definierten territorialen Grenzen festlegt. Die offensichtlichsten Subsysteme

---

[98] Vgl. Edward M. COOK (1980: 20).

[99] Vgl. Jan O.M. BROEK (1941: 323) und David WARD (1975: 84).

[100] Etwas irritierend scheint in diesem Zusammenhang die Tatsache, daß D.W. MEINIG seine Ausführungen allein auf geographische und historisch - geographische Studien stützt. Ein Resultat der Öffnung der Disziplin sollte es sein, Arbeiten aus den Nachbarfächern wahrzunehmen.

[101] Vgl. D.W. MEINIG (1978: 1188). An einer anderen Stelle beschreibt MEINIG diese Sichtweise als fundamental geographisch und historisch zugleich. Amerikas Geschichte ist dabei eng verbunden mit dem Wandel von Orten (places), Gemengen von Orten (congeries of places), der Struktur von Orten und dem System von Orten; vgl. (1978: 1202). Schon MEINIGs Aufzählung läßt den immer noch bestehenden landschaftsgeographischen Charakter vieler nordamerikanischer Studien nachvollziehen.

[102] Vgl. D.W. MEINIG (1978: 1193).

dieses Kerns stellen das politische Subsystem mit seinen Standorten und seiner Infrastruktur sowie das ökonomische Subsystem mit seinen Standorten, Verbindungslinien und Märkten dar.[103] Die Kulturlandschaft zeigt sich im Kern als Resultat der Besiedlung eines bestimmten Landesteiles durch eine Immigrantengruppe, die das Land durch eine bestimmte Geometrie, Morphologie, Siedlungsform und die Einführung einer bestimmten Wirtschaftsweise sowie Umweltbeeinflussung gezeichnet hat. Mit Hilfe der Begriffe der Sozialgeographie läßt sich derselbe Kern nach der Verteilung demographischer Strukturen und der Lokalisation bedeutender sozialer Gruppen untersuchen.

Mit Regionalstudien dieser Art versucht D.W. MEINIG der Historischen Geographie eine neue Aufgabe zuzuweisen und der Forschung ihren eigenständigen Charakter zu erhalten, obwohl geschichtswissenschaftliche Fragestellungen, insbesondere sozialgeschichtliche, hiermit thematisiert werden sollen. Wenn allerdings eine neue Standortorientierung als historische Regionalforschung angestrebt wird, als Untersuchung von Regionen und deren lokalen Gemeinschaften, so ist die Organisierung des Datenmaterials nach chronologischen Gesichtspunkten zu verstärken. Ebenso sollten stärker biographische Methoden Anwendung finden, also solche, die systematisch unterschiedlichste Daten ein und desselben Indviduums sammeln. Erst hierdurch werden soziale Veränderungen und die Einflüsse globaler Ereignisse sichtbar.[104]

In der neuen Geographie Großbritanniens dagegen fand eine Auseinandersetzung mit geschichtswissenschaftlichen, insbesondere mit lokalhistorischen Arbeiten erst sehr spät statt, eingentlich erst zu dem Zeitpunkt, als die Fragestellung einigermaßen vorformuliert dastand. Auch Alan R.H. BAKER und Derek GREGORY, um die bekanntesten Namen zu nennen, geht es um Perioden und Orte, mehr als um Zeiten und Räume. Das Lokale wird als integraler Bestandteil sozialer Prozesse gesehen und darf nicht mit der räumlichen Organisation verwechselt werden, die im Verdacht steht, nach Naturgesetzmäßigkeiten strukturiert zu sein anstatt konzeptionell vom Menschen auszugehen.[105] Innerhalb dieses Lokalen interessieren den Historischen Geographen an der geschichtswissenschaftlichen Forschung die Elemente, welche lokale Gemeinschaft (connectedness) ausmachen.

---

[103] Vgl. hier und im folgenden ibidem: 1190f.

[104] Vgl. hierzu auch Allan KULIKOFF (1973).

[105] Vgl. Alan R.H. BAKER (1981: 439 und 441).

Kontinuität, Bedeutungsinhalt von Raum als Ort und Bedeutungsinhalt von Identität und Gemeinschaft interessieren die „New Historical Geography".[106]

Die „New Historical Geography" möchte dabei einen Mittelweg zwischen der Historischen Geographie des logischen Positivismus mit ihrem „antiseptischen"[107] Verständnis von Erdoberfläche und der stark gefühlsbetonten Historischen Geographie der Phänomenologie einschlagen. Dabei war der Weg hin zu einer eigenständigen Konzeption lang und von vielen Versuchen, teils konstruktiven teils in die Irre führenden, begleitet. „What kind of theory"[108] war die beherrschende Frage der Historischen Geographie in der zweiten Hälfte der siebziger Jahre. Dabei hatten sicherlich den meisten Einfluß die marxistische Sozialtheorie, die Phänomenologie und der französische Strukturalismus.

Die Eckpfeiler der von Alan R.H. BAKER und Derek GREGORY vertretenen Konzeption einer „New Historical Geography" bilden der anthropologisch - humanistische Ausgangspunkt, die Frage nach den Beziehungen zwischen sozialer Aktion und Sozialraum sowie die Annäherung (rapprochement) an die historischen Wissenschaften und Übernahme historischer Methodologien. Diese Elemente haben sich ungefähr in dieser Reihenfolge herausgebildet.

Ausgehend von der Region, dem Ort, der Siedlung oder Gemeinde im soziologischen Sinn,[109] wollen BAKER und GREGORY sowohl die Region als auch die Menschen, die darin leben zu ihrer Aufgabe machen. Die Region wird hierbei als Vermittler zwischen Lokalem und Nationalem angesehen. Die Bedeutung der Siedlung für bestimmte soziale Gruppen im historischen Prozeß ist die grundlegende Fragestellung. Die Bedeutung im soziologischen Sinn ergibt sich aus den Formen der sozialen Integration oder Desintegration, durch räumliche Integration oder Desintegration, und den Gemeinschaft bildenden Formen der Region.

Region wird als Totalität aufgefaßt, als Beziehungsgeflecht sozialer und

---

[106] Vgl. die Berichterstattung von Nigel J.THRIFT (1980) über lokalhistorische Studien. Gerade durch die starke auch außeruniversitär beeinflußte, Lokalgeschichte in Großbritannien ist der Kontakt zu Historischen Geographen eng geworden. Die Landschaft und das Erbe der Landschaft sind ständige Themen in der Zeitschrift THE LOCAL HISTORIAN. Unter Landschaft wird im englischsprachigen Raum allerdings auch die Stadtlandschaft verstanden.

[107] Richard DENNIS (1983: 587).

[108] Richard DENNIS (1984: 536).

[109] Wir werden auf diese Begriffe später noch näher eingehen. Zunächst reicht zum Verstehen das Alltagsverständnis.

räumlicher Beziehungen, die nur in ihrer Gänze regionale und überregionale Prozesse erklären kann. Auf der Suche nach Erklärungen für dieses Beziehungsgeflecht müssen zunächst allgemeine räumliche Konzepte gefunden werden, die bestimmte soziale Strukturen und Veränderungen in ebendiesen erklären helfen:[110]

„spatial structures are implicated in social structures and each has to be theorised with the other."

Über diese räumliche Synthese kamen BAKER und GREGORY zu unterschiedlichen Lösungsstrategien. Während ersterer das Konzept der französischen Annales-Schule bevorzugt, betont letzterer das Konzept eines humanistischen, strukturalen Marxismus. Während BAKER sich von der Annales Schule mit ihrem Schwergewicht auf Mentalitäten und alltäglichen Strukturen eine Phänomenologie auf materieller Basis erhofft,[111] meint GREGORY, durch die marxistische Geschichtstheorie den Konflikten und damit der historischen Bewegung in der Region näherzukommen. Diese Konflikte zeigen sich vor allem in Klassenkämpfen und in dem antagonistischen Widerspruch von Produktionsverhältnissen und Produktionsmitteln. Dieses Konzept hält er aus mehreren Gründen für wertvoll:[112]

„in the broadest of terms, because it takes seriously the dynamics of historical change. But its attractions can be stated more precisely: firstly, it is a humanistic approach which reinstates the role of human agency; secondly, it emphasises a view of history as being specific to particular places; thirdly, it requires a marriage between empirical and theoretical analysis, a recognition of the development of particular economic formations of society as a process governed by general laws; fourthly, it argues that both particularisations and generalisations are integral to the totality of history; and fifthly, it advocates the practice of a committed research and writing by historical scholars."

Humanistischer Marxismus oder strukturalistischer, französischer Marxismus und „histoire totale" bilden nicht die einzigen Grundlagen. Diese werden ständig erweitert und verändert durch die Diskussion weiterer Konzepte, die immer häufiger aus der Soziologie stammen, wie das Modell der Strukturation von Anthony GIDDENS, einem gedanklichen Rahmen, der alle Prozesse und ihre Elemente als Ursache und Wirkung zugleich auffaßt.[113]

---

[110] Derek GREGORY (1978a: 172).

[111] Wir kommen später auf das Konzept der Annales - Schule zurück.

[112] Alan R.H. BAKER (1985: 13).

[113] Vgl. hierzu näher Kapitel 6.1.4.

Die ständige Suche nach neuen Konzepten ist geradezu Programm der „New Historical Geography" geworden, ein Programm, das sich gegen die Selbstzufriedenheit der traditionellen Historischen Geographie wendet. Dabei fehlen aber immer noch grundlegende methodische Arbeiten zur Fundierung der Forschung. Es ist daher schwierig, die „New Historical Geography" konzeptionell wiederzugeben. Das allerdings sollte mit dem bisher Gesagten auch nicht versucht werden. Vielmehr bestand die Aufgabe darin, überhaupt auf neue Ansätze aufmerksam zu machen und den theoretischen und methodischen Rahmen des Problemfeldes abzustecken. Diese Aufgabe wird auch bei der Untersuchung der französischen Historischen Geographie verfolgt werden.

2.5. Die Historische Geographie in Frankreich

Es gehört zu einer der schwierigsten Aufgaben, die Historische Geographie in Frankreich darzustellen. Wie läßt sich etwas beschreiben, das in realiter nicht existiert, ein Wissenschaftsbereich, in dem Xavier De PLANHOL von sich behauptet, der einzige Historische Geograph zu sein und Historische Geographie als „coquetterie"[114] der Geschichtswissenschaft aufgefaßt wird. Zu beherrschend ist die Annales - Schule, die alle neuen Richtungen aufsaugt, die die Historische Geographie „amputiert"[115]. Folglich existiert in Frankreich eine geographische Geschichte eher als eine Historische Geographie.[116] Seit den dreißiger Jahren diesen Jahrhunderts verlor die Historische Geographie für die gegenwartsbezogene Geographie mehr und mehr an Bedeutung. Dagegen wurden geographische Aspekte von Vertretern der Annales-Schule in die geschichtswissenschaftliche Forschung eingebaut, so daß wir heute den Zustand vorfinden, daß historisch-geographische Themen eher von Historikern als von Geographen bearbeitet werden. Dagegen ist die historisch-geographische Forschung von der Geo-

---

[114] Ein Ausdruck, den Pierre CHAUNU (1969: 67) benutzt. Er meint damit allerdings eher eine geographische Geschichte und nicht eine Historische Geographie.

[115] Ein Ausdruck von John Fraser HART (1982).

[116] Auch Paul CLAVAL bedauert den mächtigen Einfluß der Geschichtswissenschaft auf die Historische Geographie (vgl. Paul CLAVAL ,1984).

graphie marginalisiert worden.[117]

Die Grenzen sind innerhalb des Konglomerats, welches Annales genannt wird, traditionell fließend, da die Geschichtsschreibung der Annales von Anbeginn an stark durch Geographen, wie Vidal de la BLACHE beeinflußt war,[118] doch scheint der geographische Aspekt, der traditionell am Objekt orientierten sowie der geometrischen den Raum ordnenden Geographie im Laufe dieses Vorgangs verloren gegangen zu sein. Die sehr eingeschränkte Entwicklung der französischen Historischen Geographie resultiert allerdings nicht nur aus der Annexion durch Historiker, sondern auch aus der Unfähigkeit der Geographen, auf diese Herausforderung zu reagieren. Alan R.H. BAKER macht für dieses Versagen zwei Gründe verantwortlich. Zum einen die seiner Meinung nach zu starke Gegenwartsorientierung und zum anderen das Fehlen von Geographen, welche sich in Debatten mit Historikern engagieren.[119] Personell ist die historisch-geographische Forschung von einzelnen Personen und ihren Eigeninitiativen abhängig. So ist es auch verständlich, daß sich keine eigenen Forschungsprinzipien herausgebildet haben, die eine Disziplin konstituieren könnten.[120]

Symptomatisch für die Situation der Historischen Geographie in Frankreich scheint zu sein, daß die methodische und konzeptionelle Diskussion von Fachvertretern aus dem englischsprachigen Raum geführt wird.[121] Was französische Geographen zur Neuorientierung des Faches zu sagen haben, wird man noch abwarten müssen. Es sollte allerdings mehr dabei herauskommen als neue Begriffe und Vortheorien für alte Ansätze.[122]

---

[117] Vgl. Jean-Claude BOYER (1978). In der anschließenden Diskussion versucht, Xavier de PLANHOL, die Ausführungen von BOYER abzuschwächen und die Situation der Historischen Geographie in ein etwas positiveres Bild zu rücken.

[118] Vgl. die Arbeit von Lucien FEBVRE (1970=1922), einem Mitbegründer der namenstiftenden Zeitschrift.

[119] Vgl. Alan R.H. BAKER (1984: 13f.).

[120] Vgl. die sehr eindringlichen Schilderungen von De PLANHOL (1972: 31).

[121] Vgl. das Heft 15 (1985) 1 der Zeitschrift L'ESPACE GEOGRAPHIQUE mit Beiträgen von Alan R.H. BAKER, Hubert BEGUIN, FINDLAY/PADDISON, T.W. FREEMAN und Gilles SAUTTER.

[122] Neue "vocabulaires" und "pre - theories" scheinen zum Beispiel die Essenz bei Paul CLAVAL (1984).

In Frankreich ist davon auszugehen, daß jeder Historiker mit der Geographie ebenso berührt wird, wie jeder Geograph Geschichte studiert.[123] Beide Wissenschaften gehen eine Allianz ein, ohne daß klare Regeln für diese Allianz vorlägen. Vor dem Auftreten der Annales - Schule konnte man Historiker und Historische Geographen danach unterscheiden, daß erstere sich mehr der Oberschicht, die zweiten mehr der Masse der Bevölkerung widmeten. Mit der Annales - Schule wurde das Terrain in den Forschungsprozeß integriert. Unter Terrain verstand man einen von Vidal de la BLACHE formulierten Inhalt, nämlich die Natur, und die Frage, wie Zivilisationen damit umgehen, sich auf ihr bewegen und zueinander verhalten. Diesem, vor allem von Lucien FEBVRE[124] vertretenen Konzept, fügte Fernand BRAUDEL weitere Aspekte hinzu. Er behandelte den Raum, das heißt den Naturraum und den politischen, geopolitischen Raum, innerhalb der „long durée" als etwas, daß sich entweder nur sehr langsam ändert oder überhaupt bestehen bleibt (formidable permanence). Innerhalb seiner Strukturgeschichte steht der Raum zwar gleichberechtigt aber doch recht unvermittelt neben anderen gesellschaftlichen Dimensionen. Weiterhin benutzte er den Naturraum und naturräumliche Einheiten zur Abgrenzung von Gesellschaften. Damit handelte er sich den Vorwurf eines Naturdeterminismus ein. Es war ihm so allerdings möglich, Geschichte als die Aufeinanderfolge von vergangenen Geographien zu schreiben.[125] Sein geopolitischer Ansatz bringt als säkulare Entwicklung mit sich, Historische Geographie, oder besser geographische Geschichte, großen Raumeinheiten zuzuordnen, sie als Makrogeschichte im Gegensatz zur Mikrogeschichte der Annales zu installieren.[126]

Durch den Einfluß von BRAUDEL und den starken Einfluß von Vidal de la BLACHEs ökologischer Sichtweise waren in der französischen Geschichtsschreibung solche Arbeiten wie über das Klima möglich. Auch hat die enge Verbindung von Raum, Natur und Gesellschaft die Mentalitätsgeschichte gefördert, denn man ging stets davon aus, daß die Beziehungen der Menschen zum Milieu durch die

---

[123] Die folgenden Ausführungen stützen sich im wesentlichen auf den Bericht von Jean-Pierre RAISON (1978).

[124] FEBVRE sah die Rolle der Historischen Geographie in der Rekonstruktion dessen, was in offiziellen Quellen nicht überliefert ist.

[125] Vgl. hierzu auch die Ausführungen von Alan R.H. BAKER (1984: 15).

[126] Vgl. in diesem Sinn Pierre CHAUNU (1969: 71).

Zivilisation vermittelt sind und durch ihre Wertvorstellungen das Landschaftspotential bewertet wird. Somit stellte sich diese Vermittlungsebene als notwendiges Untersuchungsobjekt dar. Die Bedeutung der Geschichtswissenschaft für die Historische Geographie in Frankreich war hauptsächlich dadurch gegeben, daß die Geschichtswissenschaft stets versuchte, präzise und exakte Konzeptionen zu entwickeln, wie der (Natur-) Raum in einen historischen Diskurs einzubeziehen sei. Gerade an diesen exakten Methoden mangelte es der Historischen Geographie in Frankreich. Hieran ist wiederum die Übermacht der Annales zu erkennen. Kaum einmal werden Modellvorstellungen der Geographie übernommen. Demgegenüber wird für die Historische Geographie die Anwendung historischer Modelle, wie Entwicklungstheorien, verlangt.[127] Abschließend ist festzustellen, daß die Historische Geographie auch in Zukunft stark geschichtswissenschaftlich ausgerichtet und beeinflußt sein wird. Die neue Geschichtswissenschaft in Frankreich, die sich nicht mehr mit dem Schlagwort Annales fassen läßt, ist an Räumen und der räumlichen Dimension interessiert. Dies zeigt die Herausgabe einiger neuer Zeitschriften, wie ESPACES TEMPS[128] und HISTORIENS ET GEOGRAPHES[129]. Genauso aber könnte sich die Historische Geographie den Feldern widmen, die von Historikern vernachlässigt werden. Hier böte sich die Siedlung mit all ihren Problemen in Vergangenheit, Gegenwart und Zukunft an. Diese ist auch von Historikern in Frankreich nicht in ihrer vollen Komplexität behandelt worden. Es wäre allerdings schade, würde die Historische Geographie in diesem Fall in einen Historismus verfallen, wie ihn Gilles SAUTTER verlangt.[130] Eine moderne Historische Geographie muß sich als Pro-

---

[127] Vgl. die kritischen Ausführungen von Loic ROGNANT (1980).

[128] Journal de la section histoire géographie de l'école normale superieure de l'enseignement technique. Sie erscheint seit 1975 in Cachan.

[129] Eine Zeitschrift, die sowohl Beiträge der Geschichtswissenschaft wie auch der Geographie abdruckt und sich gerade der populären Vermittlung von Zeitproblemen verschrieben hat. Eine Zeitschrift, die eher auf Lehrer und Pädagogen gerichtet ist, durch diese Bezugsgruppe aber auch keine Berührungsängste gegenüber Medien und neuen Medien kennt.

[130] Vgl. Gilles SAUTTER (1985: 60). SAUTTER wirft der neuen Geschichtsschreibung in Frankreich vor, nur noch von der Gegenwart auszugehen und somit die echte, wahre (veritable) Erklärung vergangener Tatbestände verlassen zu haben. Die Vergangenheit sieht er innerhalb der Geschichtswissenschaft "nur" noch als Gegensatz zur Gegenwart, nicht mehr als Beweger und Einfluß, nicht mehr als Macht (vgl. loc. cit.).

blemwissenschaft begreifen und somit von Gegenwartsproblemen ausgehen. Die Probleme der Vergangenheit können nicht mehr gelöst werden, sie sind Vergangenheit. Problemstellungen der Vergangenheit können aber als Vergleichsmaß in Raum und Zeit dienen und können Anhaltspunkte für Lösungen anbieten.

3. DIE PHASE DER VORLÄUFIGEN PROBLEMDEFINITION

3.1. Die Historische Geographie als Grenzwissenschaft in historischer Perspektive

Bisher wurde bei wissenschaftstheoretisch und methodisch angelegten Überlegungen, Aufgaben und Gegenstand der Historischen Geographie zu bestimmen, stets versucht, diese von anderen, insbesondere Nachbarwissenschaften abzugrenzen. Das geschah, um nicht als reine Hilfswissenschaft von Geographie und Geschichtswissenschaft oder einem ihrer Spezialgebiete - Kulturlandschaftsforschung und Geschichtliche Landeskunde[131] - betrachtet zu werden. Mit dieser hilfswissenschaftlichen Funktion hatte die Historische Geographie seit Beginn ihrer Disziplingeschichte zu kämpfen. Hermann OVERBECK[132] führt diese Tatsache auf die fehlende eigenständige Fragestellung zurück. Zwar hatte die von Geographen und Historikern um die Jahrhundertwende gleichermaßen intensiv betriebene Historische Geographie die Notwendigkeit einer Synthese zwischen Geographie und Geschichtswissenschaft erkannt, doch fehlten ihr infolge der Unterentwicklung der Wissenschaftsmethoden die entsprechenden Forschungsmöglichkeiten. Das Mißlingen dieser Synthese war, neben der fehlenden Fragestellung und der fehlenden methodischen Grundlagen, Resultat der nicht vorhandenen institutionellen Verankerung der Historischen Geographie in Deutschland. Das führte dazu, daß Historische Geographie entweder geschichtswissenschaftlich oder geographisch orientiert war. Historische Geographie wurde von den Mutter-

---

[131] Wir übernehmen hier nicht die Bezeichnungen von Hermann Overbeck (1978: 192), welcher die Historische Geographie als Grenzgebiet zwischen Geographie und Geschichtlicher Landesforschung sieht. OVERBECKs Definition stammt aus einer Zeit der regen Diskussion zwischen Geographie und Geschichtlicher Landeskunde oder Geschichtlicher Landesforschung Anfang der fünfziger bis Mitte der sechziger Jahre. Das zeigt allein die Tatsache, daß verschiedene geographische Aufsätze innerhalb geschichtswissenschaftlicher Veröffentlichungen publiziert wurden. OVERBECKs Aufsatz erschien in den Blättern zur deutschen Landeskunde. Auch Peter SCHÖLLER ist in diesem Zusammenhang zu nennen (vgl. zu SCHÖLLERs Kulturraumkonzept Kapitel 5.3.). Aus der Sicht der Erstveröffentlichung des Beitrages von OVERBECK (1954) stimmt die Bezeichnung Geographie sicherlich, denn es könnte die Hypothese gestützt werden, daß alle Geographie vor dem Paradigmawechsel Ende der sechziger Jahre Historische Geographie gewesen sei. Die Bezeichnung Geschichtliche Landeskunde ist gewählt, da sie durch die Namensgleichheit mit einem Seminar an der Universität Bonn in der Realität vorzufinden ist.

113 Hermann OVERBECK (1978: 192f.).

disziplinen jeweils als das interpretiert, was hilfswissenschaftlich verwertbar schien.

Es stellt sich die Frage, wie es zu dieser Trennung von Historischer Geographie und Geschichtswissenschaft kam, eine Trennung, die die Trennung von Geographie und Geschichtswissenschaft als Voraussetzung hatte. Die Genese dieses Prozesses läßt sich progressiv bis in die zwanziger Jahre unseres Jahrhunderts verfolgen. Sie stellt eine zeitlich und hierarchisch gegliederte Abfolge von Abgrenzungsversuchen dar.

Die Gemeinsamkeiten von geschichtswissenschaftlicher Seite her gesehen beliefen sich lediglich auf gemeinsam zu nutzende Quellenbestände, zum Beispiel Urbare, oder auf die Anerkennung der Karte als Analyse- und Darstellungsmittel. So dienten Verbreitungskarten der historischen Kulturraumforschung Bonner Provenienz dazu, Kulturräume abzugrenzen, und historische Karten und Atlanten waren ein willkommenes Medium der visuellen Kommunikation auf niedriger Abstraktionsebene.[133] Ansonsten hatte die Historische Geographie die „Geographische<n> Grundlagen der Geschichte"[134] bereitzustellen. So behandelte schon Johann Gustav DROYSEN die Geographie als historische Hilfswissenschaft, deren Ergebnisse von der Geschichtswissenschaft interpretiert werden müssen:[135]

„Die Interpretation der geographischen Bedingungen umfaßt natürlich auch die der klimatischen, der Produktionsverhältnisse, alle jene unzähligen Einwirkungen, die das natürlich Gegebene auf den Menschen leiblich und geistig übt."

Historische Geographie wurde von DROYSEN nicht als eigentlich historische Wissenschaft angesehen, da ihr Subjekt „nur das Land, das Stück Erde, an dem

---

[133] Vgl. hierzu vor allem A.v.BRANDT (1980).

[134] So der Titel des bekannten Buches von Hugo HASSINGER (Freiburg 1931).

[135] Johann Gustav DROYSEN (1977: 177). DROYSEN ist einer der Mitbegründer der historischen Methode und galt vielen Historiker-Generationen als Vorbild. Obwohl er Geographie hilfswissenschaftlich betrachtet, geht er doch über einige vorhergegangene Klassifizierungsversuche hinaus, welche Geographie, eine Stufe tiefer, den historischen Elementarwissenschaften zuordnen wollten. Wie im Zitat schon angedeutet wird, versteht DROYSEN unter Geographie die Natur; geographische Bedingungen sind natürliche Bedingungen, Produktionsverhältnisse sind die natürlichen Bedingungen der Produktion. Der Begriff „Interpretation" stellt den Schlüsselbegriff der historischen Methode dar und sollte mit dem aus dem Verstehen, dem Einfühlen, herauswachsenden Vorgang gleichgesetzt werden.

die Veränderungen vor sich gehen"[136] ist. Diese Unterscheidung nach Subjektfeldern oder Gegenstandbereichen diente lange Zeit zur Unterscheidung der Disziplinen, und wirkt auch heute noch nach, wenn auch zwischenzeitlich eine Differenzierung nach den Methoden vorgenommen wurde. Wir werden darauf noch eingehen. Von einigen jüngeren Historikern wird insbesondere die Unterscheidung nach Gegenstandsbereichen in Frage gestellt. So weist Carl-Hans HAUPTMEYER auf die Forschungsgemeinsamkeiten zwischen Geographie und Geschichte hin und möchte für den „Überschneidungssaum"[137] das Adjektivpaar historisch-geographisch verwendet wissen. Seine Argumentation zeigt sehr deutlich, wie immer mehr die Beziehung des Menschen zum Raum in den Forschungsmittelpunkt gerät und damit eine Unterscheidung nach Gegenständen hinfällig geworden ist:[138]

„Weil Anthropogeographie Menschen und menschliche Gesellschaften in ihrer ‚Raumbezogenheit' als Forschungsobjekt besitzt, muß sie Verwandtschaften mit der Geschichte aufweisen, weil diese menschliche Gesellschaften in ihrer ‚historischen Entwicklung' untersucht - und es schließlich einerseits keine Zeit ohne Raum und andererseits keinen Raum ohne Zeit gibt."

Wesentlich engere Verbindungen wurden von Seiten der Geographie zugestanden. Hilfswissenschaftlich konnte hier die Historische Geographie nicht herangezogen werden. So wurde, und wird immer noch, von Teilen der Geographie bei Beschränkung der Untersuchung auf Erde, Raum, Region und Landschaft und deren „materiellem Gefüge"[139] unter räumlicher und zeitlicher Perspektive Historische Geographie als Teildisziplin der Geographie angesehen.

Neben quellenbezogenen Abgrenzungen existieren solche mit einer Unterscheidung im Forschungsobjekt. Neben Helmut JÄGER von geographischer Seite ist hier vor allem an Klaus FEHN zu denken. Letzterer trat 1971 für eine Kulturlandschaftsgeschichte als geschichtswissenschaftliche Aufgabe ein. Die Geschichtswissenschaft hat nach FEHN die Aufgabe, „das zeitliche Nacheinander der sich kulturlandschaftlich auswirkenden Lebensvorgänge und Kräfte zu ordnen"[140]. Eine historisch orientierte Kulturlandschaftsgeschichte sah er eng an die

---

[136] Ibidem: 178. DROYSEN bezieht sich hier auf die Historische Geographie wie er sie durch die Arbeiten von Carl RITTER kennengelernt hatte.

[137] Carl-Hans HAUPTMEYER (1976: 133 und 135).

[138] Das Zitat ibidem: 135.

[139] Helmut JÄGER (1982: 120). Vgl. auch JÄGER (1958).

[140] Klaus FEHN (1971: Anmerkung 22).

Siedlungsgeschichte angelehnt. Diese müßte sich nicht nur der Geschichte des Wohnens, sondern auch der Kulturlandschaftsgestaltung allgemein widmen.[141] Gemeinsamkeiten mit der geschichtswissenschaftlichen oder besser landesgeschichtlichen Forschung treten dann besonders deutlich zu Tage, wenn der Versuch unternommen wird, eine historisch-geographische Landeskunde zu begründen, welche mit interdisziplinärem Ansatz eine Erweiterung der Siedlungsgeschichte um den geographisch-räumlichen Aspekt zu bedeuten hätte.[142] Historische Geographie tritt in diesem Rahmen als verbindende Disziplin auf.

Das Verhältnis von Geographie zu Geschichtswissenschaft war also schon öfters Gegenstand von, allerdings verstreuten und rudimentär gebliebenen Gedanken. Die Ursache für deren geringe Wirksamkeit ist in dem bisher herrschenden Verständnis vom Zusammenhang geschichtswissenschaftlicher und geographischer Prozesse zu suchen.[143]

Eine Durchsicht der klassischen Schriften, welche eine Stellungnahme zum Verhältnis von Geographie und Geschichte vermuten lassen, ergibt eine Vielzahl unzureichender Geschichtsverständnisse, „inadequate concepts of history", wie sie Leonard GUELKE[144] nennt. Dabei war die Auseinandersetzung mit der Mensch-Umwelt Beziehung und damit mit dem jeweils anderen Fachbereich, für die Geographie der Entdecker kein Thema, da sie ihre Aufgabe in der Ansammlung von Fakten sah, die zwar thematisch das Mensch-Umwelt Verhältnis einbeziehen konnten, welche aber des Begriffes der Geschichtlichkeit nicht bedurften, da

---

[141] Vgl. Klaus FEHN (1971: 101). FEHN geht hier von der von Otto BRUNNER entworfenen Abgrenzung der Geschichtswissenschaft als Wissenschaft vom Handeln der Menschen im Gegensatz zu den Resultaten dieses Handelns, welche vor allem der Geographie zugewiesen waren. BRUNNER hat allerdings im Laufe seiner Lehrtätigkeit diese Eingrenzung des öfteren modifizieren und erweitern müssen. Vgl. hierzu die Sammlung seiner wichtigsten Aufsätze (1968) und Otto Gerhard OEXLE (1984).

[142] Vgl. hierzu vor allem Klaus FEHN (1982a).

[143] Wir sprechen hier nicht von historischen Prozessen. Historische Prozesse heben die objektivisch getroffene Unterscheidung zwischen geschichtswissenschaftlichen und geographischen Prozessen auf. Wir meinen, daß gerade die Aufhebung dieser Unterscheidung Aufgabe der Historschen Geographie ist und daß diese Unterscheidung dem Forschungsproblem nicht gerecht wird, behalten sie aber aus wissenschaftsgeschichtlichen Gründen bei.

[144] Vgl. Leonard GUELKE (1982, Kapitel 1).

sie keine Chronologie beinhalteten und auf die Frage nach Kontinuität oder Nichtkontinuität nicht eingingen.[145] Dagegen wird die Raumgebundenheit der Geschichte zum Leitmotiv von Geographie und Geschichtswissenschaft im neunzehnten und zwanzigsten Jahrhundert, im Zeitalter der Nationalstaaten. Deren materielle und ideologische Bedürfnisse bestimmten denn auch das Schicksal der Geographie. Diese wurde von der Obrigkeit gefördert, gegen den Wunsch der meisten Universitäten, welche den Sinn der Geographie nicht einsehen mochten. Ein Kompromiß bestimmte denn auch die Situation der Geographie im folgenden. Sie wurde vom „Staat" gefördert, so daß 1874 an allen staatlichen Universitäten geographische Institute bestanden.[146] Dafür wurden die Lehrstühle der Geographie fachfremd mit Gelehrten besetzt, welche ein „polyhistorisches"[147] Interesse mitbrachten. Geographie wurde so durch die übermächtige Stellung der Geschichtswissenschaft im neunzehnten Jahrhundert eine Disziplin zwischen „Philologie und Pharmazie"[148], die sich in der Heimatforschung mit der Geschichtswissenschaft traf. Die Verwissenschaftlichung des akademischen Bereichs im neunzehnten Jahrhundert geschah in der Hauptsache durch Ausdifferenzierung schon bestehender Disziplinen in viele Teilbereiche. Diese Ausdifferenzierung verlief auf der Grundlage einer historischen Sichtweise. Verwissenschaftlichung bedeutete wissenschaftliche Historisierung in einem enorm historischen Jahrhundert, das die Ge-

---

[145] Vgl. zum Beispiel A.L. BUCHER (1812).

[146] Vgl. Michel FOUCHER (1981: 17). FOUCHER stellt in diesem Beitrag sein Konzept einer Geschichte der Geographie der Geographie vor. Dank der Beherrschung geschichtswissenschaftlicher Analyseverfahren und der notwendigen Faktenkenntnis wird hiermit die bisher eindringlichste räumlich-historische Darstellung der Geschichte der Geographie geliefert. Es wäre zu wünschen, daß diese anfänglichen Überlegungen umfänglichere Formen annehmen.

[147] Vgl. Dietrich BARTELS (1982: 25). BARTELS entwirft hier, im Gegensatz zu den ausländischen Mitautoren, ein düsteres Szenario der bundesdeutschen Geographie. Die Frustration der Ende sechziger Generation, welche weder in der Bundesrepublik noch in Frankreich in die entscheidenden Positionen der Geographie eindringen konnte wird hier nur zu offensichtlich. In den Zentren der Diffusion (vgl. FOUCHER 1981) verlief die Entwicklung wesentlich evolutionärer als in der Peripherie und konnte so in einem langen Prozeß der Durchdringung taditionelle Strukturen aufweichen und Positionen besetzen, die die Kontinuität der Arbeit sicherten wie in Großbritannien.

[148] Dietrich BARTELS (1982: 25).

schichtswissenschaft als eine Art „Grundwissenschaft vom Menschen"[149] ansah und mit ihrer Hilfe erhoffte, „den wahren Schlüssel für das Verständnis der Gegenwart in den Händen zu halten"[150]. Die historische Sichtweise und die historische Methode[151] wurden im folgenden der gemeinsame Nenner der meisten Humanwissenschaften. Das hatte ohne weiteres auch für die Geographie, bzw. für die Anthropogeograhie zu gelten und selbstredend weit mehr für die Historische Geographie, sobald sie aus dem Stadium der reinen Topographie oder Wissenschaftsgeschichte heraustrat.[152] Die Tatsache verwundert also nicht, daß eine ganze Reihe von Antrittsvorlesungen das Verhältnis von Geschichtswissenschaft zur Geographie oder das historische Element in der geographischen Wissenschaft zum Thema hatten und Friedrich RATZEL sein Hauptwerk „Anthropogeographie oder Grundzüge der Anwendung der Erdkunde auf die Geschichte" nannte.

---

[149] Horst RABE (1975: 12).

[150] Loc. cit.

[151] Die historische Methode beschränkte sich für die geographische Anwendung nicht auf die spezifische Auswertung schriftlicher Quellen, sondern beinhaltete zudem die Formen historischer Erklärung: die genetische Erklärung und die evolutionäre Erklärung, welche für die Identitätsstiftung des neunzehnten Jahrhunderts eine wesentliche Rolle spielten und auch heute noch in der Historischen Geographie mit historischer Methode gleichgesetzt werden. Vgl. zur genetischen Methode in der älteren Historischen Geographie die Ausführungen von Friedrich RATZEL sowie Max SORRE.

[152] Noch auf dem siebten internationalen Geographen-Kongreß zu Berlin wurde unter der Bezeichnung Historische Geographie eine Abteilung geführt, deren Vorträge die Geschichte der Erdkunde zum Thema hatte. Das zeigt die Gleichzeitigkeit ungleichzeitiger Konzeptionen, um mit Ernst BLOCH historisch zu sprechen. Gerade um die Jahrhundertwende standen sich eine ganze Reihe alter und neuer noch nicht durchgesetzter Konzeptionen gegenüber. Noch lange nicht war entschieden, ob Historische Geographie der Geographie oder der Geschichtswissenschaft zugerechnet werden sollte. Auch das zu dieser Zeit im Aufstieg befindliche Konzept der historischen Länderkunde, das meines Erachtens zuerst durch Konrad Kretschmer formuliert wurde (vgl. KRETSCHMER 1899) war zunächst noch so universal angelegt, daß ein Ausschluß irgendeiner anderen Disziplin nicht gerechtfertigt werden konnte. Zum Ende des Jahrhunderts war eben die von Immanuel WALLERSTEIN als sectoralizing bezeichnete Spezialisierung der Wissenschaften noch nicht vollendet. Sie greift eigentlich erst nach 1918 in die Struktur der Wissenschaften ein. So muß die Äußerung von Gerhard HARD (1973: 274) dahingehend ergänzt werden, daß die Art Historische Geographie zu betreiben, abhängig war von dem Verständnis, das der jeweilige Fachvertreter - Geograph, Historiker, Ethnologe oder Archäologe - von seiner Disziplin besaß. Vielleicht ist aus dieser diffizilen Konstellation verständlich, daß wohl noch keine Darstellung der Historischen Geographie existiert, so reizvoll diese Aufgabe gerade aus heutiger Sicht auch sein mag.

Carl RITTER hatte 1833 mit seinen Ausführungen die Grundlagen für das Verhältnis von Geographie zur Geschichtswissenschaft gelegt.[153] Hier bezeichnete er das Verhältnis des Menschen zur „Erde" als den Gegenstand der Geographie. Dieses Verhältnis verändert sich ständig und erhält damit eine historische Komponente. Diese Komponente ist durch die Zeitkomponente allen Daseins bedingt und unterscheidet sich von lediglich „zufälligen historischen Beimischungen". Im Rahmen dieser immerwährenden Beziehung von Raum und Zeit betont die Geographie bei ihrer Arbeit das räumliche Nebeneinander der Örtlichkeiten, währenddessen sich die Geschichtswissenschaft dem zeitlichen Nacheinander zuwendet. Hiermit formulierte RITTER einige der auch im weiteren grundlegenden Axiome der geographischen Forschung: ihre Beschränkung auf erdoberflächliche Gegenstände und ihren räumlichen statt zeitlichen Ansatz.

Was sich bei RITTER schon angedeutet hatte, setzte sich bei RATZEL fort.[154] Die Betonung des Historischen und der Ähnlichkeiten von Geographie und Geschichtswissenschaft verkamen zu bloßen Höflichkeitsformeln. Nach der festen Konstituierung der universitären Geographie war die Festlegung der eigenen Domäne möglich und notwendig geworden,[155] ja die Geographie war nun, am Ende des neunzehnten Jahrhunderts, soweit institutionalisiert, daß sie selbst in die

---

[153] Vgl. seinen Vortrag von 1833 wiederabgedruckt in Carl RITTER (1852: 152-181).

[154] Das Verhältnis von Geographie zur Geschichtswissenschaft ist bei Friedrich RATZEL im ersten Teil seiner "Anthropogeographie" auf den Seiten 49-55 abgehandelt. Wie besonders bei RATZEL deutlich wird, reduziert sich die Beziehung der Geographie zur Geschichte häufig auf das "menschliche Element in der Geographie". Dieses wollte RATZEL in der Anthropogeographie beachtet wissen. Seiner Meinung nach sollte der Geograph zunächst die Erde ohne Rücksicht auf Menschliches und Geschichtliches erforschen und beschreiben, um dann auf dem anthropogeographischen Feld mit der Geschichte zusammenzuarbeiten. Der Aspekt des Menschlichen ist auch im weiteren für die Unterscheidung von Geographie und Geschichtswissenschaft herangezogen worden. Geschichte als die Wissenschaft von den menschlichen (Willens-)Handlungen und Geographie als die Wissenschaft von den erdoberflächlichen Erscheinungen als den Resultaten menschlicher Handlungen sind Definitionen, die zum Beispiel von Albrecht PENCK (1926) benutzt wurden und in der Geschichtswissenschaft durch die Äußerungen Otto BRUNNERs neue Bedeutung erlangten.

[155] Vgl. seine Ausführungen im ersten Band, Kapitel 4 der Anthropogeographie, wo er zunächst die Erforschung und Beschreibung der Erde ohne Berücksichtigung des Menschen und der Geschichte fordert, obwohl Geographie und Geschichtswissenschaft als unzertrennlich angesehen werden und auch im Vorwort (S.VII) explizit die systematische Behandlung des Grenzgebietes zwischen Geographie und Geschichtswissenschaft ankündigt.

Offensive gehen konnte und mit der Geschichtswissenschaft eine lebhafte Auseinandersetzung um Zugehörigkeit, Wesen und Aufgaben der Historischen Geographie führte. Diese Auseinandersetzung wurde in der Hauptsache von Geographen geführt und erfuhr nur wenig Widerstand von Seiten der Geschichtswissenschaft, weshalb die Versuche, eine Historische Geographie als Historische Länderkunde zu begründen[156] im nachhinein unverständlich scheinen. Dagegen entsprach die zum Beispiel von Konrad KRETSCHMER (1899) geäußerte Einstellung, daß die Historische Geographie ein verschiedenes Gepräge haben wird, je nachdem, ob sie einen Geographen oder Historiker zum Verfasser hat schon eher der interlektuellen Bedeutung dieser Diskussion.

Die weitere Entwicklung der Historischen Geographie wurde bestimmt durch die Trennung von Geographie und Geschichtswissenschaft nach Objektbereichen-Erscheinungen der Erdoberfläche einerseits und menschliche Willenshandlungen andererseits[157] und deren erkenntnistheoretische Trennung andererseits, die der Geographie den Raum und der Geschichtswissenschaft die Zeit zuwies, weshalb die Querschnittmethode zur beherrschenden Darstellungsweise wurde, und die Aufgabe der Historischen Geographie darin bestand, epochenbedingte Landschaftsbilder zu erstellen. Solch eine „historische Topographie", wie sie Eugen OBERHUMMER (1904) bezeichnete verband mit der Geschichtswissenschaft nur noch die ähnliche Quellenlage. Als Nachbarwissenschaft bediente sie sich bei der Beschaffung des Materials historischer Quellen und Methoden.[158] Diese Tatsache allein genüge einigen „Gegenwartsgeographen", wenn man diesen Ausdruck für die Zeit vor dem zweiten Weltkrieg überhaupt verwenden will, schon, um die Historische Geographie aus der Systematik der Geographie auszuklammern. Diese Tendenz wuchs in den zwanziger Jahren, da nun die Anthropogeographie an Bedeutung gewann, während die Historische Geographie immer noch eine nichtanthropologische Landschaftskunde vertrat.

Otto SCHLÜTER als Begründer der physiognomischen Richtung in der Geographie,

---

[156] Als deren eifrigster Vertreter muß Joseph PARTSCH (1892) genannt werden. Vgl. aber auch Robert SIEGER (1907) und die Gedanken zu dessen Konzept einer historischen Länderkunde bei Klaus FEHN (1982: 117).

[157] Am deutlichsten Otto GRAF (1925).

[158] Vgl. hierzu v.a. Alfred HETTNER (1927: 150f.). Auch HETTNER sah als Aufgabe der Historischen Geographie die Darstellung der Geographie vergangener Zeiten.

die seit der Jahrhundertwende zur beherrschenden Richtung innerhalb der Geographie und auch Historischen Geographie aufgestiegen war, nahm ebenfalls Stellung zum Verhältnis von Geographie zur Geschichtswissenschaft und zur Anwendung historischer Fakten innerhalb des geographischen Diskurses.[159] Aus seinen Ausführungen geht hervor, daß historische Tatsachen nur dann in die geographische Darstellung eingehen sollen, wenn eine Erscheinung nicht durch geographische Fakten erklärt werden kann. Diese Grundhaltung historischen Tatsachen gegenüber hat bis heute überlebt[160] und ist ebenso für die Einschätzung der Geschichte als Lieferant mehr oder weniger zufälliger Ereignisse, die eine Geschichte in eine unerwartete Richtung lenken verantwortlich. Dabei darf allerdings nicht übersehen werden, daß diese Einschätzung historischer Tatsachen der Art der vorgelegten Daten von Seiten der Geschichtswissenschaft entsprach, die es tatsächlich an Systematik und deduktiver Erkenntnis vermissen ließ.

Für die englischsprachige Historische Geographie hat Leonard GUELKE unzureichende historische Konzepte aufgezeigt.[161] Dabei geht er der Rezeption geschichtsphilosophischer bzw. geschichtstheoretischer Arbeiten bei den Klassikern der englischsprachigen Historischen Geographie nach.[162] So stützte Richard HARTSHORNE[163] seine Unterscheidung von Geographie und Geschichtswissenschaft auf das Raum-Zeit Konzept von Immanuel KANT. Während die Geschichtswissenschaft das Nacheinander in der Zeit behandelt, widmet sich die Geogra-

---

[159] Vgl. Otto SCHLÜTER (1920).

[160] Vgl. zum Beispiel die Ausführungen von Martin BORN (1977). BORN, welcher ansonsten sehr systematisch an seinen Stoff herangeht, so systematisch, daß er gerade deswegen in der eigenen Domäne umstritten bleibt, war ebensowenig wie seine Vorgänger in der Lage, eine fruchtbare Verbindung zwischen Sachverhalten herzustellen, die einerseits einer geschichtswissenschaftlichen Domäne andererseits einer geographischen Domäne entnommen sind.

[161] Vgl. im folgenden Leonard GUELKE (1982: 5-24). Vgl. auch die in ihrer Kritik enorm instruktive Rezension von Denis COSGROVE (1983).

[162] Leonard GUELKE vertritt den sogenannten „idealistic approach" innerhalb der neuen Historischen Geographie. Sein Verständnis von Geschichte baut auf den Gedanken von R.G. COLLINGWOOD auf. Geschichte ist für ihn Geschichte von Ideen. Seine methodischen Grundlagen basieren auf Axiomen der traditionellen Geschichtswissenschaft. So ist die Erzählung für ihn wesentlicher Bestandteil der Geschichtswissenschaft.

[163] Vgl. Richard HARTSHORNE (1939).

phie dem Nebeneinander im Raum. Geschichtsschreibung ist narrativ, Geographie eine Beschreibung. Ausgehend von dieser Grundposition, die nach seiner Ansicht keine Kombination erlaubt, verneint HARTSHORNE die logische Möglichkeit einer Historischen Geographie. Die einzig zu rechtfertigende Form, Historische Geographie zu schreiben, sieht er in dem zeitlichen Querschnitt eines bestimmten Gebietes oder einer bestimmten Region. Obwohl HARTSHORNE nach der Kritik auf seine Ausführungen einige Behauptungen zurücknahm, mangelte es ihm doch an einem Konzept historischer Zeiten und historischer Prozesse. Er verwechselte Geschichte mit vergangener Zeit. So ging es HARTSHORNE und mit ihm einer Reihe von Fachkollegen nicht um Geschichte, sondern um „Alte Geographien"[164].

Carl O. SAUER fügte der englischsprachigen Historischen Geographie, beeinflußt von der deutschen Geographie Hettner's und der geographischen Schule des neunzehnten Jahrhunderts das genetische Prinzip hinzu.[165] Er versuchte, geographische Prozesse und ihre Ursprünge darzustellen. Sein Zeitansatz zeigt einige der Komponenten, wie sie auch für ein gegenwärtiges Verständnis von Geschichte zutreffend wären. Nicht die rein chronologische Zeit ist für SAUER bedeutsam, sondern Wandel und Dauer beherrschen seine Analyse:[166]

„But culture is the learned and conventionalized activity of a group that occupies an area. A culture trait or complex originates at a certain time in a particular locality (...) These are processes involving time and not simply chronologic time, but especially those moments of culture history when the group possesses the energy of invention or the receptivity to acquire new ways."

Leonard GUELKEs Kritik an Carl O. SAUER bezieht sich denn auch mehr auf dessen Fragestellungen als auf das zugrundeliegende Verständnis historischer Prozesse.

Ein bestimmender Mangel bei einer Reihe Historischer Geographen wird in der Arbeit von Hugh C. DARBY deutlich. Er versuchte Kulturlandschaftsgeschichte anhand der Aufeinanderfolge mehrerer Querschnitte darzustellen. Auf diese Art und Weise meinte er, den Wandel in der Landschaft am besten erkennen zu kön-

---

[164] Der Vorwurf einer Gleichsetzung von Historischer Geographie mit „old geographies" muß als Hauptvorwurf Leonard GUELKEs angesehen werden. Er durchzieht seine Arbeit wie ein roter Faden.

[165] Vgl. Carl O. SAUER (1941).

[166] Carl O. SAUER (1941: 8).

nen. Diese Querschnittssukzession hielt er für ein historisches Vorgehen.[167] Es ging ihm also nicht um die Prozesse als solche, sondern um Veränderungen in der Kulturlandschaft. Der ontologische Aspekt, der die Prozesse hinter den Prozessen erkennen will und in der Neuen Historischen Geographie und auch in der Wissenschaftstheorie eine große Rolle spielt, hat bei DARBY keine Bedeutung. Ihm geht es somit nicht um Geschichte, sondern um Veränderung, nicht um Wandel, sondern um Chronologie.

Eine sehr pragmatische Form nahm die Einstellung zum Verhältnis von Geographie zur Geschichte bei Andrew A. CLARK an. Dieser sah den einzigen Unterschied zwischen Geographen und Historikern darin, daß erstere räumliche Beziehungen mehr betonen als letztere. Er warnte aber davor, die Unterschiede zu stark zu betonen. Als Geschichtswissenschaft sah er den Forschungszweig innerhalb der historischen Wissenschaften an, der sich auf die Untersuchung menschlicher Gesellschaften spezialisiert hat. Gerade diese menschlichen Gesellschaften klammerte er aus seinen Untersuchungen aus. Somit war es ihm nicht möglich, eine echte Synthese von Geographie und Geschichtswissenschaft herzustellen.

Schon bei dieser kurzen Durchsicht der Geschichte der Auseinandersetzung zwischen Geographie und Geschichtswissenschaft und dem Verständnis von Geschichte in der Geographie, war zu erkennen, daß hier ein sehr wenig durchdachtes Gebiet vorliegt, ein Zustand, der sicherlich ebenso beeinflußt ist durch die ebenso gering entwickelte theoretische Grundposition der Geschichtswissenschaft und ein Zustand, der durch die Bedürfnisse einer Gesellschaft und deren Ansprüche an eine Historische Geographie bedingt ist.

In unzureichenden Vorstellungen von Geschichte und Geschichtsprozessen scheint uns der Grund für die gegenwärtig mangelnde Zusammenarbeit beider Disziplinen zu liegen. Die wissenschaftsgeschichtlich begründete Trennung von „Wo und Wann"[168], von Veränderung und Veränderlichkeit[169] und vor allem von menschlichem Verhalten und Resultaten menschlichen Handelns scheint uns mittlerweile zur unreflektierten Alltagsformel der Historischen Geographie geworden, mit deren Hilfe aus einer bequemen Haltung heraus auftretende Ansprüche

---

[167] Vgl. Hugh C. DARBY (1953).

[168] Vgl. Hugo HASSINGER (1928).

[169] Vgl. Robert SIEGER (1907).

an die Historische Geographie abgeblockt werden. Trotz aller wohlgemeinter Versuche, Historische Geographie als Grenzwissenschaft zwischen Geographie und Geschichtswissenschaft zu definieren, fehlt der Historischen Geographie eine eigenständige Fragestellung, die über eine Summierung geographischer und geschichtswissenschaftlicher Objektbereiche hinaus einen qualitativen Sprung bewirken könnte.

Neben der objektbezogenen Begrenzung des Faches stellt die taxonomische Forschungspraxis der Historischen Geographie einen der wesentlichen Hinderungsgründe für die Eigenständigkeit der Historischen Geographie dar. Die aufzählend deskriptive Selbstdarstellung der Historischen Geographie muß von Geographie und Geschichtswissenschaft hilfswissenschaftlich interpretiert werden. Beide Disziplinen befanden sich vor nicht allzu langer Zeit selbst noch in diesem wissenschaftsgeschichtlichen Stadium. Für die Geographie wurde dieser Zustand allerdings stärker herausgestellt als für die Geschichtsschreibung:[170]

„When should theorizing begin? This question presupposes that theorizing should begin at some time. Apparently this presupposition is refuted by the existence of pretheoretical disciplines like geography ..., which are strictly descriptive and taxonomic. Yet, since they do not state and test hypotheses, they have no occasion to employ the scientific method, and consequently they are not sciences but non-scientific disciplines, however exact they may be. They provide and even systematise data that can be used by science, yet they are not sciences themselve but at most proto-sciences."

Eine eigene, nicht technikwissenschaftlich orientierte Fragestellung läßt sich aus einer taxonomischen Forschungspraxis nicht gewinnen, ebensowenig eine fruchtbare Kooperation mit den mittlerweile theorieorientierten „Mutterwissenschaften". Eine neue Historische Geographie muß somit über die von Geographie und Geschichtswissenschaft abgesteckten Bereiche hinausweisen, nicht Hilfswissenschaft, sondern Integrationswissenschaft sein.

3.2. Die „Annales" als Synthese von Geographie und Geschichtswissenschaft

Die Auseinandersetzung mit der „Annales-Schule" befaßte sich vor allem mit einem Thema:
Wie setzen sich die Annales-Historiker mit Begriffen wie Raum, Landschaft,

---

[170] Mario BUNGE (1967: 383f.).

Umwelt und Natur auseinander und wie integrieren sie diese Begriffe in ihre Forschungskonzeption?

Somit interessieren nicht alle Fragestellungen und Aspekte der Annales Forschung. Allerdings mußte im vornherein das Wissenschaftskonzept Neugierde erwecken, da die Arbeiten der Annales sich als Synthesen ausgeben und versuchen, unterschiedliche Wissenschaftsbereiche der Sozialwissenschaften aber auch der Naturwissenschaften zu integrieren.[171] Insbesondere die Integration geographischer Fragestellungen und Gesichtspunkte erfährt häufig Betonung. Auf diesen mit dem Begriff der „géohistoire" verbundenen Aspekt werden wir später genauer eingehen.

Auch die Methodik weckt einige Hoffnungen. Den Annales Historikern scheint es ein Bedürfnis zu sein, eine Methodik anzuwenden, die in der Lage ist, historische Prozesse zu beschreiben, ihre Dimensionen abzustecken und die zudem nicht von Objekten ausgeht, sondern von Problemen. Problemgeschichte nannten die Klassiker der Annales-Schule ihre Methodik. Geschichte habe bei Problemen ihren Anfang und müsse bei diesen enden.[172]

Der Begriff Problem läßt sich definieren als die Kenntnis eines Wissensmangels, also als eine Situation, in der kein Algorithmus bekannt ist, durch den der festgestellte Wissensmangel in endlich vielen und zugleich vollziehbaren Schritten behoben werden kann:[173]

„Jedem Problem geht eine Problemsituation voraus. Eine Problemsituation ist ein objektiver Umstand, der so beschaffen ist, daß ein gesellschaftlich erreichtes Wissen in der angegebenen Weise nicht ausreicht, einer von der Praxis hervorgebrachten Anforderung zu genügen (...) Problemgegenstand ist der Gegenstand des Erkennens, durch dessen hinreichende Erforschung eine Problemsituation überwunden und ein Problem gelöst wird."

---

[171] Es sei an dieser Stelle an die mittlerweile ins unermeßliche angestiegene Literatur zu den Annales erinnert. Fast so unübersichtlich wie die Annales selbst ist die Literatur über ihre Konzeption geworden. Als Standardwerk zur Annales Historiographie kann wohl Traian STOIANOVICH, French historical method: The "Annales" paradigma (Ithaca und London 1976) angesehen werden. Von bundesdeutscher Seite vgl. den nicht sehr tiefgründigen Überblick bei Michael ERBE (1979). Kritisch, und wohl stellvertretend für die historisch-sozialwissenschaftliche Forschung Dieter GROH (1971). Auf die für den Historischen Geographen wichtige Literatur werden wir später noch näher eingehen.

[172] Es ist ungeklärt, wer diese Bestimmung zuerst benutzte, ob Lucien FEBVRE, Fernand BRAUDEL oder erst Jean FURET, doch hätte sie jeder der Annales-Historiker benutzen können; vgl. Immanuel WALLERSTEIN (1982: Anm.1).

[173] KLAUS/BUHR (1976: 974).

Für den wissenschaftlich Arbeitenden stellt das Problem ein System von Aussagen und Fragen dar. Die Aussagen bilden das über das Problem Bekannte und die Beziehungen zwischen den einzelnen Elementen ab. Die Fragen führen zu der Suche nach Variablen und deren Konstanten, also nach Elementen der zu untersuchenden Fragestellung und den Werten, die diese Elemente prognostizierbar machen, indem sie die Beeinflussung der Elemente sichtbar werden lassen.

In der Praxis bedeutet das, eine Frage zu stellen, das zu hinterfragende Problem nach allen denkbaren Seiten hin festzulegen, die Rolle der beteiligten Nachbarwissenschaften zu bestimmen und somit das Problemfeld abzustecken.[174] Gerade diese Praxis lassen die Annales-Historiker vermissen. Ihre Arbeiten bestechen den Leser durch eine Unmenge an Fakten und eine erschöpfende Dokumentation. Um diese Informationen in eine lesbare Form zu bringen, benutzen sie zu „Sachgesetzlichkeiten hypostasierte Erklärungsmodelle"[175]. Damit meint Dieter GROH, daß ihre Gliederungen nicht der Analyse historischer Prozesse dienen, sondern lediglich der Strukturierung der Fakten. Und in der Tat ist in vielen Arbeiten der Annales ein innerer Zusammenhang der Informationen nicht erkennbar, oder wird erst gar nicht angesprochen.

Die Annales-Historiker haben sich bei ihrer Arbeit geweigert, irgendeine gesellschaftliche oder menschliche oder andere Dimension zur Festlegung eines historischen Prozesses auszuschließen. Aus heutiger Sicht muß man wohl konstatieren, daß ihre „histoire totale" dazu auch nicht in der Lage war. Lucien FEBVRE, mit Marc BLOCH Begründer der namengebenden Zeitschrift, verglich sich gern mit einem Lumpensammler, der „Hypothesen und Projekte im Kopf, alles nur mögliche einsammelt, um ihm bei Gelegenheit einen noch verborgenen Wert abzugewinnen."[176] Die Annales-Geschichte ist somit „Omnigeschichte"[177], die alle Universitätswissenschaften einschließt, da die Geschichte eine Geschichte aller denkbaren Lebensbereiche ist. Sie ist gleichzeitig interdisziplinär, denn zur Rekonstruktion werden eine ganze Reihe von Hilfswissenschaften herangezogen. Deren Erkenntnisse können aber nur sinnvoll angewendet werden, wenn ihre Inhalte (contenus), ihre Grenzen (limits) und ihre Beziehungsgefüge, ihre wis-

---

[174] Vgl. ähnlich auch J.H. HEXTER (1972: 537f.).

[175] Dieter GROH (1971: 303).

[176] Zitiert nach Henning RITTER (1979: 28).

[177] Vgl. Frederic MAURO (1972: 399).

senschaftliche Matrix (relations) bekannt sind.[178] So bildet die „histoire totale" die oberste Stufe eines auf Interdisziplinarität aufgebauten Wissenschaftsgebäudes. Sie hat zwar ihre eigene Forschungslogik, ist aber auf Erkenntnisse anderer Wissenschaften angewiesen. Dementsprechend sprengt die Annales-Geschichte alle Quellenfestlegungen. Marc FERRO fragt in diesem Zusammenhang, warum denn die Historiker bestimmte Quellen privilegieren, andere ignorieren und Quellengattungen klassifizieren und hierarchisieren.[179]

Sowohl die Auseinandersetzung mit den Annales als Schule, als auch die Auseinandersetzung mit ihren ordnenden Forschungskonzeptionen und ihrem Begriff von Räumlichkeit führt auf Fernand BRAUDEL, den führenden Historiker in Frankreich nach dem zweiten Weltkrieg bis Ende der sechziger Jahre.[180] Er hat als einziger ein solches Konzept vorgelegt. Es wurde entwickelt in seinem 1949 erschienen Buch La Mediterranée et le monde méditerranéen a l'époque de Philippe II. Hierin unterteilt er die historischen Bereiche nach dem Grad ihrer Dynamik. Er unterscheidet

1. Strukturen und lange Dauer,
2. Konjunkturen und Zeiten mittlerer Reichweite sowie
3. Ereignisse und kurz Zeit.

Den Strukturen mißt er besondere Bedeutung zu und zwar in dem Sinn inwieweit sie „die Geschichte belasten und behindern, die ihr die Entwicklung befehlen."[181] Sie sind die beständigen Elemente der Geschichte, die BRAUDEL, zumin-

---

[178] Vgl. Frederic MAURO (1972: 399).

[179] Vgl. die Bemerkungen von Marc FERRO bei Georg SCHMID (1978/79: 38).

[180] Periodisierungsversuche der Geschichte der Annales existieren eine ganze Reihe. Im Grunde teilen sie ihre Entwicklung in drei oder vier Phasen: Die Gründungsphase unter Marc BLOCH und Lucien FEBVRE zwischen Ende des ersten Weltkriegs bis Ende der dreißiger Jahre, die stark von der Anthropogeographie Vidal de la BLACHEs beeinflußt war, die Phase der Nachkriegszeit mit der Strukturgeschichte à la BRAUDEL als Leitkonzept und das "emmiettement" der Annales seit Ende der sechziger Jahre. U. E. lassen sich diese Periodisierungen lediglich durch das innere Bedürfnis des Historikers begründen, verstellen aber den Blick auf einige wesentliche Grundzüge der Annales-Forschung, wie ihre ständige Diskussionsbereitschaft und Experimentierfreudigkeit, welche eine homogene Struktur zu keinem Zeitpunkt zuließen.

[181] Fernand BRAUDEL (1958: 731). Dieser Aufsatz ist auch mehrfach ins Deutsche übersetzt erschienen. Vgl. zum Beispiel in Claudia HONNEGGER (Hg.), Schrift und Materie der Geschichte. Vorschläge zur systematischen Aneignung historischer Prozesse (Frankfurt 1977) und Hans-Ulrich WEHLER (Hg.), Soziologie und Geschichte (Köln 1972).

dest der junge BRAUDEL, für bedeutsamer hielt als zum Beispiel die Politik, die er den „évenements" zurechnete. In langen Zeitreihen versuchte er, die Veränderung von Gesellschaften durch Veränderungen in Strukturen zu beschreiben.

Ein immer wieder geäußertes Manko seiner Arbeit besteht darin, daß seine historischen Hauptbereiche, geographischer Raum, ökonomische Konjunktur und politische Ereignisse mehr oder weniger unvermittelt nebeneinander stehen. Jeder Bereich gehorcht eigenen Zeiten und Bewegungsgesetzen.[182] Konnte man von Marc BLOCH noch sagen, es fehlte ihm eine Theorie historischen Wandels, so ist es bei Fernand BRAUDEL der Mangel an einer Theorie des sozialen Wandels.[183]

Insbesondere anhand der Behandlung des Räumlichen läßt sich Fernand BRAUDELs Reaktion auf die an seiner Arbeit geübte Kritik gut verfolgen. Gegenüber anderen Historikern, die der Annales-Schule zuzurechnen wären, wie Marc BLOCH und Lucien FEBVRE, bildete der Raum in BRAUDELs Schaffen eine wesentliche Komponente.[184] Als Konzept mit räumlicher Komponente wurde BRAUDELs „géohistoire" bekannt. Dieses Konzept entwickelte er ebenso wie sein Strukturenkonzept in dem Mittelmeerbuch. BRAUDEL behandelt hier nicht, wie zur Zeit der Veröffentlichung üblich, eine historische Persönlichkeit, sondern einen Raum, das Mittelmeer in seiner geohistorischen Veränderung. Dabei ist sein Konzept gegen

---

[182] Vgl. hierzu auch die Kritik von Dieter GROH (1971: 317) und Winfried SCHULZE (1974: 76 und 78).

[183] Vgl. neben Dieter GROH (1971: 315f.) auch Georg G. IGGERS (1978: 87f.).

[184] Allerdings beschäftigte das Verhältnis des Menschen zum Raum und damit von Geographie zu den Geschichtswissenschaften auch schon Lucien FEBVRE. In seinen Buch La terre et l'évolution humaine bezieht er Stellung gegen den vermeindlichen Determinismus Carl RITTERs, für einen Possibilismus a la Vidal de la BLACHE. Im Prozeß der Wechselwirkungen zwischen naturräumlichen Bedingungen und der Entwicklung menschlicher Gesellschaften stellt er den menschlichen Willen als das letztendlich Entscheidende heraus. Die wichtigsten Aufsätze von Lucien FEBVRE zum Verhältnis von Geographie zur Geschichtswissenschaft sind zu finden in IDEM, Pour une histoire à part entière (Paris 1962). Auch Marc BLOCH arbeitete geographisch im weiteren Sinn. In seinem Buch Les caracters originaux de l'histoire rurale française benutzte er 1931 in regressiver Methode Feldparzellierungen und Pflugarten, um alltägliche Strukturen des ländlichen Lebens zu rekonstruieren. Kulturlandschaftselemente waren für ihn und sind es immer noch für die Annales-Forschung Ausdruck des soziokulturellen Klimas der Zeit.

die bis dahin beherrschende Geopolitik gewandt:[185]

„autre chose que ce qu'implique la géopolitique, autre chose de plus historique à la fois et de plus large, qui ne soit pas seulement l'application a la situation présente et future des Etats, d'une histoire spatiale schematisée et, le plus souvent, inflechie à l'avance dans un certain sens (...) De la traditionelle geographie historique (...) vouee presque uniquement à l'étude des frontières d'Etats et de circonscriptions administratives, sans souci de la terre elle même, du climat, du sol, des plants et des bêtes (...) faire une véritable geographie humaine rétrospective."

BRAUDEL betrachtet den Raum als Rahmen oder als Szene, auf der sich die Geschichte der Gesellschaften entwickelt. Implizit behandelt er die Wechselwirkungen zwischen den geographischen Bedingungen und den sozialen Aktionen, die diese Bedingungen verändern, transformieren.[186] Zwar scheint er einige Facetten dieser Wechselwirkung aufzeigen zu können, doch bleiben die Prozesse und Ursprünge im Dunkeln. Er sieht den Geschichtsverlauf als Aufeinanderfolge von Geographien. Zeitlicher Wandel wird gleichgesetzt mit räumlichem Wandel. Zwar besteht in seiner Untersuchung des Mittelmeerraumes ein Unterschied zwischen Strukturen und Verteilungsmustern, doch geht er dieser Unterscheidung nicht näher nach. Die Beziehungen zwischen räumlichen Mustern und historischen Strukturen bleiben in seiner Arbeit ausgeklammert. Ja man erhält beim Lesen den Eindruck, daß BRAUDEL bei seiner Arbeit einem Naturdeterminismus erlegen ist. Die Abhängigkeit menschlicher Handlungen vom Naturpotential ist immer wieder Thema seines Buches.[187] Es ist trotz aller Unzulänglichkeiten bemerkenswert, daß zum erstem Mal geographische Tatsachen nicht nur der Einleitung in eine regional beschränkte Studie dienen, wie so oft in der französischen Regionalgeschichte, sondern explizit Thema der Untersuchung sind. Die Beziehungen zwischen geographischen Strukturen und historischen Strukturen herzustellen, das allerdings ist BRAUDEL nicht gelungen.

Zwei Aspekte des Räumlichen beeinflußten auch die weitere Entwicklung der

---

[185] Fernand BRAUDEL (1949: 295f.).

[186] So auch Pelai PAGES (1983: 343). PAGES allerdings scheint der Annales-Schule unbedingt Positives, heißt „Populär-Marxistisches", abringen zu wollen. Die Arbeiten der Annales-Historiker haben insgesamt eine sehr unkritische Aufnahme in Italien und Spanien gefunden. Dadegen war ihr Einfluß in den USA stets von Kritik und Selbstkritik begleitet.

[187] Vgl. zur Kritik an BRAUDELs geohistoire auch Alan R.H. BAKER (1984), J.H. HEXTER (1972) und Samuel KINSER (1981).

Annales. Interesse gegenüber räumlich-geographischen Aspekten machte sie aufgeschlossen für weitere Entwicklungen zur Erklärung der Wechselbeziehungen zwischen Gesellschaft und Raum. Diese Aufgeschlossenheit läßt sich an weiteren Arbeiten von BRAUDEL ablesen. In den ersten beiden Bänden des bisher in drei Bänden erschienen Werkes Civilisation materielle, economie et capitalisme (Paris 1969 und 1979) benutzt BRAUDEL zeitspezifische Standortfaktoren für prosperierende Städte und Städtehandelsräume sowie Handelsbeziehungen.[188] Er setzt damit die von ihm für politische Handlungen stets besonders betonten verkehrsgeographischen Studien fort. Den letzten Band allerdings baut BRAUDEL völlig auf dem Modell des „Modern World-System" von Immanuel WALLERSTEIN auf und beweist damit, daß er sowohl in der Lage als auch Willens ist, moderne Theorien und Modelle anzunehmen, welche besser als die von ihm entwickelten Konzepte in der Lage sind, Räumlichkeit zu erklären. Die Bedeutung des Räumlichen hat die Annales-Historiker immer interessiert. Die Frage nach dem Zusammenhang von Räumlichkeit und menschlichem Dasein setzt sich heute in einer auflebenden Lokalgeschichte fort, in einer Lokalgeschichte, die abgegangen ist von einem Begriff von Landschaft als Persönlichkeit und Homogenität[189] und vielleicht mehr von der angelsächsischen Lokalgeschichte beeinflußt ist als von den Klassikern der Annales.[190] Damit begibt sich die französische Geschichtsschreibung auf eine niedere (Maßstabs-)Ebene als Untersuchungsbasis. Schon an BRAUDELs Mittelmeerbuch ist die ausschließliche Anwendung obrigkeitlicher (staatlicher) Quellen kritisiert worden. Den nationalen oder regionalen Rahmen sahen die Annales-Historiker als den angemessenen an, um die Entwicklung von Gesellschaften zu analysieren. Regionalstudien sind auch in der weiteren Entwicklung der Annales entscheidend geworden. Damit aber setzten sich die Annales-Historiker einen von den Quellen, von der Quellenlage abhängigen Untersuchungsrahmen.

Wir können somit konstatieren, daß auch die Annales-Geschichtsschreibung

---

[188] Vgl. Band I: 384f. und Band II: 156-173.

[189] In diesem Sinn charakterisiert noch Pierre VILAR etwas romantisierend den Inhalt von Landschaft und Raum; vgl. das Zitat in Pelai PAGES (1983: 343).

[190] Vgl. Pierre GOUBERT, „Local History," Felix GILBERT und Stephan R(ichards) GRAUBARD (eds.), Historical studies today (New York 1972) 300-314 und Paul LEUILLIOT, „Histoire local et politique de l'histoire," Annales E.S.C. 29 (1974) 1: 139-150.

ohne theoretische Konzepte zur Analyse der Gesellschaft in Raum und Zeit auskommt. Wenn auch die Annales-Historiker stets auf eine Kooperation von Geographie und Geschichtswissenschaft bestanden haben, so fehlte es doch abgesehen von Lucien FEBVREs Buch La terre et l'évolution humaine an einer konsequenten Auseinandersetzung mit der Geographie, nicht nur um der Kooperation willen, sondern auch um der Problemstellung näher zu kommen.

3.3. Die Vorformulierung des Problems

Die Vorformulierung des Problems beabsichtigt, die Schichten der Fragestellung freizulegen, sie näher zu bestimmen und Interferenzen deutlich zu machen. Eine Fragestellung hängt ab von dem Problem, das sie behandelt, von der Forschungslogik, der sie folgt und von dem Verständnis der Beziehung von Theorie und Praxis.

Ein Problem - wir haben es oben in seiner Struktur näher beschrieben - entsteht entweder als internes, disziplininternes (infradisziplinäres) Problem oder als externes, von außen, von der Gesellschaft hineingetragenes Problem. In der Regel stehen interne und externe Effekte in einem Wechselverhältnis zueinander, das heißt ohne die interne Infrastruktur können externe Effekte nicht wahrgenommen und verarbeitet werden. Wissenschaft ist nicht reine „Systematisierung und Verdolmetschung von Alltagsvorstellungen"[191], also die Aufnahme von gesellschaftlichen Problemen und ihre Verarbeitung zur Lösung des Problems. Wissenschaft bedeutet auch die Erfassung gesellschaftlicher Ereignisse und Prozesse, „die Individuen in ausserwissenschaftlichen Handlungszusammenhängen gar nicht sinnfällig werden oder Vorgänge darstellen, die Bewußtsein und Intentionalität gar nicht entsprungen sind."[192]

Die menschliche Existenz in Raum und Zeit, die Beziehung des Menschen zu seiner räumlichen Umwelt ist ein Problem, das in der Tat erst langsam vom Alltagsmenschen wahrgenommen wird. Das heißt nicht, daß es als Problem nicht existierte. Es wird von den Betroffenen aber nicht in den von den Wissenschaften

---

[191] Ein Zitat von Karl MARX in Jürgen RITSERT (1976: 64).
[192] Loc. cit.

vorgegebenen Begriffen erfaßt, sondern mit Kultur in Verbindung gebracht:[193]

„Die empirische Wirklichkeit ist für uns ‚Kultur', weil und sofern wir sie mit Wertideen in Beziehung setzen, sie umfaßt diejenigen Bestandteile der Wirklichkeit, welche durch jene Beziehung für uns bedeutsam werden, und nur diese."

Gerade die immer häufigere Verwendung von Begriffen wie Heimat und Region läßt ein verstärktes Interesse an Belangen des Räumlichen spüren. Dies trifft ebenso für den wissenschaftlichen wie für den alltäglichen, lebensweltlichen Bereich zu. Dieses Interesse hat seine Wurzeln in komplexen Raumproblemen, wie sie Flächennutzungskonflikte, Landschaftsverbrauch, Urbanisierung und Provinzialisierung darstellen, um nur einige der gängigen Beschreibungen zu nennen. Diese Probleme werden vom Individuum als Kulturverlust wahrgenommen und beschrieben. Die Veränderung der Raumphänomene, zu denen auch der Mensch selbst zu zählen ist, und der Raumstrukturen, geht einher mit einer „Verlustgeschichte" der lokalen und regionalen Kompetenz, also der Fähigkeit sich im Raum nach gewohnten, beherrschbaren Möglichkeiten zu bewegen. Diese Bewegung schließt die mentale Bewegung mit ein. Dieser Prozeß des identitätsvernichtenden Wandels überschaubarer Lebenswelten erhöht den alltäglichen Aufwand und die Dissonanz zwischen räumlich-kultureller Veränderung und räumlich-kulturellem Anpassungsvermögen. Dieser raum-zeitliche Prozeß stellt sich als historischer Prozeß dar. In ihm werden die Interdependenzen zwischen Individuum, Gesellschaft und Raum sichtbar. Seine Hauptelemente lassen sich als geschichtlicher Prozeß - Raum, Mensch und Gesellschaft - beschreiben.

Diese Elemente sind entweder Gegenstand der Geographie oder der Geschichtswissenschaft. Das beschriebene Problem läßt sich somit nicht von einer Disziplin, Geographie oder Geschichtswissenschaft allein bearbeiten:[194]

„‚Die' Wirklichkeit kann nicht in Gebiete aufgeteilt werden, deren Bearbeitung dann verschiedenen Wissenschaften übertragen wird, weil die Gegenstände der Wissenschaften vor dem Einsatz wissenschaftlichen Fragens noch nicht vorliegen."

Aufgrund dieser gegenständlichen Einschränkung der Fragestellung skizzieren wir diese als Problementwurf und machen uns Fähigkeiten bezüglich der Gegenstände von Geographie und Geschichtswissenschaft zu Nutze, um bestimmte Aspek-

---

[193] Max WEBER zitiert in Jürgen RITSERT (1976: 63). Max WEBER nimmt hier zwar auf das Werturteil des Wissenschaftlers Bezug, doch gilt seine Feststellung ebenso für den Alltagsmenschen.

[194] K. HOLZKAMP zitiert in Gerhard HARD (1973: 14).

te dieses Problems herauszuarbeiten. Das Problem erhält damit durchaus eine spezifische, eine disziplinspezifische Ausrichtung, durch welche auch die „Frage- und Antwort-Komplexe"[195], also die Hypothesen und Theorien bezüglich dieses Problems bestimmt werden. Sie werden anders aussehen müssen als diejenigen, welche für die einzelne Disziplin und ihre spezifischen Gegenstände und Fragestellungen entworfen wurden. Das bedeutet nicht, daß nun für die Gesellschaft in Raum und Zeit eine spezielle Methodik notwendig wäre. Die Behauptung des Exzeptionalismus, daß sich die Methode nach dem Gegenstand zu richten habe,[196] daß jeder Gegenstand eine eigene Methodik, die Beachtung spezifischer grundlegender forschungslogischer Kategorien erfordere, eine historische Situation nur einfühlsam verstanden und erzählend vermittelt werden kann und daß die Untersuchung der Kulturlandschaft, individueller Totalitäten also, nur synthetisch schauend vor sich gehen kann, diese Behauptung wird heute nicht mehr akzeptiert.[197] Diese Unterscheidung ist gegründet auf Prämissen über den Gegenstand, die sich lediglich durch Intuition oder wissenschaftsgeschichtliche Traditionen begründen lassen. Demgegenüber existiert in den Sozialwissenschaften und historischen Sozialwissenschaften ein gemeinsamer forschungslogischer Konsens, der dann je nach Problemfeld durch disziplinspezifische Methodiken aufgefüllt wird. Trotzdem wird man nicht sagen können, daß die Methoden der Sozialwissenschaften die einzigen denkbaren zur Behandlung des Problemfeldes sind. Wir werden uns aber im folgenden auf sie und damit auf ihre Kompetenz stützen und damit das Risiko der Nichtbeachtung bestimmter Aspekte des Problemfeldes bewußt eingehen.

Bei der Behandlung eines Problems, eines in diesem Fall externen wie internen Problems, muß der Bezug zur Praxis, also der Anwendungsbezug im Auge bleiben. Von der Empirie zur Praxis, als „Orientierung und Handeln in außerwissenschaftlichen Zusammenhängen gesellschaftlicher Individuen"[198] führt kein direkter Weg. In diesem Zusammenhang muß Wissenschaft tatsächlich übersetzend

---

[195] Gerhard HARD (1973: 14).

[196] Vgl. zum Beispiel F.K. SCHÄFER (1970).

[197] Vgl. Gerhard HARD (1973: 26f.).

[198] Jürgen RITSERT (1976: 61, Anm.37). RITSERT modifiziert den Begriff der Praxis für die Bereiche der Politik und bezeichnet sie dementsprechend als "historisch gerichtete, kollektive Versuche, die 'gesellschaftliche objektive Wirklichkeit' zu beeinflussen" (loc. cit.).

handeln, die Anschauung in abstrakte Erkenntnis umwandeln,[199] welche in der Lage ist, verallgemeinerbare Handlungsanweisungen zu geben.

Bei der Fundierung problemorientierter Forschungsrichtungen entstehen Schwierigkeiten, die im interdisziplinären Arbeiten begründet liegen. Während nach 1945 die Interdisziplinarität der Forschung enorm zugenommen hat und auch heute noch ständig durch „adjektivische Kopplung"[200] systematisch erzeugt wird, ist es bisher nicht gelungen, spezifisch interdisziplinäre Methodiken zu entwerfen. Demzufolge konnte interdisziplinär von disziplinär nur durch den Gegenstand, nicht aber durch die Methoden unterschieden werden.[201] Die größte Schwierigkeit des Zusammenarbeitens wurde zunächst in der Verständigung gesehen, darin daß Forscher nicht mit Begriffen, Methoden und Theorien der beteiligten Wissenschaften vertraut waren. Mit interdisziplinärem Arbeiten sollte nicht die Eigenständigkeit der Disziplinen aufgegeben werden, ganz im Gegenteil wurde diese in Zielen, Methoden und Gegenständen vorausgesetzt.[202] Nur deren Isolierung sollte zunächst überwunden werden. Gerade solch komplexe Wissenschaften, wie sie Geographie und Geschichtswissenschaft darstellen, neigten dazu, die Teildisziplinen zu integrieren, und damit den Grad an Interdisziplinarität zu erhöhen.[203] Das hieße aber, der Interdisziplinarität aus dem Wege gehen, und neue Aspekte zu integrieren, ohne die Kerne der Disziplin zu beeinträchtigen. Interdisziplinarität muß darüber hinaus die Definition der Wissenschaften selbst, die „lediglich" Produkt historischer Entwicklungen ist, hinterfragen und die Grenzen der Fachgebiete zu zentralen Forschungsgegenstän-

---

[199] Vgl. hierzu das Zitat von W.I. LENIN:"Von der lebendigen Anschauung zum abstrakten Denken und von diesem zur Praxis - das ist der dialektische Weg der Erkenntnis der Wahrheit, der Erkenntnis der objektiven Realität" (zitiert nach Hans Jörg Sandkühler 1975: XXXVI).

[200] Paul LORENZEN (1974: 133). Adjektivische Kopplung meint die Bildung sogenannter Bindestrichwissenschaften, wie Sozialgeschichte, Sozialgeographie und vielleicht auch Historische Geographie.

[201] Vgl. Helmut HOLZHEY (1974: 109).

[202] Vgl. für die Geschichtswissenschaft Horst RABE (1975: 5). Symptomatisch für die Isolation der Geographie ist das Fehlen eines Beitrages der Geographie innerhalb des hier zitierten Jahrbuchs für interdisziplinäre Forschung, das zwar bald nach Gründung das Erscheinen eingestellte, mit den drei erschienen Bänden aber doch eine hervorragende Dokumentation interdisziplinärer Standpunkte liefern konnte.

[203] Vgl. Horst RABE (1975: 28).

den erheben.[204]

Bei der konkreten Zusammenarbeit stellte sich schnell heraus, daß sprachliche Schwierigkeiten nur einen Teil der Probleme und nicht einmal den bedeutendsten darstellen. Vielmehr werden von Helmut HOLZHEY die „Denkgewohnheiten"[205] als Zentralproblem angeführt. Ein Hineindenken und konstruktives Auseinandersetzen mit anderen Disziplinen stößt aufgrund anerzogener Denkstrukturen auf Grenzen der Verständigung. Interdisziplinäres Arbeiten kann somit nur als Übergangslösung angesehen werden. Das Ziel muß transdisziplinäre Forschung heißen, also eine Forschung, die ausgehend von bestimmten Problemen überdisziplinär arbeitet und überdisziplinär ausgebildet ist. Die Annäherung grundlegender Forschungslogiken innerhalb der Sozialwissenschaften kann hierbei nur fördernd wirken.[206]

Auch eine Historische Geographie als Raum-Zeit Wissenschaft lebensweltlicher Perspektive ist mit interdisziplinärem Arbeiten konfrontiert. Welche Anforderungen sind uns damit gestellt? Wir können sie folgendermaßen zusammenfassen:
1. Die für den Ansatz relevanten Prämissen und Verfahren müssen bekannt sein und in ihrer Anwendbarkeit überprüft werden.
2. Es sind Analogien zwischen den disziplinbedingten Forschungslogiken und Gegenständen zu bilden.
3. Schließlich müssen Hypothesen über den neuen Problemzusammenhang formuliert werden.

Im Grunde stellt sich für uns das gleiche Problem, welches für wissenschaftliche Gemeinschaften im Sinne von Thomas S. KUHN[207] besteht. Es entfallen allerdings die sozialkommunikativen Grundlagen. Die Gemeinsamkeiten hinsichtlich

---

[204] Vgl. Richard SCHWARZ (1974).

[205] Helmut HOLZHEY (1974).

[206] Der von uns gewählte Ausdruck „transdisziplinär" entspricht ziemlich genau dem „approche pluridisciplinaire", so wie er im französischsprachigen Raum diskutiert wird (vgl. Yves GUERMOND, 1980 und Michel BASSAND, 1980). Dabei wird von einer Seite der pluraldisziplinäre Ansatz abgelehnt, da Raumprobleme komplex sind und so nur spezifisch betrachtet werden können, von der anderen Seite wird gerade wegen dieser Komplexität ein pluraldisziplinärer Ansatz gefordert. Bevor jedoch die Diskussion so recht begonnen hat, scheint sie auch schon wieder verebbt zu sein, was nicht bedeutet, daß die Entwicklung in Richtung auf transdisziplinäres Arbeiten abgebrochen wäre, vielmehr läuft sie nun stillschweigend weiter.

[207] Vgl. hier und im folgenden Thomas S. KUHN (1977).

Ausbildung, gelesener Literatur und Lehren, die daraus gezogen werden, auch das muß erst geschaffen werden. Es geht hier um die Entwicklung eines Paradigmas. Ein Paradigma besteht nach KUHN aus drei „Gegenständen von Gruppenfestlegungen", aus symbolischen Verallgemeinerungen, aus Modellen und Musterbeispielen. Symbolische Verallgemeinerungen sind diejenigen Ausdrücke, die von Angehörigen einer Gruppe ohne Zögern angewandt werden; sie bilden in ihrer Verknüpfung einen Begriffsraum, in dem sich die Gruppenmitglieder bewegen. Modelle liefern anerkannte Analogien, durch die Verbindungen zwischen verschiedenen Problemen hergestellt werden können. Wir möchten sie aber eingeschränkt verstehen als den „lawful statespace", den durch gesetzhafte und modellartige Aussagen umschriebenen Raum eines Problems, und als den Fundus an Methodiken zur Lösung des Problems. Musterbeispiele schließlich bilden allgemein anerkannte Lösungen oder Lösungsmöglichkeiten für das für die Gruppe spezifische Problem.

Diese „intellektuellen Instrumente", wie Gerhard HARD die methodischen Grundlagen nennt,[208] bilden die disziplinäre Matrix einer Forschergemeinschaft. Diese hier darzustellen und zu einer elementaren Summensprache LL zu formulieren, wird die Aufgabe im folgenden sein. Diese Sprache soll es ermöglichen, den Gegenstand raum-zeitliche Lebenswelt näher zu definieren und ihn auf Grundlage von Geographie, Historischer Geographie und Geschichtswissenschaft zu untersuchen.

---

[208] Vgl. Gerhard HARD (1973: 30).

4. GRUNDLEGENDE BEGRIFFE ZUR LÖSUNG DES PROBLEMS
4.1. Allgemeine Grundbegriffe

Wir wollen uns in diesem Abschnitt mit den allgemeinen Denkgewohnheiten von Geographie und Geschichtswissenschaft vertraut machen. Geographie und Geschichtswissenschaft besitzen nicht nur spezifische Gegenstände, denen sie in der Regel, historisch begründet, ihre Arbeit widmen, sondern auch ganz bestimmte Begriffe mit denen man gewohnt ist, Dinge zu analysieren und zu beschreiben. Die zentrale Stellung des Räumlichen in der Geographie und des Zeitlichen in der Geschichtswissenschaft hat sich aus der Tradition der Erdbeschreibung und aus der Tradition der Chroniken herausentwickelt und bis in unsere Tage hinein im wesentlichen gehalten. Denkgewohnheiten lassen sich, ebenso wie Gegenstände, von Wissenschaften nicht anders als historisch „begründen", sie lassen sich historisch herleiten.

In Anlehnung an den Soziologen Robert K. MERTON werden diese Denkgewohnheiten als „general orientations" bezeichnet.[209] Für den deutschen Sprachraum hat Karl-Dieter OPP für dieses Problem den Begriff der Orientierungshypothesen eingeführt.[210] Sie helfen dem Fachvertreter bei der Anlage von Theorien und Modellen über ein Problem. Sie sind selbst keine Theorien, sagen aber auch nichts über den zu untersuchenden Gegenstand aus. Somit gehören sie nicht der Objektsprache an, sondern der Metasprache. Orientierungshypothesen geben an, mit welcher fachspezifischen Begrifflichkeit ein Gegenstand behandelt werden sollte, mit ihrer Hilfe wird der Gegenstand erst zum fachspezifischen Gegenstand erhoben.[211] Die Orientierungshypothesen sagen aus, welche Variablen für

---

[209] Vgl. Robert K. MERTON (1957: 88).

[210] Vgl. Karl-Dieter OPP (1976: 294-297). Von Gerhard HARD (1973: 63-66) wird dieses Problem mit Hilfe der Begriffe "Grundperspektiven" und "wissenschaftliche Weltperspektiven" gefaßt.

[211] Es ist somit eine fachspezifische Wirklichkeit, die durch die Anwendung fachspezifischer Kategorien konstruiert wird. Erst durch die Anwendung dieser spezifischen Axiome, Kategorien und Grundbegriffe läßt sich eine Arbeit als geographische oder als geschichtswissenschaftliche identifizieren. Ohne den räumlich-funktionalen Bezug würde zum Beispiel die Allgemeine Stadt-Geographie als Stadtforschung zu gelten haben (vgl. Gerhard BRAUN (1972: 5) und Gerhard BAHRENBERG (1972)).

den Fachvertreter relevant sind und welche nicht.[212] Sie teilen dem Beobachter mit, welche Begriffe bei der Analyse verwandt werden sollen, und wie diese miteinander verknüpft werden müssen. Sie stellen somit den Kern der wissenschaftlichen Sprache einer Disziplin dar. Das bedeutet aber gleichzeitig, daß hiermit nicht alle vorhandenen metasprachlichen Aussagen erfaßt werden. Die im folgenden vorgestellten elementaren Denkstrukturen kontrastieren Geographie und Geschichtswissenschaft miteinander, um Begriffe besonders deutlich erscheinen zu lassen, die in der Realität ebenso in anderen Zusammenhängen denkbar wären. So werden gerade in der geographischen Arbeit eine ganze Reihe genuin geschichtswissenschaftlicher Kategorien benutzt, ohne allerdings bewußt reflektiert zu sein.

4.1.1. Grundkategorien der Geographie vornehmlich aus der geometrischen Tradition

Bei der Formulierung geographischer Beschreibungskategorien zur Raumanalyse hat die geometrische Richtung innerhalb der Geographie bisher die konkretesten Angaben gemacht. Sie sind so elementar und universell anwendbar, daß selbst die länderkundliche Forschung mittlerweile einige der Gedanken übernommen hat.[213] Wissenschaftslogisch liegen hiermit die reinsten geographischen Gedanken vor, was dann zum Nachteil umschlägt, wenn die hiermit vorgestellte Raummethodik solchermaßen abstrakt ausfällt, daß weder die Kommunikation mit anderen Disziplinen noch eine realitätsbezogene Analyse möglich sind.[214] Und dennoch verdeutlichen die geometrischen Konstrukte in sehr anschaulicher Weise die geographische Denkweise.

Diese „Tradition", welche aus dem anglo-amerikanischen Bereich, über Nordeuropa, Ende der sechziger Jahre auch den deutschen Sprachraum erreichte, widmet sich der „geometrisch-topologischen Analyse von Punktverteilungen und linien-

---

[212] Analog zu dem Beispiel, das Robert K. MERTON in seiner Abhandlung anführt, nämlich die Aussage von Emil DURKHEIM, nach der die Ursache eines sozialen Tatbestandes unter den vorausgehenden sozialen Tatbeständen zu suchen sei (vgl. Robert MERTON, 1957: 88) wird ein Geograph nach räumlich und zeitlich benachbarten räumlichen Phänomenen und Strukturen suchen.

[213] Vgl. dazu die Arbeiten von Eugen Wirth und Hermann Hambloch.

[214] Realitätsbezogene Analyse meint hier die Einbeziehung des anthropogenen Faktors in die Theorie- und Modellbildung.

bzw. flächenhaften Mustern im zweidimensionalen Raum"[215]. Der zweidimensionale Raum stellt den metrischen Ordnungsrahmen eines erdoberflächlichen Kontinuums dar.[216] Die auf Zweidimensionalität, Metrik und Kontinuität gegründete Konzeption ist unabhängig vom gewählten Untersuchungsobjekt.[217] Jedes Objekt wird innerhalb der Analyse auf diese Dimensionen reduziert. Daß somit eine Vereinfachung der Sachverhalte vorliegt, ist deutlich genug, gerade die universelle Verwendbarkeit macht diese Konzeption aber auch besonders geeignet zur Adaption in anderen Disziplinen. Dietrich BARTELS läßt als dritte Dimension innerhalb der choristischen Bestimmung von Punkten die Eigenschaftsdimension zu. Sie beschreibt die Substanz der auf die zweidimensionale Fläche reduzierten Objekte. Sie ist in keinem Fall als Individualkomponente vorstellbar, sondern nur als Ausdruck bestimmter Klassen von Phänomenen sinnvoll.[218]

Innerhalb der geometrischen Richtung wird zwischen der choristischen und der chorologischen Vorgehensweise unterschieden. Dietrich BARTELS hat diesen zuerst von Peter HAGGETT zusammengefaßten Ansatz im deutschen Sprachraum bekannt gemacht.[219] Die choristische Vorgehensweise bemüht sich um die räumliche Festlegung und Fixierung „von Tatbeständen hinsichtlich ihrer Lage auf der Erdoberfläche"[220]. Mit Hilfe der choristischen Vorgehensweise können zunächst Verbreitungsgebiete von Punkten und Standorten beliebigen Inhalts festgestellt werden. Beziehen sich diese Verbreitungsgebiete auf gleiche oder annähernd

---

[215] Gerhard BAHRENBERG (1979: 148).

[216] Vgl. Dietrich BARTELS (1970: 13).

[217] An die "Herrschaft der Methode über den Gegenstand" (Günther BECK, 1973: 44) knüpfte die Kritik einer kritischen Geographie an die von Dietrich BARTELS vermittelten Gedanken an.

[218] Vgl. Dietrich BARTELS (1968: 87f.). Eigenschaftsdimensionen meinen die Eigenschaften (Attribute) konkreter Dinge, konkreter Landschaftsphänomene. Dimensionen sind dazu da, Objekte oder Sachverhalte mit Hilfe von Koordinaten festzulegen. Diese Festlegung hat nur dann Sinn, wenn ein Maßstab, eine Werteskala vorhanden ist. Die Dimensionen sagen noch nichts über die zugrundeliegenden Grundkräfte aus. Modifikationen dieses Grundschemas werden zugelassen. Sie beziehen sich auf die Hinzufügung weiterer Dimensionen, wie der Zeitdimension bei Prozeßbetrachtungen oder auf die Reduktion von Dimensionen, wie bei Profilbetrachtungen (vgl. op. cit.: 89f.)

[219] Vgl. Peter HAGGETT (1973), Dietrich BARTELS (1968) und CLIFF/FREY/HAGGETT (1977).

[220] Dietrich BARTELS (1970: 15).

gleiche Phänomene, so können Areale dieser Phänomene unterschieden werden. Diese Areale stellen mehr oder weniger geschlossene Gebiete dar, in denen ein untersuchtes oder zu untersuchendes Phänomen erscheint. Ein Areal ist eine geographische Ganzheit im weitesten Sinn einer Region und somit der geographische Grundmaßstab überhaupt. Es stellt eine isoschematische Ganzheit dar, da eine einheitliche Struktur innerhalb des Areals zu beobachten ist.[221] Läßt sich innerhalb der räumlichen Anordnung der Phänomene eines Areals eine regelmäßig abgestufte Intensität feststellen, so wird von Feldern gesprochen.

Innerhalb des choristischen Vorgehens spielt das geographische Koinzidenzprinzip, also die Deckungsgleichheit von Arealen oder Feldern eine bedeutende Rolle. Das Koinzidenzprinzip, das J.D. NYSTUEN[222] zu den fundamentalen Raumbegriffen zählt, stellt einen einfachen Versuch dar, Zusammenhänge von räumlich verteilten Phänomenen unterschiedlicher Art herzustellen. Durch das Übereinanderlegen der Kartierung verschiedener Sachverhalte können sich Übereinstimmungen hinsichtlich der Verteilung und Ausdehnung der Phänomene ergeben. Die Ursache des gemeinsamen räumlichen, gleichräumigen Auftretens der Phänomene kann hiermit noch nicht erklärt werden. Auch ist es schwierig, ohne vorausgehende deduktive Auswahl, geeignete Sachverhalte zu isolieren, welche einen Zusammenhang ergeben, bei dem es sinnvoll erscheint, solche Sachverhalte zur Deckung zu bringen. Ohne geeignete Theorie muß die Koinzidenz von einem wissenschaftstheoretisch schwer vertretbaren Allzusammenhang ausgehen.[223] Die choristische Vorgehensweise erweist sich somit mehr als Forschungstechnik, denn Methodologie, da sie nicht Ausgangspunkt der Untersuchung sein kann, sondern ihr eine sinnvolle Theorie vorausgehen muß.[224]

Eine größere Rolle als das choristische Prinzip spielt das chorologische,

---

[221] Vgl. Roger BRUNET (1975: 97).

[222] Vgl. J.D. NYSTUEN (1970).

[223] Auf diese Gefahr macht auch Gerhard HARD (1973: 101-106) aufmerksam. Sehr eindrucksvoll hat dieses Problem Karl POPPER formuliert, als er den Satz prägte, alles lasse sich erklären, aber nicht alles durch jedes. Dietrich BARTELS (1968: 92) unterscheidet in diesem Zusammenhang einschichtige, synthetische und mehrschichtige, analytische Varianten. Bei ersteren tritt das Problem der Aufstellung von Hypothesen auf, da Beziehungen zwischen unterschiedlichsten Elementen hergestellt werden müssen.

[224] Auf diesen Tatbestand macht auch Gerhard BAHRENBERG (1972: 11) aufmerksam.

welches soviel bedeutet wie „in distanziellen Zusammenhängen gesehen", „raumfunktional verbunden aufgefaßt"[225]. Während das chorologische Prinzip Zusammenhänge zwischen Sachverhalten mittels deren räumlicher Verteilung auf der Erdoberfläche aufzudecken versucht, betont das chorologische Prinzip die Beziehungen zwischen Raumpunkten selbst. Die Qualität der Raumpunkte wird beim Übergang von der choristischen Betrachtung zur chorologischen vom Explanandum zum Explanans. Die Lagequalitäten helfen, die Beziehungen zwischen den Raumpunkten zu erklären.[226] Damit allerdings konstituiert sich noch keine räumliche Betrachtungsweise. Diese tritt erst dann in Kraft, wenn auch räumliche Parameter in die Analyse miteinbezogen werden. Dazu müssen erst genuin geographische Kategorien eingeführt werden, wie im standorttheoretischen Ansatz, also „die räumliche, distanzielle Betrachtung der Phänomene der Erdhülle- eine Betrachtung unter Begriffen wie Richtung (Orientierung), Distanz, relative Lage, Verbindung"[227]. Dabei kann die Distanz unter den geometrischen Kategorien neben der Richtung und der relativen Lage als die bedeutendste Grundlage geographischen Denkens bezeichnet werden, so daß William BUNGE (1962) von einem „Näheprinzip" in der Geographie sprechen kann. Bei Interaktionen sind die Beteiligten, seien es menschliche Individuen oder abstrakte Personen (Industrieunternehmen, Rechtspersonen etc.) auf eine Minimierung der physischen Entfernung auf einer homogenen Fläche und damit auf eine Minimierung des Aufwandes für die Raumüberwindung bedacht. Je nach Art der Interaktion kann die Distanz in räumlicher Entfernung, in Zeitaufwand oder in Kostenaufwand gemessen werden.

Neben die geometrischen Kategorien tritt als weiterer topologischer Begriff die „connectiveness", die Verbundenheit.[228] Diese bezieht sich auf die Art der räumlichen Verbindungen in ihrer materiellen Bedeutung. Sie stellen das Material (framework), mit dessen Hilfe erst Kontakte hergestellt werden können. Gegenüber Richtung und Distanz besitzt die Verbundenheit den Vorteil,

---

[225] Dietrich BARTELS (1968: 7).

[226] In diese Richtung zielen auch die Ausführungen von Gerhard BAHRENBERG (1972: 12). Als Beispiel führt er die Austauschvorgänge zwischen Punkten oder Gebieten an.

[227] Gerhard HARD (1973: 181f.).

[228] Vgl. J.D. NYSTUEN (1970).

selbst bei Verzerrungen konstant zu bleiben.[229] Verzerrungen können dann notwendig werden, wenn zur Abbildung der Realität inhomogene Distanzen und Richtungen eingeführt werden müssen. So können in bestimmten Zusammenhängen bestimmte Richtungen bevorzugt werden und Distanzen einen nicht linearen Anstieg der Kosten zu ihrer Überwindung wiederspiegeln. Hier sei an den Unterschied von objektiver Richtung und Distanz und subjektivem Empfinden erinnert. Gerade die chorologische Sichtweise ist mit geographischen Grundbegriffen eng verbunden und mit ihrer Hilfe in der Lage, prognostische Aussagen zu treffen, also nach Karl POPPER solche Faktoren angeben zu können, welche in die Lage versetzen, eine Entwicklung nicht nur vorherzusehen sondern auch zu steuern.[230]

Abgesehen von choristischer und chorologischer Betrachtung strebt eine geographische Darstellung nach einer Art räumlicher Ordnung, das heißt nach der Bestimmung von Formen, nach welchen sich die Raumelemente anordnen oder anordnen lassen. Diese Anordnung wird mit Hilfe der Dimensionen Punkt, Linie, Fläche oder als Kombinationen derselben beschrieben.[231] Die Anordnung von Punkten im Raum bildet ein Muster aus. Werden diese Punkte durch die sie verbindenden Linien verbunden, so entstehen Knotenregionen. Werden innerhalb dieser Knotenregionen einige Punkte anderen bevorzugt, so entstehen Hierarchien. Die Punkte innerhalb eines Gebietes stellen allerdings nicht das Hauptproblem der Untersuchung dar. Ausgangspunkt der Analyse von Knotenregionen sind, wie Peter HAGGETT gezeigt hat,[232] festgestellte oder feststellbare Interaktionen. Diese sind mit einer bestimmten Richtung, einer bestimmten Intensität und einer bestimmten Reichweite versehen. Werden ihre Bahnen aufgezeichnet, so erhält man die typischen Netzwerke der untersuchten Interaktionen. Diese Interaktionen bestehen zwischen Orten (Punkten) im Raum. Ausgangspunkt und Endpunkt lassen sich verorten und als Knotenregionen darstellen. Einige dieser Punkte erhalten mehr Interaktionen oder geben mehr von diesen ab als andere. Das führt zu ei-

---

[229] Vgl. auch Gerhard BAHRENBERG (1972: 14).

[230] Ähnlich auch Dietrich BARTELS (1968: 109).

[231] Gerhard BAHRENBERG (1972: 15) macht darauf aufmerksam, daß die Feststellung, ob ein Objekt als Punkt oder Fläche betrachtet wird vom gewählten Maßstab abhängt. Eine Stadt kann je nach Maßstab als Fläche oder als Punkt angegeben werden.

[232] Vgl. CLIFF/FREY/HAGGETT (1977: 7).

ner Hierarchisierung der Knotenregion. Interaktionen verlaufen nicht immer nur linienhaft, sondern können auch Flächen, Einflußflächen (-sphären) ausbilden, in denen zum Beispiel die Intensität der Interaktionen gleich groß ist oder die Empfänger gleichgeartet sind. Schließlich läßt sich die Ausbreitung von Interaktionen darstellen. Diese verläuft in der Zeit über die festgestellten Linien, durch die Punkte, nach ihrer Hierarchie und nimmt in der Regel letztlich flächenhafte Formen an.

Die typisch geographischen Denkweisen und Beschreibungsmuster gehen von ganz bestimmten Grundannahmen, von Axiomen, aus. Diese Annahmen sind notwendig, damit die Arbeit überhaupt erst aufgenommen werden kann. Es sind Postulate, die nicht näher begründet werden müssen. Die Axiome haben sich, wie das System von Fachbegriffen, im Laufe der Disziplingeschichte weiterentwickelt und für die Forschung als nützlich erwiesen.[233]

Ein solches System von Axiomen hat Eugen WIRTH in seiner theoretischen Geographie aufgestellt. Er nennt die Axiome der Geographie auch „Basishypothesen mit fachspezifisch-empirischem Gehalt"[234]. Eugen WIRTH selbst macht darauf aufmerksam, daß die Unterscheidung zwischen Grundbegriffen (Kategorien) der Geographie und Basishypothesen nur schwer zu treffen ist.[235] Hinzu tritt eine Begriffsverwirrung durch die schon von Karl-Dieter OPP durchgeführte Einführung der Orientierungshypothesen. Der Unterschied zwischen Orientierungshypothesen und Axiomen, die wir unter der Bezeichnung Denkstrukturen zusammengefaßt haben, ist darin zu suchen, daß Axiome, in der Geographie Basishypothesen genannt, bereits etwas über den Gegenstand aussagen, Hypothesen über die Art des Gegenstandes aufstellen und zwar innerhalb der Geographie über den Raum und somit der Objektsprache angehören, während Orientierungshypothesen univer-

---

[233] Vgl. Eugen WIRTH (1979: 268) mit Bezug auf René KÖNIG. Gerhard HARD (1970: 150-152) interpretiert eine Axiomatisierung als Ausweg bei der Lösung von Begründungsproblemen. Kann der Grund für die Aufnahme bestimmter Faktoren in ein Analyseschema nicht angegeben werden, so wird die zugrundeliegende Theorie oder Metatheorie axiomatisiert und somit die Begründung umgangen.

[234] Eugen WIRTH (1979: 282).

[235] Vgl. ibidem: 282.

selle Methodiken beschreiben.[236] WIRTH nennt in diesem Zusammenhang ein Differenzierungsaxiom, ein Interdependenzaxiom, ein Komplexitätsaxiom, ein Distanzaxiom und ein Limesaxiom[237]:

„1. Es gibt räumliche Differenzierung. Der Raum ist in seiner inhaltlichen Erfüllung nicht homogen; mindestens einige der unterschiedlich gelegenen Örtlichkeiten sind auch unterschiedlich geartet.
2. Es existiert keine Örtlichkeit, die nicht mit irgendwelchen anderen Örtlichkeiten durch irgendwelche Beziehungen (...) verknüpft wäre.
3. Mindestens einige der an einer Örtlichkeit räumlich miteinander vergesellschafteten geographischen Sachverhalte sind durch irgendwelche Beziehungen (...) miteinander verknüpft; ihr Zusammenhang besteht also nicht ausschließlich in der räumlichen Koinzidenz.
4. Mindestens einige der räumlichen Beziehungs- und Verknüpfungszusammenhänge sind in Art, Intensität und Zahl von der Entfernung abhängig (...)
5. Das Flächenangebot im Bereich der erdräumlichen Dimension ist begrenzt (...)."

Hinzuzufügen wäre bei dieser Aufzählung ein Stetigkeitsaxiom, ein Axiom, das besagt, daß wir es in der Geographie mit einem kontinuierlichen Raum zu tun haben. Die Prozesse, welche innerhalb dieses Raumes ablaufen, können dagegen sehr wohl an bestimmten Stellen im Raum abbrechen. In der Regel wird aber der Geograph von einer Kontinuität im Raum ausgehen, so wie der Historiker von einer zeitlichen Kontinuität der Ereignisse ausgeht.

Neben den Orientierungshypothesen und den Axiomen geographischer Forschung lassen sich Grundbegriffe aufstellen, die für die Landschaftsanalyse und für die geographische Analyse allgemein von Bedeutung sind und in dieser immer wieder Verwendung finden. Forschungslogisch lassen sich diesen Grundbegriffen bestimmte Ansätze zuordnen, die auf die drei Grundbegriffe Struktur, Funktion und Genese bzw. Prozeß zurückgehen. Formale, funktionale und genetische Ansätze legen sich wie „Ringstrukturen"[238] um den Kern geographischer Aufgabenstellung, um komplexe Vorgänge im Raum.

Über die Aufstellung eines Axiomenkatalogs hinaus hat Eugen WIRTH die wichtigste methodische Literatur der sechziger Jahre bis 1974 durchgesehen und die

---

[236] Allein die Tatsache, daß diese analytisch sinnvolle Unterscheidung von Eugen WIRTH nicht wahrgenommen wird, macht deutlich, daß hier von der allgemein üblichen Methode, der formal- oder sprachlogischen, abgewichen wird. In vielen Fällen scheint WIRTH dem "gesunden Geographenverstand" zu folgen.

[237] Vgl. Eugen WIRTH (1979: 282). Hier auch das folgende Zitat.

[238] Gerhard BRAUN (1972: 3). Vgl. ähnlich auch Eugen WIRTH schon (1969: 184).

Begriffe notiert, welche allen Aufsätzen gemeinsam sind. Diese Begriffe können als der übereinstimmende Begriffsapparat der Geographie aufgefaßt werden. Hier werden unter anderem einige konkrete Grundbegriffe mit hohem empirischen Gehalt aufgeführt, die dem Leser einen Einblick in die geographische Sprache geben können:[239]

1. absolute Lage und relative Lage (Ort und Situation bzw. Lokalisation)
2. räumliches Verbreitungsmuster und räumliches Verknüpfungsmuster, sowie räumliches Beziehungsgefüge und räumlicher Prozeß (Häufung-Streuung, locker verknüpft-eng vermascht, Mischung-Entmischung, Diffusion-Kontraktion)
3. räumliches Feld (räumliches Gefälle, zentral-peripher)
4. räumliche Dichte, räumliche Intensität (Flächenbedarf) 5. räumliche Koinzidenz, Standortvergesellschaftung, nach außen abgegrenzter Raum (Areal, Gebiet, Region), Grenze
6. Distanzüberwindungskosten, Transportaufwand (Zugänglichkeit, Abgeschlossenheit)
7. Interaktionsfeld-Kontaktfeld
8. Persistenz (historisch verbliebene Phänomene oder Strukturen)

4.1.2. Methodologische Kategorien der Geschichtswissenschaft[240]

4.1.2.1. Die Forschungskonzeption des Historismus

Der Historismus hat als Forschungskonzeption lange Zeit die Geschichtswis-

---

[239] Vgl. Eugen WIRTH (1979: 269). Sie werden hier in etwas abgeänderter Form wiedergegeben. Ähnlich auch Hermann HAMBLOCH (1983: Kapitel 1.4). Als eine vorbereitende Arbeit können die Gedanken von Ernst NEEF (1969) angesehen werden.

[240] Eine ernsthaft zu stellende Frage wäre diejenige nach dem Objekt der Geschichtswissenschaft. Gerade sie hat stets versucht, sich über eine Methode zu definieren. Mittlerweile sind Methoden aber so auswechselbar geworden, daß kaum noch von bestimmten Vorlieben gesprochen werden kann. Diese Definition scheint somit nicht mehr stichhaltig. Die Geschichtswissenschaft sollte u.E. ernsthaft darüber nachdenken, ob nicht das Geschichtliche ihr ureigenstes Forschungsobjekt darstellen könnte. Die Wirtschaft vergangener Zeiten bliebe dann den Historischen Wirtschaftswissenschaften überlassen, soziale Verhältnisse vergangener Epochen der Historischen Soziologie, ein Zustand, der heute schon fast Realität geworden ist. Als Wissenschaft von der Geschichtlichkeit bliebe die Geschichtswissenschaft allerdings keine historische Wissenschaft im eigentlichen Sinn, sondern hätte sich ebenso zum Beispiel zeitgeschichtlichen Momenten in ihrem Einfluß auf den Entwicklungsprozeß von Menschen zu widmen (vgl. zum Beispiel Ursula LEHR, 1978). Von theoretisch, methodischer Seite behandelt dieses Problem Albert D'HAENENS (1984).

senschaft beherrscht. Aber auch andere Disziplinen, wie die Historische Geographie, die Historische Kulturlandschaftsforschung und die Länderkunde in der Geographie, sahen noch bis Mitte der 70er Jahre einige Hauptargumente des Historismus als Grundlagen ihres Forschens an.[241] So zeigt die Länderkunde eine starke Affinität zu den Grundlagen des Historismus. Beide Forschungskonzeptionen bildeten die „Hintergrundphilosophien"[242] ihrer Disziplinen. Als Philosophien stellen Historismus und Länderkunde komplexe Systeme bestehend aus mehreren Ebenen dar. Beide Konzeptionen beinhalten sowohl metasprachliche, methodologische, methodische und forschungstechnische Elemente. So sind im Historismus nationalstaatliche Elemente beherrschend wie innerhalb der Länderkunde zum Beispiel harmonistische Vorstellungen[243]. Wir wollen uns im folgenden lediglich mit dem „Methodologischen Historismus"[244] beschäftigen, also mit seinen methodischen und methodologischen Grundlagen. Diese gelten analog für die Länderkunde.

Beide Konzeptionen gehen von einem etwas vagen Begriff von Totalität aus, von einem Ganzen geschichtlicher und geographischer Zustände und Prozesse, in das historische und geographische Elemente hineinzustellen seien, und betonen zudem den die Methodik leitenden Begriff des Besonderen.[245] Hiervon werden die methodische Bevorzugung des Ideographischen, also der Beschreibung, und diejenige des Verstehens abgeleitet. Die dadurch begründete methodische Sonderstellung der Geographie, insbesondere der Humangeographie und der Geschichtswissenschaft schien lange Zeit beide Wissenschaften aus der Pflicht zu entlassen, konkrete methodische Modelle zu entwerfen. Nachdem in den letzten Jahren wieder verstärkt auf einige Grundlagen des Historismus zurückgegriffen worden

---

[241] Vgl. zum Beispiel das bisher einzige Lehrbuch der Historischen Geographie von Helmut JÄGER (1969a) und die ausführlichen Ausführungen bei W. MATZAT (1975).

[242] Gerhard HARD (1973: 226).

[243] Vgl. Dietrich BARTELS (1969).

[244] Manfred RIEDEL (1984).

[245] Das Postulat des Ganzen hat u. E. in der Geschichtswissenschaft weniger konkrete Auswirkungen nachsichgezogen als in der Geographie, in welcher Totalität als komplette Erscheinung einer Landschaft aufgefaßt wurde und teilweise schematisch der Totalcharakter einer Landschaft durch ein länderkundliches Schema erfaßt wurde (vgl. zum Beispiel die Arbeit von Hans HECKLAU, 1964).

ist, scheint es nun möglich, dessen Methodik schärfer zu fassen als dies bisher geschah, und dadurch sein Vorgehen auch für moderne Forschungen verfügbar zu machen. Wir werden die Darstellung anhand der Begriffe Beschreibung und Verstehen vornehmen.

Bisher wurde die Beschreibung stets im Gegensatz zur Erklärung gesehen. Erklärung und Beschreibung schlossen sich gegenseitig aus, wobei als oberstes Ziel wissenschaftlichen Tuns die Erklärung galt. Mittlerweile wird die Beschreibung eines Sachverhalts als genauso nützlich für die Forschung angesehen wie die Erklärung. Das hat seinen Grund darin, daß Erklärungen für eine ganze Reihe von Problemen nicht oder nur ungenau angegeben werden können, und somit auf Beschreibungen zurückgegriffen werden muß. Die Beschreibung gilt somit als eine einfachere methodische Form als die Erklärung. Sie unterliegt aber ähnlichen methodischen Voraussetzungen. Die Beschreibung als „explizite Darlegung der Merkmale von Gegenständen, Sachverhalten oder Ereignissen und ihren Relationen"[246] hängt von dem Wissen über den Sachverhalt und von der Form ab, in welcher dieses Wissen vorliegt. „Die Brauchbarkeit einer Beschreibung, d.h. wie gut die intendierten Objekt-, Tatbestands- oder Ereignismerkmale in ihr repräsentiert sind, hängt aber vom verwendeten begrifflichen Inventar ab."[247] Ein gewisses deduktives Vorgehen liegt also auch dem Beschreiben zugrunde. Merkmale müssen ausgewählt und in einer sinnvollen Reihenfolge dargestellt werden. Bei komplexen Prozessen wird es dabei nicht ausreichen, sie in chronologischer Reihenfolge zu präsentieren. Vielmehr sollte es möglich sein, einen „Problemraum" zu konstruieren, „in dem zunächst Eigenarten der Merkmale und ihre Relationen erfaßt, sodann die Menge der Problemzustände antizipiert werden, die durch mögliche Anwendung der Operatoren entstehen könnnen"[248]. Als Grundprozesse der Problemlösung nennt Erwin ROTH folgende Schritte:[249]

1. Zergliederung des Problems in seine Bestandteile, Klärung seiner Voraussetzungen.
2. Erfassung der Merkmale dieser Bestandteile oder Objekte.
3. Vergleich der Einzelobjekte und Bestimmen ihrer Unterschiede bzw. Ge-

---

[246] Erwin ROTH (1984: 97).

[247] Ibidem: 98.

[248] Ibidem: 87f.

[249] Ibidem: 90.

meinsamkeiten.
4. Ordnen der Gegenstände anhand ihrer Merkmale nach möglichst vielen Gesichtspunkten.
5. Klassifizieren: Zusammenfassung von Objekten mit übereinstimmenden Merkmalen.
6. Verknüpfung von Merkmalen im Sinne einer Komplex- bzw. Strukturbildung.
7. Abstrahieren als Absehen vom Besonderen und Zufälligen der Anschauung mit dem Ziel der Erfassung des Allgemeinen und Notwendigen für einen bestimmten Zusammenhang, Verallgemeinerung als Übergang zu höheren begrifflichen Ebenen.
8. Konkretisieren als Umkehrung des Abstraktionsprozesses, Übergänge vom Allgemeinen zum Besonderen bilden.
9. Analogiebildung als Übertragung des Problems auf ähnliche Situationen mit bekannter Lösung, einschließlich der Modellbildung.
10. Schlußfolgern: Aus dem jeweiligen Problemzustand Konsequenzen ableiten in der Form logischen Schließens.
11. Hypothesenbildung- und prüfung, nicht nur aber natürlich auch im streng wissenschaftstheoretischen Sinne.

Vollständige Beschreibungen sind bei Problemlösungen nicht unbedingt notwendig. Die Auswahl der Sachverhalte richtet sich nach dem sich stellenden Problem. Je nach Sachverhalt muß ein entsprechendes Abstraktionsniveau gewählt werden, ein Maßstab in der Geographie oder ein Auflösungsgrad, wie er in der Soziologie genannt wird oder ein bestimmter zeitlicher Abschnitt in der historischen Forschung. Dieses Niveau ist abhängig von der Eigenart des Problems und von den Möglichkeiten, das Problem in unterschiedlichen Niveaus zu verfolgen.

Bezieht sich die Beschreibung auf die möglichst präzise Darstellung einer Problemsituation, ihrer Elemente und deren Verknüpfungen, so kann das Verstehen als die Suche nach geeigneten Operatoren verstanden werden, welche die Verschiebung der Problemsituationen verursachen. Verstehen meinte bisher soviel wie „sich in die Lage versetzen können". Auf die Handlungen einer Person bezogen bezeichnete dies die Fähigkeit, deren Handlungen nachvollziehen zu können, sie wenn nötig selbst nachspielen zu können. Das aber ist nur möglich, wenn die zustandsändernden Variablen, die Operatoren, bekannt sind. Somit unterscheidet sich das Verstehen in seiner methodologischen Form nicht von einer Prognose im Sinne Karl POPPERs. Auch durch das Verstehen müßten Faktoren angegeben werden können, die einen Prozeß beeinflussen, und zwar in eine vorhersehbare Richtung beeinflussen.

Wir haben somit gesehen, daß traditionelle Methodiken sehr wohl wissenschaftstheoretisch ausformuliert in eine moderne Forschung einzubauen sind und erst so ihren vollen Nutzen zeigen.

4.1.2.2. Die Historische Sozialwissenschaft

Gegenüber dem Historismus bot sich seit Ende der sechziger Jahre das Konzept der Historischen Sozialwissenschaft als neues Paradigma geschichtswissenschaftlicher Forschung an. Eine umfassende Formulierung dieses Konzepts wurde bisher nicht geleistet, wohl aber besteht Einigkeit über einige grundlegende Prämissen, die einen historisch sozialwissenschaftlichen Diskurs bestimmen. Die Entwicklung des Konzepts läßt sich am einfachsten anhand der fundamentalen Veröffentlichungen rekonstruieren. 1973 veröffentlichte Hans-Ulrich WEHLER ein Bändchen mit dem Titel „Geschichte als Historische Sozialwissenschaft", in dem er die Forderungen der Geschichtswissenschaft an eine Kooperation mit Soziologie, Ökonomie und Psychologie darlegte. Ein Jahr später diskutierte Winfried SCHULZE in seinem Buch die Kooperationsmöglichkeiten zwischen Geschichtswissenschaft und Soziologie auf der Ebene der Begriffsbildung, und im Frühjahr 1975 erschien das erste Heft der Zeitschrift Geschichte und Gesellschaft, die sich als Zeitschrift für Historische Sozialwissenschaften bezeichnete. 1976 schließlich lieferte Jörn RÜSEN mit seinen „Studien zur Theorie der Geschichtswissenschaft" das wissenschaftstheoretische/wissenschaftsphilosophische Fundament „Für eine erneuerte Historik", so der Haupttitel seines Buches.

Das Motiv für das Entstehen des neuen Paradigmas ist in der Einsicht zu suchen, daß sozialökonomische Faktoren im Geschichtsprozeß einen hohen, oft dominanten Stellenwert besitzen.[250] Somit wurde eine Politikgeschichte, als Geschichte eines autonomen gesellschaftlichen Bereichs obsolet. Zum Einbau dieser neuen Faktoren in eine ebenfalls angestrebte (Gesamt-) Gesellschaftsgeschichte verbunden mit einer sinnvollen Ordnung der Fakten, wurde die Zusammenarbeit mit den Sozialwissenschaften angestrebt.[251] Damit war „vor allem eine Annäherung an die systematischen und theoretischen Sozialwissenschaften, eine Öffnung für deren Fragestellungen und Methoden und eine entschiedene Betonung gesellschaftlicher Problemstellungen gemeint"[252]. Mit der Betonung der

---

[250] Vgl. zum Beispiel Hans-Ulrich WEHLER (1980: 150).

[251] Vgl. ibidem: 148.

[252] Reinhard RÜRUP (1977: 5) und ähnlich auch das Vorwort der Herausgeber im ersten Heft der Zeitschrift Geschichte und Gesellschaft.

Geschichtswissenschaft als Problemgeschichte sollte die tradierte Aufteilung der historischen Wissenschaften nach Gegenstandsbereichen abgelöst werden. Damit war der Weg frei für eine Öffnung der Geschichtswissenschaft in Richtung erweiterter Fragestellungen. Nicht mehr der in der Forschungspraxis stets eng ausgelegte Bereich der „Beschreibung und Erklärung menschlichen Handelns in der Zeit"[253], welche allzuoft auf das politische Handeln reduziert wurde, sondern auch Verhältnisse und Strukturen galten nun als Problembereiche, seien es Lebensverhältnisse, Sozialstrukturen oder Ähnliches.[254] Gerade im Rahmen der Strukturgeschichte trafen Logisches und Historisches aufeinander. Der „kognitive Primat des Logischen vor dem Historischen"[255], der bisher von den Sozialwissenschaften betont wurde, forderte von der Geschichtswissenschaft die Formulierung des genuin geschichtswissenschaftlichen Beitrages zur Lösung von Forschungsproblemen. Einen Ausweg wies die Betonung des zeitlichen Charakters geschichtswissenschaftlicher Untersuchungen, so der genetische Aspekt „gewordener Strukturen"[256] und die Beachtung der unterschiedlichen „Trägheit" von Strukturen.[257] Dementsprechend wurde die Historische Sozialwissenschaft von Winfried SCHULZE definiert als die „Wissenschaft von der Veränderung des Menschen und seiner gesellschaftlichen Verhältnisse in der Zeit"[258]. Es geht ihr nicht um sozialen Wandel als einen allgemeinen, gleichsam zeitlosen Vorgang, sondern um Veränderungen in der historischen Zeit, unter jeweils spezifischen

---

[253] So eine nordamerikanische Stellungnahme aus dem Jahre 1954, zitiert nach Winfried SCHULZE (1974: 58).

[254] Für den deutschsprachigen Bereich werden zur Abgrenzung der Geschichtswissenschaft auf gegenständlicher Ebene immer wieder die Äußerungen Otto BRUNNERs herangezogen. Dabei änderte auch BRUNNER seine Definition von Geschichtswissenschaft im Laufe seiner Lehrtätigkeit des öfteren. Sah er die Geschichtswissenschaft zunächst nur dem menschlichen Handeln zugeordnet (ohne eine klare Vorstellung vom Begriff der Handlung zu besitzen) so fügte er später den Bereich der sozialen Strukturen hinzu:"Ich sehe in der Sozialgeschichte eine Betrachtungsweise, bei der der innere Bau, die Struktur der menschlichen Verbände im Vordergrund steht, während die politische Geschichte das politische Handeln, die Selbstbehauptung zum Gegenstand hat" (zit. nach 1968: 82).

[255] Alfred SCHMIDT (1978).

[256] Ibidem: 56.

[257] Vgl. ibidem: 13.

[258] Winfried SCHULZE (1974: 188).

Umständen.[259] Es ist somit nicht der Gegenstandsbereich, welcher Geschichtswissenschaft und Sozialwissenschaften trennt. Es sind der Aspekt der Vergangenheit und das Interesse an der Vergangenheit als das Andere und Fremde.[260] Während die Sozialwissenschaften in der Regel auf die Vergangenheit nur dann zurückgreifen, wenn ein erweitertes Versuchsfeld für Gegenwartsfragen erforderlich ist, interessiert sich der Historiker für die Vergangenheit als solche. Als Problemhistoriker muß er sich für die Lösung gegenwärtiger Probleme einsetzen und diese in ihrer Entwicklung darstellen, also dem logischen den historischen Gesichtspunkt hinzufügen und er muß sich, um Alternativen aus der Geschichte anbieten zu können, vergangenen Problemlagen widmen und sie in ihrer Eigenständigkeit darstellen, ohne daß er anstandslos die Probleme der Vergangenheit lösen könnte. Dies wäre hypothetisch durch die Verwendung von Kontrafakten möglich, eine Methode, die von der nordamerikanischen Wirtschaftsgeschichte entwickelt wurde.[261] Auf jeden Fall bedeutet Historische Sozialwissenschaft die enge Anbindung der Geschichtswissenschaft an die Gegenwart und an gegenwärtige Probleme. In der Einsicht, daß sich die Geschichte nicht zurückholen läßt, benutzt der Historiker eine Begrifflichkeit, die eher gegenwärtigem Sprachgebrauch entstammt und leistet dadurch eine gewisse Übersetzungsarbeit. Durch die Einführung des Gegenwartsbezugs und eines Begriffs von Gegenwart werden die grundlegenden geschichtswissenschaftlichen Kategorien nicht außer Kraft gesetzt. Auch weiterhin muß den Historiker in der Hauptsache interessieren „wie es war". Das Interesse an den Ursprüngen ist ein Hauptmotiv historischen Forschens. Strukturen gesellschaftlicher Verhältnisse sind nur in diesem Zusammenhang des Entwicklungsgedankens von Bedeutung. Sie sind wichtig, um den Entscheidungs- und Handlungsspielraum abzustecken. So muß die Frage nach dem „wie es war" auf die Frage nach dem „was war machbar" erweitert wer-

---

[259] Vgl. Reinhard RÜRUP (1977: 7). Hier wird deutlich, daß sich die Geschichtswissenschaft noch nicht von der historistischen Einstellung der Einmaligkeit historischer Sachverhalte trennen mochte. Das mag an der ungenügenden Analyse der Konsequenzen, die das Fallenlassen dieses letzten historistischen Bausteins nachsichziehen würden liegen.

[260] Vgl. BOROWSKI/VOGEL/WUNDER (1980: 20f.). Gerade dieser Aspekt wird gegenwärtig von der Alltagsgeschichte übernommen, welche in ihren vorindustriellen Untersuchungen versucht, Alternativen zum gegenwärtig Bestehenden zu entwickeln.

[261] Vgl. hierzu Reinhard IMMENKÖTTER (1978) und für die Historische Geographie William NORTON (1984).

den. Im Rahmen der Untersuchung historischer Sachverhalte interessieren den Historiker ebenfalls Begriffe wie Kontinuität oder Diskontinuität historischer Entwicklungen. Insbesondere die Kontinuität hilft dem Historiker, Zusammenhänge über lange Zeiträume hinweg herzustellen und einen Entwicklungsstrang zu konstruieren. Dagegen wird er dem Begriff der Diskontinuität eher skeptisch gegenüberstehen. Unstetige Prozesse, also deren Abbruch und eventuelles Neueinsetzen sind für ihn im allgemeinen nur aus externen, „katastrophalen" Ereignissen heraus verständlich. Der Historiker befaßt sich ungern mit diachronen Entwicklungen eines Aspekts, ohne dabei auf die Gesamtsituation einzugehen. Demzufolge ist gerade für die Historische Sozialwissenschaft die Ausdifferenzierung in Einzelwissenschaften und damit die Zerlegung von Gesellschaften überhaupt in der Form, wie sie sich im sozialwissenschaftlichen Bereich darstellt, nicht akzeptabel. Diese Aufteilung läßt sich logisch nicht begründen. Eine Begründung sucht der Historiker in der Vergangenheit und hier speziell in den praktischen Erfordernissen und organisatorischen Strukturen einer Epoche der Wissenschaftsgeschichte, in der eine wissenschaftliche Arbeitsteilung die Konzentration auf ein fachspezifisches Instrumentarium erlaubte, welches dann auf die Wahl des Untersuchungsobjektes zurückwirkte.[262] Der Historiker befaßt sich mit komplexen Prozessen und Strukturen gesellschaftlichen Wandels in der Geschichte. „Dabei werden sowohl Veränderung wie Dauer als auch die politischen, sozialen, ökonomischen und kulturellen Interdependenzen der Phänomene berücksichtigt."[263]

Exkurs: Das Konzept der Sozialwissenschaften

Wir behandeln das sozialwissenschaftliche Konzept im Rahmen dieser Arbeit, da es durch die Integration unterschiedlicher Fächer versucht, komplexe Problemsituationen analysierbar zu machen. Aufbauend auf dem nordamerikanischen „social studies" Konzept umfassen die Sozialwissenschaften die Fachbereiche Anthropologie, Geographie, Geschichtswissenschaft, Ökonomie, Politikwissen-

---

[262] Vgl. BOROWSKY/VOGEL/WUNDER (1980: 19).
[263] Hans SÜSSMUTH (1978b: 111).

schaft, Psychologie und Soziologie.[264] Als tragende Wissenschaften gelten die systematischen Disziplinen Soziologie, Politikwissenschaft und Ökonomie.[265] Diese Basis ließe sich durch eine Geschichtswissenschaft als Historische Sozialwissenschaft erweitern. Nach dem Grad der Zusammenarbeit der einzelnen Bereiche innerhalb einer Fragestellung lassen sich mehrere Integrationsstufen unterscheiden. Innerhalb dieses Integrationsprozesses wird nicht die Aufhebung der Einzeldisziplinen gefordert, sondern eine Kooperation, die sich in ihrem Grad der Verschmelzung nach der Problemlage richtet.[266] Dabei ist die Zusammenarbeit nach einem eher additiven Verfahren, in dem einzelne Bereiche getrennt von einander eine gleiche Problemstellung untersuchen ebenso denkbar, wie die „echte" interdisziplinäre Zusammenarbeit im Team, welches Planung und Ausführung eines Programms von Anbeginn an gemeinsam erarbeitet. Für den Einzelforscher besteht während interdisziplinärer Forschung die größte Gefahr darin, Perspektiven aus fachfremden Bereichen nicht angemessen einzusetzen, das heißt sie ohne Beachtung ihrer spezifischen Geltungsbereiche und ihrer originären Perspektiven anzuwenden, ohne sie vorher entsprechend den eigenen Bedürfnissen modifiziert zu haben.

Die Notwendigkeit sozialwissenschaftlicher Zusammenarbeit ist durch das Vorliegen eines ähnlichen Gegenstandsbereichs gegeben, welchen Günther SCHANZ als das Verhalten des Menschen beschreibt.[267] Menschliches Verhalten findet in ganz unterschiedlichen institutionellen Zusammenhängen, in verschiedenen Organisationen und in allen nur denkbaren Situationen statt. Hierbei sind die Verhaltensumstände so miteinander verflochten, daß eine Einzeldisziplin allein nicht in der Lage ist, eine Lebenssituation in ihrer Komplexität zu erfassen. Der Begriff des Verhaltens bietet den heuristischen Vorteil, von jeder Spezialdisziplin auf ihr eigenes Gebiet bezogen werden zu können. So läßt sich für die Politikwissenschaft Verhalten als das Austragen von Konflikten unter Berücksichtigung der dahinter stehenden Interessen deuten. Auch das Verhalten

---

[264] Vgl. ibidem: 78.

[265] Vgl. IDEM (1978a: 13).

[266] Vgl. hierzu auch das Nachwort in Erhard FORNDRAN, Hg. (1978: 229f.).

[267] Vgl. Günther SCHANZ (1979: 13 und 24f.). Siehe auch die grundlegende, klassische Veröffentlichung von George Caspar HOMANS (1969), welcher allerdings nur ungenaue Hinweise auf den Gegenstandsbereich gibt.

von Menschen, von Gruppen von Menschen oder von Organisationen im Raum ließe sich als eine Auseinandersetzung beschreiben, als eine Auseinandersetzung, ein Konflikt im Raum und mit räumlichen Strukturen und Phänomenen.
Sozialwissenschaft kann aufgrund des umfassenden Gegenstandsbereichs nur problemorientiert bzw. situationsbezogen aufgefaßt werden. Im Hinblick auf die Anforderungen und die Bewältigung spezieller Situationen ist es für den Betroffenen wie für den Handelnden notwendig, situationsbezogene Qualifikationen zu besitzen.

Die Zusammenarbeit innerhalb der Sozialwissenschaften wird zwar dadurch erschwert, daß die einzelnen Bereiche häufig eigene Paradigmen besitzen, jedoch wird sie durch einen gemeinsamen Gegenstandsbereich und sehr ähnliche Formen der Analyse und Theoriebildung erleichtert. Ein ähnliches Methodenverständnis ist geradezu lebensnotwendig für die Zusammenarbeit, sie fördert die intersektorale Kommunikation. Dabei sind sich die systematischen Sozialwissenschaften darüber einig, daß Methoden „das planmäßige und systematische Vorgehen beim Versuch, Ziele zu erreichen"[268] beschreiben. Die Methoden bestehen in der Regel aus Systemen von Handlungsregeln, die man befolgen oder übertreten kann. Die Methodologie der Sozialwissenschaften ist diejenige der Realwissenschaften.[269] Die realwissenschaftliche Methodik macht keinen Unterschied zwischen Natur- und Sozialwissenschaften, da beide Bereiche es mit der Erfassung von existierenden, realen Objekten zu tun haben. Eine Abgrenzung wird lediglich gegenüber den Formalwissenschaften, wie Mathematik und Logik, aufrechterhalten.

Die realwissenschaftliche Methode kann auch als theoriebildende Methode verstanden werden. Fakten für sich allein genommen besitzen für den Sozialwissenschaftler keinen Stellenwert. Erst innerhalb eines bestimmten Kontextes, innerhalb bestimmter Theorien werden Fakten handhabbar. Auch läßt sich nur durch die Anwendung von Theorien das Auswahlproblem lösen. Theorien stellen Forderungen an bestimmte Daten. Bewährt sich die Anwendung einer bestimmten Art von Daten für die Erklärung eines Prozesses, so wird das Datum in den Status eines Indikators erhoben, welcher allerdings mit zeitlichen und räumlichen

---

[268] Theodor HERRMANN (1984: 32).

[269] Vgl. Günther SCHANZ (1979: 27f.).

Einschränkungen versehen ist.[270] Es bestehen unterschiedliche Vorstellungen über Theorien. Sie sind aber weder mit einem Begriffsapparat gleichzusetzen noch mit Modellen. Theorien sind Systeme nomologischer Hypothesen. Eine Theorie stellt zunächst einen vorgreifenden Entwurf dar,[271] der in seiner Aussage über die beobachteten Daten hinausgeht, verallgemeinert, Regelmäßigkeiten feststellt und Aussagen über möglichst viele Fälle sucht. Hypothesen beschreiben einen systematischen Zusammenhang zwischen Einzelaussagen, die ihrerseits als Hypothesen bezeichnet werden. Hypothesen sind Vermutungen, begründete Vermutungen, über einen Teilaspekt eines Problems. Sie machen bewährte gesetzmäßige Aussagen über einen Gegenstandsbereich. Zusammengefaßt bilden Theorien ein hypothetisch-deduktives System. Der Begriff des Deduktiven bezieht sich in diesem Zusammenhang auf bestimmte Ableitungsbeziehungen, welche innerhalb einer Theorie bestehen. Diese sind in der Regel mehrstufig und/oder hierarchisch aufgebaut. Durch das Vorhandensein mehrerer Komponenten, die nicht aufeinander reduzierbar sind, stellt Theoriebildung einen mehrstufigen Prozeß dar. Diese Komponenten oder Problembereiche gliedern sich in die empirische Basis, die in einer Beobachtungssprache formuliert ist (zum Beispiel Theorien der Messung), in die eigentliche Theorie, bestehend aus Theoriesprache und theoretische Begriffe und schließlich in ein Reduktionssystem, durch das die Theorie mit der Basis in Beziehung gesetzt werden kann.[272] Gut begründete Theorien erfüllen folgende Bedingungen:[273]

1. Sie systematisieren oder verbinden logisch eine große Menge von vorneherein isolierten Wissens über bestimmte Sachverhalte.
2. Sie geben eine Erklärung für die dem Wissen zugrundeliegenden Hypothesen.
3. Sie dienen als Mittel, um neue Hypothesen zu entwickeln.

Teile der Theorien „verweisen jeweils auf übergeordnete Prinzipien, deren

---

[270] Das Indikatorensystem ist wohl in den Wirtschaftswissenschaften am weitesten entwickelt und wird sowohl für die Analyse als auch für die (Markt-)Beobachtung benutzt (vgl. Ingeborg ESENWEIN-ROTHE, 1976). In der Soziologie arbeitet vor allem Wolfgang ZAPF an einem Indikatorensystem und auch in der Geographie sind erste Versuche unternommen worden, Indikatoren der Raumbeschaffenheit zu ermitteln.

[271] Vgl. auch Helmut PEUKERT (1971: 66).

[272] Vgl. Helmut PEUKERT (1971: 65f.).

[273] Nach AMEDEO/GOLLEDGE (1975: 39).

Wirkung in der Empirie zu beobachten ist"[274]. Die übergeordneten Prinzipien auf unterster Stufe werden Axiome genannt. Als grundlegende Annahmen müssen sie nicht bewiesen werden. Sie stellen die Prämissen des Systems dar.[275] Es sind dies normalerweise die Grundannahmen einer Disziplin oder eines Teilbereichs einer Disziplin. Alle Bestandteile einer Theorie müssen aus diesen Axiomen ableitbar sein, das heißt sie müssen diese Axiome enthalten. Der empirische Gehalt, der Informationsgehalt einer Theorie, also ihre Erklärungskraft für ein Problem, wird bestimmt durch die Zahl der mit ihr inkompatiblen Fälle. Je größer also die Zahl der Einschränkungen und Variablen innerhalb einer Theorie, desto höher ihre Genauigkeit, desto kleiner die Zahl der Fälle, die durch die Theorie erklärt werden können.

Ein weiteres Problem stellt die Widerlegung von Theorien dar. Theorien lassen sich in der Regel nicht durch gegenteilige Fakten widerlegen, da es nicht entscheidbar ist, ob der Aufbau des Experiments fehlerhaft ist oder aber die Theorie. Der Wert einer Theorie bemißt sich an der Bewährung zur Erklärung eines bestimmten Sachverhalts. Läßt sich eine Theorie aufstellen, die diesen Sachverhalt besser erklärt, wird die alte Theorie verworfen und durch die neue ersetzt.

Mit der Theorie wird der mögliche Bezugsrahmen für die Lösung eines Problems festgelegt und ein erster Erklärungsversuch unternommen. Dieser Erklärungsversuch bezieht sich auf die Beziehungen von erkannten Strukturelementen eines Objekts. Theorien erklären, indem sie Abhängigkeiten aufzeigen und auf zugrundeliegende Prinzipien verweisen.[276] Die Einzelteile der Theorie stammen aus bewährten Vorstellungen über Sachverhalte, die im behandelten Problembereich Teilaspekte darstellen. Die allgemeinen Hypothesen oder Prinzipien lassen sich dann auf den zu erklärenden Spezialfall präzisieren.[277] Die Konfrontation mit der Realität oder die Übersetzung der Theorie in die Realität oder eine vorstellbare Realität bezeichnet man als Operationalisierung. Dazu werden die aufgestellten Hypothesen und Variablen in Begriffe zerlegt. Erst danach kann überlegt werden, welche Daten die Begriffe möglichst genau repräsentieren bzw.

---

[274] Dieter RULOFF (1984: 96).

[275] Vgl. hierzu auch Karl-Dieter OPP (1976: 109).

[276] Vgl. Dieter RULOFF (1984: 96f.).

[277] Vgl. Dieter RULOFF (1984: 96f.).

wiederspiegeln. Die Gültigkeit der Daten, ihre Validität, ist um so größer, je konkreter sie mit dem hinterfragten Begriff übereinstimmen. Am größten, am direktesten, ist die Validität also dann, wenn genau der Gegenstand, der gemessen werden soll, auch als Operator verwandt wird. Karl-Dieter OPP unterscheidet zwei Arten von Operationalisierungen:[278]

„Im einen Falle kann man von logischen (oder analytischen) Operationalisierungen sprechen. Hier messen die Forschungsoperationen das, was ein Begriff bezeichnet. Im anderen Falle könnte man von empirischen Operationalisierungen sprechen. Hier wird davon ausgegangen, daß eine empirische Aussage zutrifft, in der eine Beziehung behauptet wird zwischen den Sachverhalten, die ein Begriff bezeichnet, und den Sachverhalten, die ermittelt werden."

Der Erfolg einer Theoriebildung bemißt sich daran, inwieweit es gelingt, Hypothesenhierarchien zu vereinfachen. Die Vereinfachung durch Reduktion auf grundlegende Beziehungen macht Theorien zwar universell verwendbar, birgt aber auch die Gefahr des Statischen in sich. In der Regel wird in Theorien nämlich zugunsten funktionaler Zusammenhänge auf strukturelle Zusammenhänge oder zeitliche Abläufe verzichtet. Diese Tatsache und die Schwierigkeiten bei der Übersetzung von Theorien, haben zu verstärkter Modellbildung geführt. Eine Methodik, welche weniger formale Anforderungen stellt. Wir werden darauf zurückkommen.

4.1.2.3. Historische Sozialwissenschaft und systematische Sozialwissenschaften

Der Historiker erhoffte sich von der Auseinandersetzung mit den Methoden und Ergebnissen der systematischen Sozialwissenschaften einen Rahmen für die Interpretation historischer Sachverhalte, er erwartete Regeln für deren Analyse.[279] Im wesentlichen wünschte sich der Historiker Abhilfe für den Mangel an explizit entwickelten Theorien.[280] Diese müssen für die Anwendung in der Geschichtswissenschaft erst bearbeitet werden und zwar solange, wie es den Theorien der Sozialwissenschaften an einem adäquaten Zeitbegriff mangelt, und

---

[278] Karl-Dieter OPP (1984: 57).

[279] Vgl. das Zitat von Hans-Ulrich WEHLER (1973: 57):"Der Interpretationspluralismus gilt nur innerhalb rational festgelegter Grenzen, und er ist keineswegs unendlich groß."

[280] Vgl. ibidem: 24.

sie nicht die Komplexität historischer Prozesse beachten, bzw. bis die Geschichtswissenschaft selbst genuin historische Theorien entwickelt hat. Die von Soziologen zunächst entworfenen Theorien sozialer Systeme, die ein Gleichgewicht innerhalb solcher Systeme implizierten, waren nicht „erklärungsfähig", da sie Veränderungen sozialer Systeme ausklammerten. Erst die Theorien sozialen Wandels treffen Aussagen über Bedingungen von Veränderungen. Zudem sind soziologische Theorien häufig unhistorisch oder ahistorisch, da sie von einem „unabhängigen Koordinatensystem" (Ralf DAHRENDORF) ausgehen und spezifisch historische Situationen nicht beachten. Ein weiterer Mangel sozialwissenschaftlicher Theorien ist darin zu sehen, daß sie in der Regel nichts anderes als „check-lists" darstellen. Sie sind Visionen, „Muster möglicher Strukturen, die aus Elementen zusammengesetzt sind, die in verschiedener Art vermischt und kombiniert werden können (...) mit den Nachteilen der Nichtverifizierbarkeit"[281]. Somit liefert die Soziologie nützliche Konzepte und Begriffe, die zur Ordnung des Materials benutzt werden können, sie bietet das Instrumentarium, um komplexe Zusammenhänge zu zerlegen und einzelne Bereiche zu unterscheiden. Den Historiker interessieren allerdings nicht die Strukturen an sich, sondern es interessiert ihn die Genese dieser Strukturen und ihre Veränderung. Die Theorien und Modelle der Soziologie sind nur Ausgangspunkt nicht Endpunkt der geschichtswissenschaftlichen Forschung. Am Ende sollten historisch modifizierte Theorien stehen.

Während sich die Kritik des Historikers an soziologischer Theoriebildung auf deren statischen und ahistorischen Charakter oder ihre methodische Unzulänglichkeit richtet, fällt die Kritik gegenüber den Wirtschaftswissenschaften umfassender aus. Sie beginnt mit dem Begriff von Wirtschaft überhaupt. Wirtschaft darf nicht als ein autonomer Bereich angesehen werden, sondern als „sozialer Interaktionsprozeß"[282].

„Bei dieser Fusion von Ökonomie und Geschichte stehen bestimmte Problembereiche im Vordergrund: Die Wirtschaft wird als ein Wachstumsprozeß begriffen, infolgedessen ist man an Wachstumsraten, nicht aber an den herkömmlichen Stufen der Wirtschaftsentwicklung, wie sie seit dem 19. Jahrhundert von Marx über Bücher und Schmoller bis zu Sombart oder neuerdings wieder von Rostow vertreten worden sind. Außerdem stehen eindeutig ökonomische Aggregate im Vordergrund, nicht aber die handelnden Wirtschaftssubjekte,

---

[281] Eric HOBSBAWN (1972: 337).

[282] Hans-Ulrich WEHLER (1973: 47).

dann Fragen der Produktion, nicht aber der Distribution."[283]
Auch die wirtschaftswissenschaftlichen Theorien zeichnen sich durch ihren statischen Charakter aus, da sie die Produktion nicht als Produktionsprozeß auffassen und die Entwicklung der Volkswirtschaft als von Außen erzwungen beschreiben.[284] Während das Typische der Wirtschaftsgeschichte darin besteht, „daß sie die Theorie einmal dazu benutzt, um diejenigen Elemente zu identifizieren, die zum Zwecke der Erklärung quantitativen Beweismaterials bedürfen; zweitens aber dafür, um Belege deduktiv abzuleiten, wenn ursprüngliches Quellenmaterial fehlt"[285], muß der Historiker darauf bedacht sein, ein Problem eingebettet in ein komplexes Faktorengeflecht zu betrachten. Die hier angesprochenen Probleme führten in der weiteren Entwicklung der Historischen Sozialwissenschaften dazu, daß zunächst sozialwissenschaftliche Begriffe übernommen wurden, man aber in der Regel auf historische Theorien zurückgriff, sieht man einmal von der Anwendung der Modernisierungstheorie ab. Mit historischen Theorien sind solche Theorien gemeint, die im zu untersuchenden Zeitraum oder doch zumindest in der zu untersuchenden Epoche entworfen wurden und somit den Ereignissen näher standen als eine gegenwärtige Theorie. Gerade für die Untersuchung des deutschen Kaiserreichs boten sich einige originäre Theorien an, wie die Theorie des „Organisierten Kapitalismus" oder Imperialismustheorien.

---

[283] Hans-Ulrich WEHLER (1980: 137).

[284] Vgl. Hans-Ulrich WEHLER (1973: 53).

[285] J. HABAKKUK zitiert in Hans-Ulrich WEHLER (1973: 52).

4.2. Fachspezifische Gegenstandsbereiche
4.2.1. Der Raum in der Geographie

Es wird innerhalb der Geographie kaum ein Dissens darüber bestehen, daß sich die Geographie mit der „Klärung räumlicher Zusammenhänge"[286] befaßt, sie ist auf die Erforschung von Räumen festgelegt[287]. Speziell in der Anthropogeographie, wenn wir sie als Geographie des Menschen auffassen, wird die räumliche Komponente und werden der „Niederschlag", die Auswirkung und die Ergebnisse menschlicher Handlungen im Raum untersucht. Raum als Prozeßfeld menschlicher Gruppen existiert nur, weil sich verschiedene Gruppen durch ihre Aktivitäten in ihm manifestieren.[288]

Der Raum und die räumliche Ausprägung sozio-ökonomischer Prozesse sind das eigentliche Forschungsobjekt der Geographie. Und doch gehörte der Raum bis in die siebziger Jahre hinein „zur Gruppe jener vorsprachlichen Leitvorstellungen ohne Erklärungsbedürfnis, zum Plausibilitätsrahmen des Fachansatzes, in dem man sich unreflektiert bewegt"[289]. Für die Konstituierung des Faches Geographie ist der Begriff des Raumes von entscheidender Bedeutung gewesen, hat allerdings auch die, aus heutiger Sicht fatale Konsequenz nach sich gezogen, daß das (geographische) Milieu[290] als Mensch - Natur - Umwelt zerlegt wurde in eine „Gegenüberstellung von Menschengruppen einerseits und ihre(r) Lebensumwelt andererseits, plakativ gesprochen (...) in einen Partner-Gegensatz Mensch - Natur, wobei eben die eine Seite, jene natürliche Umwelt menschlicher Exi-

---

[286] Eugen WIRTH (1969: 184).

[287] Vgl. auch Helmut SCHRETTENBRUNNER (1983: 242).

[288] Vgl. ibidem: 243 und Hermann HAMBLOCH (1979: 4-6). Auch Pierre GEORGE bezeichnet die Geographie als komplexe Wissenschaft des anthropogen geformten und vom Menschen belebten Raumes und Richard HARTSHORNE nennt sie die Lehre von der räumlichen Unterschiedlichkeit der Erdoberfläche (siehe BAILLY/BEGUIN, 1982: 54).

[289] Dietrich BARTELS (1974: 9).

[290] Der Begriff Milieu bezeichnet in der Geographie häufig die natürliche Umwelt. Er wird benutzt, wenn es um Beziehungen zwischen Mensch und Natur geht (vgl. Olivier DOLLFUS, 1970: 42 und passim). Wir wollen unter Milieu allerdings im folgenden den gesamten Naturkomplex, in welchem der Mensch nur einen Aspekt unter anderen darstellt, verstehen. Daneben bilden Naturfaktoren und sozio-ökonomische Faktoren die Geofaktoren.

stenz, als ‚Raum' angesprochen"[291] wurde. Was im neunzehnten Jahrhundert noch als Mensch und Natur thematisiert wurde, so vor allem von Carl RITTER[292] und Ferdinand von RICHTHOFEN[293], trat im Laufe der Disziplingeschichte hinter eine Betonung menschlichen Handelns und insbesondere hinter eine getrennte Thematisierung von Mensch, Kultur und Gesellschaft gegenüber der natürlichen Umwelt zurück.[294] Diese wurde als geographischer Raum zur Menge verfügbarer Ressourcen degradiert, abhängig von Technologie, Organisation und Versorgung.[295]

Unterschiedliche Synonyme fanden für die Raumuntersuchung in der Geschichte der Geographie Verwendung.[296] Die Polyvalenz des Raumbegriffs durch das Nacheinander verschiedener Konzepte verstärkte sich durch den parallelen Gebrauch unterschiedlichster Begriffe, wie Gebiet, Region, Areal, Bereich, Gegend, Örtlichkeit, Zone, Bezirk, Umwelt, Land und Landschaft.[297] Die Undeutlichkeit der Raumkonzeptionen wurde zudem durch Konnotationen, wie Ganzheit und Totalcharakter einer Erdgegend gesteigert. Den gängigsten Raumbegriff stellt dabei die Landschaft oder die Kulturlandschaft dar. Sie bezeichnet die „komplexe" Gesamtheit der sichtbaren Gegenstände und Tatbestände eines Ausschnittes der Erdoberfläche und deren erdoberflächliche Ausdehnung.[298] So unscharf diese Formulierungen klingen mögen, bieten sie doch eine Reihe forschungsleitender, heuristischer Anweisungen, sowohl über das zu behandelnde Objekt, nämlich Gegenstände und zwar im Sinne des alltäglichen Sprachgebrauchs und im Methodischen an, indem erklärt wird, was mit den untersuchten Gegenständen und Tatbeständen zu tun ist: Sie sind im Raum in ihrer Verteilung und Ausdehnung darzustellen. Diese Raum-Konzeption ist von Gerhard HARD treffend als „Container-

---

[291] Dietrich BARTELS (1974: 11).

[292] Zum Beispiel Carl RITTER (1852a und 1852b).

[293] Zum Beispiel Ferdinand von RICHTHOFEN (1908).

[294] Vgl. zum steigenden Kritikverlust menschlichen Handelns gegenüber der natürlichen Umwelt und sozialen Beziehungen Jussi RAUMOLIN (1984).

[295] Vgl. hierzu auch Karl W. BUTZER (1978: 9f.).

[296] David HARVEY (1969) vermutet deshalb, die Geschichte der Geographie anhand der Raumkonzeptionen schreiben zu können.

[297] Hierzu auch Gisela SCHÄFER (1984: 16).

[298] Vgl. ibidem: 16 und Dietrich BARTELS (1974: 13).

Raum" und als „Gefäß der körperlichen Dinge"[299] bezeichnet worden. Die spezifisch dingliche Erfüllung wurde hierbei als hinreichend für die Abgrenzung von Landschaft angesehen. Damit stellte sich der Raum als säkulares Forschungsobjekt heraus, das heißt als Produkt menschlicher Handlungen, und zu operationalisieren durch die Resultate menschlicher Handlungen oder die Spuren menschlicher Aktivitäten. Die Resultate menschlicher Handlungen sind Objekte solcher Konzeptionen. Räumliche Kategorien erscheinen demzufolge innerhalb von Funktionen, die als Beschreibung von Räumen dienen könnten, in nur residueller Form, so in metrischer Form als Größenbeschreibung, nicht aber als Parameter oder als subjektive, objektive oder metrische Distanz.[300] Ohne Theorie, ohne „Vorstellung von der Welt" bleibt der Landschaftsbegriff nach Meinung von HARD lediglich eine „Leerformel" ohne definierbaren Inhalt, ein Begriff aus dem Fundus der Alltagssprache ohne Bedeutung für die wissenschaftliche Analyse.[301] HARD räumt allerdings ein, daß diese Formel durch einen nichtbegründbaren Konsens sinnstiftend innerhalb der Disziplin wirkt. Landschaft bedeutet für die Landschaftsgeographie die Darstellung eines landschaftlichen Zusammenhangs, eines Zusammenhangs zwischen Elementen der Landschaft aus divergierenden Bereichen, ohne daß eine Begründung für deren Auswahl und eine nähere Erklärung des Zusammenhangs angegeben werden könnte. Und doch ist der Landschaftsbegriff nicht ganz inhaltsleer. Geht es der Landschaftsgeographie eher um die Elemente der Landschaft, die sie für untersuchenswert hält, so sind Themen einer raumbezogenen Geographie nahezu ausgeschlossen. Raum dient als abstrakte Kategorie, in welcher nicht sinnstiftende Phänomene vorherrschen, sondern metrische Distanzen, Korrelationen zwischen Eigenschaften von Dingen und nicht Dinge.

Weiterhin erscheint Raum als Umwelt, einerseits determinierend für die menschlich-gesellschaftliche Entwicklung, andererseits Möglichkeiten für eine Entwicklung eröffnend. In diesem Zusammenhang ist von Naturlandschaft und Landschaftsausstattung die Rede, von einem Potential, daß ein bestimmter Raum

---

[299] Gerhard HARD (1973: 184).

[300] Diese Unterscheidung meint zum einen die Distanzwahrnehmung der Individuen, dann die Distanzen in bezug auf Distanzüberwindungsmittel (Straße, Schiene etc.) und schließlich die Distanz in metrischen Maßen.

[301] Vgl. Gerhard HARD (1970).

zur Verfügung stellt.[302] In neuerer Zeit werden mehr und mehr auch die „Kultur- und Zivilisationseinrichtungen", die gebaute Umwelt, als Umweltaspekte angesprochen.[303] In der ersten und einfachsten Fassung entstand vor dem Hintergrund eines Mensch-Natur Reaktionsschemas der Naturdeterminismus und später als Einschränkung und unter größerer Betonung des menschlichen Willens gegenüber den Naturzwängen der Possibilismus. Ausgangspunkt dieser Forschung war die aus der historischen Situation zu begründende Einstellung „der Mensch ist dem Raum ausgeliefert, wird von seinem Raum her geformt"[304]. Die Betonung physischer Grenzen für menschliche Entfaltung und für menschliche Handlungen bildete einerseits die ideologische Rechtfertigung, einen Kampf gegen die Natur zu führen und führte andererseits zu einem Realitätsverlust der Geographie einer Gesellschaft als politökonomischem Komplex gegenüber, die sich längst im stabilen, progressiven und aggressiven Zustand des Nach-take-off befand. In diesem Zustand war die Geographie leicht für romantisierende Heimatgefühle zu instrumentalisieren, mit ein Grund dafür, daß bisher keine ernsthafte Auseinandersetzung mit dem Naturdeterminismus zustandekam.[305] Von einer selbstsicheren und, wie sich schnell herausstellen sollte, überheblichen Warte aus, lieferte die „moderne" Geographie selbst die Voraussetzungen zur Trennung von Mensch und Natur und somit zur (Selbst)Zerstörung des Mensch-Umwelt Komplexes. Auch wenn später der Begriff der Wechselwirkung in die Forschung Einzug hielt, so entwickelte doch die Geographie kaum einmal ein tragbares Forschungsprogramm zur Analyse dieses Gesamtkomplexes.

In der sozialgeographischen Tradition dagegen gilt der Raum als „soziales Interaktionsgefüge"[306], wobei die Aktivitäten von Gruppen, welche sogenannten Daseinsgrundfunktionen nachgehen, Raumstrukturen ausbilden. Die sozialgeogra-

---

[302] Vgl. Olivier DOLLFUS (1970: 30-34).

[303] Vgl. die Umweltbegriffe von Gerhard SCHMIDT-RENNER in Kapitel 2.

[304] Vgl. Dietrich BARTELS (1974: 11).

[305] Hiervon ausgenommen sind die Arbeiten von Anne BUTTIMER.

[306] Gisela SCHÄFER (1984: 19). Diese Bedeutung wurde vor allem von der Sozialgeographie Münchner Provenienz betont (vgl. hierzu Kapitel 5.2.).

phischen Gruppen gestalten und prägen den Raum.[307] Beschrieben werden diese Räume durch eben die Merkmale der Gruppen, durch die Distanzen, die sie zurücklegen, durch ihre Verteilung im Raum und durch die Standorte der Befriedigung der Daseinsgrundfunktionen.

Die Denkweise des dritten hier zu behandelnden Raumbegriffs, nämlich desjenigen der geometrischen Richtung, haben wir schon weiter unten dargestellt. Die universelle Anwendbarkeit ihres Gedankensystems hat zwar zu einer Reduzierung der räumlichen Anschauung geführt, sie hat aber auch die Analyse innerhalb der Geographie gefördert und ihren Rückstand zu anderen Sozialwissenschaften verkürzt. Gerade in letzter Zeit wird durch systemtheoretische Ansätze versucht, die bisher angewandten Modelle und Theorien inhaltlich aufzufüllen und somit auch Mensch-Umwelt Problematiken einzuführen. Dazu später mehr.

Ein vierter Raumbegriff sieht den Raum als wahrgenommenen Raum (espace percu, spatial image).[308] Die Wahrnehmungsgeographie geht davon aus, daß jeder Mensch nur soviel über seine Umwelt wissen kann, wie er von ihr wahrnimmt. Zwischen den Raum, den ein Mensch wahrnimmt, und sich selbst stellen sich seine eigenen psychischen und kulturellen Einstellungen sowie Barrieren im Raum, durch die er den Raum nur gefiltert wahrnimmt. Diese Widerstände beeinflussen seine räumlichen Aktivitäten und Standortentscheidungen. Diese Einstellungen und die Wahrnehmung räumlicher Strukturen ist wesentlich für die Kenntnis raumbezogener Handlungen und somit wiederum für die Kenntnis der räumlichen Strukturen, welche aus raumbezogenen Handlungen resultieren. Der Wahrnehmungsraum macht die Differenz deutlich zwischen objektivem, empirisch erfaßbarem Raum, und einer primär immateriellen Welt, konstituiert von Entscheidungssituationen und Wertrelationen. Die Wahrnehmungsgeographie führt somit von chorisch-euklidischen Raumvorstellungen hin zu asymetrischen Räumen analog asymetrischen Zeiten mit „funktionalen Distanzen" und „Raumlöchern", die durch Unkenntnis eines Raumausschnitts entstehen. Hinzu treten motivationale Hand-

---

[307] Insbesondere die französische Schule der Sozialgeographie (Pierre George), aber auch Hans BOBEK für den deutschsprachigen Raum, hatten einen mehr gesellschaftlichen Ansatz verfolgt, welcher die Raumausstattung in Abhängigkeit vom Grad der Zivilisation sah (vgl. Pierre GEORGE, 1966: Teil I, Kap.1).

[308] Vgl. hierzu kurz BAILLY/BEGUIN (1982: 57-59) und Dietrich BARTELS (1974: 18-20).

lungsabläufe, welche nicht allein einem Kosten-Nutzen Denken entspringen sowie sozialpsychologische Distanzen, die mehr von sozialen, kulturellen und psychologischen Unterschieden, Hemmungen und Barrieren geprägt sind denn von metrischen Entfernungen. So kennt eine Person in Abhängigkeit von ihrem Aktionsraum und ihren sozialen Einstellungen bestimmte Quartiere einer Stadt besser als andere. Sie registriert, heißt sie nimmt wahr, erlebt und notiert Viertel, in denen sie arbeitet, andere, in denen sie einkauft und solche, in denen sie Vergnügungen nachgeht. Auf der anderen Seite existieren objektive Teile der Stadt, welche sie nicht oder nur unzureichend kennt, welche sie vielleicht nur durch Medien wahrnimmt. Daraus entwickelt sich bei ihr ein mentales, ein geistiges Bild der Stadt, welches auch ihre raumbezogenen Handlungen beeinflussen wird. Bekanntes wird sie wieder aufsuchen, Unbekanntes, oder mit einem individuellen, schlechten Image Versehenes wird sie meiden.

Die hier beschriebenen Raumbegriffe stellen neben der geometrischen, der räumlichen Sichtweise, welche schon beschrieben wurde, die Kernkonzeptionen der deutschsprachigen Geographie dar. Ihnen entsprechen im englischsprachigen Raum der „man-land view", der „areal-study view" und der „spatial view".[309] Allen geographischen Konzeptionen ist das Bemühen gemeinsam, ein besseres Verstehen räumlicher Strukturen zu ermöglichen, ein besseres Verständnis des Mensch-Umwelt oder Mensch-Landschaft Verhältnisses zu erreichen oder einen Einblick in die Eigenschaften von Räumen als Örtlichkeiten, wie Städte oder Regionen, zu gewinnen.

4.2.2. Region und Regionalisierung in der Geographie

Wir haben im vorangegangenen Kapitel den Raum als theoretisch wenig reflektierte geographische Kategorie bezeichnet. Im Gegensatz dazu kann für den Begriff der Region von einer intensiven theoretischen Diskussion gesprochen werden. Diese Diskussion hat auch Initialwirkung für eine Auseinandersetzung mit dem abstrakten geographischen Raum ausgeübt. Zwei Einflußgrößen (Inputs) haben die Diskussion um die Region bestimmt. Zum einen verlief die Auseinandersetzung im Rahmen einer allgemeinen wissenschaftlichen Diskussion um Klassifizie-

---

[309] Vgl. Edward J. TAAFFE (1974). Der "areal-study view" wurde vor allem von Richard HARTSHORNE und Carl O. SAUER repräsentiert. Ihren Kernbegriff bildete die Region.

rungsverfahren, was sicher ihre wissenschaftliche Tiefe gefördert hat, zum anderen wurde der Diskurs durch die überragende forschungspraktische Bedeutung dieses Paradigmas zumindest für den anglo-nordamerikanischen Raum notwendig.

Stellen wir zunächst den geographischen Regionsbegriff vor. Es muß hierbei angemerkt werden, daß der Regionsbegriff für eine deutsche und später für eine bundesdeutsche länderkundlich ausgerichtete Geographie keine Rolle spielte. Dazu hat der Regionsbegriff in der Zeit vor dem zweiten Weltkrieg zu geringe Anziehungskraft als Alternative zum Landschaftsbegriff besessen, denn auch er bezeichnete eine Totalität und ein Individuum, mit dessen Hilfe der Geograph die Verteilungen der Phänomene der Erdoberfläche beschreiben konnte. Da die Regionen als „objektive Realitäten" (zum Beispiel Richard HARTSHORNE) und nicht als problemorientierte Konstruktionen angesehen wurden,[310] förderte das Konzept eine statische Sicht menschlichen Lebens und lieferte „wenig Hinweise auf das Studium des historischen Wandels"[311]. Der Regionsbegriff, welchen wir hier vorstellen wollen, hat sich seit den fünfziger Jahren herausgebildet und meint einen relationalen Raum, einen Raum, der erst durch die Beschreibung bestimmter Objekte seinen Namen erhält und dazu herausfordert, die Beziehungen dieser Objekte als standörtliche Beziehungen aufzufassen.

Im (geographischen) Alltag meint Region „einen Teil der Erdoberfläche, der in einer definierten Weise von umliegenden Gebieten unterschieden wird"[312]. Diese Definition reicht allerdings für den neueren Regionsbegriff nicht aus,

---

[310] Wissenschaften beschäftigen sich mit Gegenständen. Die Referenten der formalen Wissenschaften sind begriffliche (Konstrukte), während konkrete (Dinge) die Referenten der faktischen Wissenschaften sind. Die konkreten Gegenstände sind und befinden sich, gleich ob sie nun belebt oder unbelebt, natürlich oder künstlich sind. Sie teilen bestimmte Eigenschaften, so, daß sie an einem bestimmten Ort sind, Energie haben und veränderungsfähig sind. Das gilt nicht für begriffliche Konstrukte. Diese sind per definitionem erschaffen und in der Realität nicht nachzuweisen. Die Gesetze der faktischen Wissenschaften drücken dagegen die tatsächlich möglichen Zustände und Zustandsveränderungen (Prozesse) von Dingen aus. Sie stellen Eigenschafen von Dingen auf eine approximative (genäherte, teilweise wahre) Weise dar. Werden physische Gegenständen begriffliche Eigenschaften zugeschrieben, so erhält man "ontologisch schlecht geformte Gegenstände" (vgl. zum Letzten die Ausführungen von Mario BUNGE, 1983: Kap.3.2). Auch die historische Kulturraumforschung beging den Fehler, konkrete Dinge mit begrifflichen Konstrukten zu verwechseln (vgl. Kap.5.3.1.).

[311] David B. GRIGG (1978: 78).

[312] Ibidem: 68. Ebenso Derek GREGORY (1981c).

denn dieser verlangt „eine Regelhaftigkeit des Zusammentreffens der in Frage stehenden Sachverhalte als Theorie eines Zusammenhangs"[313]. Dieser von Dietrich BARTELS geforderte deduktive Ansatz wird in den meisten Fällen mißachtet. Die Regionalisierung dient dann nicht der Hypothesenüberprüfung, sondern der Hypothesenbildung. Dementsprechend verläuft die Auswahl der Variablen mehr oder weniger willkürlich aufgrund der amtlichen Statistik.[314] Die räumliche Verteilung der Variablen oder der Variablenbündel, also von Variablen mit hoher Korrelation und von Clustern (Variablenbündel mit ausgeprägter Ähnlichkeit, welches unter anderem auch als möglichst kleine räumliche Distanz definiert werden kann) wird somit zum Ausgangspunkt für Erklärungen gemacht. In allen Fällen ist es das Ziel der Untersuchungen, die räumliche Struktur einer Region aufzuzeigen, also die räumliche und mengenmäßige Verteilung von Sachverhalten in einem bestimmten Raum. Die Regionalisierung ist „ein Kunstgriff zur Segregation räumlicher Charakteristika"[315]. Areale können in diesem Sinn als Subregionen verstanden werden, welche einfache Verteilungsmuster von Merkmalen (Phänomenen) innerhalb einer Region beschreiben.[316]

Nach Menge und Art der verwendeten Merkmale (Variablen) können unterschiedliche Arten von Regionen unterschieden werden. Die Komponenten zeigen an, nach wievielen Variablen die Regionalisierung durchgeführt wird. Uniforme oder homogene Regionen zeigen eine durchgängige, gleichförmige Ausprägung der Merkmale, während Nodal- oder Kernregionen im Hinblick auf irgendeinen Brennpunkt organisiert sind. Besonderes Interesse in der Forschung haben zudem sogenannte funktionale Regionen aufsichgezogen. Sie benutzen zur Regionalisierung nicht Merkmale (1-stellige Prädikate), sondern Relationen (2-stellige Prädikate),

---

[313] Dietrich BARTELS (1970: 22).

[314] In der Kritik wird dieses Vorgehen als „naiver Empirismus" bezeichnet. Die quantifizierende Forschung sollte besser theoretische Forschung genannt werden, denn auch sie benötigt zur Datenauswahl und Variablengenerierung einen theoretischen Rahmen (vgl. Thilo SARRAZIN, 1980).

[315] D. WHITTLESEY zitiert in David B. GRIGG (1978: 80).

[316] Areale beziehen sich allerdings nur auf Regionalisierungen nach einem Merkmal, da solche nach mehreren Merkmalen a priori auf Grundlage der Beziehungen zwischen den Variablen berechnet werden (Peter SEDLACEK, 1978: 10, Anm.8). Der erdräumliche Standort eines Phänomens ist somit nicht hinreichend für die Bestimmung einer Region (vgl. auch William BUNGE, 1962: 16).

das heißt räumliche Interaktionen.[317] Die internen Verflechtungen der Sachverhalte sollten in diesem Fall maximal hoch sein, während die externen Verflechtungen als minimal angesehen werden.[318] Hier zeigen sich Übereinstimmungen mit der regionalgeschichtlichen Forschung.

Allgemein aber wird das Verfahren der Regionalisierung als eine Art von zweistufiger Klassifikation behandelt, in der zunächst Beobachtungseinheiten typisiert werden, um dann anschließend benachbarte Beobachtungseinheiten gleichen Typs zu Regionen zusammenzufassen.[319] Bei der Klassifikation und Regionalisierung werden also ähnliche Objekte zu Gruppen zusammengefaßt. Dieses Verfahren läßt sich in vielen Wissenschaften nachweisen und ist auch aus Nach-

---

[317] Vgl. Manfred FISCHER (1982: 13).

[318] Am deutlichsten wird der Charakter von Regionen bei einer mengentheoretischen Betrachtung (vgl. Horst SIEBERT, 1978: 54-63 und AMEDEO/GOLLEDGE, 1975: Kap.5). Die Region wird dabei als Menge von Raumpunkten von zu definierender Dimension aufgefaßt: $A = (a/a_1, a_2, ..., a_n)$. Im einfachsten Fall besitzt ein Raumpunkt eine Eigenschaft oder er besitzt sie nicht: $K_p = (<1,0>, <1,1>, ..., <n,1>)$. Entscheidend für die Regionalisierung ist nun das "Aussonderungsaxiom" oder die Regel (differentiating function), welche die so entstehenden Teilmengen (Regionen) voneinander trennt. Die drei meist benutzten Kriterien zur Aussonderung (partitioning) sind das Kriterium der Homogenität, das Entfernungskriterium und das Interdependenzkriterium. Homogenität sieht eine Region als hinreichend definiert, wenn die ausgewählten Merkmale eine als hinreichend definierte Gleichartigkeit aufweisen. Das Entfernungskriterium schlägt Punkte, die zueinander eine geringere Entfernung als zu anderen Punkten aufweisen, einer vorgewählten Region zu (beim Clustern ist dies der Vorgang eines Iterationsverfahrens für Punkte einer Teilmenge). Beim Interdepenzkriterium handelt es sich nicht um einseitige Variablen, zum Beispiel Einzugsbereiche, sondern um Austauschbeziehungen, zum Beispiel Telefonate.

[319] "Regionalisierung ist (...) eine Variante der Klassifizierung, das heißt jenes Grundvorganges intellektueller Tätigkeit, welcher die Mannigfaltigkeit der Erfahrungswelt durch aggregierte Begriffsbildungen generalisierend vereinfacht - eine Variante, deren Besonderheit darin besteht, daß sie für Elemente (Beobachtungseinheiten) jeder zu bildenden Region fordert, sie möchten nicht nur als Klasse mindestens ein gemeinsames sachliches Merkmal aufweisen (Grunddefinition einer Klasse), sondern darüber hinaus als Punkte der Erdoberfläche zusammen ein geschlossenes größeres 'Gebiet' bilden, das heißt zusätzlich räumliche Kontingenz aufweisen" (Dietrich BARTELS zitiert in Peter Sedlacek, 1978: 2, vgl. auch Gerhard HARD, 1973: 87. Zum Kontingenzprinzip in der geographischen Regionalisierung - in anderen Wissenschaften spielt diese Forderung keine wesentliche Rolle - vgl. auch AMEDEO/GOLLEDGE, 1975: 44).

barwissenschaften in die Geographie übernommen worden.[320] David B. GRIGG vermutet denn auch, daß allgemein wissenschaftliche Parallelen von der Geographie durch das „Beiwerk akademischer Spezialisierung verschleiert"[321] werden sollen.

Neben den bei der Auswahl der Variablen, der Merkmale der Objekte, auftretenden Probleme, welche sich in der Hauptsache darauf beziehen, sowohl für das Objekt repräsentative Merkmale zu wählen als auch der Fragestellung entsprechende[322], entsteht auch bei der Regionalisierung das Maßstabsproblem, denn je nach Umfang der Region und Untersuchungseinheiten müssen die gefragten Probleme unterschiedlich definiert und operationalisiert werden. Deutlich wird dieses Problem zum Beispiel beim Begriff des Wohnortes, welcher sich bis auf kleinste Beobachtungseinheiten und ebenso unterschiedliche eigenständige Gemeinden beziehen kann.

Die Regionalisierung erhält als universelle Methode einen besonderen Wert, wenn sie mit allgemeinen gesellschaftlichen Verhältnissen in Zusammenhang gebracht wird. In diesem Fall können mit ihr grundlegende individuelle und gesellschaftliche Determinanten offensichtlich werden. Hier kann auf die Arbeiten von R.E. DICKINSON (1947) und A.K. Philbrick (1957) hingewiesen werden, welche hinter der räumlichen Struktur der Gesellschaft ein zentrales Regionalisierungsprinzip sahen. Besonders DICKINSON betonte die Kraft der regionalen Homogenität, die sich messen lasse „through the analysis of the charakter, intensity, extent and interrelations of regional associations and the ways in which they are interlocked and separated from each other in space"[323]. Gerade die räumliche „Eigenart" und Homogenität spielt bei Regionsbegriffen der So-

---

[320] So wird die Klassifizierung in der Mathematik angewandt. Dort bezeichnet sie eine recht unscharfe "Übersicht über eine große und vielleicht komplizierte Gesamtheit mathematischer Objekte" (Klaus JÄNICH, 1981: 175). Die mathematische Klassifizierung zeigt sich, im Gegensatz zur geographischen, analytisch, denn sie verlangt die Angabe einer Äquivalenzrelation, die in der Lage ist, eine Menge M in Äquivalenzklassen zu zerlegen, welche für zwei ihrer Elemente die Aussage zuläßt „x und y sind im wesentlichen gleich". Für die Soziologie vgl. Karl-Dieter OPP (1976: 54).

[321] David B. GRIGG (1978: 67).

[322] Vgl. hierzu ausführlich David B. GRIGG (1978: 98-103). Es bestehen zwei Möglichkeiten der Klassifizierung, zum ersten durch charakteristische Daten und zum zweiten durch Repräsentanten (vgl. Klaus JÄNICH, 1981: 177).

[323] R.E. DICKINSON zitiert in Derek GREGORY (1981c: 285).

zialwissenschaften einschließlich der Geschichtswissenschaft eine wesentliche Rolle. Die von der Geographie hinzugefügte Kategorie der Kontinguität ist in der Lage, auch diesen Konzepten einen weiteren Aspekt menschlichen Lebens hinzuzufügen.

4.2.3. Methodische Raumtypen

Neben objektsprachlich definierten Raumauffassungen, läßt sich Raum, bzw. lassen sich räumliche Denkweisen innerhalb der Geographie methodisch unterscheiden. Eine Form dieses Typs von Raumvorstellung lernten wir als Wahrnehmungsraum kennen. Im weiteren lassen sich der absolute und der relationale oder relative Raum unterscheiden. Objektsprachliche und methodische Raumbegriffe weisen auf jeden Fall einige Überschneidungen auf. Die Unterscheidung ist aber sinnvoll im Hinblick auf die Herausarbeitung bestimmter Aspekte, hier methodischer Probleme der vorhandenen Raumvorstellungen.

So ist der absolute Raum, in der Geometrie dem euklidischen Raum entsprechend,[324] die methodische Grundlage der geometrischen Richtung innerhalb der Geographie. Er beherrschte vor allem in den Anfängen der Geographie die Forschung. Er war die Antwort auf die beherrschende Frage des Geographen nach dem „wo?". Dem absoluten Raum genügt die Angabe von Breite und Länge, also der kartographischen Lage eines Objekts. Neben den zwei Flächenmaßen ist es auch möglich, die Höhe und dann auch die Zeit als dritte und vierte Dimensionen hinzuzufügen. Seine philosophischen Ursprünge nahm diese Auffassung von Immanuel KANT, welcher Raum nur als absoluten Raum akzeptieren wollte, da er so losgelöst von jeglicher Substanz betrachtet bzw. als Beschreibungskategorie eingeführt werden konnte. Im absoluten Raumkonzept sind Raum, als Behälter, und Raumobjekte, als Rauminhalt, getrennt voneinander. Die Objekte und Handlungen hinterlassen im Raum ihre Spuren.

Das Konzept des geometrischen Raumes stellt das reinste geographisch-räumliche Konzept dar, ist daher von großer Eindeutigkeit und universeller Anwendbarkeit geprägt. Die Universalität der Anwendung, das heißt die Möglichkeit der Anwendung unabhängig vom untersuchten Gegenstand, führt aber auch dazu, daß innerhalb diese Konzepts ein äußerst abstrakter Raumbegriff vor-

---

[324] Vgl. zum euklidischen Raum David HARVEY (1969: 223-227). Hier selbstverständlich auch die übrigen Konzeptionen.

liegt. Die geometrische Konzeption benutzt eine Art physikalischen Raum, mit Hilfe dessen Einrichtungen im Raum und Ereignisse im Raum unabhängig von ihrem Kontext, von ihren Verbindungen zur Substanz und Eigenart beschrieben und erklärt werden. Ganz gleich welcher Raum, welche Gegenstände im Raum beschrieben werden, die Modelle und Theorien der geometrischen Konzeption bleiben stets gleich. Nur sind es Modelle und Theorien, welche im Gegensatz zum behandelten Inhalt des Raumes, zur Substanz stehen. So können Distanzen nicht allein metrisch beschrieben werden, sondern müssen auf die Distanzüberwindungsmittel bezogen werden. Entfernungen sind zum Beispiel ganz unterschiedlicher Art und Wirkung, je nachdem ob sie durch Wald, Wasser oder Wüste verlaufen. Somit müssen geometrische Begriffe innerhalb eines bestimmbaren Kontextes gebraucht werden, sie müssen klar werden lassen, auf welche Phänomene sie sich beziehen.

Die Konzeption des relationalen Raumes[325] negiert nicht geometrische Darstellungsverfahren und somit reine räumliche Beschreibungen. Sie geht von einem Gegenüber von Substanz und Raum aus. Räumliche Beschreibungen, also räumliche Modelle und auch räumliche Theorien, müssen sich auf eine bestimmte Substanz beziehen. Substanz meint hierbei soviel wie nichtlogische, also gedankliche Begriffe, Beschreibungen von Objekten und Sachverhalten der empirischen Welt, wie Felder, Straßen, Organisationen, Werte und Einstellungen, die den Objektbereich der Sozialwissenschaften bilden.

In der Vorstellungswelt des relationalen Raumes besteht die Erdoberfläche aus Substanz und Raum. Diese Trennung ist eine analytisch notwendige. Sie ist nicht mit der „realen" Welt zu verwechseln. In der realen Welt befinden sich Dinge an Stellen im Raum und umgekehrt enthalten Räume, im Sinne der geometrischen Konzeption Areale zu nennen, Dinge. Wir benutzen in der Regel Verbindungen von Substanz und Raum, um Dinge zu identifizieren und zu individualisieren. Gedanklich können Dinge von der ihnen zugehörigen Raumstelle und Räume von den Dingen getrennt werden, doch ist das nur unter Verlust des Kontextes möglich. Um diesen Kontext beizubehalten, müssen Phänomene im Raum stets im Zusammenhang mit den sie beschreibenden sozialwissenschaftlichen Aussagen beschrieben werden. Eine rein geographische Analyse verläßt somit den Kontext und bietet eine nur sehr eingeschränkte Beschreibung eines Sachverhalts.

Der Raumbegriff des relationalen Raumes läßt sich durch eine Axiomatisierung

---

[325] Zum Beispiel Robert David SACK (1973, 1978 und 1980). Vgl. von wissenschaftstheoretischer Seite die Arbeiten von Mario BUNGE.

darstellen.[326] Das erste der vier Axiome besagt, daß eine Menge von Raumstellen, genannt S, existiert. Alle diese Raumstellen sind voneinander verschieden. In der geographischen Realität besetzen Dinge Stellen, welche relativ zu anderen verschieden „liegen". Diese Lagedifferenzen können mit Hilfe des Längenmaßes L und der Distanz beschrieben werden, so daß das zweite Axiom besagt, daß eine metrische Länge d_L definiert auf S existiert. Das dritte Axiom besagt, daß unser Raum eine Oberfläche A darstellt. Diese Oberfläche besitzt die Ausdehnung y_A. Ist dieser Parameter gleich 0, so liegt ein Punkt vor, ist er größer als 0, so wird eine Fläche beschrieben. Diese drei Axiome beschreiben die drei Grundkomponenten des geographischen Raumes:

$$Raum_{geo} = (S, d_L, y_A)$$

Um den Kontext herstellen zu können, fehlt nun noch ein Axiom des Inhalts, ein Axiom der Attribute, der Eigenschaften der räumlichen Phänomene. Es lassen sich einfache und komponierte Attribute der Raumphänomene unterscheiden. Ein einfaches Attribut gibt lediglich eine bestimmte Menge eines Dinges an, während ein komponiertes Attribut etwas über die Erscheinungsweise des Dinges aussagt, zum Beispiel die Dichte einer Bevölkerung angibt im Gegensatz zu seiner Größe. Ein einfaches Attribut läßt sich schreiben als i e I. Den zugehörigen Attributraum der komplexen Attribute bezeichnen wir mit y^S_i. Unser geographischer Raum läßt sich somit wie folgt schreiben:

$$(S, d_L, y_A, (y^S_i; i \in I))$$

4.2.4. Metatheoretisch begründete Raumbegriffe

Wir hatten im vorherigen Kapitel darauf hingewiesen, daß Raum als Forschungskategorie innerhalb der Geographie bisher nur wenig reflektiert wurde. Der Grund ist nicht allein in der Reflexionsmüdigkeit der Geographie allein zu suchen, sondern in der Bedeutung von Raum in unterschiedlichen historischen Situationen und in verschiedenen geographischen und philosophischen Konzeptionen. So war ganz einfach die Länderkunde keine Raumwissenschaft, wie wir sie heute verstehen würden; demzufolge war ein konkreter Raumbegriff nicht not-

---

[326] Vgl. BAILLY/BEGUIN (1982: 63-66).

wendig. Erst das Auftreten neuer Forschungsrichtungen, welche den Raum intensiver in ihre Forschung einbezogen, führte dazu, daß dieser als eigenständige Kategorie hinterfragt wurde. Nach philosophischen Grundeinstellungen hin geordnet, zählen zu diesen neueren Konzeptionen der Funktionalismus, der Pragmatismus, der phänomenologische Ansatz, der Existenzialismus und der Marxismus, während solch philosophische Neuerungen, wie der idealistische Ansatz und der Umweltansatz keine explizite Betonung des Raumes besitzen.[327]

Der Funktionalismus[328] untersucht funktionale Verknüpfungen, also Austauschbeziehungen zwischen zwei oder mehreren Raumstellen mit Betonung der Ziele, der Bedürfnisse und der Verbindungen zwischen der eingenommenen Rolle der Akteure und den Akteuren selbst. Dabei erhält der Prozeß der Integration verschiedener Akteure oder Räume innerhalb bestimmter Prozesse und innerhalb bestimmter „Großräume" eine herausgehobene Bedeutung. Weiterhin werden systemtheoretische Ansätze häufig mit Unterstützung mathematischer Kalküle bevorzugt. Für den Funktionalisten ist räumliches Verhalten zielorientiert. Auf dem disaggregierten Level, der individuellen Ebene, ist individuelles Handeln nicht zufällig, sondern absichtsvoll. Dies gilt insbesondere für den Raumbezug solcher Aktivitäten, wie Einkaufen, Arbeiten und Freizeit. Auf dem aggregierten Level werden individuelle Handlungsweisen systemtheoretisch integriert. Diese aggregierten Handlungsweisen richten sich nach räumlichen Strukturen, welche in synchronen und diachronen Verteilungsmustern manifestiert sind. Die Annahme einer vorhandenen räumlichen Struktur und damit das Vorliegen von räumlicher Ordnung ist grundlegend für die funktionalistische Raumanalyse. Raum im Funktionalismus ist absichtsvoll angelegt und geordnet und spiegelt zielorientierte Handlungsweisen der Akteure wieder.

Der geographische Pragmatismus[329] geht zwar auch von einem funktionalen Raum aus, ist aber viel stärker als der Funktionalismus auf die Lösung konkreter Probleme hin ausgerichtet, die sich meist auf elementarer Ebene abspielen. Die Analyse und Lösung der erkannten Probleme stützt sich gerade wegen der elemen-

---

[327] Vgl. hierzu HARVEY/HOLLY, eds. (1981). Philosophische Gesichtspunkte spielen in der bundesdeutschen Diskussion keine weitergehende Rolle, der technokratische Ansatz scheint hier weite Verbreitung gefunden zu haben, sehen wir einmal von den Arbeiten von Roswitha HANTSCHEL (1978, 1982) ab.

[328] Vgl. hierzu Milton E. HARVEY (1981).

[329] Vgl. hierzu auch John W. FRAZIER (1981).

taren Untersuchungsebene auf generelle Theorien. Somit geht es dem Pragmatiker um die Entwicklung von Theorien, um Hypothesenbildung, Überprüfung und Politikberatung. Für den Pragmatiker ist die Bedeutung von Raum oder Bewegung im Raum ein direktes Resultat der praktischen Konsequenzen des Raumes:
- Geographischer Raum ist eine Mischung aus (Raum-)Kenntnis und (Raum-) Fehlern.
- Geographischer Raum ist veränderbar, so wie unsere Kenntnis über ihn veränderbar ist, und er ist veränderbar in dem Maße, wie seine Messung an Genauigkeit gewinnt.
- Geographischer Raum ist die Manifestation des menschlichen Elements in der Zeit.
- Geographischer Raum ist strukturiert und wird strukturiert als ein Resultat von Lösungen für praktische menschliche Probleme.
- Räumliche Realität ist ein Resultat menschlicher Erfahrung.
- Raumgesetze sind nützlich, um Hypothesen zu bilden, doch werden diese Hypothesen durch unsere Erfahrung verändert.

Die philosophische Grundposition der Phänomenologie[330] betont die menschliche Erfahrung im Raum und hinterfragt die „Phänomene", welche den Menschen an seine Umwelt binden. Geographie ist für den phänomenologischen Ansatz eine auf menschliche Erfahrung gegründete Wissenschaft. Raumkonzepte, wie Landschaft, Stadt und Region haben für uns Bedeutung, weil wir sie auf unsere eigene Erfahrung zurückbeziehen können. (Raum-)Phänomene sind zunächst da, werden erfahren und dann zu Konzepten verarbeitet. Wir können uns über diese Dinge unterhalten, da wir ein allgemeines, intersubjektives Verständnis dieser Dinge besitzen. Diese vorwissenschaftliche Welt erfahren wir nicht als getrennt von uns und fest in Raum und Zeit, sondern als eine Menge von symbolischen und dynamischen Beziehungen. Das geographische Alltagsleben ist ein Teil des gesamten Alltagslebens, nicht ganz von diesem zu trennen, aber durch einige spezielle räumliche Interessensschwerpunkte zu identifizieren.

Der Existenzialismus[331], welcher sich im wesentlichen auf die philosophischen Ausführungen Jean Paul SARTREs stützt, geht davon aus, daß der Mensch zu allererst existiert, sich selbst begegnet, sich in der Welt sucht und sich dann abschließend zu definieren versucht. Räumlichkeit ist für den Existenzialismus das erste Prinzip menschlichen Lebens und beinhaltet einen zweifachen Prozeß, welcher identifiziert werden kann als 1. sich in eine Distanz bringen

---

[330] Vgl. Yi-Fu TUAN (1971), Anne BUTTIMER (1976) und Edward C. RELPH (1981).

[331] Vgl. hierzu Marwyn S. SAMUELS (1978 und 1979).

und 2. sich in Beziehungen begeben. Somit sind Distanz und Beziehung die zwei Komponenten von Raum, welche allerdings nicht quantitativ aufzufassen sind,[332] sondern welche mit menschlichem und qualitativem Inhalt gefüllt sind. Raum ist „belastet" mit ethischen, spirituellen und emotionalen wie rationalen Bedeutungen, da Raum die Wurzel der individuellen, menschlichen Entfremdung ist. Raum ist menschlich im Ursprung und menschliche Realität ist der Zustand, welcher Orte und Objekte zusammenbringt. Da der existenzialistische Raum zwei Komponenten besitzt, existieren zwei Aspekte des Raumes. Der erste dieser Aspekte, der partiale Raum, betont die Zuweisung zu Orten und beinhaltet die Menge der Beziehungen zwischen dem Menschen und der Welt. Der zweite Aspekt beschreibt den Bezugsrahmen der Situationen, stellt also die historischen Bedingungen für die Zuweisung von Objekten zu Orten dar. Die existenzialistische Methode besteht daraus, die Zentren zu untersuchen, welche Menschen besetzen und die Art und Weise, wie Menschen die Beziehungen zu ihrer Umwelt definieren. Kommunikation und Kommunikationsmittel spielen hierbei eine besondere Rolle, da durch sie Menschen ihre Belange und Beziehungspunkte teilen und in Beziehungen zueinander treten. Somit ist eine existenzialistische Geographie eine Art Historische Geographie, welche es unternimmt, Landschaften so zu rekonstruieren, wie sie in den Augen ihrer Benutzer unter bestimmten historischen Umständen erschienen.[333]

Der marxistische Ansatz[334] betont die dialektischen Beziehungen zwischen ablaufenden Sozialprozessen, Natur und Raumstrukturen. Raum wird nur innerhalb einer bestimmten Sozialtheorie begriffen. Menschen machen, analog ihrer eigenen Geschichte, den Raum nicht aus freien Stücken, aber sie machen (gestalten) ihn selbst. Der Raum wird geprägt von den drei Hauptinstitutionen der Gesellschaft, nämlich dem ökonomischen System, dem politischen System und dem ideologischen System (Überbau), von Kombinationen der drei Systeme, von der Per-

---

[332] Die Ablehnung quantitativer Verfahren ist überhaupt ein gemeinsames Charakteristikum vieler neuer Konzeptionen innerhalb der Geographie, aber auch der Geschichtswissenschaften.

[333] Dies mehr oder weniger konkret darzustellen unternahm Marwyn S. SAMUELS (1979). Ähnlichkeiten scheinen mir mit dem Ansatz von Alan R.H. BAKER zu bestehen.

[334] Vgl. Neben den Zeitschriften ANTIPODE, ESPACES ET SOCIETES, HERODOTE und RADICAL GEOGRAPHY die Arbeiten von David HARVEY (1973), Richard J. PEET (1979), LYONS/PEET (1981) und DUNFORD/PERRONS (1983).

sistenz räumlicher Strukturen und von Aktivitäten von Individuen innerhalb neuer Umwelten. Für eine Reihe von Geographen, welche einen marxistischen Ansatz verfolgen stellt das ökonomische System die Dominante der Raumgestaltung dar. Dabei ist noch lange nicht geklärt, inwieweit Raum eine eigene, autonome Kategorie mit eigenen Gesetzmäßigkeiten darstellt, so wie von Henri LEFEBVRE (1972) behauptet. Wie allen marxistischen Wissenschaften geht es der marxistischen Geographie um die Auswirkungen der materiellen Produktion auf die Strukturierung sozialer Prozesse und sozialer Beziehungen. Auf den Raum bezogen bedeutet das die Analyse der Verstärkung sozialer Prozesse durch räumliche Strukturen, wie Segregation und das Verhältnis von Wohlstand einerseits und Unterentwicklung andererseits.

Gerade die zuletzt genannten geographischen Konzeptionen haben als Reaktion auf die „reine Geographie" der geometrischen Tradition mit ihrem isolierten Raumverständnis versucht, Raum als etwas mit Dingen gefülltes anzusehen, Raum in seinem Kontext darzustellen und damit einen relationalen Raum zu definieren. Auch wenn die Vorstellungen häufig noch sehr unscharf erscheinen, ist das Konzept eines relationalen Raumes heute wohl das einzig denkbare.

4.2.5. Methoden der Raumanalyse

Die Frage nach den Methoden zur Raumanalyse ist nicht so leicht zu beantworten wie diejenige nach den Methoden der Zeitanalyse. In den meisten Fällen kann Raum als ein Parameter oder ein weiterer Vektor der zugrundeliegenden Matrix von Wertepaaren angesehen werden. So muß zunächst festgelegt werden, was „Methoden der Raumanalyse" bedeuten soll. Es sind hier und im folgenden Methoden, die dazu dienen, Räume zu regionalisieren und Distanzen als Parameter in die Rechnung miteinbeziehen. Je weiter wir uns den theoretischen Grundlagen dieser Berechnungsmethoden nähern, desto willkürlicher werden die zugrunde gelegten Variablen. Dies gilt insbesondere für Klassifizierungsverfahren. So geht die Distanzanalyse im n-dimensionalen Raum von verschiedenen Variablen aus, die als Dimensionen behandelt werden. Spannen wir einen n-dimensionalen Raum mit n gemessenen Variablen auf, so wird die Entfernung der Punkte zueinander als ihre Ähnlichkeit interpretiert. Mit der Distanzanalyse und ähnlich mit der Distanzgruppierung können somit homogene, nach Definition gleichartige Regionen, unterschieden werden. Das Problem der Raumanalyse besteht somit in der Tatsache, daß es nicht der Raum ist, der gemessen werden soll, sondern Aktivitäten im Raum oder regionale Ausstattungspotentiale. Dabei liegen für unterschiedlichste Zwecke mittlerweile eine Reihe von Verfahren vor. Letzten Endes basieren sie jedoch alle auf der Berechnung von Korrelationen. Korrelationen sind „Bindungen"[335] zwischen Räumen. Eine Korrelation beschreibt den Zusammenhang zwischen quantitativen oder qualitativen Daten, der durch Korrelationskoeffizienten gemessen wird, die zwischen -1 und +1 liegen. der Wert 0 gibt das Fehlen einer Korrelation an, während die beiden anderen Werte eine vollständige negative oder positive Korrelation anzeigen. Korrelationsrechnungen sind vor allem dann sinnvoll, wenn funktionale Beziehungen zwischen Räumen gemessen werden sollen. Eignen sich Korrelationskoeffizienten dazu, funktionale Regionen festzulegen, so dienen Distanzgruppierungen in der Regel dazu, homogene Regionen zu bilden.

4.2.6. Gesellschaft in der Geschichtswissenschaft

Der Gesellschaftsbegriff hat in der „allgemeinen Geschichte" keine allzu lange Tradition, wenn wir von einigen wenigen Ausnahmen einmal absehen.[336] Geschichte wurde geschrieben als Politische Geschichte und Kulturgeschichte von Nationen, deren Persönlichkeiten und vor allem deren Außenpolitik.[337] Erst nach dem Zweiten Weltkrieg wurde verstärkt die Diskussion über neue Untersuchungsschwerpunkte und Erklärungsmuster geführt und vor allem am Beispiel des Nationalsozialismus exemplifiziert. Als Vorläufer der in den sechziger Jahren abrupt einsetzenden Auseinandersetzung kann die Diskussion um „Strukturgeschichte" und „Annales-Schule" angesehen werden. Hierin ging es hauptsächlich um den Sinn der Erfassung „überindividueller Zusammenhänge", wobei die sich zunächst anbietenden Konzeptionen zu ungenau definiert waren als daß eine breite Annahme hätte eintreten können. In den sechziger Jahren begannen dann die „Anomalien, welche die ,disziplinäre Matrix' der ,Community of Scho-

---

[335] Peter HAGGETT (1973: 235).

[336] Gustav MAYR und Arthur ROSENBERG in den zwanziger Jahren.

[337] So wurde der traditionellen Geschichtsschreibung seit der Veröffentlichung von Eckard KEHR, Das Primat der Innenpolitik, das Primat der Außenpolitik vorgeworfen. Vgl. zum Folgenden Werner CONZE (1977), Jürgen KOCKA (1977), Wolfgang J. MOMMSEN (1971 und 1981), sowie Hans-Ulrich WEHLER (1980). Das Buch von Georg G. IGGERS (1971) dagegen scheint zu weitschweifig, als daß es auf unsere Fragestellung hin benutzt werden könnte.

lars' aufweichten und den Durchbruch neuer Tendenzen erleichterten"[338] zuzunehmen. Für den Teil der Historikerschaft, welcher uns hier interessiert, setzte nun eine intensive Auseinandersetzung mit sozialwissenschaftlichen Ansätzen und Methoden ein, in deren Folge auch der Gesellschaftsbegriff der Geschichtswissenschaft problematisiert werden mußte. Vorbereitet waren diese Entwicklungen durch Werner CONZE und seine Sozialgeschichte, sowie durch das Interesse an Theorie von Theodor SCHIEDER. Zunächst kreiste das Problemempfinden um einen größeren Anteil der Wirtschafts- und Sozialgeschichte neuen Stils, also einer außerhalb von Hermeneutik und Historismus, welche sich neu stel- lenden Fragen als nicht aussagekräftig erwiesen, liegenden Geschichtswissenschaft. Akute Forschungsaufgaben beinhalteten Analysen sozialer Ungleichheit, Industrialisierung, Konjunkturen und Preise sowie Bevölkerngs- und Familiengeschichte.

War schon innerhalb einer Geschichte als Historische Sozialwissenschaft eine „allmähliche Fusion"[339] von Geschichte und Soziologie angestrebt worden, so schien sich das neu entwickelte Konzept einer „Gesellschaftsgeschichte" in interdisziplinären und transdisziplinären Sphären bewegen zu müssen. Die seit Anfang der siebziger Jahre entwickelte Gesellschaftsgeschichte „zielt auf eine Analyse einer Gesamtgesellschaft, welche durch die gleichberechtigten Dimensionen von Wirtschaft, Herrschaft und Kultur konstituiert wird"[340]. Hierdurch war die Anwendung, Interpretation und Integration aller Teildisziplinen der Geschichtswissenschaft vorbereitet. Damit sollte aber nicht gemeint sein, daß die Summe der Erkenntnisse aller Teilbereiche die Rekonstruktion der Gesamtgesellschaft ergibt. Vielmehr sollte „eine, wenn auch nur vorläufige perspektivische und argumentativ modifizierbare Vorstellung vom Ganzen (...) <als> Voraussetzung der angemessenen Erfassung von Teilbereichen und Einzelproblemen"[341] entwickelt werden. Gesellschaftsgeschichte hat dabei die Überwindung „sozialhistorischer Parzellierung"[342] im Auge, ohne den schon erreichten me-

---

[338] Hans-Ulrich WEHLER (1980: 22).

[339] Hans-Ulrich WEHLER (1973: 34).

[340] Hans-Ulrich WEHLER (1980: 34). Analog auch Jürgen KOCKA (1977: 97).

[341] Jürgen KOCKA (1977: 97).

[342] Peter STEINBACH (1986: 154).

thodischen Standard aufzugeben. Jürgen KOCKA bezeichnet mit Gesellschaft den Ort, an dem der „Stoffwechsel" der Gesellschaft mit der Natur als Voraussetzung und Grundlage weiterer gesellschaftlicher Differenzierung und Entwicklung stattfindet. Mit der Gesellschaftsgeschichte möchte KOCKA ein Teilsystem besonders hervorheben, in dem die menschliche Arbeit, zunehmend arbeitsteilig organisiert, stattfindet und in dem die Reproduktion der jeweiligen Bevölkerung vor sich geht. In diesem Teilsystem sind die Bedürfnisse, deren Veränderung, partielle Befriedigung, Interessen und Interessenkonflikte vor allem durch ökonomische Faktoren geprägt, sie gehen aber nicht in diesen auf. Gesellschaft im engeren Sinn ist ein sich wandelndes Gesamtsystem, das in Teilsysteme differenziert ist. Hiermit lehnt sich KOCKA bewußt oder unbewußt an die wissenschaftstheoretische Position von Fernand BRAUDEL an. Die Affinitäten zur Strukturgeschichte sind unverkennbar. Strukturgeschichte ist eine „quer zur Einteilung in Teilbereichsdisziplinen liegende Betrachtungsweise"[343], ähnlich der historischen Sozialwissenschaft, die überindividuelle Entwicklungen und Prozesse, die Bedingungen, Spielräume und Möglichkeiten menschlichen Handelns in der Geschichte aufzuzeigen versucht. Sie interessiert sich für die relativ dauerhaften Phänomene mit langsamer Veränderungsgeschwindigkeit.

Struktureller Wandel einer Gesellschaft läßt sich auf eine sehr einfache Weise verdeutlichen und auch berechnen.[344] Stellen wir uns eine Gesellschaft G mit der sozialen Matrix $<<S_{ik}>>$ und der Bevölkerungsmatrix $<<N_{ik}>>$ vor. Die soziale Matrix bildet hierbei die sozialen Gruppen, Klassen oder Schichten der Bevölkerungseinheit ab, die Bevölkerungsmatrix die zugehörigen Bevölkerungsanteile. G bleibt im stationären Zustand, oder im Gleichgewichtszustand, wenn die Bevölkerungsmatrix in dem Betrachtungszeitraum konstant bleibt. G bleibt stabil, wenn sich alle Klassen (i) gleichmäßig verändern. G unterliegt einem zyklischen Wandel, wenn ein Evolutionsoperator E und eine natürliche Zahl p angegeben werden können, so daß $E^p = I$, wobei I eine brauchbare Einheitsmatrix angibt. Irreversibel ist der Wandel, wenn G sich nicht zyklisch ändert. Eine partiale Revolution liegt vor, wenn sich einige Zellen (Klassen, etc.) merkbar ändern, wogegen eine totale Revolution merkbare Veränderungen in allen Zellen nachweisen läßt. In diesem Sinn ist die Geschichte der Gesellschaft das Bündel

---

[343] Jürgen KOCKA (1986: 163).

[344] Vgl. hierzu Mario BUNGE (1979: 237-240).

der Einzelgeschichten der Zellen der Gesellschaft. Sammeln wir alle Werte einer Zelle über eine bestimmte Zeitperiode hinweg, so erhalten wir die Geschichte dieser Zelle. Tun wir das für alle Zellen der sozialen Struktur, so ergibt sich daraus die Strukturgeschichte der Gesellschaft. Wissenschaftstheoretisch stellt sich somit die Strukturgeschichte als eine sehr einfache Möglichkeit von Geschichte dar, vielleicht eine zu einfache. Der Strukturhistoriker wird daher besonderen Wert auf die Beziehungen der einzelnen Zellen untereinander legen.

In diesem Sinn von großer Bedeutung für die Gesellschaftsgeschichte ist im methodischen Bereich der von Hans-Ulrich WEHLER benutzte Begriff der „Synthesefähigkeit"[345]. Hier hat die sozialwissenschaftliche Richtung der Geschichtswissenschaft sicherlich bewiesen, daß sie nicht gewillt ist, unreflektiert Theorien und Modelle der Soziologie und anderer Sozialwissenschaften zu übernehmen. Obwohl das Konzept der Gesellschaftsgeschichte aus der Motivation erwuchs, resultierende und operationalisierende Ordnung in die Flut von Forschungsergebnissen zu bringen, waren die Vertreter der Historie nicht bereit, rein additiv vorzugehen, sondern versuchten durch die Summe der Ergebnisse und Bereiche eine neue Erkenntnisebene zu erschließen. Das Problem der unterschiedlichen Gewichtung der einzelnen Bereiche wird von WEHLER (1980: 161) nicht aus theoretischen Überlegungen heraus behandelt, sondern durch eine heuristische Notwendigkeit gerechtfertigt, während Jürgen KOCKA, wohl zu Recht, auf die historisch sich verändernde relative Gewichtung der Dimensionen, „Wirklichkeitsbereiche", aufmerksam macht und die Bestimmung eben dieser relativen Gewichtung zur Hauptaufgabe des Gesellschaftshistorikers erklärt. Demgegenüber bestand die Hauptaufgabe der traditionellen Geschichtsschreibung, auch der traditionellen Sozialgeschichte, darin, zu erkunden, in welchem Verhältnis „Determination und Freiheit"[346] zueinander stehen, also in den Blick das Problem zu nehmen, inwieweit das Individuum und das individuelle Handeln externen, gesellschaftlichen Zwängen unterliegt und inwieweit es selbstbestimmt verläuft. Einem sozialwissenschaftlichen Verständnis von Gesellschaft als das gleichberechtigte Nebeneinander von unterschiedlichen und voneinander getrennten Wirklichkeitsbereichen, steht ein dipoliges Verständnis einer Ge-

---

[345] Hans-Ulrich WEHLER (1980: 34, analog 161).

[346] Werner CONZE (1973: 24).

sellschaft gegenüber, das das Gegenüber von Individuum und Staat betont.[347] Gesellschaft stellt sich somit als Objekt, als Zielgruppe staatlichen Handelns dar. Das Individuum steht Auswirkungen von Prozessen und Strukturen gegenüber, auf die es selbst keinen Einfluß ausüben kann, innerhalb derer es sich arrangiert, was aber nicht soweit führen kann, das Soziale oder die Gesellschaft als „Objektivationen"[348] und damit materiell zu verstehen. Hier liegt sicherlich ein großes Manko der historisch-sozialwissenschaftlichen Auffassungen von Gesellschaft, daß sie das individuelle Verhalten außeracht lassen, und Individuen nur in Großeinheiten integriert untersuchen.

Im weiteren lehnen sich die Ausführungen von Jürgen KOCKA eng an den grundlegenden Beitrag von Eric J. HOBSBAWM (1972) an, welcher von soziologischen Basistheoremen ausging und gesellschaftliche Einheiten soziologisch zu definieren suchte. Gesellschaft tritt dann als Gesamtsystem im systemtheoretischen Sinn auf.[349] Geschichtliche Wirklichkeit wird demnach „als ein in Teilsysteme differenziertes, sich wandelndes Gesamtsystem (=Gesellschaft im umfassendsten Sinn) begriffen (...), in dem die Gesellschaft im engeren Sinn, also jenes Teilsystem von sozialökonomisch vermittelten Bedürfnissen, Interessen, Abhängigkeiten, Kooperationen und Konflikten, das seit Hegel als ‚Differenz' zwischen Individuum und Staat bestimmt wurde, eine maßgebliche und andere Teilsysteme vor allem prägende (wenn auch umgekehrt von diesen geprägte) Rolle spielt"[350]. In dieser Definition sind systemtheoretische und dialektische Ansätze vereint, und zwar in einer mit dem Verhältnis von Karl Marx zu Max Weber zu beschreibenden Komplementarität.[351] Historische Theorien, die dieses Gesamtsystem erfassen wollen, sollten nach WEHLER (1980: 166f.) folgende Bedin-

---

[347] Vgl. hierzu auch Otto BRUNNER (1968: 81f. und 87).

[348] Vgl. zum Beispiel Werner CONZE (1973: 24).

[349] Vgl. Eric J. HOBSBAWM (1972: 339, 341 und 346).

[350] Jürgen KOCKA (1977: 98).

[351] Max WEBER sieht die Geschichtsentwicklung als einen Prozeß der zunehmenden Rationalisierung der Gesellschaft, als Prozeß der Funktionstrennung und Ausdifferenzierung, das heißt Bildung neuer Subsysteme mit großer Autonomie, während Karl MARX Gesellschaft als hierarchisches System betrachtet, das sich durch innere Widersprüche weiterentwickelt bis diese Widersprüche nicht mehr systemimmanent gelöst werden können und es so zur Selbstzerstörung des Systems kommt.

gungen erfüllen:
1. die Synthese- bzw. Integrationsfähigkeit gegenüber zum Teil extrem heterogenen Elementen;
2. das Angebot von Selektionskriterien für die Problemauswahl;
3. das Angebot an funktionalen und kausalen Erklärungshypothesen;
4. die Kombinationsfähigkeit im Hinblick auf spezifische Theoreme, überhaupt ein beträchtliches Maß an Flexibilität;
5. das Maximum an empirischem Informationsgehalt;
6. die Nützlichkeit der Periodisierungskriterien;
7. die Fähigkeit zur Erfassung verschiedener Entwicklungsgeschwindigkeiten historischer Prozesse und Strukturen;
8. die Ermöglichung des Vergleichs;
9. die Bewährung gemäß den Kriterien der empirischen Triftigkeit, der Behauptung in komparativen Studien, der Übereinstimmung mit dem nomologischen und empirischen Wissen der Nachbarwissenschaften;
10. die praktische Relevanz in einem weiten Sinn.

Ein Beispiel für ein theoretisches Konzept, das diesen Anforderungen gerecht zu werden schien, lag mit der Modernisierungstheorie vor. Sie stellt gleichzeitig ein Beispiel für ein strukturgeschichtliches Gesellschaftsverständnis dar.[352] Die Modernisierungstheorie[353] wurde entwickelt um die Entwicklung der westlichen Industriestaaten in der Neuzeit in den Griff zu bekommen. Dabei ist das Modernisierungskonzept ein mehr oder weniger zufälliges, ein stochastisches Produkt einer Fülle von Arbeiten meist historisch interessierter Soziologen. Modernisierung wurde von diesen als ein bestimmter Typus sozialen Wandels aufgefaßt, der sich erst im Verlaufe des achtzehnten Jahrhunderts herausgebildet hat, und dadurch charakterisiert ist, daß eine Pioniergesellschaft in der wirtschaftlichen und politischen Entwicklung vorangeht und die Nachzügler in diesem Wandlungsprozeß folgen, und zwar auf eine vergleichbare Art und Weise,[354] wobei diese Vergleichbarkeit eigentlich erst durch die Modernisierungstheorie hergestellt wird. Unter den innerhalb des Modernisierungskonzepts analysierten gesellschaftlichen Bereichen, Hans-Ulrich WEHLER zählt in einem Dichotomien Alphabet, in welchem nach traditional und modern unterschieden wird, achtundzwanzig Bereiche auf, befinden sich einige komplexere Gebilde,

---

[352] Vgl. vor allem Peter FLORA (1974 und 1975) und Hans-Ulrich WEHLER (1975).

[353] Wir benutzen dem allgemeinen Gebrauch folgend den Begriff der Modernisierungstheorie, werden aber später zeigen, daß hiermit keine Theorie im eigentlichen Sinne vorliegt.

[354] Vgl. Reinhart BENDIX (1971: 510).

welche als besonders einflußreich auf die Entwicklung angesehen werden. Dies sind die wirtschaftliche Entwicklung, die Entstehung durchorganisierter Staatsgebilde sowie Säkularisierungserscheinungen. Keiner der Bereiche kann allerdings begründetermaßen herausgehoben werden. Dagegen existieren eine Reihe von wissenschaftlichen Vorlieben für bestimmte Themenbereiche, welche aufgrunddessen Ergebnisse vorlegen können. Das bedeutet, daß die Modernisierungstheorie nicht abgeschlossen ist. Neue Ergebnisse können auch zur Erweiterung des Konzepts führen. Somit ist die Modernisierungstheorie keine Theorie im eigentlichen Sinn. Es fehlen ihr die Möglichkeiten, die einzelnen Variablen (Bereiche) sinnvoll miteinander zu verknüpfen. Das allerdings lag auch unseres Erachtens nicht im Sinn der Modernisierungstheoretiker. Diese benutzten die vorgelegten Ergebnisse, um ein historisches oder ein historisch begründetes Indikatorensystem der modernen Gesellschaft auszuarbeiten.[355] Dabei wird der Entwicklungsprozeß gemessen an den Zuwachsraten des Bruttosozialprodukts[356], man denke hier vor allem an die Arbeiten von Walt W. ROSTOW über den „take-off", und an die Veränderung der Anzahl und Qualität gesellschaftlicher Organisationen, wie Bürokratisierung, Urbanisierung als Anteil der in Städten bestimmter Größe lebenden Menschen[357], Demokratisierung, Mobilität und Infrastruktur.[358] Das Gesellschaftsbild der Modernisierungstheorie stellt sich so-

---

[355] Ein Aspekt, der in der Kritik an der Modernisierungstheorie nie angesprochen wird. Dabei sind die Verbindungen zwischen Wolfgang ZAPF, der die Modernisierungstheorie in der Bundesrepublik erst publik gemacht hat und seit Jahren dabei ist, soziale Indikatoren des sozialen Wandels zu entwickeln (zum Beispiel Wolfgang ZAPF (Hg.), 1975) und anderen Modernisierungstheoretikern, wie Peter FLORA (1974 und 1975) offensichtlich. Es scheint sich hier eine Arbeitsteilung anzubahnen, zwischen der Aufarbeitung historischer und gegenwartsbezogener Indikatoren.

[356] Das Bruttosozialprodukt setzt sich ebenso aus einer ganzen Reihe von Indikatorenwerten zusammen: 1. reales Inlandprodukt (Q), 2. Netto-Kapitalstock (K); 3. Bevölkerung und damit Arbeitskräftepotential (L); 4. Reallohn (w); 5. Arbeitsproduktivität (Q/L); 6. Zinssatz und Profitrate (i); 7. Kapitalkoeffizient (K/Q); und 8. Nettoinvestitionen. Es ist überhaupt festzustellen, daß die Modernisierungstheorie von einer ganzen Reihe von Annahmen über das wirtschaftliche Wachstum beeinflußt wurde. So wird als eine Determinante des Wirtschaftswachstums die Verbesserung der Qualität von "Humankapital" angesehen, was sich auf die Verbesserung von Erziehung und Bildung bezieht, auf einen Punkt, der auch innerhalb der Modernisierungstheorie eine große Rolle spielt.

[357] Diese Größe muß nicht mit der Dichte korrelieren.

[358] Vgl. Peter FLORA (1974).

mit als eine Reihe gleichberechtigt nebeneinander stehender gesellschaftlicher und individueller Faktoren dar, welche sich in unterschiedlichem Ausmaß und mit unterschiedlicher Beschleunigung und Geschwindigkeit auf dem Weg zu einer modernen Industriegesellschaft innerhalb der letzten zweihundert Jahre entwickelt haben. Eine Geschichte der Gesellschaft wird bei Zugrundelegung dieses Konzept durch die nebeneinanderstehende Abhandlung der verschiedenen Bereiche geschrieben.[359] Man muß im nachhinein feststellen, daß das Konzept der Modernisierungstheorie nicht den Erfolg gebracht hat, den sich Historiker von seiner Anwendung versprachen. Dazu waren die Ansprüche an zu erzielende Ergebnisse zwischen historisch arbeitenden Soziologen und Historikern zu unterschiedlich.

Aufgrunddessen ist man in den letzten Jahren dazu übergegangen, eine andere Art von Theorien über die Geschichte anzuwenden. Diese Art von Theorien möchte ich von den Theorien über die Geschichtswissenschaft und den Theorien in der Geschichtswissenschaft als eine eigene Art von Theorien absetzen und sie historische Theorien nennen.[360] Es sind dies Theorien, welche Gesellschaftsvorstellungen in einer zeitgenössischen Art und Weise repräsentieren. Hier ist vor allem die Theorie des organisierten Kapitalismus von Rudolf HILFERDING zu nennen und mit Abstrichen die Theorie des Imperialismus. HILFERDING sah aus seinem historischen Standpunkt heraus eine besondere Machtstellung der Großbanken gegenüber der Industrie und eine enge Verflechtung von Wirtschaft und Politik, welche zwar die „Anarchie" der Produktion zu mildern in der Lage war, an den Bedürfnissen der arbeitenden Menschen aber vorbeiging.[361] Damit bietet die Theorie Ansatzpunkte und Variablen für die Forschung, welche über eine bloße Aufzählung hinausgehen und erste Verbindungen freilegen.

Die Anwendung eines Konzepts des organisierten Kapitalismus geht davon aus, durch die historische Nähe der Theorie die tatsächlich bedeutsamen Faktoren zur Analyse der Gesellschaft anzuwenden. Diese Forderung wird ja auch neuerdings von phänomenologischen Vertretern angeführt. Diese verlangen ebenso, daß das, was Menschen als Realität wahrnehmen, auch als die Realität der Men-

---

[359] Vgl. zum Beispiel BOSL/WEIS (1976).

[360] Es ist eigentlich unverständlich, daß Josef MERAN (1985) in seinem ansonsten so anregenden Buch diese Art von Theorien gänzlich vernachlässigt.

[361] Vgl. insbesondere Heinrich August WINKLER, Hg. (1974). Dann auch Udo BERMBACH (1976) und Rolf TORSTENDAHL (1985).

schen anzuerkennen ist.

4.3. Die Zeitkategorie in Geographie und Geschichtswissenschaft
4.3.1. Die Zeitkategorie in der Geschichtswissenschaft

Die Zeitkategorie ist so grundlegend für die Geschichtswissenschaft, daß Marc BLOCH Geschichtswissenschaft als die Wissenschaft von den Menschen in der Zeit beschrieb.[362] Der Historismus besaß ein Konzept der absoluten Zeit, das in enger Verbindung zum „historischen Positivismus"[363] durch die „Fixierung kleiner und kleinster Ereignisse"[364], das Ereignis in den Zusammenhang der Entwicklung stellte und durch die Angabe des Vorher und Nachher das einzelne Ereignis zum historischen Ereignis werden ließ. Dagegen betont die neuere Geschichtstheorie, daß eine Kontinuität in der Abfolge von Ereignissen erst durch die erzählende Darstellung konstruiert wird.[365] Dagegen lassen sich andere Zeitvorstellungen ermitteln, welche der zeitlichen Struktur historischer Prozesse näher kommen, wie die „Soziale Zeit"[366].

„social time (...) expresses the change or movement of social phenomena in terms of other social phenomena taken as points of reference."[367]
Die soziale Zeit ist somit ein formales Orientierungsschema, welches sich nach der Art des untersuchten Prozesses richtet. Begriffe, wie lang oder kurz, können nur im Verhältnis der Elemente untereinander benutzt werden. Ob die Dauer eines historischen Prozesses lang ist oder kurz, kann nicht eine absolute Chronologie entscheiden, sondern die Geschichte selbst. Zudem eignet sich die Chronologie schlecht zur Periodisierung und Strukturierung allgemein. Sie ist ein Raster, das nicht mit dem Gegenstand übereinstimmen muß. Erst durch eine

---

[362] Übersetzt nach Pelai PAGES (1983: 241), welcher zwar der Zeitdimension ein ganzes Kapitel widmet, jedoch in seinen Ausführungen so wenig Substanz zeigt, daß hier nicht weiter auf sein Buch, das im übrigen eine Synthese von Annales-Schule und Marxismus anvisiert, eingegangen wird.

[363] Auch Manfred RIEDEL (1984: 114) bezeichnet den Historismus als eine Spielart des Positivismus.

[364] Winfried SCHULZE (1974: 199).

[365] So Hans BAUMGARTNER (1972).

[366] Hans SÜSSMUTH (1978b: 106f.).

[367] Thomas KUTSCH zitiert von Hans SÜSSMUTH (1978b: 106).

Betrachtung der Beziehungen der einzelnen Fakten zueinander läßt sich eine dem Gegenstand angepaßte Zeitstruktur entwerfen. Die zeitliche Beschreibung von historischen Prozessen besitzt in der Geschichtswissenschaft eine besondere Bedeutung, da sie entweder als angestrebtes Ziel jeder geschichtswissenschaftlichen Forschung oder als Vorstufe zur Erklärung von Sachverhalten angesehen wird.

Die Frage, ob oder inwieweit die chronologische Abfolge von Ereignissen einen hinreichenden Begründungszusammenhang für historische Prozesse darstellt, beschäftigt seit Ende der sechziger Jahre Reinhart KOSELLECK. Zur Lösung des Problems begab er sich an die Entwicklung eines Zeitstrukturen-Ansatzes, der bisher in einigen Fragmenten vorliegt.[368] Das Hauptproblem der Formulierung und Formalisierung historischer Zeit lag für KOSELLECK darin, die Beziehungen zwischen Strukturen und Ereignissen aufzudecken. KOSELLECK unterscheidet drei „temporale Erfahrungsmodi", das heißt Möglichkeiten der subjektiv-zeitlichen Bewertung von Ereignissen:[369]

„1. Die Irreversibilität von Ereignissen, das Vorher und Nachher in ihren verschiedenen Ablaufzusammenhängen.
2. Die Wiederholbarkeit von Ereignissen, - sei es in unterstellter Identität der Ereignise; sei es, daß die Wiederkehr von Konstellationen gemeint ist; sei es eine figurale oder typologische Zuordnung von Ereignissen.
3. Die Gleichzeitigkeit des Ungleichzeitigen.[370] Bei gleicher natürlicher Chronologie handelt es sich um unterschiedliche Einstufungen geschichtlicher Abfolgen. In dieser zeitlichen Brechung sind einmal verschiedene Zeitschichten enthalten, die je nach den erfragten Handlungsträgern oder Zuständen von verschiedener Dauer sind und die aneinander zu messen wären. Ebenso sind in dem Begriff der Gleichzeitigkeit des Ungleichzeitigen verschiedene Zeiterstreckungen enthalten. Sie verweisen auf die prognostische Struktur geschichtlicher Zeit, denn jede Prognose nimmt Ereignisse vorweg, die zwar in der Gegenwart angelegt, insofern schon da, aber noch nicht eingetroffen sind."

Als Zeitgrundkategorien, welche von theoretischen Prämissen zur empirischen Forschung hinüberführen und für jede historische Aussage getroffen werden müssen, bezeichnet er den „Fortschritt, die Dekadenz, Beschleunigung oder Verzögerung, das Noch-nicht und das Nicht-mehr, das Früher- oder Später-als, das

---

[368] Vgl. Reinhart KOSELLECK (1979).

[369] Reinhart KOSELLECK (1979: 132).

[370] Im übrigen eine Formel, die Ernst BLOCH geprägt hat und die in den siebziger Jahren geradezu eine Fahnenformel geschichtswissenschaftlicher Forschung wurde.

Zufrüh oder Zuspät, die Situation und die Dauer, welche differenzierende Bestimmungen auch immer hinzutreten müssen, um konkrete geschichtliche Bewegungen sichtbar machen zu können"[371]. Für ein Verstädns von „Geschichtszeiten" wesentlich sind die Begriffe Dauer, Abfolge und Zeitreihe.[372] Diese Begriffe leiten über in die Unterscheidung von Ereignissen und Strukturen. Ereignisse bleiben die grundlegenden geschichtlichen Tatsachen. Sie werden in diesem Stadium der Theoriebildung nur auf Grundlage einer absoluten Zeitskala unterschieden. Die Abfolge bezeichnet KOSELLECK als Fiktion, da sich historische Prozesse nicht anhand einer chronologischen Reihe beschreiben lassen.[373] Dazu sind sie zu komplex aufgebaut, laufen teils synchron, teils diachron, teils gegenläufig:[374]

„Der Unterschied zu dem Erklärungsmodell der Dauer liegt allein darin, daß das Erklärungsmodell der Abfolge sich immer auf einen durch t_1 und t_2 markierten Prozeß bezieht, während bei der Dauer das Erklärungsmodell zwar auch einen bestimmten Zeitraum umfaßt, daß es dabei aber prinzipiell keine Rolle spielt, ob das Erklärungsmodell auf t_1, t_2 oder t_3 des mit ihm erklärten Zeitraums angewandt wird."

Hier wird das strukturelle Moment der Dauer deutlich. Sie bedeutet für KOSELLECK „einen unumkehrbaren Fortschritt langfristiger Struktur"[375]. Als drittes temporales Erklärungsmodell können Zeitreihen unterschieden werden. Sie setzen ein als durchgehend gedachtes Geschichtssubjekt voraus, an dem gemessen, Veränderungen überhaupt erst ablesbar sind.

KOSELLECK legt mit seinem Konzept keine geschichtlichen Tatsachen vor. Sein Konzept bietet die begrifflichen Grundlagen an, hypothetische Hilfsmittel, die auch nur als solche gebraucht werden dürfen, um zum Beispiel bestimmte Variablen im historischen Prozeß hervorzuheben. Auf die Beziehung von Dauer zu Struktur ist schon hingewiesen worden, ebenso auf deren heuristischen, hypothetischen Wert. Strukturen geben für KOSELLECK die Bedingungen möglicher Geschichte an. Gerade weil sie nicht der Gleichzeitigkeit des Ungleichzeitigen

---

[371] Reinhart KOSELLECK (1979: 133).

[372] Reinhart KOSELLECK benutzt für Dauer den Begriff "chronologische Reihe". Wir haben uns der üblichen Terminologie angeschlossen, um der Gefahr der Begriffsverwirrung zu entgehen.

[373] Vgl. Reinhart KOSELLECK (1979: 24f.).

[374] Winfried SCHULZE (1974: 206).

[375] Reinhart KOSELLECK (1979: 24).

unterliegen und auch nicht der historischen Ereignisabfolge - sie wandeln sich nur in längeren Fristen, gehören einer langen Zeit an - geben die Strukturen in einer strukturellen Betrachtung durch die wiederholbare Anwendbarkeit den Weg frei für eine gegenwartsbezogene Betrachtung von Geschichte. Innerhalb eines geschichtswissenschaftlichen Diskurses können Ereignisse nur erzählt, Strukturen nur beschrieben werden. Ereignisse setzen sich aus einer Summe von Begebenheiten zusammen, welche durch ein Vorher und ein Nachher eine Sinneinheit herstellen. Ereignisse sind von bestimmbaren Subjekten ausgelöst oder werden von diesen erlitten. Strukturen dagegen sind überindividuell und intersubjektiv. Die Beziehung von Ereignis zu Struktur ist dadurch gekennzeichnet, daß Ereignisse zur Voraussetzung struktureller Aussagen werden können, und umgekehrt Strukturen als Bedingungen möglicher Ereignisse erscheinen:[376]

"Im Hinblick auf einzelne Ereignisse gibt es also strukturelle Bedingungen, die ein Ereignis in seinem Verlauf ermöglichen. Solche Strukturen sind beschreibbar, aber sie können ebenso in den Erzählzusammenhang einrücken, wenn sie nämlich als nicht chronologisch gebundene causae die Ereignisse klären helfen. Umgekehrt sind Strukturen nur greifbar im Medium von Ereignissen, in denen sich Strukturen artikulieren, die durch sie hindurchscheinen."

Die wechselseitige Erklärung von Ereignissen durch Strukturen und umgekehrt, ist das Hauptanliegen einer Geschichtsschreibung, die einen Zeitstrukturen-Ansatz verfolgt.

4.3.2. Die Zeitdimension in der Geographie

Die Zeitdimension wurde in der Frühphase der Geographie als nicht zu vernachlässigbare Dimension angesehen. Raum und Zeit standen für die Geographen des neunzehnten Jahrhunderts gleichberechtigt nebeneinander. Schon 1833 betonte Carl RITTER die "Gleichzeitigkeit" von Nebeneinander und Nacheinander der Dinge:[377]

"Denn das reingedachte gleichzeitige Nebeneinander des Daseins der Dinge ist, als ein wirkliches, nicht ohne ein Nacheinander derselben vorhanden. Die Wissenschaft der irdisch erfüllten Raumverhältnisse kann also eben so wenig eines Zeitmaßes oder eines chronologischen Zusammenhanges entbehren, als die Wissenschaft der irdisch erfüllten Zeitverhältnisse eines

---

[376] Reinhart KOSELLECK (1979: 149).

[377] Carl RITER (1833: 153).

Schauplatzes, auf dem sie sich entwickeln mußten."
Dieses gleichberechtigte Nebeneinander von Raum und Zeit ist aus der historischen Situation der Geographie des neunzehnten Jahrhunderts heraus zu verstehen. Erst als die Geographie begann, sich als eigenständige Wissenschaft zu definieren und sich von anderen Disziplinen abzusetzen, verlor die Zeitdimension an Bedeutung. Den Höhepunkt dieser Entwicklung bildete die Einteilung der Wissenschaften durch den Geographen Alfred HETTNER in Gegenstands-Wissenschaften, Raum-Wissenschaften und Zeit-Wissenschaften.[378] Diese ausgeprägte Trennung von Zeit und Raum fand allerdings heftigen Widerspruch. Insbesondere Ernst WINKLER (1937) wehrte sich gegen eine solch stringente Festlegung der Geographie auf bestimmte „Wissenszweige". Er forderte die ganzheitliche Erforschung der Landschaft, wobei allerdings „der räumlichen Auffassung (...) unter diesem Gesichtswinkel (...) nur mehr die Rolle einer Teilbetrachtungsweise innerhalb der Gesamterkenntnis der landschaftlichen Erdoberfläche"[379] zukam. Den Unterschied zwischen den „üblichen Zeitwissenschaften", wie der Geschichtswissenschaft, und der Geographie sah WINKLER darin, daß erstere „den zeitlichen Fluß" erforschen, die Geographie dagegen die „Zeitlichkeit" der Landschaften behandelt.[380] Unter Beachtung der Zeitdimension war infolgedessen innerhalb geographischer Forschung eine verstärkte Periodisierung und Betonung „landschaftlicher Entwicklungsreihen" notwendig.[381] Die Kulturlandschaft stellt sich in der klassischen Sichtweise der Zeit als eine „räumliche Projektion einer zeitlichen Abfolge"[382] dar, also als ein Nacheinander von Kulturlandschaftsepochen bzw. Kulturlandschaftsstufen.[383] Hiermit ist der Aspekt der zeitlichen Dimension als die „konkrete, inhaltlich erfüllte geschichtliche Vergangenheit"[384] beschrieben.
Die Zeit als abstrakte Dimension, als Kategorie geographischer Analyse, fand

---

[378] Vgl. Alfred HETTNER (1927: 114f.)

[379] Ernst WINKLER (1937: 50).

[380] Ibidem: 54.

[381] Ibidem: 55.

[382] Eugen WIRTH (1979: 89).

[383] Vgl. auch Erich OTREMBA (1963).

[384] Eugen WIRTH (1979: 88).

dagegen in der Kulturgeographie und Historischen Geographie wenig Beachtung. Lediglich Ernst NEEF (1967) faßte die abstrakte Zeit als Ordnungsschema für physische und kulturgeographische Landschaftsprozesse gleichermaßen auf. Er versuchte, die Entwicklung der Landschaft mit Hilfe der Begriffe Andauer, Entwicklung, Dynamik und Rhythmik zu strukturieren, und dabei nach Stadien zeitlich zu untergliedern. Diese besitzen zusätzlich die Funktion, die Energien, Kräfte und Impulse zu beschreiben und ihre Stellung und Wertigkeit innerhalb eines Prozesses aufzuzeigen. Somit bleibt die Zeit keine abstrakte, „inhaltsleere" Dimension, wie sie Eugen WIRTH nennt,[385] sondern eine Größe, die die Wirkung der eingesetzten Energie beschreibt. Energie dient als Oberbegriff für jede Art von unterscheidbaren Elementen (inputs) in physischen wie in kulturellen Prozessen. Abstrakt und inhaltsleer bleibt Zeit ebenfalls nicht, wenn man sie in Verbindung mit menschlichem Handeln, mit raumwirksamem Handeln sieht, wie Carl O. SAUER:[386]

„The dimension of time is and has been part of geographic understanding. Human geography considers man as a geographic agent, using and changing his environment in non-recurrent time according to his skills and wants."

Die temporale Methode der Erklärung unternimmt es, Strukturen über eine lange Zeitspanne hinweg zu verfolgen bzw. zu rekonstruieren. David HARVEY nennt sie eine zwar weniger stringente Erklärung als die Kausalkette, doch hält er sie für die möglicherweise einzige Vorgehensweise für historische Prozesse.[387] Auch für Kulturlandschaftsprozesse bietet das Begriffssystem die Möglichkeit, eine vorgegebene Komplexität sinnvoll zu erfassen, das heißt unterschiedliche Stadien aufzuzeigen und Elemente in ihrer Funktion für den Prozeß zu unterscheiden. Unter Andauer wird innerhalb der zeitlichen Analyse der Zeitraum eines bestimmten Zustandes verstanden. Die Entwicklung meint eine Reihe gleichsinniger Änderungen eines Systems, wodurch sich deren Wirkung durch gleichzeitiges Auftreten verstärken kann. Mit der Dynamik werden Subprozesse erfaßt, die innerhalb eines Systems ablaufen und für bestimmte Funktionen sowie deren Verortung verantwortlich sind. Unter Dynamik kann auch der Impuls

---

[385] Vgl. Eugen WIRTH (1979: 88).

[386] Carl O. SAUER (1941).

[387] Vgl. David HARVEY (1969: 407).

verstanden werden, der für den Gesamtprozeß bestimmend ist.[388] Die Dynamik ist räumlich differenziert und zwar nach Wirkungsweise, Wirkungsgrad und Wirkungsfeld. Die Rhythmik schließlich bezeichnet zeitliche Schwankungen, die in ständigem Wechsel um eine mittlere Lage erfolgen und in regelmäßiger Wiederkehr auftreten. Hier sei an Konjunkturzyklen erinnert, welche neben sektoralen Unterschieden, zeitliche und räumliche Differenzierungen aufweisen. Ebenso wären in diesem Zusammenhang Pendlerbewegungen zu nennen.

In den beiden bisher besprochenen Methoden des „time-handling", absolute Zeit und temporale Erklärung, wird die Zeit als unabhängige Variable angenommen, welche aus sich selbst heraus wirkt. Diese Sichtweise kann in die Irre führen, da Zeit ein Parameter ist, und als veränderliche Größe berechnet werden muß. Der „traditional approach" und der „time and standard techniques approach", wie M.T. DALY (1972) die Methoden der historischen Zeit und der Addition von Zeit nennt, sind keine zeitlichen Methoden im eigentlichen Sinn.[389] Infolgedessen haben sie mit spezifischen Problemen zu kämpfen. Zunächst besitzen sie keine konkrete Vorstellung von Zeit und benötigen zudem, um als erklärend zu gelten, Begründungen für die Übergänge von einem Stadium in das nächste:[390]

"It is, rather that the validity of such a treatment depends entirely on:
(i) the provision of the necessary mechanism, which also involves identifying fully the process in terms of which time itself may be measured;
(ii) defining the stages unambiguously so that we can locate any particular situation in terms of them."

Schließlich sollte Zeit nicht kontinuierlich gesehen werden, sondern muß, insbesondere in einem historischen Kontext, asymetrisch gedacht werden.

Eine Methode, Zeit als veränderlich und abhängig, somit auch im historischen Prozeß als veränderlich und abhängig zu betrachten, ist die Zeit als soziale Zeit, eine Konzeption, die wir schon im Zusammenhang mit geschichtswissenschaftlichen Zeitvorstellungen erläutert haben. Für die Geographie haben BAILLY/BEGUIN (1982) ein axiomatisiertes Konzept sozialer Zeit entwickelt. Die Autoren bezeichnen ihre Weiterentwicklung der time-geography als den modernen

---

[388] Als Beispiele sind die Wortpaare Wachstum-Verstädterung, Modernisierung-Urbanisierung, technische Entwicklung-Industrialisierung und Kapitalakkumulation-Konzentration denkbar.

[389] Vgl. auch William NORTON (1984: 19).

[390] David HARVEY (1969: 425).

Gesellschaften zugehörig:[391]

"Le temps social correspond au temps conventionel des societes modernes: duree de travail, des conventions sociales, des echeanciers economiques par example. C'est un temps fonde sur la dynamique des relations sociales, la culture lui donnant des dimensions et des valeurs propres: cycle de travail, cycle familial en constituent en sorte l'illustration, tout comme les cycles economiques."

Ganz gleich ob die Zeit natürlicher Faktor (Saison, Tag-Nacht), Sozialfaktor (Normen), psychologischer Faktor (Dauer), quantitatives Maß (Zeitbudge) oder Ressource (Arbeitszeit) ist, sie läßt sich mit Hilfe einiger Komponenten beschreiben:[392]

1. Die Verortung der Aktivitäten.
2. Die Abfolge der Ereignisse, welche linear, zyklisch oder abrollend, also sich in der Zeit verschiebend, verlaufen kann. Weiterhin können sich Aktivitäten so verschieben, daß sie ein Individuum oder eine Gruppe früher oder später als andere Personen treffen.
3. Die Frequenz, also die Anzahl der Ereignisse pro Zeiteinheit, welche eine Fluktuation aufweisen kann.
4. Die Dauer, welche als vergangene Zeit oder als Vergangenheit wirkt.
5. Die Amplitude bezeichnet den absoluten zeitlichen Abstand zwischen zwei gleichen Aktivitäten
6. Die Synchronisation gibt den Grad des parallelen oder simultanen Ablaufs an.

Im Anschluß an ihre Ausführungen kommen BAILLY/BEGUIN zu einer axiomatischen Definition von Zeit. Hiermit können Prämissen und Postulate über die Zusammensetzung von Zeit aufgestellt werden. Als zeitspezifische Komponenten nennen sie eine Menge von Momenten als kleinste Zeiteinheit von Handlungen, eine nach Vorher und Nachher geordnete totale Menge von Momenten[393] und ein Maß für Dauer.[394] Für die Definition einer multidimensionalen Zeit aber ist die Einführung von Attributen (Eigenschaften) notwendig:

$$(T, \leq, y_D, (y_i^T; i \in I))$$

---

[391] BAILLY/BEGUIN (1982: 71).

282 Vgl. hierzu auch ibidem: 79-81.

[393] Ereignisse bestehen in diesem Zusammenhang aus mindestens zwei Momenten, die Handlungsdauer angeben.

[394] Sie sehen ebenso wie David HARVEY (1969: 410) den theoretischen Unterschied zwischen Raum und Zeit darin, daß Zeit irreversibel ist. Eine Sichtweise, die Raum und Zeit als eins betrachtete, eine analytische Trennung also nicht zuließe, käme zu dem Schluß, daß jede raum-zeitliche Handlung irreversibel ist.

Zeit besteht demnach aus einer nach Vorher und Nachher zu ordnenden, in ihrer Dauer meßbaren Menge von Momenten für eine bestimmte Eigenschaft i aus einer Menge I, für welche ein zeitabhängiger Wert vorliegt.

4.3.3. Methoden der Zeitanalyse

In der Regel ist Zeit nicht konstituierender Teil des Definitionsprozesses einer Fragestellung; sie ist eine Möglichkeit der Messung. Für eine historische Zeitanalyse, gleich ob von geographischer oder geschichtswissenschaftlicher Seite vorgenommen, stehen im Großen und Ganzen zwei Möglichkeiten zur Verfügung: die Ereignisanalyse und die Zeitreihenanalyse.[395]

Die (historische) Ereignisanalyse bietet zwei Möglichkeiten zur Analyse von Wandel in der Zeit an. Sie konzentriert sich zunächst auf Wandlungsraten und nicht auf absolute Werte des Wandels, ist dadurch aber in der Lage, ein Maß für die Wandlungsgeschwindigkeit anzugeben. Je enger die einzelnen Stufen einer Betrachtungszeit (Periode) gelegt werden, desto anschaulicher läßt sich der Wandlungsprozeß beschreiben. Ist zum Beispiel P_{jk} (t, t+dt) die Wahrscheinlichkeit, daß ein Objekt im Zustand j zur Zeit t, zur Zeit t+dt im Zustand k sein wird, und das Zeitintervall dt wird unendlich klein, so kann die Wandlungsrate definiert werden als:

$$r_{jk} = \lim_{dt \to 0} P_{jk} \frac{(t, t+dt)}{dt}$$

Wenn nun Wandlungsraten auch konstant bleiben mögen, so ist die Wahrscheinlichkeit der Änderung eines Objekts doch jeweils unterschiedlich. Je länger der Betrachtungszeitraum, desto wahrscheinlicher ist die Zustandsänderung des Betrachtungsobjekts. Weiterhin vermag die Ereignisanalyse die Determinanten des Wandels zu identifizieren, indem sie externe unabhängige Variablen zuläßt.

---

[395] Vgl. hierzu vor allem Peter H. SMITH (1984), Dieter RULOFF (1984) und gängige Statistiklehrbücher.

In Exponentialform ausgedrückt stellt sich r_{jk} dar als

$$r_{jk} = e^{a_0 + b_1 X_1 + b_2 X_2 + \ldots b_k X_k}$$

wobei X die unabhängigen Variablen repräsentiert und die b die Steigerungen wiedergeben. Somit ist

$$\ln r_{jk} = a_0 + b_1 X_1 + b_2 X_2 + \ldots b_k X_k$$

Dabei muß immer bedacht werden, daß die so beschriebene Zeit eine konstruierte Zeit darstellt. Durch die Berechnung von Raten ist die Methode allerdings in der Lage, einem spezifisch geschichtswissenschaftlichen Bedürfnis nach Periodisierung nachzukommen. Einzelne Sequenzen lassen sich nach Festlegung von Schwellenwerten leicht unterscheiden.

Die Zeitreihenanalyse unternimmt es, Daten, welche in zeitlicher Folge vorliegen, zeitlich zu disaggregieren. Dabei werden vier Zeitmaße unterschieden:

$$\text{Zeitreihe} = \text{Trend} + \text{Zyklus} + \text{Saison} + \text{Rückstand}$$

Der Trend bezieht sich auf eine langzeitliche Wandlung, die linear oder nichtlinear verlaufen kann. Zyklen stellen sich wiederholende Schwünge mit meßbarer Periodizität und Amplitude von Werten dar. Saisonwerte zeigen gleiche Ausprägungen während Unterabschnitten eines Jahres, und Rückstände lassen sich keiner der vorgenannten Kategorien unterordnen. Die beobachtete Zeitreihe wird als abhängige Variable Y definiert, während die Zeitkategorien unabhängige Variablen darstellen. Das erste Beobachtungsjahr wird in der Regel mit 0 bezeichnet. In der Regel läßt sich der Trend durch eine lineare Kurve, der Zyklus durch eine trigonometrische Kurve beschreiben. Lassen sich weder Zyklus noch Saisonalität erkennen, so hat die Zeitreihe die einfache Form:

$$Y = a + b \text{ ZEIT} + e$$

wobei Y die beobachtete Zeitreihe darstellt,
ZEIT die Jahre angibt (beginnend mit 0),
a Y im Jahr 0 angibt,
b die Steigerung anzeigt und
e Rückstand wiederspiegelt.

4.4. Theorie- und Modellbildung in Geographie und Geschichtswissenschaft

4.4.1. Allgemeine Probleme der Modellbildung

Im Gegensatz zu Theorien sind Modelle an keine strengen Ableitungsvorschriften gebunden. Sie stellen ganz einfach eine Abbildung eines Objekts oder Prozesses dar, ohne in der Regel näher auf die Beziehungen der ausgewählten Strukturelemente einzugehen. Ein Modell bildet gegenüber der Theorie die Realität oder eine vorstellbare Realität mit möglichst hoher Genauigkeit ab, es substituiert die Realität, ohne diese in ihrer ganzen Komplexität erfassen zu können, wenn auch durch Computersimulationen mittlerweile ein hoher Komplexitätsgrad erreicht werden kann. „Ein theoretisches Modell ist noch keine Theorie"[396], von welcher man erwarten könnte, daß sie eine sinnvolle, das heißt durch eine Gegentheorie gegenwärtig nicht falsifizierbare Erklärung der Konstitutionsbedingungen und Prozeßabläufe eines Phänomenbereichs abgeben kann. Modelle erheben keinen Absolutheitsanspruch. Ein Modell kann ebenso nicht den Anspruch erheben, die einzig mögliche Repräsentation eines bestimmten Teilbereichs, eines bestimmten Mechanismus oder eines bestimmten Problemzusammenhangs zu sein, und ein „Modellbauer" wird auch nie diesen Anspruch stellen. Viele andere Möglichkeiten der Repräsentation sind parallel denkbar, ohne daß dies Konsequenzen für die zugrundeliegenden theoretischen Annahmen hätte. Theoretische Modelle sind in ihrer inneren Struktur tiefer gegliedert als Theorien. Theorien kommen ohne Modelle in der Regel nicht aus, da sich letztere besser testen lassen als Theorien mit ihrem hohen Anspruch. Das bedeutet letztlich die Rückbezogenheit des Modells an eine Theorie oder an mehrere Theorien oder theoretische Aussagen. Modelle sollten stets genauso wie Theorien an elementare gesetzeshafte Aussagen gebunden sein. Ansonsten zeigen sie lediglich vereinfachte Formen der Darstellung ohne jeden Erklärungswert.

Das Modell als Abbildung darf nicht mit der Projektion verwechselt werden. So ist die Karte des Geographen kein Modell und auch nicht ein Photo oder ein Luftbild. Der Karte liegen zwar ganz bestimmte Kartierungsbestimmungen, Modellkonstruktionsvorschriften, zugrunde. Was auf ihr erscheint, hängt vom Zweck der Kartierung ab. Eine Karte ist nie in der Lage, die Realität in ihrer

---

[396] Walter BÜHL (1976: 132).

Vollständigkeit abzubilden. Dagegen stellt ein Luftbild eine vollständige Projektion dar, also eine Reduktion des Gegenstandes von einer dreidimensionalen auf eine zweidimensionale Fläche, was im Fall der Stereoskopie nicht einmal notwendig ist.[397] Was Karte und Luftbild allerdings fehlt ist die theoretische Grundlage oder der gesetzhafte Rückbezug. Nur wenn die hinter der Kartenherstellung stehenden Abbildungsvorschriften als „Theorien über die Welt" aufgefaßt werden, dann könnte es sich als nützlich in einem heuristischen Sinn erweisen, Karten als Modelle aufzufassen; eine sicher lohnende Aufgabe für die Altkartenforschung. Somit kann Eugen WIRTH nicht zugestimmt werden. Dieser bezeichnet jede topographische Karte als deskriptives Raummodell. Ein deskriptives Modell hat aber mit einem methodisch fundierten Modell höchstens noch die äußere Form der visuellen Präsentation gemeinsam. WIRTH versteht somit unter Modell die visuelle Veranschaulichung eines Sachverhalts, ein didaktisches Mittel also. Der Informationsgehalt einer topographischen Karte ist noch relativ gering. Mit zunehmender Abstraktion nimmt der Informationsgehalt zu. Thematische Karten besitzen somit einen höheren Informationsgehalt als topographische Karten. Im Falle, daß Thematische Karten eine durch theoretische oder gesetzeshafte Parameter geleitete geographische Analyse veranschaulichen, ließen sich diese als theoretische oder deduktive Raummodelle bezeichnen. Sie müssen in diesen Fällen nicht einmal mehr räumlich fixiert sein. Wo, also in welcher Himmelsrichtung sich bestimmte Elemente befinden, ist dann nur noch von untergeordneter Bedeutung.

Wir wollen den didaktischen Wert graphischer Veranschaulichungen nicht unterschätzen. Die graphische Veranschaulichung eignet sich in vielen Fällen besser dazu, Sachverhalte zu beschreiben, als das geschriebene Wort. Gerade die Modellbildung in der Geschichtswissenschaft krankt häufig an der Mehrdeutigkeit der verwendeten Sprache. Graphische Formen entstammen dagegen einer formalen Sprache, ähnlich mathematischen und logischen Formulierungen und besitzen daher eine hohe Genauigkeit und allgemeine Verständlichkeit.

Im Falle von Modellen bezieht sich die Abbildung nicht direkt auf die Reali-

---

[397] In dieser Beziehung müssen die ansonsten wohlüberlegten Äußerungen von Helmut KÖCK (1979 und 1980) eingeschränkt werden. Photos, Filme und Satellitenbilder stellen nuneinmal keine Abbildungen dar, daher können sie nicht mit Karten und anderen Abbildungen, wie Diagrammen, Plastiken und Schemata gleichgesetzt werden, und allein aus diesem Grund ist es unsinnig, sie als Modelle zu bezeichnen und als solche zu behandeln.

tät. Modelle sind nicht unbedingt Abbildungen von Realität, obwohl häufig so konstruiert und angewandt. Sie sollten vielmehr einen Teil von Theorien abbilden. Diese Theorien sind durchaus in der konkreten Forschung häufig nicht explizit formuliert, wodurch die angewandten Modelle als Versuch dargestellt werden, die Realität abzubilden.[398] Werden die Theorien des dahinterstehenden Realitätsbegriffs rekonstruiert, so stellt sich schnell heraus, daß eben die logischen Strukturen der Theorien abgebildet werden, also nicht die Theorien als Ganzes, nicht die Theorie als System aufeinanderbezogener Sätze und Gesetze, nicht der erklärende Inhalt der Theorien, der die Verbindungen zwischen den Teilen der logischen Struktur herstellt, sondern nur die Teile der logischen Struktur in ihrer Anordnung und Aufeinanderbezogenheit als Deskription:[399]

„Ein Modell gibt nur die logische Struktur des Erklärungszusammenhangs wieder, überspitzt ausgedrückt, nur den Kalkül, über welchen die Theorie gehandhabt wird."

Somit ist die Theorie im Verhältnis zum Modell ein „inhaltlich interpretiertes Modell"[400] und ein Modell im Verhältnis zur Theorie eine beschreibende Abstraktion der Theorie. Insgesamt lassen sich Modelle anhand dreier Merkmale beschreiben:

- Das Abbildungsmerkmal besagt, daß Modelle für ein Original stehen. Sie sind Modelle von etwas für etwas.
- Das Verkürzungsmerkmal erweist Modelle als Repräsentanten eines Originals, allerdings nicht in allen Einzelheiten, sondern nur in einigen. Gerade die Verkürzung begründet die kognitive Funktion von Modellen.[401] Sie wären ja völlig nutzlos, würden sie nicht einfacher als das Original aus-

---

[398] Genau aus diesem Grund herrscht eine wahre Begriffsflut über den Modellbegriff, welche wir hier nicht mehr darstellen wollen, welche aus den eben genannten Gründen der unreflektierten Theoriebenutzung resultiert und daher, daß Modellen Fähigkeiten zugeschrieben werden, die sie beim besten Willen nicht erfüllen können, wie die Erklärungskraft, welche lediglich Theorien zukommt. Modelle stellen in diesem Sinn höchstens Vorstufen einer Erklärung dar, indem sie Beziehungsgefüge offensichtlich machen können (vgl. die Beispiele bei Roger BRUNET, 1975).

[399] Dietrich BARTELS (1970: 14).

[400] Helmut KÖCK (1979: 8).

[401] Insofern entsprechen Modelle dem alltäglichen Umgang mit der Umwelt, welche wir ebenfalls durch die Reduktion von Komplexität zu erfassen suchen und sie auch nur dadurch erfassen können.

fallen.[402]

- Das pragmatische Merkmal bezeichnet die Tatsache, daß Modelle für bestimmte Zwecke und für bestimmte Personen entwickelt werden. Weiterhin erheben sie Gültigkeit lediglich für einen bestimmten Zeitpunkt bzw. eine bestimmte Zeitspanne und häufig auch nur für einen bestimmten Raum.

Die Konstruktion nach diesen Merkmalen bedingt eine mögliche Fülle von Modellen für ein einziges Original. Anders formuliert ersetzt das Modell für das im Modell betonte Subjekt das Original. Es simuliert für dieses eine originäre Situation.[403]

Ebenso wie im Fall der Theorie besteht das Hauptproblem bei der Modellanwendung darin, ein solches Modell zu konstruieren. Exakte Aussagen lassen sich hierzu nicht treffen. Es bestehen allerdings einige „Grundprinzipien der Vereinfachung", wie sie Eugen WIRTH[404] nennt. Bei der Einhaltung allgemeiner Regeln unterscheidet sich die Modellbildung nicht wesentlich von anderen Arten der Problemlösung. Die Grundprinzipien bestehen hauptsächlich darin, die Reihenfolge der Erkenntnisse einzuhalten. Auszugehen ist dabei von einer Theorie oder einem ganzen „Theoriehorizont" für eine Fragestellung. Wenn das Problem erkannt ist, sollten die zu lösenden Fragen ermittelt werden, welche das Modell erläutern soll. Daraufhin wird das Problem operationalisiert, in der Weise, daß die Domäne des Problems festgelegt wird und eine Vorauswahl

---

[402] Auch narrative Konstruktionen können als Modelle aufgefaßt werden. Sie wollen die Ereignisse einer historischen Situation nachvollziehen. Schon der Nachweis, daß lediglich ein Element bei der Rekonstruktion nicht beachtet wurde, beweist die Selektion bzw. Verkürzung (vgl. auch Dieter RULOFF, 1984: 86).

[403] Vgl. Arnim BECHMANN (1981: 58). Besonders deutlich wird diese Tatsache bei Modellen, die eine lineare Abhängigkeit eines Subjekts von anderen Subjekten beschreiben. Lineare Abhängigkeiten werden durch lineare Koeffizienten beschrieben. In der Formel y=bx ist zum Beispiel die zu untersuchende Größe y von x abhängig im Verhältnis des linearen Koeffizienten b (linear, weil b eine ganze Zahl ist und nicht zum Beispiel mit einem Exponenten versehen ist). So kann der Preis der Produktion eines Gutes als die Summe solcher linearen Gleichungen beschrieben werden, in denen jede Gleichung ein Produkt repräsentiert, welches auf den Preis eines herzustellenden Gutes Einfluß ausübt. Mit $y = a + b_1 x_1 + b_2 x_2 + ...$ wäre somit der Einflußraum der Produktproduktion dargestellt, ein selbstverständlich sehr einfach gehaltener Einflußraum als Simulation der tatsächlichen Situation.

[404] Eugen WIRTH (1979: 136). Leider spiegelt WIRTHs Aufzählung ebenso den alltagssprachlichen Gebrauch von Modellen wieder, wie andere Äußerungen zum Modellbegriff auch, nur daß WIRTHs Äußerungen sich im Kontext eines Lehrbuchs zur theoretischen Geographie befinden und somit nicht als "forschungspraktischer Reibungsverlust" abgetan werden können.

der Variablen zu treffen ist, die für das Problem entscheidend sind. Auf der Grundlage der bekannten theoretischen Vorstellungen werden die Daten ermittelt und entsprechend geordnet. Für diese Umformung des Problems ist eine Transferleistung nötig, welche vom Bearbeiter die Beherrschung grundlegender Aspekte des Problembereichs, in den das Problem fällt, verlangt.[405] Anschließend können diese als Modell geordneten Daten durch die vorhandenen Anhaltspunkte innerhalb der spezifischen Theorien erklärt werden. Das Modell stellt also eine Zwischenstufe innerhalb der Theoriebildung bzw. Theorieanwendung dar. Es wird dann benutzt, wenn entweder nur sehr allgemeine theoretische Aussagen bekannt sind und ein Großteil des Erklärungsbedürftigen nicht erklärt werden kann, oder wenn die Struktur einer Theorie, vielleicht innerhalb einer Anwendung, dargestellt werden soll. Somit verläuft die Operationalisierung des Problems und seine Umsetzung in ein Modell im exakten Sinn nicht nach dem „Fingerspitzengefühl" des Bearbeiters[406], sondern nach einem auf fundiertem Methodenwissen gegründeten Verfahren.

Werden Modelle zur Theoriebildung herangezogen, so geben sie eine Hilfestellung bei der Axiomatisierung von Theorien, bei der Festlegung dessen also, was als grundlegend über ein Objekt ausgesagt werden kann.[407] Für die Modellbildung wird ja in der Regel das bisher in der Wissenschaft angesammelte Wissen über ein Problem benutzt, um die grundlegenden Variablen festzulegen. Das Modell zeigt dann in der Regel erste Beziehungsmöglichkeiten auf, die später in der Theorie als Hypothesen verwendet werden können. Dieser Tatsache liegt die Annahme eines Isomorphismus, also einer Ähnlichkeit zwischen Modell und Original zugrunde. Diese Ähnlichkeit bezieht sich vor allem auf die Art der Beziehungen, welche im Original und im Modell beherrschend sind. Somit können sich Modelle als Vorstufen zu Theorien allgemeiner Art erweisen, sie müssen es aber nicht. Ob ein Modell hierzu fähig ist, hängt von seiner Struktur ab. Diese ist umso verwertbarer, je mehr allgemeines Wissen über ein Problem in ihr verarbeitet ist.

---

[405] Hierzu auch Fritz-Gerd MITTELSTÄDT (1974), Dieter RULOFF (1984: 100-102) und AMEDEO/GOLLEDGE (1975: 92).

[406] So die Meinung Eugen WIRTHs (1979: 136).

[407] Vgl. AMEDEO/GOLLEDGE (1975: 57-63).

Infolge der notwendigen Vereinfachungen der Probleme müssen manchmal „Modellfehler"[408] in Kauf genommen werden. Diese können zustande kommen, wenn nicht lineare Funktionen, welche ein Problem beschreiben, linearisiert werden. In der Regel wird man gerade bei sozialwissenschaftlichen Problemen davon ausgehen können, daß lineare Beziehungen lediglich Annäherungen, Approximationen, an die Realität oder an ein wahres Modell sind. Somit wird dieser Fehler bei sozialwissenschaftlichen Problemen häufig auftreten. Wichtig bleibt dann, ungefähr die Auswirkungen dieser Linearisierung einzuschätzen. Weiterhin können Fehler auftreten, wenn bestimmte, weitere Entscheidungsgrößen des zu untersuchenden Komplexes in das Modell nicht aufgenommen werden, also eine Auslassung vorgenommen wird. Auch das wird bei jeder Modellbildung vorkommen, bleibt aber dann von nur geringer Wirkung, wenn nur diejenigen Elemente ausgelassen werden, welche als nicht bestimmend anzusehen sind. Schließlich treten Modellfehler auf, wenn eine Vereinigung verschiedener „Güterarten"[409] zu einem Gut vorgenommen wird, verschiedene Elemente unterschiedlicher Art zu Aggregaten zusammengefaßt werden. Dieser Fehler tritt eigentlich nur bei Unkenntnis der Materie oder bei gezielter Zusammenfassung auf, deren Gefahren man sich bewußt sein sollte.

4.4.2. Modell- und Theoriebildung in der Geographie

Zumindest Modelle gewinnen in der Geographie immer mehr an Bedeutung. Dieser Eindruck drängt sich auf, verfolgt man die einschlägige Literatur. Auch die Richtung einer neuen Länderkunde, wie sie von Eugen WIRTH vertreten wird, zeigt ein reges Interesse an Modellen und Modellbildung. Im Gegensatz dazu hat die Theorieorientierung noch keinen großen Fortschritt gemacht. Kritiker führen dies auf die, ihrer Meinung nach, häufige Verwendung von holistischen, also komplexen Begriffen zurück.[410] Diese bilden in der Tat so etwas wie Theorien, wobei allerdings für die zugrundeliegenden Hypothesen charakteristisch ist, daß sie Unterstützung allein von den zugrundeliegenden Daten erhalten, auf die sie sich beziehen. Sie stammen häufig aus dem engen Bereich der Frage-

---

[408] Ulrike LEOPOLD-WILDBURGER (1977: 244 und Anm.36).

[409] Ulrike LEOPOLD-WILDBURGER (1977: Anm.36).

[410] Vgl. zum Beispiel Claude RAFFESTIN (1978).

stellung und besitzen wenig allgemeinen Bezug. Sie sind damit voneinander unabhängig.[411]

Eugen WIRTH unterscheidet für die Geographie Raummodelle und räumliche Modelle:[412]

„Raummodelle sind Modelle räumlicher Systeme. Der räumliche Aspekt liegt also im Original, während die Abbildung nicht unbedingt ebenfalls räumlich zu sein braucht (...). Bei räumlichen Modellen hingegen kommt der räumliche Aspekt den Modellen zu, während umgekehrt nun das Original nicht unbedingt räumlich zu sein braucht."

So anschaulich diese Beschreibung auch sein mag, sie macht eine Unterscheidung, die so nicht notwendig ist. Raummodelle stehen stets in bezug zu Raumtheorien und beinhalten somit Raum in irgendeiner Weise als Parameter. Dies ist bei der von Eugen WIRTH genannten zweiten Art nicht der Fall. Daher können diese Modelle höchstens als graphische Modelle angesprochen werden. Die bloße Benutzung von Zeichen und einem Blatt Papier würde auch jeden Text zum räumlichen Modell machen, denn auch Buchstaben, Wörter und Sätze sind Zeichen, die in einer vorgeschriebenen Art und Weise angeordnet sind und somit die Beziehungen der einzelnen Aussagen zueinander erkennen lassen. WIRTH geht in seinen Aussagen nicht von einer Methodologie der Modellbildung aus, sondern von der geographischen Realität. In der Tat sind die meisten in der Geographie entwickelten Modelle nichts anderes als graphische Visualisierungen empirisch ermittelter Daten. Modelle in der Geographie gehören dem didaktischen Bereich an, als daß sie von analytischem Wert wären. Diese Tatsache zeigt sich bei diachronen Modellen wie sie in der Historischen Geographie Anwendung finden. Im Gegensatz dazu sind Modelle in der Geschichtswissenschaft nahezu immer theoretisch oder gesetzeshaft abgesichert.

Dagegen zeichnet eine geographische Modellbildung der Einbezug räumlicher Kriterien aus. Ausgehend von der konkreten Fragestellung und den zugrundeliegenden Theorien wird der Geograph zunächst einmal die räumliche Verteilung erfassen, sie choristisch analysieren, also räumlich in eine Ordnung bringen und dann chorologisch die Beziehungen der Elemente herausstellen. Das chorologische Modell beinhaltet dann die Gesetze und Regeln für diese Verteilung und Verknüpfung. Abschließend kann das Modell dann anhand vorhandener Theorien

---

[411] Dazu auch AMEDEO/GOLLEDGE (1975: 38).

[412] Eugen WIRTH (1979: 144).

erklärt und in den Ausgangstheoriehorizont integriert werden.[413]

Die Unterscheidung zwischen Raummodellen und räumlichen Modellen kann anders als bei WIRTH aufgefaßt werden. So könnte bei einem modernen interaktionistischen Standpunkt dann von Raummodellen gesprochen werden[414], wenn die Form, Struktur oder Organisation des Raumes selbst zum Gegenstand der Modellbildung gemacht wird, während räumliche Modelle sich mit Aktivitäten im Raum, mit raumbildenden Aktivitäten befassen. Dagegen sind die Modelle bzw. Theorien von CHRISTALLER, THÜNEN und LÖSCH als allgemeine Modelle zu kennzeichnen, da sie grundlegende geographische Begriffe, wie Distanz, zum Aufbau ihrer Konzepte benutzen. Regionale Modelle aber sind zeitlich und räumlich festgelegt. Sie gelten nur für eine bestimmte Region und haben somit eine nur mittlere räumliche Reichweite. Das Stadtentwicklungsmodell von BURGESS, aufgrund Chicagoer Erfahrungen entwickelt, zählt hierzu. Noch weiter in der Reichweite eingeschränkt sind spezifische Modelle, die nur für die untersuchte räumliche Einheit Geltung beanspruchen können. Elementare räumliche Modelle dagegen befassen sich mit grundlegenden Organisationsformen der Gesellschaft. Viele dieser Modelle übereinandergelegt können ein komplexes räumliches Erscheinungsbild einer räumlich strukturierten Gesellschaft ergeben.

4.4.3. Modelle in der Historischen Geographie

Während sich räumliche Strukturen, zum Beispiel die Strukturen einer Stadt, noch recht anschaulich in graphischer Form visualisieren lassen, stehen bei dynamischen Modellen eine Reihe von Problemen der Realisierung im Wege. Verlaufsstrukturen können noch einigermaßen verständlich in Form von Kurven dargestellt werden. Dies trifft vor allem für Wachstumsraten gleich welcher Art zu. Auch besteht die Möglichkeit, Teile der Dynamik einer Stadt mit Hilfe mathematischer Formeln abzubilden. Ein System von Gleichungen repräsentiert in diesem Fall die interessierenden Strukturen. Doch wird gerade der Historische Geograph nicht auf eine plastische Darstellung verzichten wollen, zumal sich der räumliche Aspekt kulturlandschaftlicher Phänomene nur eingeschränkt durch eine Mathematisierung repräsentieren läßt. Wenn es der Historische Geograph

---

[413] So Helmut KÖCK (1980: 375f.). Ähnlich auch IDEM (1979).

[414] Wie es Roger BRUNET (1980) tut.

mit geographischem Wandel zu tun hat, dann stellt sich für ihn das Problem, diesen Wandel modellhaft graphisch nachzuweisen. Zwei Möglichkeiten stehen ihm diesbezüglich offen.[415] Zum einen kann er die Geographie eines Raumes zu verschiedenen Zeitpunkten darstellen und Ähnlichkeiten oder Unterschiede beschreiben. Zum anderen ist es möglich, die Genese und Entwicklung bestimmter Elemente in der Kulturlandschaft eines Raumes durch die Zeit zu verfolgen. Im deutschen Sprachraum bezeichnet man diese beiden Methoden als Querschnitt- bzw. Längsschnittmethode. Die Hauptschwierigkeit der erstgenannten Methode liegt darin, daß sie als vergleichende Zustandsbeschreibung die Zeit lediglich als externen Faktor des Modells behandelt, so daß das Modell zwar zeigt, wie sich der Wandel einer bestimmten Menge von Strukturen im Raum niederschlägt, es erlaubt aber noch keine dynamische Interpretation des Wandels an sich.[416] Insofern besitzen diese vergleichenden Zustandsmodelle einen sehr eingeschränkten Anwendungsbereich. Dagegen bieten Längsschnittmodelle die Möglichkeit, den Wandel einzelner Elemente herauszustellen und genauer auf die Ursprünge des Wandels einzugehen. Aber gerade die Selektion einzelner Elemente bringt den Nachteil mit sich, eventuell den Gesamtprozeß der Raumentwicklung aus dem Auge zu verlieren,[417] weshalb David HARVEY dafür plädiert, den Wandel in Raum und Zeit getrennt voneinander zu behandeln, um triviale Aussagen zu vermeiden.[418] Trotzdem muß die Anwendung von Theorien und Modellen in der Historischen Geographie gefördert werden, allerdings auch die Einhaltung bestimmter Regeln.[419]

Innerhalb einer synthetischen Verbindung von Querschnitts- und Längsschnittmethode hätte die Zustandsbeschreibung die Aufgabe, die Strukturelemente eines Zustands und ihre Beziehungen offenzulegen. Anschließend gibt die Längsschnittmethode die Möglichkeit, einzelne Elemente in ihrem Wandel genauer zu

---

[415] Vgl. auch Alan R.H. BAKER (1975: 3).

[416] Vgl. David HARVEY (1967: 564) und Alan R.H. BAKER (1975: 6). Beispiele finden sich bei BAKER.

[417] Vgl. auch David HARVEY (1969: 566).

[418] Vgl. David HARVEY (1967: 570).

[419] Auch David HARVEY (1969: 596f.) fordert in Anlehnung an Carl O. SAUER die verstärkte Hinwendung zur modellhaften Darstellung allein zur Schärfung der Aussagen.

untersuchen und mit Hilfe anderer Sozialwissenschaften den Wandel der räumlichen Verteilungsmuster zu erklären. Die synthetische Methode eröffnet auch die Möglichkeit, einen Zusammenhang von gesamträumlicher Entwicklung und der Entwicklung von Einzelformen herzustellen. Ein Beispiel hierfür gibt Brian K. ROBERTS.[420] Einerseits stellt ROBERTS Siedlungsformen dar, zeigt diese aber andererseits auch als Resultat bestimmter Prozesse im Raum, wie Vereinigung von Siedlungen und Expansion oder Kontraktion der Siedlungen im Raum. So können die unterschiedlichen Formen, welche verschiedenen Perioden entstammen, also unterschiedliche Genesen darstellen, als durch eine bestimmte Menge von Schlüsselprozessen beeinflußt aufzeigt werden. Ein Hauptproblem besteht darin, einen adäquaten Zeitmaßstab zu finden. Die chronologische Zeit bietet den Vorzug, Vorgänge in der Geschichte exakt zeitlich verorten zu können. Diese Verortung bietet zudem den Vorteil des Vergleichs der eigenen Erkenntnisse mit denen anderer Wissenschaften. Es bleibt aber das Handikap bestehen, daß die chronologische Zeit, der Zeit des Kulturlandschaftswandels nicht angemessen ist. Wenn tatsächliche Ursprünge des Wandels ermittelt werden sollen, ist es notwendig, prozeßeigene Zeitmaßstäbe einzuführen. Gerade in der Längsschnittmethode bieten sich hierfür Zeitreihen von Fakten aus Nachbarbereichen an, die zur Erklärung herangezogen werden, wie Preisentwicklungen, Sozialausgaben und Namensänderungen.

Martin BORN versuchte in seinem großen Werk,[421] die Strukturen der Siedlungsformen, also Orts- und Flurformen, mit Prozessen ihrer Veränderung in Zusammenhang zu bringen und verband dabei die Querschnittmethode mit den Vorteilen einer Längsschnittmethode. Mit Hilfe der Unterscheidung von Formenreihen, welche den Wandel innerhalb einer fest definierten Formengruppe beschreiben, und Formensequenzen, die Veränderungen von bestimmten Elementen innerhalb der Formengruppen angeben, gelang ihm eine völlig neue Interpretation der Genese ländlicher Siedlungsformen. Die Arbeit konnte insofern allzu schematische Vorstellungen von der Genese ländlicher Siedlungen, die bis dahin bestanden hatten, korrigieren als er nachzuweisen vermochte, daß ähnliche Formen bestimmter Stadien ganz unterschiedliche Prozesse darstellen können. Somit kann nun nur noch von polyvalenten Siedlungsprozessen gesprochen werden.

---

[420] Vgl. Brian K. ROBERTS (1981: 17).

[421] Vgl. Martin BORN (1977).

Da BORN allerdings lediglich Arbeiten aus der Historischen Geographie ausgewertet hat, verbleiben die Äußerungen hinsichtlich externer Prozeßverursachung auf einem unzureichenden Niveau.[422]

Insgesamt stellt sich das Problem der Verbindung von Quer- und Längsschnitt als das Hauptproblem historisch-geographischer Modellbildung dar. Seine Lösung kann nur unter Beachtung allgemein raum-zeitlicher Vorschriften gelingen. Solange auch die Modellbildung innerhalb der Historischen Geographie der Fantasie des Bearbeiters überlassen bleibt, solange wird es schwer fallen, Kulturlandschaftswandel modellhaft zu diskutieren. Es müssen zunächst gesetzeshafte und theoretische Referenzsysteme gefunden werden, in die Modelle des Kulturlandschaftswandel sinnvoll einbezogen werden können.

4.4.4. Theorien in der Geschichtswissenschaft

Insbesondere die Historische Sozialwissenschaft ist in ihrer Forschungstätigkeit auf Theorien und Modelle hin orientiert, aber auch in der „neuen Geschichtswissenschaft", in der „neuen Geschichtsbewegung", ist ein verstärktes Interesse an methodisch-theoretischer Fundierung der Arbeit zu spüren.[423] Diese Bemühungen haben zu einer intensiven Diskussion um Begriff und Entwicklung von Theorien geführt. Anders als in der Geographie spielen Theorien mehr als Modelle eine entscheidende Rolle nicht nur in der theoretischen Diskussion, sondern auch in der praktischen Arbeit des Historikers. Der Grund dafür dürfte in der Materie liegen, in der belebten Materie menschlicher Handlungen im Gegensatz zur, zumindest heute noch meist unbelebten Materie des Geographen. Für den Geographen sind echte aufeinanderbezogene Hypothesenbündel wesentlich schwieriger zu erstellen, da die Verflechtungen der Variablen nur schwer zu rekonstruieren sind. Die Wirkung der räumlichen Umwelt auf menschlich-räumliche Systeme wird man eher mit Hilfe vorsichtiger Modelle beschreiben mögen, während der Historiker relativ leicht Handlungsprozesse verfolgen kann, die mit sozialwissenschaftlichen Theorien in Verbindung gebracht werden können. Bisher stand allerdings die Geschichtswissenschaft Theorien und Modellen eher skeptisch gegenüber. Eine konkrete Auseinandersetzung mit Begriff und

---

[422] Anders zum Beispiel Dietrich FLIEDNER.

[423] Vgl. allein die Arbeiten von Gert ZANG.

Anwendung von Theorien und Modellen fand selbst in der Historischen Sozialwissenschaft bis zur Veröffentlichung von Josef MERAN (1985) nicht statt. Die traditionelle Geschichtsschreibung sah einen Unterschied zwischen Geschichte und Theorie zum einen aufgrund eines unterschiedlichen Wissenschaftsverständnisses und zum anderen aufgrund der Ansicht, daß „der Gegensatz von theoretischem und nichttheoretischem Wissen gleichzusetzen ist mit dem zwischen theoretischem und historischem Wissen"[424]. Eine Auflösung des Problems hat sich zum Teil dadurch ergeben, daß man heute nicht mehr theoretisch allein mit Erklärung gleichsetzt. Theoretisches Wissen wird zur Erklärung, aber auch zur Beschreibung von Dingen, der Erläuterung von Ausdrücken und der Bewertung von Vorstellungen benötigt. Des weiteren kann der Gegensatz von historischem Wissen und theoretischem Wissen nicht mehr aufrechterhalten werden. Vielmehr existieren in einer These von Josef MERAN[425] mittlerweile mehrere Arten von Wissen, das vorwissenschaftliche Wissen, das empirische Wissen, mit Begriffen, die nur aufgrund von Beobachtungen ihre Evidenz erweisen, das theoretische Wissen mit Begriffen, die erst im Rahmen von Theorien eine bestimmte Bedeutung erhalten und schließlich das metatheoretische Wissen, mit dessen Hilfe Theorien kritisiert werden. Das historische Wissen ist dann kein selbständiges Wissen mehr, sondern umfaßt das gesamte Wissen der Historie, das alle genannten Arten des Wissens beinhaltet. Somit ist also auch das theoretische Wissen Bestandteil des historischen Wissens.

Theorien können innerhalb der Geschichtswissenschaft mehrere Funktionen ausüben. Sie können Begriffssysteme darstellen, die nicht hinreichend aus den Quellen abgeleitet werden können und die zur Identifikation, Erschließung und Erklärung historischer Vorgänge dienen sollen. Weiterhin lassen sich in Anlehnung an H. SCHNÄDELBACH[426] drei Arten von instrumenteller Theorieverwendung unterscheiden:

1. Theorien können heuristisch die Generierung, also die Auswahl von Fakten, Ereignissen und deren Verknüpfung steuern.
2. Theorien können mit Hilfe ihrer Begriffe historische Sachverhalte beschreiben und erklären.

---

[424] Josef MERAN (1985: 49).

[425] Ibidem: 51-56.

[426] Zitiert in Josef MERAN (1985: 67).

3. Theorien können vorhandene Interpretationen historischer Vorgänge validieren, das heißt diese für zutreffend erklären oder ablehnen, je nachdem sie sich als Anwendungsfälle der Theorie erweisen oder nicht.

Das alle anderen Probleme überragende Problem der Geschichtswissenschaft besteht darin, Theorien und Modelle aus anderen Disziplinen nicht einfach zu importieren, ohne sie den spezifischen Belangen angepaßt zu haben. Eine daraus abzuleitende Forderung besagt, originäre, also geschichtswissenschaftliche Theorien und Modelle zu entwerfen.[427] „der Historiker als sein eigener Theoretiker", das war eine gängige Formel der Diskussion.[428] Dazu benötigt die Geschichtswissenschaft eine eingehende Analyse des Aufbaus schon vorhandener Theorien.

Um unterschiedliche Aspekte geschichtswissenschaftlicher Theorien deutlich zu machen, müssen zunächst verschiedene Theorieebenen getrennt werden.[429] Diese Ebenen betreffen die praktische Geschichtsforschung und die „metatheoretische, methodologisch kontrollierte Selbstreflexion der Historie als Wissenschaft"[430]. Der Umgang mit Theorien und Modellen und das als Metatheorie bezeichnete Selbstverständnis lassen sich allerdings nicht streng voneinander trennen, da sie eng miteinander korrespondieren. Diese Trennung ist analytisch und auch didaktisch notwendig. Wir befassen uns hier mit dem Bereich der „gegenstandsbezogenen Theorien"[431], die für die praktische Forschung von direkter Bedeutung sind.

Auch innerhalb der gegenstandsbezogenen Theorien lassen sich verschiedene Arten von Theorien unterscheiden. Häufig muß der Historiker zunächst einmal auf „reine Theorien"[432] zurückgreifen. Diese Theorien sind deduktiv und apriorisch, das heißt sie sind stark axiomatisiert durch Grundannahmen mit Geset-

---

[427] So neben Jürgen KOCKA und Hans-Ulrich WEHLER auch Jörn RÜSEN (1982: 26).

[428] Ähnlich zum Beispiel Paul JANSSENS (1974).

[429] Wir befassen uns hier nicht mit Theorien über Geschichtswissenschaft, sondern lediglich mit Theorien über Probleme, die der Historiker im allgemeinen zu lösen hat, nämlich Theorien über bestimmte historische Vorgänge und Situationen.

[430] Ralph UHLIG (1980: 16).

[431] Jürgen KOCKA (1982: 5).

[432] Karl Heinrich KAUFHOLD (1973: 258).

zescharakter (nomologische Hypothesen) und von abstrakt allgemeimer Geltung und somit ohne Geschichtsbezug. Weiterhin besitzen sie eine Reihe von Anfangsbedingungen, die ihrerseits begrenzt generalisierbar sind, das heißt auf den historischen Bezug nur schwer transformiert werden können.[433] Die Modelle sind logisch konsistent und systematisch aufgebaut und können komplizierte Zusammenhänge gedanklich sauber durchdringen, „freilich um den Preis ihrer Vereinfachung und der stets drohenden Gefahr, sich von der Realität zu lösen und die Theorie als Selbstzweck zu betrachten"[434]. Diese Gefahr besteht insbesondere bei ökonomischen Theorien, welche mit Setzungen, wie der Nutzenmaximierung (homo oeconomicus), arbeiten. Weiterhin lassen sich „Gesellschaftstheorien"[435] unterscheiden, also Theorien mit umfassender Interpretation geschichtlicher Situationen. Diese Theorien erheben den Anspruch, alle Erscheinungen und Prozesse sowie den Verlauf der Geschichte zu erklären. Die größte Bedeutung als Gesellschaftstheorie hat der historische Materialismus erlangt, welcher versucht, durch den Widerspruch von Produktionskräften und Produktionsverhältnissen die Struktur von Gesellschaften und ihre Entwicklung zu erklären.

Historische Theorien sind demgegenüber weniger stringent in ihrem Aufbau, da sie einen bestimmten historischen Ablauf erklären wollen und meist eine Vielzahl von Randbedingungen einbeziehen. Der Unterschied zu Gesellschaftstheorien besteht darin, daß historische Theorien eine komplexe historische Situation nicht als Totalität auffassen, sondern als Struktur, wobei die einzelnen Bereiche nach eigenen Gesetzmäßigkeiten dargestellt werden. Die Zusammenhänge herzustellen ist dann häufig schwierig. Dieses Manko versuchen komplexe historische Theorien, wie Imperialismustheorien, Faschismustheorien etc. dadurch auszugleichen, daß sie die historische Situation auf einen Punkt hin zentrieren. Der Zusammenhang der Strukturelemente ergibt sich dann aus der Notwendigkeit, ein System zu entwickeln und zu erhalten (zum Beispiel das faschistische Herrschaftssystem).

---

[433] Vgl. Karl-Georg FABER (1976/77: 24).

[434] Karl Heinrich KAUFHOLD (1973: 258).

[435] BOROWSKY/VOGEL/WUNDER (1980: 21). Ähnlich auch Harald UHLIG (1980).

Obwohl, wie schon allgemein betont, auch der Theorie- und Modellbegriff der Geschichtswissenschaft nicht eindeutig festgelegt ist, stimmen führende Historiker der Historischen Sozialwissenschaft[436] darin überein, daß Theorien und Modelle dem Historiker helfen, die Fakten, welche sich aus den Quellen ergeben, seiner bestimmten Fragestellung gemäß auszuwählen und zu ordnen. Theorien als Begriffssysteme, wobei das Suffix System betont werden muß, geben die Möglichkeit, Zusammenhänge darzustellen und zwar so, daß sie überindividuell vergleichbar werden. Hans-Ulrich WEHLER (1979: 23) schildert eindrucksvoll die Art des Einsatzes von Theorien für seine Arbeit an dem Buch „Bismarck und der Imperialismus":

„Hier soll nur noch einmal unterstrichen werden, daß ich mir vor der Niederschrift bestimmte Zusammenhänge durch die Beschäftigung mit der Konjunkturtheorie, der Politischen Soziologie usw. klarzumachen versucht hatte. Daraus ergaben sich leitende Fragestellungen, Hypothesen und Interpretationsansätze, die Bevorzugung bestimmter Problemfelder und, last not least, auch die Konzentration auf einzelne Quellenbestände."

Häufig gibt sich der Historiker allerdings mit Verlaufsmodellen zufrieden, „mit deren Hilfe die historische Realität in ihrer Struktur und Prozessualität"[437] beschrieben wird. Gerade die Erklärung von Interdependenzen entfällt häufig bei Modellen, oder ergibt sich durch die Abfolge von Ereignissen oder durch quantitative Zusammenhänge, die nicht im eigentlichen Sinn erklären. Modelle sollten in der Regel auf Theorien bezogen sein. Sie sollten Theorien operationalisieren, das heißt durch vereinfachte Konstruktionen in die Praxis umsetzen.[438]

Ein häufig von Historikern verwandtes Verfahren der Modellbildung ist die Konstruktion von Idealtypen. Die idealtypische Methode ist schon von Max WEBER beschrieben worden. Einzug in die Geschichtswissenschaft nahm sie allerdings erst nach dem zweiten Weltkrieg. Ein Hauptvertreter der idealtypischen Methode ist zweifelsohne Jürgen KOCKA.[439] Er macht darauf aufmerksam, daß das idealtypische Modell sowohl eine bestimmte Struktur als auch Wandlungsprozesse abbilden kann. Durch die Auswahl wesentlicher Gemeinsamkeiten von Einzelerscheinun-

---

[436] Wie Hans-Ulrich WEHLER (1979: 17f.), Jörn RÜSEN (1982: 27) und Michael MITTERAUER (1975: 21).

[437] Karl-Georg FABER (1976/77: 24).

[438] Vgl. Allan G. BOGUE (1973: 10) und Wolfgang ZORN (1974: 49).

[439] Vgl. Jürgen KOCKA (1977: 86-88).

gen[440] und grundlegender Ordnungsprinzipien ist das so entwickelte Modell in der Lage, Regelmäßigkeiten abzubilden und vorbildhafte Erklärungsmuster für historische Situationen auszuarbeiten. Aber auch die idealtypische Methode kommt ohne ein Vorverständnis des Gegenstandes nicht aus. Die idealtypische Methode interpretiert historische Phänomene durch ein Näherungsverfahren mit Hilfe bedeutsamer Grundlagen sozialer Aktion (Interesse, Norm), Komplexe bedeutsamer Aktionen, durch die das soziale Leben aufgefächert ist (Bürokratie, Gemeinschaft) und durch Begriffe evolutionärer sozialer Dynamik (zum Beispiel Rationalisierung). Damit ist auch sie auf übergreifende Theorien bezogen. Insgesamt erscheinen die Ausführungen zu dieser Art der Modellbildung an modernen Maßstäben gemessen zu vage als daß sie mehr als eine mentale Grundposition des Historikers beschreiben könnten, die allerdings im Gegensatz zu traditionellen Vorgehensweisen des Historikers dazu zwingt, den eigenen Ausgangspunkt zu reflektieren.

Das Zeitmoment spielt selbstverständlich in der geschichtswissenschaftlichen Modellbildung eine besondere Rolle. Dabei darf das Zeitmoment nicht mit dem Verlauf historischer Prozesse verwechselt werden. Verlaufsmodelle, wie zum Beispiel die narrative Rekonstruktion historischer Vorgänge, sind im eigentlichen Sinn statische Modelle, da der Zeitfaktor nicht explizit im Modell integriert ist. Zeit ist kein Faktor im Modell, sondern dient lediglich als Vorher und Nachher der Ordnung und Erklärung der historischen Phänomene.[441] Modelle mit Zeitfaktor heißen dynamische Modelle. Sie beschreiben nicht die Volumen des Wandels[442], sondern die Wandlungsraten, also Volumen pro Zeiteinheit.[443] Eine zweite Möglichkeit besteht darin, den Wandel in einer Periode anzugeben, wie zum Beispiel in Roy HARRODs ökonomischer Wachstumstheorie. Das Volumen eines historischen Phänomens im Zeitraum t ist dann abhängig vom Volumen des gleichen Phänomens zum Zeitpunkt t-1. Die Gleichung eines solchen genetisch dynamischen Modells beschreibt die entscheidenden Parameter der Ver-

---

[440] So auch Michael MITTERAUER (1975: 21).

[441] Vgl. Dieter RULOFF (1984: 91).

[442] Volumen ist hier nicht geometrisch gemeint, sondern soll für eine Gesamtheit von Problemen und Aussagen stehen, die über ein Objekt festgestellt werden können.

[443] Vgl. AMEDEO/GOLLEDGE (1975: 83-86).

änderung und läßt sie, wenn möglich, berechnen. Die gleiche Struktur eines dynamischen Modells ist aber auch für nicht quantifizierbare Phänomene anwendbar. Im Gegensatz zum hier beschriebenen diskreten Modelltyp zeichnen sich kontinuierliche Modelle, die mit Veränderungsraten arbeiten, dadurch aus, daß sie Abläufe von Prozessen genauer erfassen können, da der Zeitfaktor die interne zeitliche Struktur der diskontinuierlichen Veränderung der einzelnen Phänomene wiederspiegelt. Die kontinuierlichen Modelle werden daher historischen Prozessen eher gerecht. Diese zeichnen sich häufig durch unterschiedliche „Veränderungsgeschwindigkeiten" der Phänomene aus, wobei gerade die Anpassung der Veränderungen und die Rolle bestimmter Phänomene innerhalb dieses Prozesses von historischer Bedeutung ist. In diesem Sinn ist es unwesentlich, ob mit Hilfe diskreter dynamischer historischer Modelle ökonomische, historische oder geographische Prozesse beschrieben werden.

Gegenstandsbezogene Theorien sind die für den Alltag des Historikers wichtigsten theoretischen Hilfsmittel. Je nach Fragestellung wird er dabei unter umfassenden und spezifischen Theorien wählen. Für komplexe Fragestellungen oder um eine raum-zeitliche Gesamtdynamik als Ausgangspunkt zu beschreiben, wird er umfassende Theorien bevorzugen. Solche Theorien, wie die Modernisierungstheorie, die eigentlich eher ein Modell der westlich-industriellen Entwicklung darstellt, treffen Aussagen über eine Vielzahl von gesellschaftlichen Veränderungen in vielen unterschiedlichen Bereichen. Sie sollten soviel „Synthesekraft"[444] besitzen, daß sie in der Lage sind, einen weiten Interpretationsrahmen anzubieten, „der gesamtgesellschaftliche Analysen nicht nur zuläßt, sondern sie als abschließende Leistung geradezu verlangt"[445]. Gerade die Verbindung von Theorien aus unterschiedlichen Bereichen ermöglicht es, Probleme zu identifizieren und Fragen nicht nur zu formulieren, sondern sie auch auf die Quellen zu übertragen, um einzelne Elemente kausal und funktional zu erklären. Die Verbindung von unterschiedlichsten, zum Teil komplementären, zum Teil aber auch unvereinbaren Theorien birgt die Gefahr eines unbedachten Theorieeklektizismus in sich.[446] Diese Gefahr wird von Hans-Ulrich WEHLER allerdings positiv gewendet und als Elastizität und Offenheit gegenüber allzu star-

---

[444] Hans-Ulrich WEHLER (1980: 167).

[445] Hans-Ulrich WEHLER (1980: 167).

[446] So Karl-Georg FABER (1976/77: 25).

ren Konzepten der Gesellschafts- und Humanwissenschaften bewertet.[447]
Spezifische Theorien besitzen dagegen eine eingeschränkte Reichweite, die sich als historische Reichweite auf einen bestimmten Zeitraum beziehen kann, oder auch als Theorie mittlerer Reichweite im soziologischen Sinn nur zum Studium begrenzter Phänomene geeignet ist, also sich zum Beispiel nur für Konfliktsituationen oder für Fragen der Familienforschung eignet. Die Reichweite von Theorien ist einer der wesentlichen Differenzierungsgründe zwischen sozialwissenschaftlicher und geschichtswissenschaftlicher Theoriebildung. Allerdings gehen auch die Sozialwissenschaften immer mehr zur Anwendung von Theorien mittlerer Reichweite über.[448] Die historische Reichweite von Theorien, die aus heutigen Bedingungen heraus entwickelt wurden, wirft die Frage auf, inwieweit diese Theorien für andere, vergangene Epochen, Gültigkeit beanspruchen können.[449] Zunächst muß betont werden, daß die Differenz zwischen historischer Theorie und gegenwartsbezogener Theorie nicht so groß werden darf, daß eine Vergleichbarkeit und Verständlichkeit aus heutiger Sicht nicht mehr gegeben ist:[450]

„Um kein Mißverständnis aufkommen zu lassen: nicht jedes spezielle Forschungs- und Darstellungsvorhaben braucht eine vorausgehende Theorie der Gegenwart als Grundlage auszuweisen, aber der Idee nach müßten sie auf eine solche Theorie beziehbar sein - und sind es in der Regel auch."

Dieses Problem der adäquaten Begrifflichkeit oder der quellennahen Begriffssprache, das von Otto BRUNNER mehrfach betont wurde, wird immer wieder als ein der Geschichtswissenschaft spezifisches Problem dargestellt. Vor eben dieser Problematik stehen aber auch andere Sozialwissenschaften, die eben gerade durch begriffliche Neuschöpfungen in der Lage sind, auf Probleme und Verbindungen aufmerksam zu machen, welche von Zeitgenossen nicht erkannt werden. Nur so ist die weitgehende Soziologisierung unserer Alltagssprache zu deuten. Der Historiker wird sich trotz veränderter Begrifflichkeit schnell der historisch eingeschränkten Reichweite von Theorien bewußt werden, und er wird diese durch

---

[447] Vgl. Hans-Ulrich WEHLER (1979: 31 und 1980: 167).

[448] Hierzu Karl-Dieter OPP (1976).

[449] Hierzu auch Reinhard IMMENKÖTTER (1978: 78-80).

[450] Paul WEYMAR (1982: 73).

das Wissen des Vorhergehenden und des Nachfolgenden modifizieren.[451] Nach Jürgen KOCKA hat sich eine historische Theorie vor drei Instanzen zu verantworten: Vor „der zu untersuchenden Sache, den Erkenntniszielen und -interessen sowie den bisherigen Resultaten der Wissenschaft"[452].

Um adäquate Theorien auswählen zu können und diese entsprechend den Anforderungen des Historikers anzupassen, sind, beginnend mit Jürgen KOCKA, von mehreren Seiten Kriterien für einen theoretischen Bezugsrahmen aufgestellt worden.[453] Danach sollten historische Theorien folgende Bedingungen erfüllen:

- Sie sollten eine Synthese, eine Integration unterschiedlicher Aspekte und Realfaktoren ermöglichen, fördern oder sogar verlangen.
- Sie sollten Kriterien zur Auswahl der wesentlichen Quelleninformationen und damit des Gegenstandsbereichs bereitstellen.
- Sie sollten Hypothesen zur Erfassung funktionaler und zur Erklärung kausaler Beziehungen der unterschiedlichen Wirklichkeitsbereiche zur Verfügung stellen.
- Sie sollten mit Theorien kleinerer Reichweite, also spezielleren Erklärungsmustern vereinbar sein.
- Sie sollten von empirischem Gehalt sein, das heißt sie sollten an empirischen Informationen überprüfbar sein.
- Sie sollten Möglichkeiten der Periodisierung bieten und Entwicklungsabschnitte unterscheiden helfen.
- Sie sollten auch begriffliche Instrumentarien für den diachronen und synchronen Vergleich zwischen Gesellschaften bereitstellen.
- Sie sollten ebenfalls das variierende Veränderungstempo unterschiedlicher Bereiche und Elemente abbilden können und schließlich
- sollten sie Erkenntnisse anderer Teildisziplinen miteinbeziehen können.

Solange noch keine oder nur sehr wenig ursprüngliche historische Theorien zur Verfügung stehen, ist der Historiker auf den Transfer von Theorien vornehmlich aus dem sozialwissenschaftlichen Bereich angewiesen. Transfer bedeutet in diesem Zusammenhang den Übertrag von Theorien und ihre Anwendung auf historische Situationen unter Abwandlung ihres generellen Charakters und unter Hinzufügung eines historischen Wandlungsmoments, das auch die genetisch obsoleten Elemente miteinbezieht. Die Abbildung der Realität auf eine Modell- oder Theorieebene bedeutet immer eine Reduktion der Gegenstandsdimensionen, mit denen ein Objekt beschrieben werden kann. Der Transfer von Theorien in die geschichtswissenschaftliche Praxis bedeutet dann entweder Einschränkung des

---

[451] So auch Jürgen KOCKA (1982: 12).

[452] IDEM (1977: 88).

[453] So Jürgen KOCKA (1975 und 1977), Hans-Ulrich WEHLER (1980), Reinhard IMMENKÖTTER (1978).

Gültigkeitsbereichs oder Ergänzung von Dimensionen, die für die Abbildung des historischen Objekts unumgänglich sind.

5. FESTSTELLUNG DES GEGENSTANDSBEREICHS

Zur Feststellung des Gegenstandsbereichs ziehen wir die Begriffe heran, welche nicht fachspezifisch originär vorkommen, sondern aus dem jeweiligen Nachbargebiet, also entweder der Geographie oder der Geschichtswissenschaft, entlehnt sind. Gerade in der Verwendung und Operationalisierung von Begriffen dieser Art werden die Probleme innerhalb des Kontaktbereichs Mensch - Raum deutlich, da gerade hier diese Beziehungen thematisiert werden müssen, wenn es auch häufig, wie wir sehen werden, in einer undeutlichen Art und Weise geschieht. Für die Historische Geographie beschreibt der Begriff Kulturlandschaft den Kontaktbereich, welcher stets die historische und menschliche Komponente einschließt.[454] Für die neuere Geographie werden die Beziehungen durch den Gebrauch des Gesellschaftsbegriffs deutlich werden. Demgegenüber zeigt die Verwendung des Raumes innerhalb der Geschichtswissenschaft den Kontaktbereich von der anderen Seite, mit einer stärkeren Betonung menschlichen Handelns gegenüber räumlichen Beschränkungen.[455]

5.1. Kulturlandschaft und Kulturlandschaftswandel
5.1.1. Geschichte und Bedeutung des Begriffs Kulturlandschaft in der Geographie

Der Begriff der Kulturlandschaft bezieht sich stets auf die Auseinandersetzung des Menschen, als Individuum oder zusammengeschlossen in (sozialen) Gruppen, mit der ihn umgebenden Umwelt als Naturlandschaft. Die beiden Elemente der Kulturlandschaft, die Kultur und die Naturlandschaft, stehen sich gegen-

---

[454] So behandelt Josef SCHMITHÜSEN (1976) Kulturlandschaft unter dem Aspekt der historischen Ursachen synergetischer Strukturen, thematisiert allerdings nicht die Beziehungen der einzelnen Komponenten zueinander, sondern schreibt der Kulturlandschaft einen gewissen Eigencharakter zu. Vgl. auch IDEM (1973: 166f.).

[455] Die unterschiedliche Beurteilung des Bedeutungsgrades der zwei Komponenten Mensch und Raum wird zum Beispiel in dem Modell kulturlandschaftlicher Prozesse von Wilhelm WÖHLKE (1969) deutlich. Er unterscheidet ein primäres und ein sekundäres Milieu. Für ihn als Geograph stellen kulturell und gesellschaftlich bedingte Prozesse das sekundäre Milieu dar, während die Landschaft als Grundlage allen Handelns das primäre, nicht abgeleitete Milieu beschreibt. Kulturlandschaft ist dann das Ergebnis menschlichen Handelns auf der Grundlage der Landesnatur.

über. Dabei ist es wenig erfolgversprechend, dem Inhalt von Kulturlandschaft über den Begriff der Landschaft näher kommen zu wollen. Im geschlossenen System der Landschaft laufen Prozesse ab, die für den Kontaktbereich Mensch-Umwelt nur in der Form wirksam sind, in welcher sie vom Menschen wahrgenommen und bewertet werden. Dagegen verspricht die Auseinandersetzung mit der Behandlung der Kategorie Kultur innerhalb der Geographie und der Historischen Geographie, Beziehungen und Wirkungsfelder offenzulegen.

„Kultur" wurde in der Wissenschaftsgeschichte der Geographie bisher sehr extensiv aufgefaßt. So definierte Nikolaus CREUTZBURG Kultur als „Summe des materiellen, geistigen, speziell dem Menschen eigenen Besitz"[456]. Ebenso wie Nikolaus CREUTZBURG unterschied Otto MAULL in der Auseinandersetzung des Menschen mit der Naturlandschaft „höhere und tiefere Kulturen"[457] nach der Intensität der Umgestaltung der Natur- in eine Kulturlandschaft. Ohne diese Abstufung führte Alfred HETTNER (1929) den Begriff in der Definition ein, in der er auch heute noch Verwendung findet.[458] Zusätzlich der von Nikolaus CREUTZBURG verwendeten Elemente summierte Alfred HETTNER „Fähigkeiten und Organisationsformen" zur Gesamtheit Kultur und betonte somit die sozialen bzw. soziologischen Aspekte von Kultur, wodurch, analog der zeitspezifischen Verwendung, eine Gleichsetzung von Kultur mit Gesellschaft angedeutet wurde.

Der Begriff Kultur stellt innerhalb der Geographie und Historischen Geographie ein rein heuristisches Pinzip dar, das in seiner Bedeutung nicht überschätzt werden sollte, sondern durch seine Allgemeinheit die Einheit der geographischen Wissenschaft stärken half. Es wurde vor allem fruchtbar beim Versuch angewandt, meist theoretische Wirkungsfelder und Regelkreise innerhalb des Systems Mensch - Umwelt, abzuleiten. Kulturlandschaft galt und gilt auch

---

[456] Nikolaus CREUTZBURG (1928: 415).

[457] Otto MAULL (1932: 9f.).

[458] Vgl. zum Beispiel Harald UHLIG (1969). Demgegenüber verwenden CLIFF/FREY/HAGGETT (1977: 245) eine wesentlich eingeschränktere Bedeutung des Begriffs Kultur, welcher allerdings gerade durch ihren prinzipiellen Charakter und die Betonung des Historischen an Kultur, nämlich des Erlernten und Überlieferten, nicht nur analytisch tiefergeht, sondern auch besser zu operationalisieren scheint:"We can perhaps summerize their view by saying that culture describes patterns of learned human behavior that form a durable template by which ideas and images can be transformed from one generation to another, or from one group to another."

heute noch als ein Korrelat landschaftlicher und menschlicher Elemente.[459] Die Versuche von Ernst NEEF, Wilhelm WÖHLKE und Eugen WIRTH stellen ernsthafte Versuche dar, die Mensch - Umwelt Beziehung erneut zu thematisieren.[460] Wir wollen sie hier nicht näher darstellen, da sie in ihrer Struktur recht einfach aufgebaut sind, indem sie versuchen, innerhalb von Kultur bzw. Gesellschaft unterschiedliche Bereiche abzuspalten, welche auf eine jeweils spezifische Art und Weise auf die Umwelt einwirken. Die dadurch vorgenommenen Veränderungen beeinflussen dann als Rückwirkung die Entscheidungen der gesellschaftlichen Bereiche. Diese geographischen „Modelle" bauen auf sehr weit interpretierte systemtheoretische Kalküle auf. Die universelle Methode der Systemtheorie bleibt allerdings solange Leerformel, bis sie an grundlegende theoretische und gesetzhafte Aussagen zurückgebunden wird. Diese fehlen den genannten Versuchen, so daß sie beliebig erscheinen. Die Beliebigkeit geographischer „Modellbildung" zeigt sich in der immensen Zahl solcher Systematisierungsversuche.

Weiterhin konnte durch den Begriff Kultur der Anspruch auf die Zugänglichkeit gesellschaftlicher Kategorien durch Geländebeobachtung und Aufnahme der „materiellen Kulturtatbestände landschaftlicher Größenordnung" erhoben werden, durch welche „deutliche, empirscher Geländebeobachtung einwandfrei zugängliche Objekte"[461], gesetzt wurden:[462]

„Ihre konkreten Erscheinungen nun - z.B. Haus, Feldflur, Verkehrswege, Stadtkörper, aber auch deren Zuordnung untereinander im Raum - sind der geographisch faßbare Ausdruck der Kultur als Gesamt; sie sind räumliche Objektivationen sowohl des materiellen als auch des geistigen Bereichs."

Insgesamt wird gesagt werden können, daß Kultur vor allem zur Unterscheidung

---

[459] So auch Ernst WINKLER (1944: 107).

[460] Es gab aber auch genügend Versuche methodischer Art, Kulturlandschaft nicht als eine Auseinandersetzung Mensch - Umwelt aufzufassen, sondern als ein Wirkungsgefüge von Geofaktoren, unter denen sich neben anorganischen und organischen auch solche befinden, die Resultat menschlichen Handelns sind. Der Mensch ist in solchen Konzeptionen ein Geofaktor, also ein "raumgliedernder und raumerfüllender Bildner der Erdoberfläche" (Hans HECKLAU, 1964: 12), neben anderen.

[461] Dietrich BARTELS (1968: 131). Vgl. auch Gerhard HARD (1973: 163f.).

[462] Zitat aus Wolfgang MECKELEIN (1965: 133). Vgl. zur Schule der Landschaftsindikatoren um Wolfgang HARTKE bei Robert GEIPEL (1978). Vgl. hierzu auch die Ausführungen in Gerhard HARD (1970: Teil III, 2) mit vielen ähnlichen Zitaten. Letztendlich bleibt es dem einzelnen Geographen überlassen, wie weit er den Begriff der Landschaft ausschöpft.

gegen Natur eingesetzt wurde und teilweise immer noch eingesetzt wird. Kulturlandschaft ist der komplementäre Begriff zu Naturlandschaft.[463] Es werden in der Kulturlandschaft „natürliche und kulturelle Bestandteile"[464] unterschieden, wobei Vertreter der historischen Kulturlandschaftsforschung und der Historischen Geographie bei letzterer eine Überschneidung mit Teildisziplinen der Geschichte konstatieren.[465] So betonte Ernst WINKLER schon 1944, daß eine genügend ausführliche Geschichte der schweizer Kulturlandschaftsgeschichtsforschung beinahe eine Darstellung der Entwicklung sämtlicher sich auf das Gebiet der Schweiz beziehender Wissenschaften sein müßte. Der Begriff und die mit diesem Begriff verbundenen inhaltlichen und methodischen Implikationen wurden aber auch konkurrierend zum Ausdruck Historische Geographie benutzt. Das Neue der Kulturlandschaftsgeschichte im Gegensatz zur Historischen Geographie bestand in der Betonung der Entwicklung und dem zeitlichen Wandel einer ganzen Landschaft mit allen ihren Elementen, gleich ob materiell oder belebt. Die traditionelle Historische Geographie hatte demgegenüber landschaftliche Zustände vergangener Epochen einerseits, und die Darstellung einzelner Landschaftselemente andererseits betont.[466]

Nach Dietrich BARTELS verbindet sich der Blick auf die Geschichte und Entwicklung gegenwärtiger Kulturlandschaften mit Otto SCHLÜTER, welcher die Methode einer vergleichenden Querschnittsbetrachtung entwickelte, die auf geschichtliche Zeitpunkte stärkster Wandlungen oder aber stärkster Ausgeglichenheit abstellte.[467] Von daheraus ergab sich die Möglichkeit mit „genetischer Perspektive"[468] die Kulturlandschaftsgeschichte der Kulturlandschaftsgegenwart durch „schichtsweise Rekonstruktion"[469] darzustellen. Dies stellt einen auch heute noch viel benutzten Ansatz innerhalb der Historischen Geographie bzw.

---

[463] So auch Wolfgang MECKELEIN (1965: 132).

[464] Ernst WINKLER (1939: 72).

[465] So loc. cit., Hans BOBEK (1959) und Helmut JÄGER (1963: 93f.).

[466] Hierzu auch Ernst WINKLER (1944: 111, Anm.4).

[467] Vgl. Dietrich BARTELS (1968: 132).

[468] Dietrich BARTELS (1968: 134).

[469] Gerhard HARD (1973: 164).

innerhalb der historischen Kulturlandschaftsforschung dar.⁴⁷⁰ Dabei werden neue Elemente in der Kulturlandschaftsentwicklung als „additiv transformiert"⁴⁷¹, also durch Zusätze verändert angenommen und in meist mit historischen Perioden verknüpften Schichten dargestellt, „die sich in der gegenwärtigen Struktur der Kulturlandschaft vereinen"⁴⁷².

Nach dem zweiten Weltkrieg erlangte die „funktionalistische Periode"⁴⁷³, welche sich verstärkt mit raumfunktional-chorologisch definierten Lebenszusammenhängen, also mit Beziehungen zwischen Räumen, beschäftigte, vermehrt Bedeutung. In dieser Periode traten vor allem ökonomische Zusammenhänge in den Vordergrund. So ist es nicht verwunderlich, daß seitdem Kulturlandschaft häufig synonym mit „Wirtschaftslandschaft" benutzt wird,⁴⁷⁴ eine Bedeutung, die aber auch schon früher einen wesentlichen Bestandteil von Kulturlandschaft ausmachte. Schon Anneliese KRENZLIN betonte die Kulturlandschaft als „Werk" des Menschen und hielt wirtschaftliche Verhältnisse für besonders wesentlich für die Kulturlandschaftsentwicklung.⁴⁷⁵ Von dieser kann aber nur dann gesprochen werden, wenn eine „dauerhafte und merkliche Beeinflussung bzw. Nutzung eines Raumes durch menschliche Gruppen"⁴⁷⁶ vorliegt. Diese dauerhafte Nutzung des Raumes führt dazu, daß in der Kulturlandschaft Spuren hinterlassen werden, welche als sogenannte persistente Strukturen und persistente Elemente über-

---

⁴⁷⁰ Vgl. zum Beispiel Helmut JÄGER (1969a).

⁴⁷¹ Gabriele KNORR (1975).

⁴⁷² Harald UHLIG (1969). UHLIG hat in seinem Buch (Harald UHLIG, 1956) eine methodische Grundlegung und Weiterentwicklung dieses Ansatzes angestrebt. Trotz der Überlastung mit unklaren Äußerungen zum Begriff der Kulturlandschaft ist sein Buch zum Standardwerk dieses Ansatzes avanciert. Er bildet in seinen praktischen Teilen einen brauchbaren Ausgangspunkt für eine angewandte Historische Geographie, welche historisch-geographische Elemente, also solche Landschafts- und Kulturlandschaftselemente größerer Ordnung oder in einem größeren räumlichen Zusammenhang, im Gelände kartiert und die so erstellten Unterlagen der Planung zur Verfügung stellt.

⁴⁷³ Hermann OVERBECK (1978).

⁴⁷⁴ Vgl. Bruno WENDT (1978: 46).

⁴⁷⁵ Vgl. Anneliese KRENZLIN (1969: Einleitung).

⁴⁷⁶ Harald UHLIG (1956: 59).

dauern können:[477]

"Jede der einmal geprägten Formen hinterläßt Reste und Spuren, die in der Gesamtheit zum Bilde der heutigen Kulturlandschaft verschmelzen."
Diese persistenten Strukturen und Elemente stellen die "historischen Konstanten"[478] der Kulturlandschaft dar. Sie wirken ebenso auf Kulturlandschafts- wie auf gesellschaftliche Prozesse ein und stellen gerade für die Historische Geographie eine Herausforderung dar.[479] Durch historische Konstanten, also Traditionen und Überreste, versuchte die Historische Geographie, die Entwicklung von Kulturlandschaften zu erklären. Persistente Strukturen und Elemente sind im Konzept der Kulturlandschaft ein objektivierter Bestandteil der raumzeitlichen Analyse, welche Kulturlandschaftsgeschichte in Begriffen der Veränderung, des Beharrens und der Dauer untersucht.[480]

Abschließend sei eine Anzahl möglicher Bedeutungen oder Deutungen von Kulturlandschaft angegeben, welche von Gerhard HARD (1977) aufgestellt wurden. Von den 13 genannten Bedeutungen für Landschaft können 10 auch auf den Begriff Kulturlandschaft zutreffen. Dies sind:
1. Kulturlandschaft als erlebtes Landschaftsbild.
2. Kulturlandschaft als Physiognomie eines Erdraumes.
3. Kulturlandschaft als Landschaftsraum (Erdraum mit einheitlichem physiognomischem Charakter).
4. Kulturlandschaft als Erdraum mit seiner gesamten dinglichen Erfüllung.
5. Kulturlandschaft als Region.
6. Kulturlandschaft als räumliche Ordnungsstruktur.
7. Kulturlandschaft als Ausdruck der historischen Konstanten eines Raumes.
8. Kulturlandschaft als Raum mit charakteristischen historischen Konstanten.
9. Kulturlandschaft als räumlich begrenztes Interaktionssystem.
10. Kulturlandschaft in einer metaphorischen Verwendung als Phänomengesamtheit beliebiger Art.

Von den genannten Kulturlandschaftsbegriffen sind sicherlich einige weniger, andere häufiger in Gebrauch. Wir würden zu den häufiger benutzten Begriffen

---

[477] Zitat aus Anneliese KRENZLIN (1969).

[478] Gerhard HARD (1977: 21).

[479] Vgl. hierzu auch Eugen WIRTH (1979: 92-101) und Horst-Günter WAGNER (1981: 81-95).

[480] Gerade die zeitlichen Kategorien der Kulturlandschaftsanalyse zeigen starke Affinitäten zum traditionellen Zeitbegriff der Geschichtswissenschaft. Es ist das große Verdienst Ernst WINKLERs, auf die hier vorliegenden erkenntnistheoretischen Konvergenzen hingewiesen zu haben.

Kulturlandschaft[5] bis Kulturlandschaft[7], sowie als neueren forschungslogischen Begriff Kulturlandschaft[9] zählen. Gerade aber die Bezeichnungen 6, 7 und 9 müssen in enger Verbindung miteinander gesehen werden, denn räumliche Interaktionen werden stark von historischen Konstanten und der gesamten räumlichen Ordnung beeinflußt, wie auch die Interaktionen wieder auf 6 und 7 einwirken.

5.1.2. Kategorien der Kulturlandschaft und des Kulturlandschaftswandels

Trotz des vielfältigen Gebrauchs von Kulturlandschaft konnten wir bisher deren einheitsstiftende Funktion aufzeigen und zudem den mit ihm verbundenen Anspruch der Geographie auf gesellschaftliche Relevanz verdeutlichen. Aber auch für die konkrete Forschung besaß dieser Begriff Gewicht. Einerseits war er so weit gefaßt, um alle geographischen Ansätze integrieren zu können, andererseits stellte er eine Reduktion geographischer Fragestellungen dar. Kulturlandschaft wurde aufgefaßt als das Ergebnis von Prozessen im Kontaktbereich Gesellschaft - geographische Substanz.[481] Nur dort, wo gesellschaftliche Bewegung in den Kontakt mit geographischer Substanz kommt, stellt Ernst NEEF fest, können von der gesellschaftlichen Bewegung Wirkungen landschaftsgestaltender Art ausgeübt werden. Geographische Substanz sollte in einem sehr weiten, alltäglichen Sinn verstanden werden, vielleicht als all das um uns herum Sichtbare. Diesem Kontaktbereich widmet sich die Kulturlandschaftsforschung. Dort aber, wo keine unmittelbaren Beziehungen zwischen Gesellschaft und Landschaft feststellbar sind, ist der Kompetenz geographischer Begründung eine Grenze gesetzt. Selbstverständlich stellt dieser Kontaktbereich, mengentheoretisch gesprochen, eine unendliche Menge dar, denn abgrenzen läßt er sich nicht. Die von der Geographie und Historischen Geographie vorgenommenen Versuche der Einschränkung sind lediglich wissenschaftsgeschichtlich zu verstehen und gründen sich auf tradierte und anerkannte Beziehungssysteme. In der Regel bestehen diese unmittelbaren Beziehungen zwischen landschaftlichem Objekt und Gründer, so wie eine unmittelbare Beziehung zwischen Haus, Bauherr und Bauunternehmer existiert. Ebenso wurde, wie schon erwähnt, eine Einschränkung des Kontaktbereichs durch die Wirtschaftsgeographie vorgenommen. Ein wesentliches Moment

---

[481] Vgl. Ernst NEEF (1983: 54).

innerhalb der Beziehung Mensch - Umwelt stellt dabei das Verhältnis von Bedarf zur Bedarfsdeckung dar.[482] Sei es das Konzept der Wirtschaftslandschaft von Rudolf LÜTGENS (1921/22), der Wirtschaftsformation, von Leo WAIBEL 1939 entwickelt, oder des Wirtschaftsraumes nach Theodor KRAUS (1933)[483], alle folgten sie eng dem geographischen Landschaftskonzept. Entweder wurde ein Wirkungsgefüge betont, das aber nicht näher zu beschreiben war oder die Konzepte dienten der Typisierung nach dominanten Kräften oder Strukturen.[484] Immerhin waren sie in der Lage, ökonomische Begriffe in die geographische Forschung und in geographische Fragestellungen zu transferieren. So betonte der Begriff der Wirtschaftsformation das „Zusammenspiel" folgender Faktoren: natürliche Grundlagen der Agrarlandschaft, Arbeit, Kapital, Vermarktung und Betriebsform.[485]

Ebenso wie der Begriff der Kulturlandschaft ergeben sich die Kategorien der Kulturlandschaft aus dem, was kulturgeographische Forschung als untersuchenswert ansieht. Gehen wir in den historisch-geographischen Kontext und betrachten die Auswahl zweier Historischer Geographen mit unterschiedlicher Schwerpunktsetzung. Normen J. POUNDS (1978) geht in der Einleitung seiner „Historical Geography of Europe" im Vorwort explizit auf das Problem der Gliederung ein und nennt als betonenswerte Komponenten der Kulturlandschaftsentwicklung die Bevölkerung, die Stadtentwicklung, Landwirtschaft, Gewerbe sowie Handel und Transport. Hieraus, wie auch aus der weiteren Arbeit geht hervor, daß es POUNDS nicht um eine Historische Geographie unter geographischen Vorzeichen geht. Vielmehr stellt sein Werk eine Wirtschaftsgeschichte Europas nach Regionen differenziert dar. Die aufgezählten Bereiche stellen aber doch Präferenzen historisch-wirtschaftsgeographischer Forschung dar, denn von ihnen wird angenommen, daß sie einen mehr oder weniger direkten räumlich-geographischen Bezug besitzen. Städte besitzen Bedeutung für eine Region und deren zen-

---

[482] Vgl. ibidem: 58.

[483] Vgl. auch zusammenfassend Erich OTREMBA (1967).

[484] Vgl. die Definition von Wirtschaftslandschaft bei Götz VOPPEL (1970: 999):„(...) die vom Menschen umgestaltete Naturlandschaft, die das sich landschaftlich äußernde Wirkungsgefüge aller wirtschaftlichen und gesellschaftlichen Erscheinungen umfaßt."

[485] So Leo WAIBEL (1933). Betriebsform stellt einen aus mehreren, meist zusammenhängenden Beschreibungskategorien bestehenden Begriff für die Art des angebauten Produktes und die Form der Herstellung dar (zum Beispiel extensive Weidewirtschaft). Vgl. hierzu auch Bernd ANDREAE (1985).

tralörtliche Struktur. Die Landwirtschaft ist abhängig vom Standortfaktor Boden und von Vermarktungschancen mit hoher Distanzabhängigkeit. Das Gewerbe ist von Rohstoffvorkommen, Arbeitskräften und Verkehrsbedingungen abhängig und Handel kann ebenso als räumliche Produktverschiebung bzw. -verteilung bezeichnet werden, während schließlich das Transportwesen ganz direkt von räumlichen Strukturen beeinflußt wird. Für die Erstellung einer Kulturlandschaftsstruktur scheint diese Art der Aufzählung von mehr oder weniger beliebigen Vorlieben historisch-geographischer Aspekte wenig geeignet. Demgegenüber beschreibt Hans-Jürgen NITZ (1974) die Forschungsschwerpunkte der genetischen Siedlungsgeographie angelehnt an Erscheinungen der Kulturlandschaft. Er nennt Siedlungsräume, Städte und ländliche Siedlungen mit ihren Bauelementen, Orts- und Fluranlagen sowie Haus- und Gehöftformen. Trennen wir von den Siedlungen die, diese „Dauerstandorte von Aktivitäten"[486], verbindenden Verkehrswege und addieren die Nutzung natürlicher Ressourcen, regenerierbarer, wie Holz (Wald) und nichtregenerierbarer, wie fossile Rohstoffe, sowie den Flächenanspruch bzw. den Landschaftsverbrauch der einzelnen Elemente, so erhalten wir einen ersten Kategorienrahmen für die Untersuchung von Kulturlandschaften.

Diese Kulturlandschaften bzw. ihre Strukturelemente unterliegen einem ständigen Wandel. Gerade innerhalb der Wandlungsprozesse werden die Zusammenhänge der einzelnen Strukturelemente besonders sichtbar, ja man könnte sagen, erst dann werden sie deutlich. Aufgrund dessen ist Kulturlandschaftswandel nicht zu trennen von der Frage nach den ursächlichen Prozessen für den Wandel. Diese ursächlichen Prozesse werden aber je nach Betrachtungsebene unterschiedlich zu beschreiben sein, weshalb sich eine Konkretisierung dieser Vorgänge nicht lohnt. Als Beispiel aber auf den Verursachungsprozeß auf oberster Ebene eingegangen, wie ihn Ernst NEEF (1983) sieht.[487] NEEF geht davon aus, daß Wandel dann eintritt, wenn ein Widerspruch entsteht zwischen den Bedürfnissen der Gesellschaft und der Möglichkeit der Befriedigung dieser Bedürfnisse aus der geographischen Substanz. NEEF stiftet hiermit einige Verwirrung, da er den von der klassischen Nationalökonomie entwickelten Ausgleich zwischen Angebot und Nachfrage in eine marxistische Terminologie kleidet, bei deren strikter

---

[486] Dietrich BARTELS (1980: 52).

[487] Ähnlich in der Argumentation wie in der Intention Wilhelm WÖHLKE (1969).

Beachtung die Beschreibung des Verursachungsprozesses lauten müßte: Kulturlandschaftswandel tritt ein, wenn sich der Widerspruch zwischen Produktionsverhältnissen (räumliche und soziale regionale Struktur) und Produktionsmitteln (technische Umwelt) verschärft.

Bei der Behandlung von Kulturlandschaftswandel wird in der Regel persistenten Strukturen und Phänomenen eine besondere Aufmerksamkeit geschenkt. Wie schon erwähnt, sind dies Elemente oder Strukturen, die im Wandlungsprozeß übriggeblieben sind, das heißt trotz neuer Ansprüche ihre Form behielten.[488] Auch diese persistenten Strukturen und Elemente können als Kategorien der Kulturlandschaft angesehen werden. Persistente Strukturen und Elemente würden wir dann den allgemeinen, abstrakten Kategorien zuzählen, sie stellen der Kulturlandschaft immanente Kategorien dar. Damit sind diejenigen gemeint, welche mehr oder weniger allen Kulturlandschaften eigen sind, welche Kulturlandschaft überhaupt ausmachen. So kann wohl ohne großen Widerspruch angenommen werden, daß diese Persistenzien in jeder Kulturlandschaft zu allen Zeiten festzustellen sind, jedenfalls dann, wenn wir Wandel als ein immanentes Moment von Kulturlandschaft ansehen. Demgegenüber wäre die auch denkbare Kategorie Stadt-Land nicht vor der Entstehung stadtähnlicher Formen anzuwenden. Diese Kategorie wäre also gebunden an eine bestimmte historische Epoche oder einen bestimmten Kulturlandschaftstyp. Persistenz wäre aber eine Kategorie von Kulturlandschaftswandel. Betrachten wir Kulturlandschaft auf eine sozialgeographische Art als „ein komplexes Gefügebild räumlicher Strukturmuster der (...) Daseinsgrundfunktionen der Gesellschaft eines Gebietes"[489] und deuten diese Daseinsgrundfunktionen um in Aktivitäten im Raum, so sind selbstverständlich diese Aktivitäten von grundlegender Bedeutung für den Kulturlandschaftswandel, da ihre Intention oder Zielgerichtetheit diese verändert, je nachdem, ob die vorhandene Kulturlandschaft den Aktivitäten entspricht oder nicht. Ebenso ließe sich von Seiten einer genetischen Wirtschaftsgeographie Kulturlandschaftswandel als die „zeitliche Abfolge gesellschaftlicher, technologischer, ökonomischer, wirtschaftspolitischer und administrativer Gegebenheiten"[490] auffas-

---

[488] Ernst NEEF (1967a) spricht in diesem Zusammenhang von Fossilen bei Nichtbenutzung und von Relikten bei weiterer Nutzung der Elemente.

[489] Jörg MEIER et al. (1977: 28).

[490] Horst-Günter WAGNER (1981: 112).

sen.

Somit ergibt sich, daß es sowohl möglich ist, Kulturlandschaft und Kulturlandschaftswandel gegenständlich aufzugliedern, als auch diese Begriffe je nach Forschungszweck neu zu definieren. Ebenso bietet sich der Begriff der Kulturlandschaft an, theoretische Konzepte des Mensch - Umwelt Verhältnisses zu entwickeln, die eine generelle Gültigkeit besitzen. Sie sind nicht nur auf Agrarlandschaften, Stadtlandschaften, Industrielandschaften etc. anzuwenden, sondern gehen von einer einzigen Kulturlandschaft aus, die in der konkreten Forschung lediglich nach heuristischen Gesichtspunkten aufgeteilt wird.

5.2. Geographie und Gesellschaft

Nach dem zweiten Weltkrieg versuchten vor allem sozialgeographisch ausgerichtete Geographen den schwer zu operationalisierenden Begriff der Kultur näher zu bestimmen. Er hatte bis zu diesem Zeitpunkt als Grundlage gesellschaftlicher Vorstellungen innerhalb der Geographie gedient. An seine Stelle sollte nun der Begriff der Gruppe treten. Obwohl schon Hans BOBEK in seinem grundlegenden Vortrag auf dem Bonner Geographentreffen 1947 beklagte, „welch geringe Rolle der Begriff der ‚Gesellschaft' und alle die mit ihm verbundenen oder von ihm abgeleiteten Begriffe und Lehren in der deutschen Geographie bislang"[491] spielten, gelang es in der Folge doch nicht, einen Begriff von Gesellschaft zu entwickeln, oder ein Beziehungssystem Raum/Landschaft - Mensch/Gesellschaft aufzubauen. Dennoch war es wiederum Hans BOBEK, welcher sich vor den siebziger Jahren um einen Gesellschaftsbegriff bemühte, doch beinhaltete sein Konzept durch die Forderung der Aufnahme soziologischer Theorien[492] disziplinsprengenden Stoff. Immerhin wurde die Ablösung der „Sachgruppen", wie Handel, Verkehr etc. durch die Anwendung von Sozialgruppen erreicht, doch wurde dieser Weg nicht konsequent begangen. Stattdessen verengte sich der Blick auf menschliche Gruppen, deren Aktivitäten durch Beobachtung des Kulturland-

---

[491] Hans BOBEK (1969: 44).

[492] So Hans BOBEK (1969: 49).

schaftswandels erschlossen werden sollten.[493] So wurden aufgrund landschaftlicher Prozesse, wie zum Beispiel durch die Feststellung brachliegenden Landes (landwirtschaftlich genutzter Fläche) soziale Prozesse bestimmt, wie in diesem Fall Extensivierungserscheinungen aufgrund der Sogwirkung (Pullfaktor) industrieller Standorte mit höherem Einkommensniveau oder Fremdenverkehrseinflüssen in ländlichen Regionen, welche zur Aufgabe oder Teilaufgabe des Landwirtschaftsbetriebes führten, häufig aber nicht zur Aufgabe des Wohnstandortes. Damit blieb „die Landschaft (...) Bezugsfläche aller geographischen Wissenschaft (...) in ihren sich verändernden Teilen genetisch weitgehend das Nebenergebnis menschlichen Lebens und Handelns auf der Erde."[494] So hatten die Arbeiten der „Übergangszeit"[495] einen ambivalenten Charakter durch die Aufnahme des soziologischen Gruppenbegriffs bei Beibehaltung geographischer Methoden und des traditionellen Paradigmas.[496] Die Schule der landschaftlichen Indikatoren interessierte zudem nur solche Aktivitäten, die die landschaftliche Physiognomie direkt beeinflußten, also mehr oder weniger als Auseinandersetzung mit der Natur oder mit der „hineingeborenen Erde"[497] angesehen wurden. Wie Eckard THOMALE (1972) festgestellt hat, fehlte weitgehend eine intensivere Auseinandersetzung theoretischer oder hypothetischer Art. Der so gewählte „primäre Beobachtungsbereich"[498] wies eine offenkundige Selektivität und Vieldeutigkeit auf. In den sechziger Jahren wurde dann schließlich versucht,

---

[493] Vgl. zum "vieldeutigen" Gesellschafts- und Gruppenbegriff auch Werner STORKEBAUM (1969).

[494] Wolfgang HARTKE (1959).

[495] Gerhard HARD (1973: 170). Vgl. zu dieser Übergangszeit auch Robert GEIPEL (1978).

[496] Ein Resultat dieses Widerspruchs war die Begriffsverwirrung, welche durch die Bezeichnung "Sozialbrache" entstand, da Brache erstens per definitionem sozial bedingt ist, und zweitens Brache eben gerade nicht eine Nichtnutzung beinhaltet, sondern auch der Pflege innerhalb des landwirtschaftlichen Produktionsablaufes bedarf. Diese Pflege kommt vielen "Sozialbrachen" zu, denn gerade in Fremdenverkehrsorten ist es nicht möglich, ungepflegte Flächen bestehen zu lassen und auch in anderen, zumindest siedlungsnahen Zonen, werden diese Flächen mehr oder weniger regelmäßig gepflegt, indem zum Beispiel der Bewuchs niedrig gehalten wird. Häufig stellen diese Flächen Bauerwartungsland dar.

[497] Wolfgang HARTKE (1959).

[498] Gerhard HARD (1973: 191).

"Merkmalsgebiete" zu erschließen, also Gebiete bzw. Regionen, mit geschlossen auftretenden sozialgeographischen Erscheinungen, wie der Sozialbrache. Aber auch dieser Weg führte in eine Sackgasse. Entscheidender für die weitere Entwicklung der bundesdeutschen Sozialgeographie wurde eine andere Richtung, die später als „Münchner Sozialgeographie" bezeichnet werden sollte.

Die Anfänge der Münchner Sozialgeographie liegen in der verstärkten und weiter formalisierten Verwendung von Merkmalsgruppen. Diese Gruppen zeichnen sich durch die Ausübung gleicher Aktivitäten, zumeist auch zu gleichen Zeiten, aus. Diese Aktivitäten wurden zuerst von Dieter PARTZSCH (1964) als Funktionen definiert und in einem Funktionenkatalog zusammengefaßt. Diese Funktionen sind nach Annahme der Münchner Sozialgeographie grundlegend für das menschliche Überleben in der Industriegesellschaft. Sie dienen der Aufrechterhaltung der physischen, geistigen und sozialen Leistungsfähigkeit und Integrität innerhalb des gesellschaftlichen Bezugsrahmens und wurden schon in ähnlicher Form dem Funktionenkatalog der Charta von Athen zugrundegelegt.[499] Dieser Funktionenkatalog wurde dann von RUPPERT/SCHAFFER (1969) für die Geographie nutzbar gemacht. Der Begriff Funktion besitzt in der wissenschaftlichen Sprache eine doppelte Bedeutung, nämlich Abhängigkeitsverhältnis und Daseinsäußerung. Die Sozialgeographie Münchner Provenienz übernahm davon die Bedeutung der Daseinsäußerung, was soviel besagt, wie Lebensbedürfnis, Aufgabe oder Tätigkeit. Sieben Funktionen sind für die Aufrechterhaltung des (alltäglichen) Lebens innerhalb von Industriegesellschaften grundlegend. Sie werden daher Grunddaseinsfunktionen (auch Daseinsgrundfunktionen) genannt. Es sind dies

1. wohnen,
2. arbeiten,
3. sich-versorgen,
4. sich-bilden,
5. sich-erholen,
6. Kommunikation, Verkehrsteilnahme und
7. in Gemeinschaft leben.

RUPPERT/SCHAFFER (1969) haben die Gründe für die Übernahme der Daseinsgrundfunktionen dargestellt und ihre Bedeutung folgendermaßen beschrieben:

---

[499] Dieser 1933 aufgestellte Kanon städtebaulich zu erfüllender Funktionen - Wohnung, Arbeit, Erholung und Verkehr - ist mit für die funktionale Trennung unserer Städte verantwortlich und für die damit verbundenen weiten Wege, Entlehrungsbereiche etc.. Als abschreckendes Beispiel kann der Wiederaufbau Rotterdams gelten.

„Die Grundfunktionen menschlicher Daseinsäußerungen verbindet ein mehrseitiges Abhängigkeitverhältnis, d.h., sie bilden als komplexes Wirkungsgefüge das ‚anthropogene Kräftefeld', das in enger Wechselbeziehung mit der natürlichen Umwelt steht (BUSCH-ZANTNER, 1937), die nach wie vor die Grundlage für die räumliche Lebensentfaltung darbietet. Alle diese menschlichen Daseinsfunktionen besitzen spezifische Flächen- und Raumansprüche sowie ‚verortete' Einrichtungen, deren regional differenzierte ‚Muster' die Geographie zu erfassen und wissenschaftlich zu erklären hat. Die Kulturlandschaft ist letztlich ein komplexes Gefügebild räumlicher Strukturmuster der erwähnten Daseinsgrundfunktionen der Gesellschaft eines Gebietes."

Folglich ist Sozialgeographie „die Wissenschaft von den räumlichen Organisationsformen und raumbildenden Prozessen der Daseinsgrundfunktionen menschlicher Gruppen und Gesellschaften."[500] Die Daseinsgrundfunktionen haben schnell einen Siegeszug angetreten, welcher nicht nur die Sozialgeographie durchlief, sondern auch Nachbarfächer einbezog. Die allgemeine Verwendung des Begriffes der Daseinsgrundfunktionen zeigt aber auch deren Grenzen,[501] da sie Gefahr liefen, zu einem reinen Schlagwort ohne inhaltlichen und theoretischen Bezug zu werden. Fachwissenschaftlich brachten die Daseinsgrundfunktionen die Gefahr mit sich, zu einem Theorieansatz oder Theorieersatz zu werden, ohne aber selbst durch eine sozialgeographische oder soziologische Theorie abgesichert zu sein. So wurden sie von vielen Sozialgeographen als rein pragmatisches Schema betrachtet, wobei der Zwang, alles und jedes einer Daseinsgrundfunktion zuzuordnen, eine besondere Rolle spielte. Dabei können leicht die eigentlichen Probleme außer Sicht geraten, welche ja nicht in den Daseinsgrundfunktionen selbst liegen, sondern in Prozessen außerhalb der Funktionen, welche wiederum die Ausprägung der Raumwirksamkeit der Grundfunktionen bestimmen.

Sozialgeographie zielt nicht direkt auf Sozialgruppen oder gesellschaftliche Verbände, sondern auf deren Raumwirksamkeit in ihren räumlichen Aktivitäten, mit ihren raumgebundenen Verhaltensweisen und den von ihnen ausgehenden raumbildenden Prozessen und Funktionen. In ihrem sowohl strukturalen wie auch prozessualen Raumverständnis behandelt sie drei Fragenkreise:[502]

1. Die „geographische Sozialstruktur" anhand der Bestimmung der räumlichen Sozialstruktur, indem raumwirksame Gruppen ausgeschieden werden und ihre Verteilung im Gebiet studiert wird.

---

[500] Franz SCHAFFER (1968) zitiert in Jörg MEIER et al. (1977: 21).

[501] Diese sind vor allem von Josef BIRKENHAUER (1974) beschrieben worden.

[502] Nach Hans BOBEK in Jörg MEIER et al. (1977: 22).

2. Das „geographische Sozialsystem" bedeutet die Bestimmung des räumlichen Systems der Funktionen und Prozesse der raumwirksamen Gruppen.
3. Die „funktionalen Stätten" durch Erfassung der Raumstrukturen, welche den räumlichen Ablauf des (alltäglichen) Lebens ermöglichen.

Die räumlichen Erscheinungen der von der Münchner Sozialgeographie behandelten Kulturlandschaften bzw. deren räumliche Erscheinungen werden von ihr aus dem „Zusammenspiel" der Gruppen und der Ausübung ihrer Grundfunktionen erklärt.[503]

Der „sozialgeographische Raum" in seiner spezifischen Definition ist grundlegend für die Sozialgeographie, die sich mit ihrem Konzept gegen die traditionelle Auffassung eines abstrakten, dinglich erfüllten Raumes wendet.[504] Demgegenüber versteht die Sozialgeographie ihren Sozialraum als Resultat gleichartiger raumprägender Verhaltensorientierungen der Menschen im Raum. Durch diese findet eine ständige Standortbewertung statt. Diese Standortbewertung besitzt dadurch Prozeßcharakter, daß sie sich ständig in Bewegung befindet. Standortentscheidungen besitzen lediglich vorübergehende Gültigkeit. Ist die Raumstruktur vom Gruppenverhalten abhängig, so ändert sich diese mit der Änderung der Verhaltensweisen, Reichweiten und Funktionsfelder[505] der Gruppen. Folgende Definition von Jörg MEIER et al. beschreibt das Konzept des sozialgeographischen Raumes:[506]

„Der sozialgeographische Raum umfaßt die ‚verorteten' Bezugssysteme sozialen Handelns, die bei der Entfaltung der Grundfunktionen gesellschaftlicher Existenz entstehen (...) Für den Sozialgeographen sind somit all jene Sachverhalte, Aktivitäten und Entwicklungen ‚räumlich relevant', die ‚Verortungen' und Reichweitenbeziehungen schaffen, abwandeln und differenzieren."

Die Vertreter der Sozialgeographie sehen den Raum in seiner Raumstruktur innerhalb einer Reaktionskette, die zum räumlichen Prozeß führt. Veränderte Wertvorstellungen und damit auch veränderte Beurteilungen physischer Umweltfaktoren führen zu veränderten wirtschaftlichen und sozialen Verhaltensweisen, die ihrerseits neuartige sozio-ökonomische Prozesse in Gang setzen können.

---

[503] Jörg MEIER et al. (1977: 24).

[504] Vgl. hierzu und im folgenden ibidem: 70-99.

[505] Funktionsfelder sollten als Verortungen grundlegender Bedürfnisse in historischer Perspektive betrachtet werden. Innerhalb dieser historischen Perspektive ist zudem eine spezifische "Vergesellschaftung", eine spezifische gegenseitig bezogene Anordnung der Funktionen festzustellen.

[506] Jörg MEIER et al. (1977: 70f.).

Diese bauen nach einer gewissen Zeit durch veränderte Raumansprüche die bestehenden Raummuster um und bilden neue Verortungen, neue Reichweitensysteme und neue sozialgeographische Strukturen. Im Systemablauf Informationswandel- Bewertung - Verhalten - Prozeß - Raumsituation sind alle denkbaren Rückkoppelungen und Korrelationen möglich, so daß nicht von einem „neuen Sozialdeterminismus" gesprochen werden kann. Diese Aussage stammt allerdings schon aus einer Spätphase der Sozialgeographie, die auf die zum Teil heftige Kritik reagiert hatte. So wäre der sozialgeographische Raum noch Ende der sechziger Jahre nicht definiert worden. Gegenüber der sozialen (Merkmals-)Gruppe wird nun soziales Handeln in den Mittelpunkt der Analyse gerückt. Noch Ende der sechziger Jahre sah sich die Sozialgeographie als Weiterentwicklung der funktionalen Anthropogerahie, welche durch die Ergänzung der sozialen Gruppe in ihrer Ausübung von Daseinsgrundfunktionen zur Sozialgeographie wird. In neueren Arbeiten wird der Rückzug von der Gruppe als sozialgeographischem Aggregat vollzogen. Hier werden, häufig auf Grundlage des Klingbeil'schen Analyseschemas, Tätigkeitsmuster von Haushaltsmitgliedern untersucht. KLINGBEIL (1978) arbeitet in seinem Schema mit einem Reiz-Reaktionsmodell, in welchem das raumprägende Handeln von Individuen Einflüssen aus sozialen Bereichen (Rollenerwartungen), aus Wahrnehmungsbereichen (Vorstellungsbild der Raumstruktur) und von der Mittelausstattung abhängig ist.[507] Diese Hinwendung zu individuellen Entscheidungsträgern wird von Jörg MEIER als induktiver Ansatz innerhalb der Sozialgeographie gewertet.[508] Es ist wohl richtig, daß die Daseingrundfunktionen innerhalb der Sozialgeographie keine entscheidende Rolle mehr spielen, doch kann diese Tatsache ebensogut als Theorieorientierung gewertet werden. Die makrosoziologische Analyse der älteren Sozialgeographie krankte ja an der Mißachtung wissenschaftstheoretischer Problematiken. Ihrem Konzept lagen keine begründbaren Annahmen über menschliches Verhalten zugrunde, sondern unbegründete Hypothesen über den funktionalen Aufbau menschlicher Gesellschaften. Die „Anatomie sozialen Verhaltens"[509] wurde nicht problematisiert und folglich in

---

[507] Es muß hier betont werden, daß Wahrnehmung und Umsetzung von Wahrnehmung in Raumbilder immer von den zugrundeliegenden Zwecken abhängig ist. Somit existiert nicht eine „mental map", sondern für jeden Handlungskontext eine andere.

[508] Jörg MEIER (1982: 20).

[509] Dieter GROH (1976: 417).

kategoriale Beschreibungen hineingepreßt, die nichts anderes als Taxonomien darstellten. Da solche Taxonomien in der Regel nicht an unabhängige allgemeine Sätze angebunden sind, besitzen sie keine Anhaltspunkte für Erklärungen. Die Aussage von MEIER muß wohl eher als Versuch einer Wendung zum Guten interpretiert werden, als Reaktion auf die heftigen Vorwürfe der Theorielosigkeit und deren Abwehr durch die Bezeichnung von Sozialgeographie als „lediglich" induktiven Rahmen sozial-geographischer Untersuchungen.

Der Begriff der Reichweite besetzt eine herausgehobene Position innerhalb des sozialgeographischen Raumkonzepts. Er sollte als „räumlicher Aktionsradius" (nach Detlev KLINGBEIL) oder als „Kontakt-Reichweite" (nach Dietrich BARTELS) aufgefaßt werden. Hiermit wird die Reichweite - gemessen in metrischer Distanz, aber abhängig von sozialpsychologisch-ökonomischen Bedingungen - von Merkmalsgruppen dargestellt, welche auf einen bestimmten Impuls reagieren, auf veränderte ökonomische Rahmendaten oder auf veränderte soziale Normen. Die effektive gruppenspezifische Reichweite ist in starkem Maße von Besitz und Eigentum abhängig, während die potentielle, also die tatsächlich mögliche Reichweite von Reaktionen, an ein breites sozioökonomisches Spektrum aus Technik, ökonomischer Struktur und ähnlichem gebunden ist.

Die Kategorie der Reichweite erhält ihre eigentliche Bedeutung erst innerhalb des von der Sozialgeographie entwickelten Konzepts des Aktionsraumes. Hiermit wird das Agieren sozialer Gruppen thematisiert, welche ähnliches Raumverhalten aufweisen. Sozialgeographische Gruppe bedeutet dann soviel wie eine Menge von Personen oder Haushalten mit gleichem Einfluß auf die Physiognomie der Landschaft, gleichen landschaftlich bedeutsamen „internen" Strukturmerkmalen, gleichem Aktionsraum und gleichem Verhaltenstrend hinsichtlich dieser Merkmale.[510] Im aktionsräumlichen Ansatz wird die Verbindung zwischen Mensch und Raum durch die aktionsräumlichen Aktivitäten sozialer Gruppen hergestellt. Unter Aktionsraum kann die Lokalisation aller funktionaler Stätten, die der Mensch zur Ausübung seiner Grundfunktionen aufsucht, verstanden werden. Objekt

---

[510] Vgl. Heiner DÜRR (1972). Die sozialgeographischen Merkmalsgruppen sind von Hans BOBEK (1948) in die Geographie eingeführt worden und wurden von ihm in Anlehnung an die Gruppentypologie von Werner SOMBART entwickelt. Die auch statistische Gruppen genannten Merkmalsgruppen, zeichnen sich durch Individuen gemeinsamer Merkmale, wie Sprache, Beruf etc. aus. Diese Merkmale erzeugen zwar noch kein begründbares gemeinsames Handeln der Individuen, jedoch wird bei Vorliegen gleicher Bedingungen der Umwelt ähnliche Gestaltungskraft der Merkmalsgruppen vorausgesetzt.

der Aktionsraumforschung ist die Beschreibung und Erklärung des so definierten Aktionsraumes. Dabei geht die Sozialgeographie davon aus, daß zeit-räumliche Tätigkeitsmuster das Ergebnis von komplexen Entscheidungsprozessen sind. Die Aktionsraumanalyse will die Zusammenhänge aufzeigen, welche zwischen den individuellen Handlungszielen und den von der objektiven Raumstruktur gegebenen Möglichkeiten bestehen. Zeit-räumliche Tätigkeitsmuster sind innerhalb aktionsräumlicher Modelle in den Komplex „Handlungsziele", „subjektives Vorstellungsbild von der Raumstruktur" und „objektive Raumstruktur" integriert. Zur Aufschlüsselung der Zusammenhänge sind besonders die wahrgenommene Umwelt und die Handlungsziele mit den dahinterstehenden Wertesystemen von Bedeutung. Die wahrgenommene Umwelt spielt eine so große Rolle, weil sie primär auf die räumlichen Verhaltensmuster einwirkt. Die Handlungsziele eines Individuums werden beeinflußt durch seinen sozioökonomischen Status, seine Bedürfnisse sowie seine kulturellen Werte und Normen. Jedem Individuum stehen zur Übertragung seiner Handlungsziele auf zeiträumliche Prozesse Mittel zur Verfügung, die als modifizierende Faktoren wirksam sein können, wie das individuelle Zeitbudget, Geld, Verkehrsmittel und sozialer Zugang.[511]

Über die Raumwirksamkeit sozialgeographischer Gruppen ist allem Anschein nach kein besonders heftiger Streit ausgebrochen. Sie wird von den meisten Autoren als selbstverständlich angesehen und nicht weiter hinterfragt.[512] Rein geographisch betrachtet sollte aber Raumwirksamkeit sozialgeographischen Gruppen nur dann zugeschrieben werden, wenn sie über „Raumprägekompetenz" verfügen, das heißt sie sollten über die notwendigen Voraussetzungen, meist Mittel, verfügen, um den Raum verändern zu können, Objektivationen von Aktivitäten zu schaffen, Lokalisationen vorzunehmen und Standorte zu bilden. In der Regel bedarf es dazu „räumlicher Verfügungsgewalt"[513], Entscheidungskompetenz über die Standortverteilung, und, praktisch ausgedrückt, „Verfügungsgewalt über die

---

[511] In diesem Zusammenhang werden a priori und a posteriori Sozialkategorisierungen unterschieden. A priori werden Sozialgruppen nach ihrer Handlungszielstruktur und ihrer Mittelausstattung bestimmt, während a posteriori Kategorisierungen im nachhinein entstehen, meist durch Interviewdaten, die Gruppen nach ihren unterschiedlichen Aktionsradien festlegen.

[512] Eine Ausnahme bildet Helmut KÖCK (1979).

[513] Wolfgang HARTKE (1959: 430).

Produktionsmittel (bzw. die Investitionsmittel)"[514]. Von gruppenhafter Raumwirksamkeit sollte im Zusammenhang sozialgeographischer Untersuchungen nur dann die Rede sein, wenn mehrere solcher Träger vorliegen, die das geographische Axiom des multiplen Standortsystems erfüllen, welches besagt, daß von der Geographie Raumsysteme untersucht werden, also eine Mehrzahl von Standorten. Somit wäre es Aufgabe der Geographie, entweder eine Mehrzahl von Standorten eines Trägers oder einen Standort einer Mehrzahl von Trägern bzw. Nutzern oder Kombinationen derselben in ihren Bezügen zu untersuchen.

Neben der Reichweite nimmt das „Prinzip der Persistenz" eine herausgehobene Position ein. Auch das gilt allerdings eher für die ältere Sozialgeographie bis Mitte der siebziger Jahre und insbesondere bis Ende der sechziger Jahre. Ausgangspunkt bildet hierbei die Position, daß sich der Wandel sozialgeographischer Räume, insbesondere ihrer inneren Strukturen, meist nicht so schnell wie der Wechsel sozialer Phänomene vollzieht.[515] Gerade dieser Zeitaspekt wird von der Sozialgeographie betont. Durch Technik und andere Entwicklungen der Zivilisationsstufe überformt der Mensch als Individuum, als Gruppe oder als Gesellschaftsverband die Naturgrundlage, das physische Milieu, zur künstlichen, gebauten Umwelt eines Systems interdependenter Elemente eines räumlich-gesellschaftlichen Musters. Aus diesem Muster lassen sich nicht einfach Elemente entfernen, ohne das Ganze zu gefährden.[516] Dem menschlichen, oder besser dem individuellen Handeln, sind durch eine ganze Reihe normativer Setzungen Einschränkungen auferlegt. Außerdem stellen die räumlich wirksamen Resultate individueller Handlungen in der Regel solch enorme Kapitalien dar, daß eine Umwandlung vorgenommener Investitionen zur Funktionsanpassung nur unter Verlusten möglich ist, bevor sich die Substanz amortisiert hat oder bis sie abge-

---

[514] Günther LENG (1973: 129).

[515] Diese Position muß mittlerweile als tradierter, unreflektierter Bestandteil geographischer Metasprache angesehen werden. Vgl. kritisch hierzu die Ausführungen von Hubert MÜCKE (1986b: Anm.11, passim).

[516] Inwieweit hier von Ordnung zu sprechen ist, sollte überlegt werden. Wir kommen später bei der Behandlung des Gruppenbegriffs darauf zurück, daß sich die Sozialgeographie hier in einen Widerspruch verstrickt. Diese Ausführungen haben selbstverständlich meist eher einleitenden Charakter. Doch sollte das nicht dazu verführen, unbelegte, nach wissenschaftlichen Erkenntnissen ungenaue Allgemeinplätze zu produzieren, die vom eigentlichen Problem ablenken und in ihrer Funktion als Darstellung gesellschaftlicher Relevanz untauglich sind.

schrieben ist.[517]

Legt die Sozialgeographie ihrer Erkenntnistheorie ein geschlossenes Gesellschaftsverständnis zugrunde, so gilt für das forschungspraktische Vorgehen zur Operationalisierung von Annahmen über den Zusammenhang von Systemelementen, in diesem Fall über den Zusammenhang von menschlichem Verhalten und Raumstruktur, ein Gesellschaftsbegriff als „Massenphänomen". Eine Gesellschaft, für die Massenphänomene entscheidenden Einfluß auch auf das individuelle Verhalten besitzen. Nach ökonomischen Gesichtspunkten wäre dies eine Konsumgesellschaft, nach Schichtungsphänomenen hin betrachtet eine Mittelstandsgesellschaft. Als Beispiel einer Massengesellschaft gilt die Industriegesellschaft.[518] Dieser Terminus betont zwar wirtschaftliche Aspekte, doch auch andere Strukturelemente sind typisch für Industriegesellschaften und auch für das Gesellschaftsbild der Sozialgeographie. Als pluralistisch strukturierte Gesellschaft ist ihren Individuen ein Gruppenpluralismus eigen, das heißt die Angehörigen der Gesellschaft, die Individuen, gehören zu den verschiedenartigsten, zum Teil miteinander konkurrierenden Gebilden und verfolgen die unterschiedlichsten, zum Teil konkurrierenden oder kollidierenden Interessen.[519] Der Sozialgeograph hat es hier mit Mikro-Massenphänomenen zu tun, das heißt mit Phänomenen, die von vielen Individuen auf ähnliche Art und Weise und/oder zu einem ähnlichen Zeitpunkt ausgeführt werden, ohne daß ein ursächlicher Zusammenhang zu erkennen wäre. In der Wissenschaftstheorie ist dieses Phänomen durch den Begriff des stochastischen Prozesses bekannt geworden. So lassen sich Spitzenzeiten in der Telefonbenutzung feststellen, ohne daß die einzelnen Benutzer in irgendeinem Kontakt zueinander ständen, also nicht in der Lage sind, zum Beispiel eine soziale Gruppe auszubilden. Die räumliche Ordnung des sozialgeographischen

---

[517] Hierzu auch eine Stellungnahme aus der DDR-Literatur, welche das Problem sehr plastisch beschreibt:"(...) muß damit gerechnet werden, daß dadurch <die beschriebene Zeitdiskrepanz> große Teile der vorhandenen Bausubstanz während der langen Dauer ihrer Nutzung in Widerspruch zu den sich ändernden Anforderungen der Gesellschaft geraten, d.h., die Bausubstanz veraltet, bevor sie physisch verbraucht ist" (Gerhard KRÖBER, 1980: 12).

[518] Vgl. hierzu Ernst Wolfgang BUCHHOLZ (1972) und Kurt FREISITZER (1965).

[519] Diese Pluralität steht im Gegensatz zu vorindustriellen Verhältnissen, in denen jedes Individuum einer, meist einer einzigen Gruppe, angehörte. Gerade die Operationalisierung des Individuums durch Merkmals- oder Funktionsgruppen schränkt die Verwertbarkeit der Sozialgeographie Münchner Provenienz in ihrer historischen Reichweite ein.

Raumes entsteht durch die unübersehbare Zahl von individuellen, mehr oder weniger freien Handlungen einzelner Menschen. Diese zeigen als Mitglieder der industriellen Gesellschaft mit entsprechend ähnlichen Motivationen in der Summe aller Einzelhandlungen ein durchschnittliches, gerichtetes Verhalten zur Umwelt. Dieses Verhalten ist über individuelles Verhalten zu erschließen, nicht aber über die „funktionale Organisation der Gesellschaft". Infolgedessen geriet neben dem Gruppenbegriff auch der Begriff der Funktionen in die Kritik, vor allem der Soziologie, welche das sozialgeographische Konzept nicht in gängige Forschungsstrategien einbauen konnte, was sicherlich zur weiteren Isolierung der Geographie führte. Nach Jürgen FRIEDRICHS (1981) plädieren wir daher für die durchgehende Verwendung des Begriffs der Aktivitäten, da dieser Begriff als Forschungskategorie direkt vom Individuum ausgeht und nicht in solch einer Zwitterposition steckenbleibt wie derjenige der Funktion.[520] Es bleibt noch darauf hinzuweisen, daß auch in der nichtmarxistischen Geographie in der Regel davon auszugehen ist, daß das räumliche Interaktionsmuster nicht durch Funktionen, wie immer diese zu beschreiben wären, bestimmt wird, sondern durch die Standorte von Organisationen und Aktivitäten.[521]

Wie schon angedeutet, geriet auch der Gruppenbegriff in die Kritik, hier allerdings ebenso von Seiten der Fachkollegen.[522] Insbesondere wurde bemängelt, daß nicht soziale Gruppen, sondern Merkmalsgruppen verwendet werden, also Gruppen gleicher Funktionsausübung. Dieser Ansatz negiert grundlegende soziologische Kategorien, wie die Schichtung, durch welche Gesellschaft strukturiert werden kann. Die Sozialgeographie Münchner Provenienz vermag zwar Bewegungsabläufe innerhalb bestimmter Räume darzustellen, kann diese aber weder erklären noch einen Bezug zu gesellschaftlich, individuellen Bedingungen herstellen. Zudem bleibt der innere Zusammenhang der Gruppen völlig im Dunklen. Es könnten allenfalls soziale Gruppen für Landschaftsveränderungen „verant-

---

[520] Vgl. die nähere Erläuterung von Aktivität in Kapitel 5.

[521] So auch Günther LENG (1973) und Eugen WIRTH (1977).

[522] Die einzelnen Schriften zum Gruppenbegriff der Geographie aufzuzählen, müßte den vorhandenen Raum sprengen. Da sich die Kritik aber auf ähnliche Inhalte bezieht, kann hier ohne die Gefahr des Verlustes hauptsächlicher Aspekte exemplarisch vorgegangen werden. Wir beziehen uns hier auf die Kritik von Günther LENG (1973) und Eugen WIRTH (1977), welcher die Ausführungen von LENG schlichtweg umgeht und dabei nicht gewahr wird, wie sehr sich beide Auffassungen gleichen, zumindest was die Kritik angeht.

wortlich" gemacht werden, nicht aber Gruppen, die sich durch ein Funktionsmerkmal ausbilden, durch die Ausübung gleicher Funktionen. Landschaftsgestaltenden Gruppen als aktiven Sozialgruppen müßte unterstellt werden können, daß sie zusammen handeln und raumrelevante Gruppenziele verfolgen. Zudem sollte ein Gruppenbewußtsein vorliegen und Abgrenzungsmechanismen nach Außen verifizierbar sein. Eugen WIRTH weist denn auch darauf hin, daß „nicht irgendein Gruppenbegriff, sondern nur der Hinweis auf gleiche wirtschaftliche Erwägungen von Betriebsleitern oder Haushaltsvorständen im Rahmen einer gegebenen gesamtgesellschaftlichen Situation"[523] als Ansatz zur Erklärung dienen können. Von soziologischer Seite wird sogar bezweifelt, ob der Gruppenbegriff überhaupt in der Lage ist, Raumveränderungen zu erklären, denn „wenn von vornherein auf das Handeln von Gruppen abgehoben wird, so verschwindet das Handeln des einzelnen als Wirtschaftssubjekt, das für das Industriesystem weit bezeichnender ist, dem Blickwinkel der Analyse"[524]. Es kann sogar vermutet werden, daß die Kartierungsmöglichkeit sozialstatistischer Daten den Anstoß zur theoretischen „Überbauung" der Sozialgeographie gab. Diese metrische Ausgangslage führte dazu, daß bestimmte (statistische) Gruppen, wie Berufsgruppen und Gruppierungen nach der Stellung im Beruf, zu sozialen Gebilden als landschaftsgestaltende Kräfte hypostasiert wurden, ohne dies in irgendein erkenntnistheoretisches Gesamtkonzept einbauen und damit begründen zu können. So war der Vorwurf des Konkretismus (Günther LENG) und Elementarismus (KILLISCH/ THOMS) gerade von marxistischer Seite nicht weit.[525] Diese forderten den Einbezug gesamtgesellschaftlich determinierter, das sind aus den gesamtgesell- schaftlichen Verhältnissen resultierende Zielstellungen und Entscheidungen, in die sozialgeographische Konzeption, und somit die Sozialgeographie als Gesellschaftswissenschaft. Wie wir schon andeuteten, hat sich die Sozialgeographie mittlerweile von ihrem Gruppenbegriff, zwar nicht programmatisch, so doch in der praktischen Arbeit, distanziert.

Diesen Anspruch, nämlich komplexe Systeme zu analysieren, erhob eine erst ab Anfang der siebziger Jahre entstandene Alternative zur Sozialgeographie Münch-

---

[523] Eugen WIRTH (1979: 169).

[524] Ernst Wolfgang BUCHHOLZ (1972: 92).

[525] Vgl. zur Kritik von marxistischer Seite M. FÜRSTENBERG (1970), Günther LENG (1973), KILLISCH/THOMS (1973) und von Seiten der DDR-Geographie KRÖNERT/NEUMANN (1980).

ner Provenienz, welche von Problemen der Stadtentwicklung ausgehend systemtheoretische Ansätze einbezog. Die so entstandene „integrierte" Stadtentwicklung[526] betonte die Komplexität des städtischen Lebensraumes als urbanem Raum. Nicht einzelne Funktionen der Stadt oder der städtischen Teilbereiche sollten isoliert analysiert und anschließend gesondert gefördert werden, sondern die durch die funktionale Trennung „gestorbenen" Städte sollten revitalisiert werden. Das forderte, diejenigen Gesichtspunkte von Lebensraum zu berücksichtigen, welche nicht nur auf ein möglichst rationelles Ablaufen von Produktions- und Reproduktionsprozessen gerichtet sind, sondern welche darüber hinausgehende Bedeutungen von Lebensraum für den Menschen beinhalten, wie symbolische, soziale und kulturelle. Das hieß insbesondere historische, gewachsene Strukturen von Lebensraum neu zu entdecken und in der Stadtplanung zu berücksichtigen. Bisher griff Stadtplanung ein als besonders dringlich empfundenes Problem heraus und versuchte, es isoliert zu lösen (zum Beispiel ein Problem der Infrastruktur). Dabei wurden in der Regel die Folgewirkungen und Folgeaufgaben der Maßnahme nicht berücksichtigt. So entstehen häufig soziale, wirtschaftliche oder ökologische Folgen, aber auch Ansprüche an Unterhaltungsmaßnahmen. Demgegenüber erkennt die integrierte Stadtentwicklung den Lebensraum Stadt als ein System, ein Beziehungsgeflecht aus einer Vielzahl von Komponenten soziologischer, wirtschaftlicher, ökologischer und politischer Natur.

Die hierbei angewandten systemtheoretischen Grundlagen haben den Vorteil, ein präzises Begriffsinstrumentarium bereitzustellen, das erlaubt, für die Problemstellung Wesentliches von Unwesentlichem zu trennen. „Die Systemtheorie eignet sich zur Darstellung des Erkenntnisvorganges und zur Überprüfung seiner inneren Logik"[527]. Ob damit eine Alternative zur traditionellen Länderkunde in dem Sinn vorliegt, daß ein Abstraktionsgrad gefunden wurde, „durch den das hinter den materiellen Erscheinungen der Erdoberfläche liegende Ordnungsprinzip, der Bauplan des materiellen Systems"[528] erkannt werden kann, muß bezwei-

---

[526] Vgl. Winfried MOEWES (1971 und 1980), LASCHINGER/LÖTSCHER (1975 und 1978) sowie STÜRZBECHER/FÖRCH (1981).

[527] LASCHINGER/LÖTSCHER (1975: 119).

[528] Winfried MOEWES (1971: 56, Anm.1) in Anlehnung an Ernst NEEF.

felt werden.[529] Die Systemtheorie und insbesondere ihre kybernetischen Grundlagen stellen lediglich Beschreibungsmöglichkeiten zur Verfügung. Sie beschreiben die Struktur bestimmter Arten von Systemen[530], ohne Gründe hierfür angeben zu können und ohne selbst schon eine Theorie darzustellen. Es muß bei systemtheoretischen Analysen stets neu die Art der Verknüpfung angegeben werden, und es sind eine ganze Reihe spezieller Gesetzmäßigkeiten einzubauen, welche die Begründung für gerade diese Anordnung der Systemelemente angeben. Die Systemtheorie selbst ist nur ein Anschauungssystem, ohne daß reale Tatbestände existierten, welche das Regelkreisschema bestätigen oder widerlegen könnten. „Es ist nur denkbar, daß das Regelkreisschema in irgendeinem vagen Sinn auf bestimmte Tatbestände der Realität ‚paßt' bzw. ‚anwendbar' ist oder nicht"[531]. Die Systemtheorie und ihre kybernetischen Aussagensysteme bilden somit nicht die Realität als Analogmodell ab, sondern können sich für die Beschreibung und weitere Beeinflussung bestimmter Probleme bewähren. Systemtheorie ist weder wahr noch falsch, sie ist sinnvoll oder nichtsinnvoll. Dabei handelt es sich methodologisch um ein Kalkül, eine Menge von Zeichen, mit Regeln, wie diese Zeichen zu Zusammensetzungen von Zeichen angeordnet werden dürfen, und mit Interpretationen dieser Zeichen, welche meist den Inhalt der Zeichen angeben.[532] Die reine Systemtheorie stellt ein nahezu uninterpretiertes Kalkül dar, das heißt sehr viele vorkommende Begriffe finden keine Entsprechung in der Realität oder einer denkbaren Realität. Dagegen sind die systemtheoretischen, kybernetischen Ansätze innerhalb der Geographie von interpretierter Art.

System wird verstanden als „Menge von Elementen und Menge von Relationen, die zwischen diesen Elementen bestehen". Die Elemente des Systems werden innerhalb der Geographie als Geofaktoren interpretiert, die in Beziehungen zueinander stehen, von denen weder Richtung noch Stärke eindeutig geklärt sind.

---

[529] Diese Überschätzung von Winfried MOEWES ist aus den "rasanten" Anfängen der systemtheoretischen Anwendungen innerhalb der Geographie zu verstehen, wenn auch ein Blick über die Fachgrenzen hinaus, erste Einschränkungen hätte klar machen können.

[530] Zur Kritik an der Kybernetik innerhalb der Sozialwissenschaften vgl. Karl-Dieter OPP (1970).

[531] Ibidem.

[532] Hierzu Karl-Dieter OPP (1976: Kap.7).

Einige der Geofaktoren werden dabei als besonders wirksam angesehen, andere als weniger wirksam. So ist im anthropogeographischen Bereich eine Betonung der sozioökonomischen Geofaktoren festzustellen. Die Systemtheorie im kybernetischen Sinn läßt geographische Wirkungsgefüge als Regelkreise darstellen, also als Kausalketten, in denen die Ausgangsgrößen jedes Systemelements gleichzeitig die Eingangsgrößen eines anderen Systemelements sind. Diese Kausalketten sind geschlossen, das heißt es treten Rückkoppelungen auf, in denen die outputs (die Handlungen von Individuen zum Beispiel) eines Systemelements (zum Beispiel die räumliche Verteilung von Individuen im Raum) über Umwege durch andere Systemelemente auf die Struktur des Elements selbst wieder zurückwirken.[533] Von Vorteil ist weiterhin der Begriff des Fließgleichgewichts als Ablösung des statischen Gleichgewichts. Der Begriff Fließgleichgewicht besagt, daß ein System bemüht ist, alle Veränderungen und Beeinflussungen, denen es selbst ausgesetzt ist, durch entsprechende Anpassung seiner Komponenten zu kompensieren. Fassen wir zum Beispiel eine Region als System auf, so kann die regionale Entwicklung als Summe der Reaktionen auf gleichgewichtsverändernde Wandlungen begriffen werden.

Als Beispiel seien die Arbeiten von LASCHINGER/LÖTSCHER dargestellt. Die Autoren gehen dabei von einer vorhandenen „totalen Realität" aus, welche auf der Zerlegungsebene auf ein reales System abgebildet wird. Schließlich erstellen die Autoren ein empirisches Relativ, das als Modell bestimmte Beziehungen und Elemente des realen Systems hervorhebt.[534] In dem Modell, das die Autoren der Untersuchung des urbanen Raumes Basel zugrundelegen, wird das humangeographische System aus dem urbanen System gebildet, welches wiederum aus dem Kon-

---

[533] Unter Rückkoppelung wird allgemein die Wirkung einer variablen Größe (x) auf sich selbst $x=f(x)$ verstanden (vgl. Gerhard SCHAEFER, 1972). Diese Feststellung ist dann trivial, wenn nicht der adäquate Maßstab für die Untersuchung gewählt wird, denn irgendwann und ab irgendeiner bestimmten Bezugsgröße wirkt jedes Element auf sich selbst zurück. Wenn also konstatiert wird, es betehen keine Rückkoppelungen, so gilt diese Aussage nur für den betrachteten zeitlichen und räumlichen Rahmen, nicht aber für größere Einheiten.

[534] Die Systemtheorie zeigt sich hier wieder als Versuch, Ganzheiten darstellbar zu machen. Ganzheiten werden in der kybernetischen Systemtheorie als "Rückkoppelungsstrukturen" beschrieben. Ganzheiten sind in der Regel Strukturen (eine Menge mit definierter Elementverknüpfung), die von selbst durch Rückkoppelungsreaktionen wachsen, sich entwickeln oder erhalten. Ganzheiten mit höherem Komplexitätsgrad werden als verschachtelte Kreisprozesse oder durch sogenannte Rückkoppelungshierarchien beschrieben (vgl. Gerhard SCHAEFER, 1972).

sumtionssystem und dem Produktionssystem mit jeweils einem räumlichen und einem sozialen System besteht. Das urbane System wird vorwiegend durch Gruppen gestaltet. In Anlehnung an die Konzeption der Münchner Sozialgeographie gehen auch LASCHINGER/LÖTSCHER von der Raumwirksamkeit sozialer Gruppen aus. Sie greifen aber darüber hinaus und stellen fest, daß die Beziehungen zwischen Raum und Gesellschaft zwei Ausprägungen besitzen:
1. Der Raum wird durch die Gesellschaft genutzt, und
2. der Raum wird durch die Gesellschaft gestaltet.

Gestaltung und Nutzung fallen somit in der Regel nicht den gleichen Gruppen zu. Um die Gruppen in Beziehung zum Raum zu bringen, bestimmen sie Funktionsgruppen als soziale Einheiten und Elemente des sozialen Systems, welche Funktionen auf Funktionsstellen als räumliche Einheiten ausüben. Im Bereich des Konsumtionssystems verbinden die Daseinsgrundfunktionsstellen und die Nutzer dieser Stellen die Daseinsgrundfunktionen. Diese Stellen sind aber nicht nur Konsumtionsstellen, sondern auch Renditestellen, das heißt die Verfügung über diese bestimmten Raumstellen erfordert eine bestimmte Renditeerwartung der Verfüger. Die Standorte einer Stadt können nun als Elemente des räumlichen Systems aufgefaßt werden. Die Distanzen zwischen den Stellen sind als Relationen aufzufassen. Die Veränderung der Struktur wird als Prozeß beschrieben, wobei die Ablösung von bestimmten Funktionen einem Verdrängungsprozeß gleichkommt. Dieser besteht aus einem räumlichen und einem sozialen Prozeß. „Denn jeder Austausch von Gruppen an einem Standort führt zur Verdrängung des sozialen Systems und wird deshalb als sozialer Prozeß bezeichnet."[535] Zu Konflikten zwischen Nutzer (Konsument) und Verfüger über die Raumstelle (Eigentümer, Inhaber) kommt es in der Regel, wenn der Nutzer darauf aus ist, seinen Aktionsraum mit möglichst kleinen Distanzen festzulegen, währen die Verfüger zur Konzentration der Standorte neigen und so dem gewohnheitsmäßigen Aufsuchen von Standorten entgegenwirken.

Systemtheoretische Beschreibungen, also die Darstellung komplexer Verflechtungszusammenhänge prozeßhafter Form, erweisen sich somit nur dann als stichhaltig, wenn darüber hinausgehende begründete Annahmen in das Modell einfließen, was bei den wenigsten Versuchen dieser Art der Fall ist. Die meisten geographischen Modelle systemtheoretischer Art gehen von eher gewohnten, als begründbaren Annahmen über die Zusammenhänge ihrer ausgewählten Elemente aus.

---

[535] LASCHINGER/LÖTSCHER (1978: 120).

5.3. Geschichte und Raum
5.3.1. Raum als Axiom geschichtswissenschaftlicher Forschung

In diesem Kapitel soll etwas über das „Raumbewußtsein" innerhalb der Geschichtswissenschaft ausgesagt werden. Dazu benutzen wir eine axiomatische Vorgehensweise, welche Raum in dem Sinn auffaßt, wie er als nicht weiter hinterfragtes Moment der Forschung behandelt wird, und welche die Bedingungen sucht, durch die die axiomatischen Momente des Raumes existieren.

In der Tat muß in der Geschichtswissenschaft ein hohes Maß an unbewußtem Umgehen mit der Raumkategorie konstatiert werden:[536]

„Space is commonly understood as the setting which frames or contains the acts and events that we see as the proper focus of our attention. ‚Space' suggests distance, extension, or volume - something to be inhabited, passed through, or filled as the action of a play fills a stage. But it is the action, not its arrangement in space, that we believe engrosses us. ‚Space' is so deeply part of our context that we allow it to sink almost imperceptibly into the background."

Dieses Zitat steht stellvertretend für die moderne Geschichtsschreibung, allgemein als Sozialgeschichte zu bezeichnen. Selbst diese hat Schwierigkeiten mit dem Raumberiff, obgleich gerade soziologische und ökonomische bzw. politökonomische Fragestellungen die Anwendung räumlicher Darstellungsprinzipien ermöglichen sollten und auch die Trennung der Objektbereiche, menschliches Handeln hier und materielle Ergebnisse im Raum dort, nicht mehr aufrechtzuerhalten ist. Aber nicht nur die traditionelle Trennung der Objektbereiche, sondern auch ein bestimmtes wissenschaftstheoretisches bzw. philosophisches Prinzip nahm dem Raum sein Gewicht innerhalb eines geschichtswissenschaftlichen Diskurses. In Anlehnung an Immanuel KANT (1724-1804) geht der Historiker davon aus, daß Raum und Zeit „Prinzipien der Erkenntnis a priori" seien. Doch bildet die Zeit im Gegensatz zum Raum ein Prinzip, „das allen äußeren Anschauungen zugrunde liegt, während die Zeit als eine Bedingung a priori aller Erscheinung überhaupt definiert wird, und zwar die unmittelbare Bedingung der inneren und eben dadurch mittelbar auch der äußeren Erscheinung"[537]. Durch die Zuordnung von Raum zur Anschauung und der Zeit zur Erscheinung wird der Raum zur reinen

---

[536] Editors' introduction (1979: 3).

[537] Theodor SCHIEDER (1965: 61). Zu Kant und seinem Raumverständnis auch Oskar BECKER (1954: 175-178) sowie Cole HARRIS (1971: 158).

Ordnungskategorie menschlicher Erkenntnis, während sich die Zeit als historisch erlebte Zeit als Wesensmerkmal des Daseins darstellt. Raum wird als Ordnungskategorie nicht näher hinterfragt bzw. anderen Wissenschaften zugeordnet (zum Beispiel der Geographie), Zeit ist Forschungsobjekt der Geschichtswissenschaft. I. KANT macht aber noch auf einen wohl entscheidenderen Punkt aufmerksam. Der euklidische, dreidimensionale Raum ist weder empirisch oder durch Erfahrungssätze falsifizierbar, noch kann er aus der Empirie und Erfahrung geschlossen werden. Raum kann nur durch eine Bewegung in der Zeit erfahren werden. Somit kommt der Zeit der Vorrang vor dem Raum zu.

Das besagt nichts anderes, als daß die Geschichtswissenschaft lange Zeit einfach nicht in der Lage war, Raum und Räumlichkeit zu operationalisieren, also durch adäquate Modellvorstellungen und Darstellungsweisen in die fachspezifischen Fragestellungen zu integrieren. Ebenso wie auch die geographische Länderkunde ging sie von einem Raum als „ganze Sammlung von Substanzen"[538] aus, eine Vorstellung, die in der geographischen Forschung nach Gerhard HARD (1973) als „Container-Raum" bezeichnet wird. Erst die „geometrische Tradition" in der Geographie war in der Lage, geometrische Raumvorstellungen zu operationalisieren, indem sie versuchte, den Raum durch Netze und Knoten zu strukturieren und zu hierarchisieren, sowie Distanzen und Einzugsbereiche darzustellen. Auch die dritte Dimension der Höhe fand in Intensitätsmodellen (zum Beispiel Bodenpreisgefälle und Einwohnerdichte) Anwendung. Durch das lange Fehlen konkreter Vorstellungen in der Geographie war die Geschichtswissenschaft lange Zeit und in ihren größten Teilen bis heute, auf sehr extensive Raumvorstellungen angewiesen.

So wird der Raum gelegentlich anstelle von Landschaft gebraucht, in der Bedeutung eines größeren Gebietes[539], welches sich durch seine „mathematisch-geographische Unbestimmtheit und Elastizität"[540] sowie durch das Fehlen linearer Grenzen und den Wandel der äußeren Erscheinungsform auszeichnet. Die fehlenden Ordnungssystematiken der Geschichtswissenschaft wirkten sich somit auf das Raumverständnis aus. Die extensive Definition von räumlicher Erscheinung und Raum als „das aus einem Kerngebiet nach außen wirkende Kräftespiel der

---

[538] Immanuel KANT zitiert in Oskar BECKER (1954: 176).

[539] Vgl. zum Beispiel Karl-Georg FABER (1968: 17).

[540] Herbert SCHLENGER (1978).

historischen, wirtschaftlichen und kulturellen Faktoren in ihrer zeitlich-räumlichen Reichweite und geographisch-anthropogenen Bedingtheit"[541] spiegelt die Mängel der traditionellen Auffassungen wieder. So muß gegen die Geschichtswissenschaft der Vorwurf erhoben werden, daß die Unbestimmtheit des Raumes aus der eigenen methodischen Unbestimmtheit und dem Mangel an kontinuierlichen Zulieferleistungen aus dem Bereich der Geographie herrührte. Die im Großen und Ganzen weiter bestehende Situation zeigt sich zum Beispiel in der Vernachlässigung bestimmter Themen, wie der Transportgeschichte:[542]

„Von den Historikern lange Zeit, im Grunde bis heute, ignoriert, von den Eisenbahnfans zumeist auf bloße Begeisterung (etwa für Dampflokomotiven) reduziert, ist die Umwälzung von Verkehrswesen und -technik, zumal in ihren Auswirkungen auf Lebensweisen und -anschauungen und kollektive Mentalitäten, dem Verständnis des Historikers durchaus entzogen."

Dies mag an der hieraus resultierenden Konsequenz zur Systematisierung in Anlehnung an geographische Arbeiten liegen, denn gerade an den raumbezogenen Fragestellungen scheitert die rein narrativ-deskriptiv-referierende historische Methode.[543] Für die politische Geschichte, gleich ob sie sich, wie meist, den außenpolitischen Konstellationen oder den inneren Machtstrukturen widmet, bedeutet Raum eine der drei politisch-geographischen Grundtatsachen, welche nach Friedrich RATZEL Raum, Lage und Grenzen entsprechen.[544] Der Raum wird dabei immer mehr zum geschlossenen Territorium, je mehr sich der Übergang vom Personenverbandstaat zum Flächenstaat vollzieht. Die Tendenzen, weit gestreute, in Gemengelage liegende Rechte, in ein geschlossenes, überschaubares und kontrollierbares räumliches Kontinuum umzuwandeln, häufig einzutauschen, stellt eine der wichtigen Phasen innerhalb der Entwicklung moderner Staatensysteme dar und gilt zugleich als eine Komponente des Übergangs vom Mittelalter in die frühe Neuzeit. Die Voraussetzungen für die Schaffung eines kontinuierlichen Raumes haben für die Geschichtswissenschaft eine gewisse Bedeutung.

---

[541] Karl-Georg FABER (1968: 17). Vgl. auch hier die Übereinstimmung mit kantianischen Vorstellungen:" (...) die Dimension der Ausdehnung <des Raumes> von den Gesetzen herrühren, nach welchen die Substanzen vermögen ihrer wesentlichen Kräfte sich zu vereinigen suchen" (Immanuel KANT zitiert in Oskar BECKER, 1954: 176).

[542] Georg SCHMID (1979/80: 218).

[543] Vgl. ibidem: 219 und zur fehlenden Einbindung in gesamtgesellschaftliche Prozesse die Seiten 227 und 229.

[544] Vgl. Friedrich RATZEL (1909).

Kann der Wille zur Schaffung des kontinuierlichen Raumes im Wollen der untersuchten sozialen Gruppen nicht nachgewiesen werden, verliert der Raum als Ordnungskategorie an Wirksamkeit. Soziale Beziehungen können in der Meinung des Historikers auch ohne räumliche Komponente existieren.[545] So sind soziale Gruppen mit nur punktuellem Raumempfinden und solche mit universellem Raumanspruch zu unterscheiden, die auf eine völlige Raumlosigkeit hinausläuft. Letzteres trifft zum Beispiel für Imperien zu, aber auch für Ideologien mit universalem Anspruch. Als soziale Gruppen mit punktuellem Raumempfinden können handeltreibende Korporationen angesehen werden, die wenig Interesse am Raum und seiner Beherrschung zeigen, sondern vielmehr an einer gesicherten Verbindung zu den einzelnen Handelspartnern. Diesen Kaufleuten unterstellt Theodor SCHIEDER, daß sie sich von Ort zu Ort bewegen, ohne überhaupt ein Verhältnis zum Raum entwickelt zu haben, vielleicht noch nicht einmal ein „Negativverhältnis" in Form einer „verlorenen Zeit".[546] Als punktuell-räumliche Prozesse verlaufen auch Diffusionsprozesse, denen sich ja auch die Geographie widmet. So verlief die Ausbreitung der französischen Revolution zunächst punktuell, wenn überhaupt eine flächendeckende Ausbreitung stattfand. Wie Karl-Georg FABER feststellt[547], muß im Gegensatz zum räumlichen Kontinuum für die Existenz historischer Prozesse ein zeitliches Kontinuum vorhanden sein. Als erstes ist somit das räumliche Axiom des diskontinuierlichen Raumes für die Geschichtswissenschaft aufgedeckt worden.

Einen großen Schritt weiter in bezug auf die Einbeziehung des Raumes in die historische Forschung bedeutete die Entwicklung des Kulturraumkonzepts durch die Bonner Schule der geschichtlichen Landeskunde unter Hermann AUBIN, Theodor FRINGS und Josef MÜLLER in den zwanziger Jahren. Wenn auch die Beziehung der geschichtlichen Landeskunde zur Geographie stets ungeklärt blieb und es kaum einmal zu einer echten Zusammenarbeit kam, so versucht die geschichtliche Lan-

---

[545] So Theodor SCHIEDER (1965: 64f.) und Karl-Georg FABER (1971: 49).

[546] Im Sinne der Marx'schen Zirkulationstheorie (vgl. Karl MARX 1962: Kapitel 3). Die Perzeptionsgeschichtsschreibung vor allem aus dem französischen Bereich hat hier die Annahmen Theodor SCHIEDERs längst widerlegt. Sie betont ja gerade als Quellen Reisebeschreibungen von Kaufleuten, um aus diesen deren Raumempfinden zu entschlüsseln.

[547] Vgl. Karl-Georg FABER (1971: 49).

deskunde doch, Mensch und Raum in ihren Analysen zusammenzubringen.[548] Die geschichtliche Landeskunde sieht sich als Ort, an dem die „zur geistigen Sterilität getriebene Spezialisierung der Wissenschaften" überwunden werden kann und durch einen „fruchtbaren Universalismus"[549] ersetzt wird. Die geschichtliche Landeskunde bezieht somit prinzipiell alle „Wirklichkeitsbereiche" in ihre Forschung mit ein. Das sich im Laufe der wissenschaftsgeschichtlichen Entwicklung bestimmte Vorlieben und spezifische Konnotationen ergaben, sei vorausgesetzt. Die erste programmatische Arbeit in diese Richtung veröffentlichte die Bonner Schule der geschichtlichen Landeskunde im Jahre 1926.[550] Im Vorwort zu „Kulturströmungen und Kulturprovinzen in den Rheinlanden" stellten AUBIN/FRINGS/MÜLLER ihr Konzept vor:

> „Der Plan war, möglichst viele Lebensgebiete und diese für verschiedene Zeiten zu durchmustern und miteinander in Vergleich zu setzen. Wenn dabei bestimmte Räume und Hauptbewegungslinien, in denen und auf denen sich das Leben der vergesellschafteten Menschen abspielt, immer wieder hervortraten, dann mußten sich beherrschende Züge einer ‚Kulturmorphologie' der Landschaft ergeben - welches Wort hier und im folgenden stets ausschließlich im geographischen Sinne gemeint ist. Die sorgfältige Auslegung der Einzelbilder im Vergleich miteinander sollte dahin führen, die Kräfte zu erfassen, welche jeweils die Kulturlandschaft geformt haben."

Ziel des Ansatzes war eine Regionalisierung im geographischen Sinn. Die Sprachwissenschaftler und Volkskundler waren darauf aufmerksam geworden, daß in Gegenden mit einem bestimmten Dialekt ebenso eine bestimmte Kleidung, Architektur - insbesondere volkskundlicher Art, wie Hausformen -, Handwerk, Volkslied etc. vorherrschen. Wurden die Grenzen dieser Volkskultur festgelegt, so stellte sich heraus, daß sie durch natürliche Barrieren beeinflußt waren. Diese Grenzen machten den Historiker auf Gegensätze aufmerksam, welche nicht mehr sichtbar waren. Folgten zudem administrative und normative Gewohnheiten den gleichen Verteilungsmustern, so konnte von „Kulturprovinzen" gesprochen werden. Die Beständigkeit der regionalen Grenzen war eine Funktion der histo-

---

[548] Heinz QUIRIN bezeichnet sogar die zwei Hauptgebiete der Historischen Geographie, nämlich Mensch und Raum, als die Grundlage der historischen Landeskunde. Diese werden in der geschichtlichen (=historischen) Landeskunde durch die Ergebnisse aus den übrigen Teilwissenschaften ergänzt (vgl. Heinz QUIRIN, 1985: 37f.). QUIRIN vertritt somit ein Konzept von Historischer Geographie, das auch Historikern offen steht.

[549] Herbert SCHLENGER (1978: 55).

[550] Vgl. AUBIN/FRINGS/MÜLLER (1926).

rischen Zeit. Je früher eine Region besiedelt worden war, desto beständiger zeigten sich die Kulturprovinzen und desto stärker wirkten ihre Grenzen auf die folgenden Entwicklungen ein. Die Dynamik der Kulturprovinzen wurde durch zeitliche Querschnitte innerhalb des „Zeitschichtenvergleichs" deutlich. Erst durch den zeitlichen Vergleich wurde aus der Kulturraumforschung die Kulturmorphologie.[551] Der Fachvergleich als Grundlage des Konzepts wurde durch die geographisch-kartographische Methode umgesetzt. Die Karte war dabei nicht Illustrationsmittel allein, sondern Instrument der Erkenntnis. Die Verbreitung verschiedener Phänomene wurde nach der Kartierung schichtweise übereinandergelegt und, wenn möglich, zur Deckung gebracht.[552]

Karl-Georg FABER sieht in der Kulturraumforschung, wissenschaftsgeschichtlich gesehen, eine Hinwendung zum Sozialen,[553] und in der Tat betonten die Vertreter der Kulturraumforschung immer wieder den Wert des Volkslebens für ihre Forschungen. Dabei gingen sie davon aus, daß die Kultur der „niederen Schichten" länger überdauert und „bodenständiger" ist als die Kultur höherer gesellschaftlicher Schichten.[554] Diese Kultur wurde als das Alltägliche angesprochen und sollte den Menschen und seine Geschichte als Massenerscheinung transparent werden lassen. Als Indikatoren der Geschichte von Menschen wurden Kulturgüter benutzt.

Als begrifflicher Nachfolger der Kulturprovinz wird heute in der Geschichtswissenschaft als Wortverbindung mit räumlicher Komponente der von Franz STEINBACH 1952 geprägte Begriff der Geschichtslandschaft verwendet.[555] Landschaft ist dabei zunächst ein Begriff aus der Rechtsgeschichte, der einen Zusammenschluß der Landstände, in der Regel seit dem Ende des fünfzehnten Jahrhun-

---

[551] Vgl. Hermann AUBIN (1965b: 103).

[552] Vgl. zu den Methoden und Techniken der geschichtlichen Landeskunde und Kulturmorphologie insbesondere Edith ENNEN (1970) und Herbert SCHLENGER (1950). Ein Beispiel der Zeitschichtenmethode bringt auch Franz STEINBACH (1967).

[553] Vgl. Karl-Georg FABER (1979: 18f.und ähnlich 1969: 8f.).

[554] Vgl. hierzu Hermann AUBIN (1965a und 1965b).

[555] Vgl. Franz STEINBACH (1967a). Dieser Begriff hat zunächst erhebliche Verwirrung gestiftet. Auch im folgenden sollte immer bedacht werden, daß die Landschaft des Geographen eine landschaftliche Substanz meint, während die Landschaft des Historikers Kulturphänomene im nichtmateriellen Bereich anspricht.

derts, bezeichnet. Landstände bilden Personenverbände mit Mitspracherecht innerhalb der „Landschaft". Obwohl vorab rechtlich und personal aufzufassen, sind mit dem Erscheinen dieses Begriffes auch räumlich relevante Entwicklungen verbunden. So zeigt das Auftreten der Landschaft die Weiterentwicklung des Personenverbandstaates zum Flächenstaat. Schon aus der Genese des Begriffes läßt sich ein Unterschied zwischen „Landschaft" geschichtswissenschaftlich und „Landschaft" geographisch konstatieren. Im Gegensatz zum geographisch analytischen Begriff steht der historisch-reale Begriff der Landschaft geschichtswissenschaftlich. Außer der Tatsache, daß Naturlandschaft, Kultur- und politische Landschaft in historischer Zeit ebensowenig deckend waren wie in der Gegenwart, wird ein weiteres Faktum vom Historiker betont, nämlich die Dynamik der Geschichtslandschaft gegenüber der Statik der geographischen Landschaft. Die Geschichtslandschaft wird über den Rechtsbegriff der Landschaft hinausgehend benutzt, um einen historischen Raum zu benennen, einen Raum, in dem sich Geschichte abgespielt hat und der durch diese Geschichte geprägt wurde.[556] Hier haben sich bestimmte rezente gesellschaftlich-kulturelle Strukturen im geschichtswissenschaftlichen Sinn erhalten, und es hat sich bei den Bewohnern eine bestimmte Identifikation mit dem Raum ergeben:„Sie haben sich intensiver vergesellschaftet, integriert und miteinander verflochten (...) als mit den gleichen oder ähnlichen Gegebenheiten und Gruppen in den Nachbarräumen"[557]. Die Betonung der menschlichen Einwirkung zeigt auch die ältere Sozialgeographie, wie zum Beispiel Hans BOBEK (1969), welcher von „menschdurchwirkter Landschaft" spricht. Somit verbindet der Historiker mit dem Begriff Landschaft nicht allein einen Raumbegriff, sondern daneben die Bedeutung einer Personengemeinschaft, eine Geschichte von „Land und Leuten".

Ein Moment verbindet „Landschaft" geschichtswissenschaftlich und „Landschaft" geographisch in besonderer Weise. Es ist die Vorstellung einer Einheit, einer Ganzheit, was allerdings in der Geschichtswissenschaft mehr auf die Identifikation,[558] denn auf die diese hervorrufenden Ursachen Anwendung findet. Geschichtslandschaften werden dann als existierende, sozusagen greif-

---

[556] Vgl. Heinrich SCHMIDT (1977: 26):"Sie hat die Naturlandschaft nicht völlig verlassen, ist aber nicht mit ihr zu identifizieren. Sie wird nicht von der Natur regiert, sondern von der Geschichte."

[557] Karl-Georg FABER (1979: 11).

[558] Heinrich SCHMIDT (1977: 39) nennt sie Bewußtseinsvoraussetzungen.

bare Objekte der Forschung angesehen, die, wenn auch einem gewissen Wandel unterworfen, doch ihre Identität nicht verloren haben.[559] Auf der anderen Seite scheint dieser Begriff einen Ordnungsbegriff im Sinne eines Behälters für eine „Vielzahl von überwiegend anthropogenen, in der Vergangenheit entstandenen Gegebenheiten und menschlichen Gruppen"[560] zu bilden. Ludwig PETRY bezeichnet denn auch die Geschichtslandschaft als „einen geographisch übersehbaren und einleuchtenden, von mannigfaltigen geschichtlichen Bezügen mit Leben erfüllten und als Gemeinschaft bestätigten Teilbereich, der den geeigneten Rahmen abgibt für eine Forscher-Betätigung (...) in einer fruchtbaren Arbeitsgemeinschaft aller dazu aufgerufenen Disziplinen"[561]. Somit liegt die forschungslogische Funktion des Begriffes der Geschichtslandschaft in seinen institutionellen und organisatorischen Resultaten, indem verschiedene Disziplinen sich darauf verständigen, einen geschlossenen Raum nach unterschiedlichen Seiten hin zu studieren, um vergleichbare, räumlich vergleichbare Ergebnisse zu erhalten. Der Begriff der Geschichtslandschaft ist somit zunächst als heuristisches Prinzip anzusehen. Wenn dabei allerdings nicht mit Bedacht vorgegangen wird, besteht die Gefahr, künstliche Einheiten zugrunde zu legen und somit dem Raum in seiner territorialen Geschlossenheit Gewalt anzutun.

Wichtig für das Verständnis von Geschichtslandschaft ist weiterhin die Gleichzeitigkeit von Konsistenz (Persistenz) und Dynamik. Die jeweilige Betonung ist abhängig von der zugrundeliegenden Fragestellung. Karl-Georg FABER (1968) ordnet in diesem Zusammenhang die Geschichtslandschaft in das strukturgeschichtliche Schema von Fernand BRAUDEL. Sie hätte hier ihren Platz im mittleren Bereich der „histoire structurale", welcher sich nur langsam oder zyklisch in Konjunkturen verändert. Gegenüber der kaum wahrnehmbaren Veränderung des geographischen Milieus wäre die Dynamik der Geschichtslandschaft zu betonen. Gerade wegen ihrer Dynamik bietet sich die Geschichtslandschaft auch als „Kennzeichnung des auch historisch nachweisbaren Eigencharakters eines Gebietes <an>, dem gerade wegen der Dynamik der Geschichte der historische Eigenname fehlt, und das man daher nach seinem augenfälligsten geographischen Merkmal zu benennen pflegt - eben als ‚Rheinland' oder als ‚Rhein-Main-

---

[559] Vgl. hierzu vor allem Karl-Georg FABER (1980: 7f.).

[560] Karl-Georg FABER (1968: 10f.).

[561] Ludwig PETRY (1978).

Gebiet'"[562]. Im Gegensatz zur politischen Geschichte der „histoire événementielle" wäre dann das Während der Geschichtslandschaft zu betonen, wie zum Beispiel die Mentalität, welcher sich die moderne Geschichtslandschaftsforschung im Rahmen der Regionalgeschichte widmet.[563]
Eine weitere Aufgabe stellt sich dem Historiker durch das Verlangen, innerhalb der Geschichtlandschaft Hierarchien zu entdecken, die der „Gleichzeitigkeit mehrerer, sich gewissermaßen schichtender Beziehungsräume(n) von unterschiedlicher Reichweite"[564] innerhalb menschlicher Lebensvorgänge gerecht werden. So könnten unterschiedliche Raumstrukturen und Dimensionen der verschiedenen gesellschaftlichen Bereiche hergestellt werden, wie Wirtschaftsverflechtungen, Kulturräume, Räume unterschiedlicher politischer Partizipation etc. Demgegenüber ging allerdings die ältere Landesgeschichte von Geschichtsräumen in ihrer Ganzheit aus und teilte diese in Kernräume und Schwellenzonen zu Nachbarräumen, wobei die Kernräume, durch physisch-geographische Tatsachen bevorzugt, auf ihren Umkreis einen großen Einfluß ausüben. Diese Formulierungen dürften in den Ohren eines Geographen vertraut klingen, vor allem dann, wenn man sie in eine moderne Terminologie übersetzt denkt. So kommt denn auch Karl-Georg FABER (1968) zu dem Schluß, daß es offenbar einen Unterschied zwischen „Landschaft" geographisch und „Landschaft" geschichtswissenschaftlich nicht gibt. Eine Unterscheidung läßt sich nur dann aufrechterhalten, wenn von der Geographie allein die Landesnatur betont wird, ansonsten bleibt als Aufgabe beider Zweige die Darstellung von Strukturen und funktionalen Verflechtungen der gesellschaftlichen Lebensbereiche. Die räumliche Komponente spielt hierbei für die Geschichtswissenschaft nicht die herausragende Rolle, vielmehr bildet die Landschaft nur den Ausgangspunkt, um weitergehende Fragen nach der kulturgeschichtlichen Entwicklung zu stellen. Diese räumlichen Lebensgemeinschaften spiegeln eine Harmonie sich gegenseitig ergänzender Eigenschaften. Es geht mehr um die deutsche Kultur auf Grundlage der landschaftlichen Gegeben-

---

[562] Heinrich SCHMIDT (1977: 32). Ähnlich auch Franz PETRI (1977: 85):„Wir verstehen unter Geschichtslandschaften Gebiete, die sich trotz Fehlens einer die Gesamtentwicklung eines Raumes beherrschenden Staatswesens schon seit früher Zeit als klar erkennbare historische Individualitäten aus ihrer Umgebung herausheben."

[563] Zum Beispiel in den Arbeiten von Ernst HINRICHS.

[564] Heinrich SCHMIDT (1977: 29).

heiten, als um eine Analyse der Auseinandersetzung des Menschen mit seiner Landschaft. Es sind auch nicht Prozesse im Leben der Menschen, welche interessieren, sondern Produkte dieser Prozesse. Damit gelingt es der Kulturraumforschung selbstverständlich nicht, in die Tiefen sozialen Geschehens vorzudringen. Vielmehr entsteht ein eher statisches Bild der Oberfläche. Die Vertreter der Kulturraumforschung konnten noch nicht einsehen, daß die direkte Validität, die Gleichsetzung von Kulturgut mit Kultur, wissenschaftstheoretisch nicht haltbar ist und zu einer groben Schematisierung führen mußte.[565] Diese grobe Schematisierung sehen wir auch in jüngsten Versuchen, die Kulturraumforschung mit neuem Leben füllen, indem ihr theoretischer Apparat, vor allem durch die Theorie der Zentralen Orte und die Modernisierungstheorie erweitert wird. Abgesehen davon, daß hiermit modellhafte Vorstellungen adaptiert werden sollen, die längst in Geographie und Geschichtswissenschaft so nicht mehr haltbar sind - da es bessere Erklärungen für die zu beschreibenden Phänomene gibt - muß davor gewarnt werden, der Geschichte mit einer so einfachen Methode auf die Spur kommen zu wollen.[566]

Die Vorstellungen der Kulturraumforschung über lebensweltliche Zusammenhänge, über den Alltag der Menschen, sind nur schwer mit neueren Konzepten vereinbar. Dieses Faktum ist auch nur zu verständlich, denn die Vertreter der geschichtlichen Kulturraumforschung rekurrieren zwar auf den Alltag, dieser Alltag ist aber nicht eigentliches Thema ihrer Arbeit. Es wird nicht eine Analyse des Alltags vorgenommen, sondern Alltag wird als Indikator für die Abgrenzung von Kulturprovinzen benutzt.

Ähnlich wie dem Alltagsbegriff ergeht es innerhalb der Konzeption dem Raum. Einsprüche von geographischer Seite kamen in diesem Zusammenhang vor allem von Peter SCHÖLLER.[567] Er setzte sich dafür ein, nicht mehr einzelne Kulturelemente in ihren großräumigen Verflechtungen und Korrelationen zu zeigen, sondern

---

[565] Vgl. zum Problem der Verwechslung von Gegenstand mit begrifflichem Konstrukt Kap.4.2.2.

[566] Als ein Vertreter dieser Wiederbelebungsversuche kann Franz IRSIGLER (Trier) genannt werden (vgl. hierzu neben Hubert Mücke, 1986 die Ausführungen von IRSIGLER auf dem Historikertag 1986 in Trier).

[567] Vgl. Peter SCHÖLLER (1960 und 1970) sowie Hermann OVERBECK (1978).

darüber hinaus, die funktionalen Beziehungen der Kulturelemente untereinander zu betonen,[568] somit also auch vertikale Verbindungen herzustellen. Diese „funktional-kulturgeographische Vertiefung der Kulturraumlehre"[569] soll nach Meinung SCHÖLLERs auch Unterschiede in Lebensform und Verhalten erfassen, um so zu einer landschaftlichen Synthese vorzustoßen. Es muß aber bezweifelt werden, ob das Funktionieren von lebensweltlichen Systemen (=Landschaften) durch die Konstruktion funktionaler Zusammenhänge ermittelt werden kann. Nach einer vertikalen Verknüpfung der unterschiedlichen Wirklichkeitsbereiche muß die prozeßhafte Verknüpfung folgen. Diese hält sich nicht an funktionale Bereiche, sondern läuft quer zu und durch diese hindurch. Darauf werden wir später zurückkommen. Der Begriff der „überschaubaren Größe" wird in seiner synthetischen Bedeutung auch von SCHÖLLER übernommen. Im synthetischen Sinn scheint dieses Argument allerdings unbrauchbar, da es für synthetische Fragestellungen keine Relevanz besitzt. Dagegen ist die Überschaubarkeit abhängig von der Fragestellung. Überschaubar kann im funktionalen Sinn SCHÖLLERs auch die gesamte Erdoberfläche sein. Der Maßstab der Betrachtung hat sich demgegenüber nach dem zu untersuchenden Objekt und der Fragestellung zu richten. Gerade im funktionalen Sinn kann aber nicht von abgeschlossenen, funktionalen Systemen gesprochen werden, so daß eine landschaftlich synthetische Überschaubarkeit nicht gerechtfertigt erscheint.

5.3.2. Geschichte als Siedlungsgeschichte

Die engste Verbindung mit der Geographie ist die Geschichtswissenschaft bisher im Rahmen der Siedlungsgeschichte eingegangen. Diese wiederum ist nicht denkbar ohne die Ausdifferenzierung der Landesgeschichte aus der allgemeinen Geschichte vor allem seit den zwanziger Jahren dieses Jahrhunderts, als sich Zweifel an der Richtigkeit bisher eingebürgerter Vorstellungen über den Aufbau des mittelalterlichen „Staates" regten. Die Landesgeschichte befaßt sich mit quellenmäßig noch überschaubaren Räumen, hat aber wie Hans PATZE feststellt

---

[568] Vgl. insbesondere Peter SCHÖLLER (1970).

[569] Ibidem: 680.

keine eigene Erkenntnistheorie.[570] Vielmehr ist ihr Verfahren von der Historischen Methode abgeleitet. „Die besondere Eigenart der Landesgeschichte," welche von anderen Autoren, wie Ludwig PETRY und Pankraz FRIED, behauptet wird, läßt sich an der praktischen Arbeit nicht ablesen, obwohl der Landeshistoriker die Möglichkeit besitzt, von einem weiteren Geschichtsbegriff auszugehen, als seine Fachkollegen der allgemeinen, insbesondere der politischen Geschichte. Die besondere Eigenart liegt aber weniger in der Methodik und in den Fragestellungen, als in dem sich parallel herausgebildeten organisatorischen Rahmen, in den seine Arbeit eingebettet ist. Dieser organisatorische Rahmen, die geschichtliche Landeskunde oder geschichtliche Kulturraumforschung (Kulturmorphologie) unternimmt es, einen begrenzten Raum umfassend, sprich in allen Bereichen des geschichtlichen Lebens zu untersuchen, wozu sich Wissenschaftler mehrerer Disziplinen auf einen Raum einigen. Synthesen im eigentlichen Sinn des Wortes entstehen auf diese Art weniger innerhalb von Einzeluntersuchungen, sondern eher im Rahmen von Gesamtdarstellungen. Die Arbeitsatmosphäre innerhalb solcher Institute sollte nicht unterschätzt werden. Die gegenseitige Beeinflussung durch Diskussion und Zurkenntnisnahme von Ergebnissen aus Nachbarfächern beeinflußt die jeweilige Forschungskonzeption.

Es sind mehrere Gründe, die der Siedlungsforschung ihren Platz innerhalb der „zusammenhängenden Erforschung eines oder der deutschen Länder"[571] zuweisen. Zum einen hatte die Geographie gezeigt, daß sie sehr wohl in der Lage war, einen Beitrag zum Problem der Mehrdeutigkeit geschichtlicher Quellen leisten zu können.[572] Die Geographie war in den zwanziger Jahren gerade selbst dabei, ein Theoriegebäude aufzustellen, welches sich die Geschichtswissenschaft zu Nutzen machen konnte, um zum Beispiel auch dort Ergebnisse zu erhalten, wo Quellen fehlten oder nur unzureichend vorlagen; zum Beispiel im frühen Mittelalter durch Wüstungsforschung.[573] Die Grenzen einer erklärenden Morphologie

---

[570] Vgl. Hans PATZE (1982: 16).

[571] Franz PETRI zitiert in Pankraz FRIED (1978: 2).

[572] Vgl. hierzu auch Robert GRADMANN (1943: 43).

[573] Vgl. zur Wüstungsforschung im Grenzbereich Geographie-Geschichte die Beiträge von Helmut JÄGER (1979) und Heinz QUIRIN (1973). Auch im späten Mittelalter wurden wüstliegende Dörfer häufig so beschrieben, als ob sie noch beständen. In Wirklichkeit lagen sie bereits wüst. Somit zeigen Urkunden nicht immer den tatsächlichen Sachverhalt. Diese Tatsache trifft besonders für sich

der Kulturlandschaft der Gegenwart, also einer im engeren Sinn genetischen Betrachtungsweise, wie sie Otto SCHLÜTER in erster Linie forderte, und einer im eigentlichen historischen Betrachtungsweise der Kulturlandschaftsgeschichte waren fließend geworden.

Eine eher konservativ vorgeprägte Untersuchung von Mensch und Landschaft, der Beziehung von Mensch zu seiner Umwelt stand im Mittelpunkt der Forschung, ein vor allem gesellschaftlich gedeutetes Verhältnis, das immer offensichtlicher destruktiv zu werden schien:„Man ging vom Boden, von der Siedlung aus und betrachtete die ‚organische Einheit von Siedlung und Feldmark als Lebenseinheit'"[574]. Die menschliche Organisation des Verhältnisses von Land und Leuten war erstes Erkenntnisziel. Man wehrte sich damit gegen eine Universalisierung und Sektoralisierung der Wissenschaften, wie sie im neunzehnten Jahrhundert eingesetzt hatte, und bildete damit, allerdings nur für kurze Zeit, das Pendant zur französischen Annales-Schule,[575] die sich ebenso gegen die immer weitergehende Aufspaltung voneinander abhängiger Variablen aussprach.[576] Dieses Vorgehen war nicht unumstritten und stieß häufig auf das Unverständnis der Historikerschaft, welche Besiedlungsgeschichte als Herrschaftsgeschichte sehen wollte und welche besitzgeschichtliche und genealogische Forschung als „Schlüssel für die Geschichte der Siedlung"[577] betonte. Kritik erntete man zusätzlich, da sich die Siedlungsforschung auf die Arbeiten von Karl LAMPRECHT stützte, der mit seiner als Kulturgeschichte betriebenen Agrargeschichte einen wahren, den Lamprecht-Streit ausgelöst hatte.

---

wiederholende Lehnsbestätigungen zu. Der Name eines Dorfes, die Erwähnung bestimmter Hufen oder anderer Liegenschaften sagen nichts über ihren Zustand aus. Urkundentexte wurden bei Lehnsbestätigungen häufig schematisch übernommen, ohne daß die einzelne Kanzlei überprüfen konnte, ob die erneut zu verschreibenden Orte noch bestanden. Aus den schriftlichen Quellen allein kann somit der Zeitpunkt des Wüstwerdens nicht bestimmt werden.

[574] Pankraz FRIED (1978: 5).

[575] Vgl. auch Immanuel WALLERSTEIN (1982).

[576] Vgl. zum Vergleich der deutschen mit der französischen Landesgeschichtsschreibung Irmline VEIT-BRAUSE (1979).

[577] Karl LECHNER (1937: 5).

Typisch und bis heute prägend wirkten die Arbeiten von Hermann AUBIN[578] und der Bonner Schule, wie wir sie zuvor beschrieben haben.

Das fatale für die Siedlungsforschung der zwanziger Jahre bestand darin, daß ihr Ansatz nicht unpolitisch sein konnte, dazu waren Themenstellungen und Formulierungen zu leicht politisch zu manipulieren. Eine scheinbar unpolitische Haltung wurde dann schon eher durch die schon bald einsetzende Neigung zur reinen Siedlungsformenlehre erreicht. Das vom Ansatz her stets gesellschaftskritisch angelegte Studium der Mensch/Umwelt Beziehung wurde eingetauscht gegen einen Siedlungs- oder Landschaftsschematismus, der zwar der Form nach unpolitisch schien, aber doch ohne große Mühe in (Groß-) Raumplanung einzubauen war und in die neue Ideologie des Nationalsozialismus nicht nur durch die Fragestellungen, sondern vor allem durch das was in der „Zusammenschau der einzelnen Elemente"[579] vernachlässigt wurde, ohne Schwierigkeiten integriert werden konnte. Die Zusammenschau beschänkte sich in der Regel auf vorliegende Siedlungsformen. Die Siedlungsforschung der dreißiger Jahre befaßte sich mit der „Betrachtung, Zergliederung und Deutung der Äußerlichkeiten der Orts- und Flurformen"[580]. Albert HÖMBERG versuchte dabei, den Aspekt des historisch Gewordenen zu retten. Er forderte die genetische Gliederung der Formenwelt durch das Studium der „Entwicklung, die zu den heutigen Siedlungsformen geführt hat"[581] und behauptete gegen alle rassische Ursubstanz, daß sich die Formen erst historisch herausgebildet hätten. Dabei ging er soweit, zu behaupten, daß die Konstanz der Siedlungsformen als eine Ausnahme anzusehen sei. Vor diesem Hintergrund war die Siedlungsforschung für Historiker unattraktiv geworden, so daß sich die Wege schnell wieder trennten. Der Geographie verhalf in der Folgezeit die Geschichte zu einem „vertieften Landschaftsverständnis"[582], hatte aber lediglich ergänzende Bedeutung. Für die Siedlungsgeschichte brachte die Geographie einen naturwissenschaftlichen Erkenntniszuwachs.

So bestehen im Nachkriegsdeutschland zwei Formen einer Geschichtswissen-

---

[578] Vgl. zu AUBIN Klaus H. WOLFF (1960) und zu der andauernden Nachwirkung AUBINscher Forschung Hubert MÜCKE (1986b).

[579] Adolf HELBOK (1937: 108).

[580] Albert HÖMBERG (1938: 9).

[581] Ibidem: 10.

[582] Hermann OVERBECK (1978: 192).

schaft, die sich mit Siedlungen befaßt nebeneinander. Die eine bezeichnet sich als Siedlungsgeschichte und kann der Geschichtswissenschaft zugerechnet werden. Daraus resultiert, daß sie sich nicht mit den materiellen Produkten menschlicher Tätigkeit befaßt, sondern die Tätigkeit als solche untersucht. Diese Geschichte des Siedelns wird hauptsächlich von Rechtshistorikern betrieben. Als Siedlungsgeschichte der Neuzeit ist sie allerdings kaum von einer Wirtschafts- und Sozialgeschichte zu unterscheiden.[583] Im allgemeinen geht der Siedlungshistoriker von den schriftlichen Quellen aus, die er nach den an der Besiedlung Beteiligten und ihren Rechtsbeziehungen befragt. Über Zinsverzeichnisse erhält er Aufschluß über die wirtschaftliche Produktion und die Wirtschaftsbeziehungen der Siedlung. Auch die grundherrlichen Besitzverhältnisse sind von Belang.[584]

Daneben ist die schon vor dem zweiten Weltkrieg entwickelte Siedlungsforschung im Rahmen der geschichtlichen Landeskunde zu nennen. Sie hat sich aber schnell zur Marginalie im Forschungsbetrieb zurückentwickelt. Die Siedlungsforschung ist interdisziplinär angelegt und wendet Erkenntnisse der Ortsnamenforschung genauso an wie solche der Geographie. Untersuchungsobjekt ist dabei zwar auch das Siedeln, aber in einem umfassenderen Sinn, in Beziehung zur Landschaft unter Einschluß der Siedlungsprodukte[585], also der zeitüberdauernden Resultate des Siedelns. Die Siedlungsforschung geht zunächst einmal von den naturräumlichen Bedingungen aus. Dies ist in der Regel der einzige Beitrag der Geographie innerhalb des gesamten Vorgangs. Danach wird diese naturräumliche Gliederung zur Besiedlung in Beziehung gesetzt. Die Besiedlungsgeschichte verläuft analog den naturräumlichen Einheiten von gut erreichbaren, flußnahen Regionen über Beckenlagen mit guten Böden in die Höhenlagen, jeweils „Vorposten" vorausschickend.[586] So werden zeitliche und räumliche Stadien unterschieden, in denen sich Siedlungskammern bilden, die wiederum typische Siedlungsformen ausbilden. Verkehrswege (Altstraßen) können ebenso in ihrem

---

[583] Heinz QUIRIN (1970: 312f.).

[584] Die Trennung nach Quellengruppen zeigt sich vor allem im Umgang des Historikers mit dem vorliegenden Kartenmaterial. Die Karte ist für den Historiker immer noch mehr Darstellungsmittel, denn Quelle.

[585] Sie sind nach Werner EMMERICH (1951: 1) die Zeugnisse des Siedelns.

[586] Vgl. ibidem: 33f.

Verlauf in Anlehnung an den Naturraum und in Beziehung zum Siedlungssystem dargestellt werden. Die Siedlungsforschung steht somit vor dem Problem, bei ihrer prinzipiellen Nichtbeschränkung auf einen Lebensbereich vor einem zu großen Faktenberg bei einem zu gering bemessenen Systematisierungsrahmen zu stehen. Sie unterscheidet sich in dieser Hinsicht aber nicht wesentlich von der Landesgeschichte, welche ebenso durch „die Einbeziehung der gesamten Lebenswirklichkeit des Menschen"[587] mit neuen, durch die „Massenhaftigkeit gekennzeichnete Quellengruppen"[588] konfrontiert wird. Die Landesgeschichte hat allerdings im Gegensatz zur Siedlungsforschung bisher dieses Problem durch eine selbstauferlegte Beschränkung der Themen und eine verfassungsgeschichtliche Umdeutung der Landesgeschichte gelöst.

5.3.3. Geschichte und Region
5.3.3.1. Region als Axiom innerhalb geschichtswissenschaftlicher Forschung

Die Versuche, die Region als Beschreibungskategorie im historischen Prozeß verfügbar zu machen, sind bisher spärlich geblieben. Außer dem recht unreflektierten Versuch, Region lediglich als geographische Einheit zu nutzen, um verschiedene Studien zusammenzubinden, lassen sich im europäischen Maßstab grob zwei Konzeptionen unterscheiden: Die eine, die westeuropäische, welche mit Hilfe von Entwicklungs- und Abhängigkeitstheorien sowie der Raumwirtschaftslehre bestrebt ist, Regionen in ihrer gegenseitigen Abhängigkeit und Entwicklung darzustellen und die zweite, die osteuropäisch-marxistische, welche meint, Regionen in ihrem jeweiligen historischen Zustand in den gesellschaftlichen Gesamtprozeß einordnen zu können und ohne die Zuhilfenahme sozialwissenschaftlicher Modelle eine genuin historische Konzeption von historischer Region zu entwickeln. Die Hauptaufgabe besteht dabei in der „Gliederung des welthistorischen Prozesses in aufeinanderfolgende, einander ablösende ökonomische Gesellschaftsformationen"[589]. Diese Gesellschaftsformationen oder bestimmten Systeme von Gesellschaften sind charakterisiert durch ihre spezifi-

---

[587] Edith ENNEN (1971: 22).

[588] Loc. cit.

[589] BARG/CERNJAK (1980: 57).

sche Produktionsweise, das heißt durch die grundlegenden gesellschaftlichen Beziehungen, durch die die Gesellschaft als produzierende Gesellschaft funktioniert und durch die Art der insbesondere technischen Produktionsmittel.
Zum Studium der Weltgeschichte nach diesen sozialökonomischen Kriterien wurde die „stadial-regionale Methode" entwickelt. Sie geht von der Erkenntnis aus, daß „der Entstehungs- und Fertigungsprozeß der kapitalistischen Formation"[590] seinem Wesen nach homogen, in der Form aber nicht einheitlich verläuft. Unter Region wird ein strukturales System verstanden, „das heißt ein Komplex von Elementen, der durch gegenseitige Beziehungen und Funktionen zu einer relativ selbständigen Einheit verbunden ist, der aber mit weiteren, ihn umgebenden Einheiten und größeren sowie höheren Einheiten zusammenhängt"[591]. Innerhalb dieser Region sind drei Strukturen vorstellbar, mit deren Hilfe die innere Gliederung der Region beschrieben werden kann. Die Struktur A ist die gesellschaftlich notwendige Struktur. Sie beinhaltet die Verhältnisse, welche für das Funktionieren und die Entwicklung einer gegebenen ökonomischen Gesellschaftsformation notwendig sind, in denen sich das Wesen dieser Formation verkörpert.[592] Die Struktur B bezeichnet das Besondere des Entwicklungsprozesses der Region. Es sind hiermit Elemente gemeint, die zwar vom allgemeinen Weg abweichen, ihn aber nicht stoppen, sondern lediglich Substitute darstellen. Die Summe dieser, den allgemeinen Prozeß differenzierenden Elemente, ergibt das Abweichungsspektrum der Region. So lassen sich unterschiedliche Möglichkeiten vorstellen, den Weg der Industrialisierung zu beschreiben. Eine schlechte Eisenbahnverbindung kann zum Beispiel durch Flußlage substituiert werden oder durch die Ausschöpfung eigener Ressourcen und den Aufbau einer internen Nachfrage durch den regionalen Markt. Die dritte und letzte Struktur bildet die Struktur C. Sie bezeichnet die systemfremden Elemente, die dem jeweils betrachteten Prozeß (hier Industrialisierung) im Wege stehen. Es sind dies entweder traditionelle Formen oder solche, die als Gegenreaktion auf den

---

[590] BARG/CERNJAK (1980: 57)

[591] Josef BARTOS (1981: 10). Eine Entlehnung des Konzepts aus der Systemtheorie ist unverkennbar.

[592] Vgl. auch BARG/CERNJAK (1980: 58f.).

Prozeß hin ausgebildet wurden.[593] Region zeigt sich hier als System mit einer Reihe von Subsystemen, als ein raum-zeitliches Gebilde, in dem bestimmte Zonen einer neueren Zeit angehören als andere und in dem unter Umständen auch zeitliche Rückwärtsbewegungen festzustellen sind.

Ein wesentliches Problem bei regionalen Studien besteht in der Frage, „ob in der Regionalgeschichte die geographische Umwelt mehr in den Vordergrund tritt als in der gesamtstaatlichen und in der umfassenden Geschichte"[594]. Wenn auch anerkannt wird, daß die wechselseitige Wirksamkeit zwischen Natur und Mensch sich unmittelbar überwiegend in einem bestimmten Raum, in einem bestimmten Lebens- und Arbeitsmilieu realisiert und diese ökologischen und geographischen Beziehungen auch die übrige Struktur der Gesellschaft innerhalb der Region beeinflussen, so wird doch stets betont, daß der geographischen Umwelt kein bestimmender Charakter zukommt. Diese Behauptung läßt sich aber weder empirisch noch durch Stellungnahmen im Werk der Klassiker des Marxismus aufrechterhalten. Bei stärkerer Betonung des Umweltkriteriums unter Zugrundelegung der schon vorher dargestellten Sytematik von Gerhard SCHMIDT-RENNER bietet die stadial-regionale eine Alternative zu bisherigen eher typologisch-epochalen Ansätzen, welche Regionen nach dominanten Strukturen im Geschichtsverlauf hin befragen und damit die originär geschichtliche Ungleichzeitigkeit und räumliche Verschiedenheit von Entwicklungen innerhalb der Region außer acht lassen.[595]

5.3.3.2. Regionalgeschichte

Die Regionalgeschichte, wie sie sich in den siebziger Jahren herausgebildet hat, stellt eine konsequente Weiterentwicklung der Geschichte als Historische Sozialwissenschaft dar. Sie widmet sich in der Regel der Industrialisierungsphase, also den letzten zweihundert Jahren, kann aber auch bei bestimmten Fragestellungen, wie zum Beispiel Formen des ländlichen Protests, bis in die frühe Neuzeit zurückgehen. Um die Strukturen und Prozesse dieser komplexen Zeit

---

[593] Gerade um diese Elemente ging es der Konstanzer Gruppe von Regionalhistorikern in ihrer Untersuchung des Provinzialisierungsprozesses.

[594] Josef BARTOS (1981: 11).

[595] Hier zum Beispiel Peter GUNST (1978).

analysieren zu können und überschaubar darzustellen, fehlten der älteren Landesgeschichte die Analyseverfahren, da sie auf Personen- und Ereignisgeschichte hin ausgerichtet war. In Anlehnung an Jürgen KOCKA läßt sich das Anliegen dieser Forschungsrichtung beschreiben als „die integrale Erfassung eines gesellschaftlichen Entwicklungsprozesses, wobei die politische, wirtschaftliche, soziale und kulturelle Entwicklung als sich gegenseitig bedingende Determinanten einer gesamten Entwicklung im Sinne einer umfassenden Gesellschaftgeschichte begriffen werden"[596]. Um den in diesem Zusammenhang entwickelten Forschungsmethoden der Modellbildung und Zeitreihenanalyse gerecht zu werden, sind möglichst umfassende und komplexe Datensätze und Quellenbestände notwendig, wie sie nur innerhalb eines beschränkten Raumes zu finden sind. Ausgehend von ihrer Genese, also aus der Forschungskonzeption der Historischen Sozialwissenschaft herausgewachsen, ergeben sich für den Regionalhistoriker spezifische Probleme. Es sind dies eine irgendwie zu begreifende und operationalisierende Totalität und die Einschätzung der Eigenwirkung und Eigendynamik der Region. Bei Wolfgang KÖLLMANN lassen sich fünf Ebenen sozialgeschichtlicher Aneignung von Regionalgeschichte unterscheiden:[597]

1. Die jeweils nur örtlich gegebenen Voraussetzungen, Ansätze und Verlaufsformen strukturwandelnder Prozesse,
2. Nur am Ort erkennbare Differenzierungen innerhalb der allgemeinen Prozesse, die Rückschlüsse auf beschleunigende oder retardierende Momente der real-geschichtlichen Entwicklung erlauben,
3. der besondere Aspekt von Traditionsbindung und -wirkung, der nur in regionalgeschichtlicher Untersuchung geklärt werden kann, wobei „solche traditionalen Elemente in der Ausformung gesellschaftlicher Gruppen und Schichten wie in der Entstehung und Entfaltung spezifischen Gruppenbewußtseins ihre besondere Rolle <spielen> und in dessen Umsetzung und Bewegungen" wirken,
4. das Moment des Unverwechselbaren, demzufolge „nur die Regionalgeschichtsforschung (...) zu analysieren vermag, welche Wirkungszusammenhänge und -einflüsse zu besonderen landschaftlichen Ausformungen und Abwandlungen geführt haben, die den Charakter des Unverwechselbaren besitzen" und
5. das geschichtsdidaktische Moment der Verdeutlichung in Form der „eigenen Umwelt, der Geschichtlichkeit des Ortes und der Landschaft", in der der Mensch lebt.

---

[596] Ein Zitat von Christian DIRNINGER (1980/81: 332) in Anlehnung an Jürgen KOCKA.

[597] Vgl. Wolfgang KÖLLMANN (1975).

Der Großteil der Untersuchungen geht von einem Globalmodell aus. In der Regel stützt man sich implizit oder explizit auf eine Modernisierungstheorie[598], die besagt, daß alle westlichen Industriestaaten beim Übergang von einer Agrar- in eine Industriegesellschaft einen vergleichbaren Wandel in allen denkbaren Bereichen durchgemacht haben. Innerhalb der Bereiche werden politische Partizipation, Technik und Wirtschaft, Bildung und allgemeine Mobilität (räumliche und soziologische) betont. Einer vorhandenen Wertung dieser Bereiche in vorindustrialisierten Gesellschaften werden die Entwicklungen in industrialisierten Gesellschaften gegenübergestellt. Die Modernisierungstheorie stellt keine Theorie im eigentlichen Sinn dar, denn es ist nicht ersichtlich, warum gerade die behandelten Bereiche repräsentativ für entwickelte Gesellschaften sein sollten. Die einzelnen Momente der Modernisierung, welche Hans-Ulrich WEHLER in einem Dichotomien-Alphabet dargestellt hat,[599] stellen ganz einfach bestimmte Vorlieben der Historischen Sozialforschung dar, ohne das der Katalog der Modernisierungsmomente abgeschlossen wäre. Die Region wird innerhalb dieses Standpunktes als Funktion der Modernisierung angesehen, als abhängig von der Gesamtentwicklung.

Konsequent regionalistisch sind dagegen die Autoren um Gert ZANG vorgegangen,[600] um die Provinzialisierung des Raumes Konstanz zu studieren.[601] Ihre Arbeit kann als paradigmatisch für die moderne Regionalgeschichte gelten, auch wenn die Mängel um so offensichtlicher sind, da die Autoren selbst ihre Arbeit analysierten und diese Mängel offengelegt haben. Es ging den Autoren bei ihrer Arbeit um „die Hintergründe der gegenwärtigen Situation, nämlich die historischen Wurzeln der innerstaatlich ungleichen und abhängigen Entwicklung und die

---

[598] So zum Beispiel Ernst HANISCH (1979/80).

[599] Hans-Ulrich WEHLER (1975).

[600] Einige unklare Ausführungen der Landeshistoriker über ihr Vorgehen führten dazu, daß sie sich entgegen der üblichen Stellungnahmen ebenso auf in sich autonome Geschichtslandschaften und ihre Teile berufen konnten. Die autonome Betrachtung der Regionalgeschichte trifft aber auch bei jüngeren Forschern der Historischen Sozialwissenschaften auf Kritik. So fordert Wolfgang KÖLLMANN (1975: 45 und 49) die Orientierung der Forschung an übergreifenden Fragestellungen. Weiterhin plädiert er für die Aufnahme sozial- und wirtschaftshistorischer Theorien und Methoden, insbesondere als notwendige Voraussetzung zu vertiefender Interpretation.

[601] Vgl. Gert ZANG, Hg. (1978).

spezifische Entstehung der bürgerlichen Gesellschaft in der Provinz analytisch, also klarer, als es bisher der Fall (ist)<war>, zu durchdringen"[602].
Auch die Konstanzer Autoren setzten sich einen theoretischen Rahmen, der von den umgangssprachlichen Inhalten von Provinz ausging, nämlich „rückständig (abgeschlossen) und deformiert (abhängig)"[603]. Operationalisiert entstanden daraus die Kategorien „relative Autonomie" und „relative Abhängigkeit". Die Abhängigkeiten zeichnen sich dadurch aus, daß sie keineswegs nur direkt wirken, keineswegs durchgängig sind und in verschiedenen Stufen als „Kette von Abhängigkeiten" verlaufen. Die relative Autonomie hängt davon ab, inwieweit die provinzielle Gesellschaft die Macht hat, allgemeine Gesetzmäßigkeiten zur „bloßen Makulatur" werden zu lassen. Inwieweit setzen sich also allgemeine Entwicklungen in der Provinz durch und inwieweit nicht.

Methodisch lag das konsequente, aber auch am meisten kritisierte der Arbeit darin, lediglich lokale Quellen heranzuziehen. Damit war die Gelegenheit gegeben, ein interessantes Bild aus der Region heraus zu erhalten. Allerdings gerieten die Autoren damit in Widerspruch zu ihrem zunächst entworfenen theoretischen Rahmen, konnten aber nach Abschluß der Arbeit die wesentlichen Aussagen des Programms sehr gut zur Strukturierung der Ergebnisse heranziehen.[604] Das für Historische Geographen interessante Thema der Verkehrsentwicklung wurde gewählt, da es in dem Projekt um die Auseinandersetzungen zwischen konservativen ständischen und liberal bürgerlichen Schichten ging und eine konsequente Verkehrsausstattung der Region eine Öffnung zu und damit die Anbindung an weiterentwickelte Regionen gebracht hätte. Eine weitergehende Betrachtung unter geographischen Aspekten fand nicht statt.

Auch im Konstanzer Projekt zeigte sich das Problem, die Totalität der Region in den Griff zu bekommen. Am engagiertesten hat sich zu diesem Thema wohl

---

[602] Gert ZANG (1978a: 16).

[603] Dieter BELLMANN et al. (1975: 109).

[604] Die konsequente Auswahl lokaler Quellen erinnert an die französische Regionalgeschichte. Bundesdeutsche und französische Regionalgeschichte dürfen aber nicht gleichgesetzt werden, da der bundesdeutschen Regionalgeschichte ein stark entwickelter theoretischer Rahmen zugrundeliegt, während die Beschränkung auf lokale und regionale Quellen in Frankreich lediglich pragmatisch begründet ist. Der Begriff der Region wird folglich in Frankreich nicht problematisiert.

Ernst HINRICHS geäußert:[605]

> "(...) Regionalgeschichte bedeutet doch wohl auch dann, wenn man gegenüber dem ein wenig gewaltsamen französichen Konzept der ‚histoire totale' eine gesunde Skepsis bewahrt, nicht einfach das Umsteigen von einem bisher vornehmlich beackerten Untersuchungsfeld auf ein anderes, bisher vernachlässigtes, Regionalgeschichte in einem zeitgemäßen Sinn meint doch wohl, daß solche herkömmlichen Feldabgrenzungen, die jeweils ihr sorgsam stilisiertes Pendant in der universitären Lehrstuhlbenennung haben, aufgehoben werden (...)."

Indem sich HINRICHS auf die „histoire totale" der Annales-Schule beruft, fordert er die Anwendung moderner Forschungstechniken und Theorien aus dem Bereich der Demographie, der Ökonomie, der Anthropologie und der Sozialwissenschaften allgemein, ohne dem Gegenstand Gewalt antun zu wollen. Auch wenn das Verlangen nach Anwendung von Theorien mittlerer historischer Reichweite erkennbar ist, rechtfertigen die weiteren Ausführungen eher die Fächergrenzen, als daß sie sie aufheben. Es kann auch nicht Sinn von Regionalgeschichte sein, Fachgrenzen aufzuheben. Ganz im Gegenteil wird sie immer auf Angebote aus Einzelwissenschaften angewiesen sein.

Konkreter hat sich die Arbeitsgruppe „Regionale Sozialgeschichte" zum Problem der Totalität geäußert. Die Arbeitsgruppe versteht Regionalgeschichte im Gegensatz zu schon bestehenden „Bindestrichwissenschaften" als umfassende Analyse regionaler Gesellschaften. Totalität wird dabei als widersprüchlicher, konfliktorischer und sich fortentwickelnder Prozeß betrachtet.[606] Die Verfasser können sich dabei auf Vorüberlegungen von Gert ZANG stützen, welcher sich wiederum auf die Arbeit von Karel KOSIK beruft. Das wesentliche der „konkreten Totalität" scheint zu sein, daß hier kein fertiges und formalisiertes Ganzes gesehen wird, sondern daß Genesis, Bewegung und Entfaltung die Totalität als fließendes System ausweisen:[607]

> „Der Standpunkt der konkreten Totalität hat nichts gemeinsam mit dem holistischen, organizistischen oder dem neuromantischen Ganzheitsbegriff, der das Ganze gegenüber den Teilen hypostasiert und eine Mythologisierung des Ganzen durchführt. Die Dialektik kann die Totalität nicht als fertiges oder formalisiertes Ganzes begreifen, das die Teile bestimmt, denn in die Bestimmung der Totalität selbst gehört die Genesis und Entfaltung der Totalität, was vom methodologischen Standpunkt aus die Prüfung bedeutet, wie die Totalität entsteht und welches die inneren Quellen ihrer Entfaltung

---

[605] Ernst HINRICHS (1980: 6).

[606] Vgl. ARBEITSGRUPPE Regionale Sozialgeschichte (1981: 242).

[607] Karel KOSIK (1976: 53).

und Bewegung sind. Die Totalität ist kein fertiges Ganzes (...)."
Innerhalb der Regionalgeschichte wird der genetisch-dynamische Charakter der Totalität betont. Der Regionalhistoriker versucht, Prozesse durch unterschiedliche Sturkturen hindurch zu verfolgen. In der Regel wird er dazu allein nicht in der Lage sein, wenn er sich nicht auf Rahmenquellen und Rahmendaten beschränkt. So ist die Arbeit im Team ein Charkteristikum der neuen Regionalgeschichte geworden.

Einen weniger theoretisch fundierten Weg, Regionalgeschichte zu schreiben, gingen die Autoren des sogenannten „Bördenprojekts".[608] Sie stellten sich die Aufgabe, die Lebensweise der arbeitenden Menschen einer Region zu untersuchen. Lebensweise war hierbei gleichzusetzen mit „alltäglicher Lebensgestaltung". Die Autoren entfernten sich innerhalb ihrer Arbeit offen von einem Kulturbegriff, der sich allzu häufig lediglich auf Freizeitkultur bezieht. Aber nicht nur die so definierten Kulturprodukte konnten Objekte der Arbeit sein, sondern diese wurden einerseits als Resultat einer Stadt-Land Beziehung angesehen, wobei die städtische, fortschrittliche Kultur langsam auf das Land übergreift und die Unterschiede nivelliert. Diese Objektivationen sind somit Ausdruck eines Gegensatzes zwischen einer „auslaufenden Zeit" und einer „fortschrittlichen Zeit", genauso wie sie Ausdruck unterschiedlicher Produktionsweisen sind, indem sie lediglich das Resultat eines Produktionsprozesses bilden, der daher im Zentrum der Untersuchungen stand. Eine eigenständige Entwicklung von Kultur wurde trotzdem unterstellt. Es zeigte sich, daß gerade in Zeiten der „Umwälzung" der Umgang mit Kulturobjekten einen anderen Gang geht als den, welcher den ökonomischen Erfordernissen entspricht. Gerade dieser Gegensatz zwischen objektiver Erfordernis und alltäglicher Lebensgestaltung mußte aufgedeckt werden. Der Begriff der Lebensweise mußte somit als aus den Bedingungen des Alltagslebens der Menschen entwickelt angesehen werden, insbesondere aus ihren Arbeitsbedingungen und ihrer Lebenshaltung sowie aus den Verhaltensformen, die zur Gewohnheit geworden und im gegebenen Milieu üblich sind. Damit steht der Begriff der Lebensweise in engem Zusammenhang mit neuen alltagswissenschaftlichen Ansätzen. Diese alltagswissenschaftlichen Aspekte lagen schon in der Intention der Konstanzer Autoren, in ihrer umfassenden politischen, wirtschafts- und sozialhistorischen Landesgeschichte, wenn auch nicht in dem Maße, wie es für eine moderne Regionalgeschichte wünschenswert wäre. Diese

---

[608] Vgl. WEISSEL/RACH (1978).

hätte stärker einzugehen auf die Lebenschancen spezifischer Bevölkerungsgruppen innerhalb einer verzerrten, verlangsamten Entwicklung der Provinz. Für die alltagsgeschichtliche Forschung spielen sich alle wichtigen Teile sozialer, politischer und ökonomischer Aktivitäten in Gemeinden, Städten, Dörfern, Siedlungen, Vierteln und Straßen ab. Diese kleinsten räumlichen Ebenen historischen Geschehens sind als natürliche Entwicklungsbereiche des institutionalisierten, raumbezogenen menschlichen Handelns anzusehen. Eine moderne Regionalgeschichte hat sich mit diesen Aktivitäten auseinanderzusetzen und unter anderem zu fragen, wie sich dabei die alten Raumeinheiten und Raumpunkte zueinander im Entwicklungsprozeß veränderten. Die sozialhistorische Regionalgeschichte müßte sich dazu allerdings auf eine Ebene besinnen, die unterhalb der niedrigsten Stufe sozialhistorischer Forschung, nämlich Gemeinde und Betrieb, zu liegen käme. Sie hätte sich mit Individualdaten auseinanderzusetzen, so wie sie zum Beispiel in den Bestandsaufnahmen der Teilungen und Inventuren zu finden sind. Eine Quellengattung, welche Historischen Geographen, allerdings unter anderen Gesichtspunkten, nicht unbekannt sein dürfte. Die häufig bei Heirat oder Tod zu erstellenden Bestandsaufnahmen sind wegen ihrer Individualisierbarkeit und inneren Differenzierung von hoher Aussagekraft. Wir finden hier eine direkte Verbindung von individuellen biographischen Daten und individuellen Angaben zur Vermögenslage und -entwicklung. Die Angaben über Beruf, soziale und geographische Herkunft, Alter, Connubium sowie über Beruf und Wohnort der Kinder lassen sich mit den einzelnen Daten zur Vermögenslage und Vermögensentwicklung kombinieren. Eine quantitative Bearbeitung der häufig massenhaft autretenden Bestände mit Hilfe der elektronischen Datenverarbeitung kann in den meisten Fällen nicht umgangen werden.[609]

Die neue Regionalgeschichte verbindet mit der traditionellen Landesgeschichte der Anspruch, die geschichtliche Totalität darstellen zu wollen. Sie tut dies in einer Art und Weise, die dem kritischen Rationalismus näher steht als anderen tradierten wissenschaftstheoretischen Konzeptionen, wenn sie diesem auch die überzogenen Spitzen genommen hat. Was geblieben ist, ist der Anspruch auf Systematisierung und methodische Fundierung der Arbeit und es ist das gemeinsame Ziel der Arbeit, nämlich theoretische Konstrukte zu entwickeln oder diesen doch zumindest näher zu kommen. Die neue Regionalgeschichte fordert ein System von analytischen Voraussetzungen. Diese analytischen Voraus-

---

[609] So geht zum Beispiel Peter BORSCHEID (1978) vor.

setzungen haben ihren Sinn darin, die Grenzen zwischen den einzelnen Wissenschaften überbrückbar zu machen. Dazu ist es zunächst einmal notwendig, die historische Forschung an die gegenwärtige Praxis und damit an gegenwärtige Problemlagen anzubinden.[610] Weiterhin sollte die wissenschaftliche Methode allgemein üblichen Standards angepaßt werden, um eine Vergleichbarkeit der Forschung herzustellen. Ausgehend von diesen Voraussetzungen sollte die regionalgeschichtliche Forschungspraxis folgendermaßen vorgehen:

1. sollte bei der Auswahl des Themas gefragt werden, welchen Praxisbezug das Thema für die breite Öffentlichkeit, für die Gegenwartswissenschaften und für die Historie erbringen soll.
2. sollte eine erste Bestimmung des theoretischen Gebäudes, der Hypothesen und Modelle, mit deren Hilfe das angezogene Thema behandelt werden kann, vorgenommen werden.
3. folgt die Auswahl und Zubereitung der Quellen für die historisch-empirische Auswertung.
4. werden die auftretenden Widersprüche innerhalb der Theorien und Modelle erkannt und eine Modifizierung vorgenommen, welche gleichzeitig diese Theorien und Modelle der regional spezifischen Fragestellung anpaßt.
5. kann durch das Aufzeigen von Mängeln an Problemlösungsmittel von Gegenwartswissenschaften auf Folgeerscheinungen und unkontrollierbare Bereiche hingewiesen werden.
6. kann durch die genetische Herleitung die Verselbständigung von Prozessen aufgezeigt werden. Diese können durch entsprechende Maßnahmen abgebrochen werden.

Auch eine nichtangewandte, aber gegenwartsbezogene Regionalgeschichte hat neue Aufgabenfelder zu bearbeiten. Einen Katalog dazu hat Franz BALTZAREK (1978) aufgestellt. Er nennt unter anderem die Frage nach der Abgrenzung von Räumen, die mit Hilfe von Reichweiten und Einflußbereichen gelöst werden kann, die Feststellung der sozioökonomischen Struktur von Regionen in historischer Perspektive, womit die Struktur eines größeren Raumes als Menge von Raumpunkten mit unterschiedlichen Aktivitäten festgestellt werden kann und die Feststellung von Verflechtungen und Interaktionen in einem bestimmten Raum sowie regionale Differenzierungs- und Nivellierungseffekte.

---

[610] Vgl. hierzu und zu Möglichkeiten einer "Angewandten Regionalgeschichte" Franz BALTZAREK (1978) und Karl LITZ (1982a und 1982b).

5.3.4. Geschichte und Urbanisierung

Am ehesten sind Raumvorstellungen in der Geschichtswissenschaft außerhalb der Regionalgeschichte in der Urbanisierungsgeschichte anzutreffen. Die Raumvorstellung eines Raumes als Plattform für menschliche oder soziale Aktion, welche wir zu Beginn schon ansprachen, spielt hier eine wesentliche Rolle. Besonders im Rahmen des Urbanisierungsprozesses ist die Raumkategorie für Historiker interessant. Historiker betonen innerhalb der Urbanisierung die räumliche Genese und Transformation sozialer Prozesse:[611]

„The opportunity for the social historian interested in urban transformation seems clear. The use of spatiality as a category of analysis can open up the confusing and contradictory realities of the transformation of central urban space in the mid-to-late twentieth century and lay his presently little understood area of historical development open to a class analysis."

Angelehnt an die Arbeiten von Guy DEBORD und Henri LEFEBVRE erlangt die räumliche Kategorie dann Bedeutung, wenn mit Hilfe der Raumkonstellation die Desozialisierung, also die Auflösung der traditionellen Struktur der Gesellschaft und die Vereinzelung und soziale Isolierung des Menschen durch die Auflösung des Nachbarschaftseffekts nachgewiesen werden kann. Alle Phänomene des „squattering", der Zerschneidung, sind mit Hilfe geographischer Methoden darstellbar. Gerade dem Prozeßcharakter der Urbanisierung werden geographische Methoden und Modelle aber nicht gerecht. Das überrascht umsomehr, als auch von Geographen Urbanisierung als mehrdimensionales Phänomen mit prozeßhafter Perspektive angesehen wird.[612] Alle traditionellen Aspekte geographischer Verstädterungsforschung zeigen starke statische Züge.[613] Lediglich neuere statistisch-demographische und diffusionstheoretische Methoden werden dem Prozeßcharakter gerecht. Allerdings sollten auch hier alle auf Simulationen aufbauenden mechanistischen Vorstellungen überprüft werden.

Einen weiteren Aspekt, über denjenigen des Prozeßcharakters hinaus, stellt die Einteilung der Stadt bzw. des urbanen Raumes in eine innere und eine äu-

---

[611] Jon AMSDEN (1979: 28).

[612] Vgl. Heinz HEINEBERG (1983: 53).

[613] Es lassen sich anhand der Ausführungen von Heinz HEINEBERG (1983) als geographische Ansätze der demographische, der siedlungsmorphogenetische, der sozialgeographische und der funktionale Ansatz sowie der Ansatz der Zentralitätsforschung und derjenige der Städtesystemforschung unterscheiden.

ßere Struktur dar. Damit ist der innere Stadtraum gemeint und die Eingliederung der Stadt in einen größeren Raum sowie ihre Verflechtungen innerhalb dieses Raumes.[614] Für die französische Urbanisierungsgeschichte und -soziologie stellt Bernard LEPETIT den inneren Raum als ein „milieu de vie" dar und lehnt sich damit an Vidal de la BLACHE an. Dementsprechend stellt sich die Frage, wie der Mensch mit seiner städtischen Umwelt umgeht:[615]

„La ville n'est ni un milieu ni un environment, mais l'expression de practiques, et de relations sociales."

Dem Historiker weist er die Aufgabe zu, das Verhältnis von Räumlichkeit als Raumstruktur (constraintes formelles) und sozialer Aktion zu untersuchen und zwar am besten mit Hilfe der Genese des städtischen Raumes, insbesondere mit Hilfe seiner Morphologie. Die sozialen Beziehungen sind in den Raum eingeschrieben, sie sind dort materialisiert und spiegeln das mögliche Netz der Beziehungen, der Solidarität und des Konflikts.

Der äußere Raum ist geprägt durch das Verhältnis der Stadt zu ihrem Umland und durch den Einzugsbereich der Wirtschaft, wodurch ein Städtesystem entsteht.[616]

Insgesamt sind die Verbindungen von Geographie und Geschichtswissenschaft eher auf Grundlage des äußeren Raumes gegeben, während für das Studium des inneren Raumes bislang eher die Soziologie herangezogen wurde. Diejenigen Strukturmodelle, welche die Geographie für den inneren Raum anzubieten hat, sind allem Anschein nach für die soziologisch orientierte Geschichtswissenschaft wenig reizvoll.

---

[614] Vgl. Jürgen FRIEDRICHS (1981: 14), Bernard LEPETIT (1980) und Hans Jürgen TEUTEBERG (1983: 33).

[615] Bernard LEPETIT (1980: 45).

[616] Vgl. ibidem: 48f.

6. DIE ABGRENZUNG DES GEGENSTANDES AUF MITTLERER EBENE

6.1. Voraussetzungen der Behandlung sozialer Tatbestände auf mittlerer Ebene

In der neuen Historischen Geographie, insbesondere wie sie sich uns in den englischsprachigen Ländern zeigt, ist der Historische Geograph nicht mehr mit dem klassischen geographischen Raum konfrontiert, sondern hat es mit einem Raum zu tun, der sozial strukturiert und dimensioniert ist, zum Beispiel durch die Intensität und Qualität sozialer Kontrolle.[617] Neben Kontext- und Zeitelement, auf die wir später eingehen werden, ist diese Veränderung diejenige, auf welche am häufigsten mit Nachdruck hingewiesen wird:[618]

„In other words, there are no philosophical answers to philosophical questions that arise over the nature of space - the answers lie in human practice. The question ,what is space?' is therefore replaced by the question ,how is it that different human practices create and make use of distinctive conceptualizations of space'."

Raum wird als historisches Produkt oder besser als Produkt historischer Prozesse aufgefaßt, als Produkt technischer und kultureller Prozesse, die im Raum kulminieren. Originär für das Entstehen von Raum und die Veränderung von Raum sind die Bedürfnisse der Individuen:[619]

„Space as a social product is a process of real production, born from labour, which in turn is nothing else than man's answer to a series of necessities that he must satisfy in order to survive. Thus, the genesis of space is human existence, an essential condition for man to ,make history', produce and transform his own space. It is conscious human action that transforms the natural milieu into geographical space."

Hiermit scheint eine Annäherung an soziologische Raumkonzeptionen vollzogen zu sein. Diese Annäherung zeigt sich aber ebenso in umgekehrter Richtung, insbesondere in der Sozialökologie. Laszlo A. VASKOVICS unterscheidet für die Soziologie vier verschiedene raumbezogene Betrachtungsweisen:

1. Raum als Lokalisation innerhalb eines bestimmten Gebietes,
2. Raum als geographische Fläche zur topologischen Bestimmung eines Individuums oder einer Gruppe,
3. Raum als soziale Umwelt einer Person, als Nachbarschaft, Person, Quartier, als Stadtteil (definiert durch physikalische und soziale Merkmale) und

---

[617] Dies ist der Schwerpunkt bei Robert David SACK (1980).

[618] David HARVEY (1973: 13f.). Vgl. auch Derek GREGORY (1978b: 46).

[619] A.F.A. CARLOS zitiert in Rosa Ester ROSSINI (1984: 35).

4. Raum als Aktions- und Bedeutungsraum.[620]

Dementsprechend werden sehr unterschiedliche Merkmale des Raumes abgehandelt, welche man grob den vier Bereichen materielle Merkmale, sozioökonomische, psychologische (identifikatorische) und normative (kontrollierende) zuordnen könnte: „Größe, Bevölkerungsdichte, Raumausstattung (insbesondere Infrastrukturniveau), Gebäudestruktur, dominante Flächennutzung, sozialkategorielle Homogenität versus Heterogenität, Symbolbedeutung, räumliche Distanz, Wohnwert (Wohnquartier/Stadtteil), Segregationsgrad, Identifikationsgrad mit dem Wohngebiet, institutionelle Kontrolltätigkeit (z.b. Polizeidichte), räumliche Lage (z.B. Entfernung zum Stadtzentrum), Aufforderungscharakter des Raumes, ‚Atmosphäre' des Raumes, Grad der Kontrolle, Grad der Anonymität."[621]

6.1.1. Raumbezogenheit sozialer Probleme

Die vereinfachendste Raumvorstellung in der Soziologie liegt innerhalb der Theorien zur Raumbezogenheit sozialer Probleme vor. Hier wird von einer einseitigen Beeinflussung, wenn nicht gar von einer Determinierung sozialer Sachverhalte durch den Raum ausgegangen. Von einer Raumbezogenheit sozialer Probleme kann im Grunde nur dann gesprochen werden, wenn der Raum für die zu beobachtenden sozialen Probleme konstitutiv ist. Dieser Fall tritt dann ein, wenn soziale Probleme auf räumliche Ursachen zurückzuführen sind, wenn der Raum in seinen materiellen, sozialstrukturellen und kulturell-symbolhaften Bezügen eine Konstellation darstellt, welche soziale Probleme sich entwickeln läßt und fördert. Es geht innerhalb solcher Problemstellungen um den Einfluß des Raumes nicht auf die Sozialstruktur selbst, sondern auf die Art der räumlichen Verteilung (Allokation) problematischer Bedingungen. So kann die Verteilung öffentlicher Dienstleistungen Gebiete mit Unterversorgung produzieren, in denen dann soziale Probleme auftreten. Nachdem soziale Probleme einen Konstitutionsprozeß und Karriereprozeß durchlaufen haben, läßt sich die Relevanz räumlicher Bedingungen im Rahmen der Raumbezogenheit in bezug auf die Genese problematischer bzw. problematisierbarer Bedingungen nach drei Fällen hin unterscheiden. Die eigentliche „Problemproduktion" ist unabhängig von der Sozialstruktur. Den

---

[620] Laszlo A. VASKOVICS (1982: 14).

[621] Ibidem: 15.

zweiten Fall stellt die Interaktion von Raum und Struktureffekten dar, und der dritte Fall wird repräsentiert durch den reinen Struktureffekt, welcher Ursache und Wirkung umkehrt. Schließlich hängt die „Sichtbarkeit" der Probleme entscheidend von der räumlichen Verteilung dieser „Mißstände" bzw. der von ihnen betroffenen Individuen oder Gruppen ab.

6.1.2. Die Sozialraumanalyse

Die Sozialraumanalyse versucht, Raumstrukturen zu beschreiben und durch gesellschaftliche Strukturen bzw. Prozesse zu erklären. Jürgen FRIEDRICHS, ihr Hauptvertreter in der Bundesrepublik, sieht sie als Gesellschaftsanalyse.[622] Für ihn lassen sich „Raumbezogenes Verhalten und räumliche Organisation (...) aus der sozialen Organisation einer Gesellschaft erklären"[623]. Dabei geht er von drei Annahmen aus:[624]
1. Die soziale Organisation bestimmt stärker die räumliche Organisation als umgekehrt,
2. die zu einem Zeitpunkt vorhandene räumliche Organisation engt die Möglichkeiten von Veränderungen der sozialen Organisation ein und
3. die räumliche Organisation läßt sich schwerer ändern als die soziale Organisation, die sie trägt.

Dagegen betont Renate KRYSMANSKI (1967: 9-11), daß soziale Formen nur schwer wandelbar sind, aber in ihren Beziehungen zueinander durch die sachliche Umwelt und die sich ständig ändernden materiellen Raumbedingungen beeinflußt werden können. Jürgen FRIEDRICHS „Stadtanalyse" will die Zusammenhänge sozialer und räumlicher Organisation aufdecken und überprüfen, inwieweit die Theorien der einzelnen Disziplinen konkurrieren oder verknüpft werden können. „Die zentralen Sachverhalte einer Stadtanalyse sind die Arten der Verteilung von Bevölkerung, Aktivitäten und Gelegenheiten im Raum."[625] FRIEDRICHS kommt es nun darauf an, gesellschaftliche Prozesse aufzuzeigen, die die räumliche Organisation beeinflussen. Als erstes ist der Prozeß der „Distanzierung" zu nen-

---

[622] Jürgen FRIEDRICHS (1981: 14).

[623] Ibidem: 19.

[624] Vgl. ibidem: 92.

[625] Ibidem: 90. Stadt sollte hier am besten im Sinne von Henri LEFEBRVE als Vermittler zwischen dem alltäglichen individuellen Wohnraum und der institutionellen räumlichen Organisation der Gesellschaft aufgefaßt werden.

nen. Damit ist nicht die geographische Distanz gemeint und auch nicht die ökonomische, die die Distanz nach Transportkosten mißt, sondern die soziologische, welche die Distanz nach Intensität der Interaktionen bestimmt.[626] Im Gegensatz zur üblichen Methode, welche die Distanz konstant hält und nach den Strömen fragt, verlangt FRIEDRICHS, zunächst die Ströme anhand der Daten zu ermitteln und dann eine Gesamtdistanz eines Stadtviertels aufzustellen.

Ein Hauptfaktor der Raumbeeinflussung ist derjenige der zunehmenden sozialen Differenzierung, welche einerseits den Raum funktional, zum Beispiel in Stadt und Land, Industrieländer (Produktion) und Entwicklungsländer (Rohstoffe) teilt und andererseits eine Differenzierung der Gelegenheiten und der Nutzungen, also eine Differenzierung der Flächen in der Stadt herbeiführt:[627]

„Die Differenzierung der Berufe und die Zusammenfassung unterschiedlicher Berufe zur Erfüllung einer Aufgabe der Produktion oder Dienstleistung, also die Entwicklung von Organisationen, führen zu unterschiedlichen Betrieben. Deren unterschiedliche Standortanforderungen, wie z.B. Absatzchancen, Fühlungsvorteile, Transportkosten, Arbeitskräftepotential und-qualifikation, schaffen eine Differenzierung der Nutzungen in einer Stadt wie innerhalb einer Region."

Ebenso steigt mit der sozialen Differenzierung der Flächenanspruch (der Individuen und Organisationen), da durch Spezialisierung die Zahl der Aktivitätsarten ansteigt. Diese Tatsache läßt sich sowohl auf der Mikroebene wie auf städtischer Ebene nachweisen.

Grundlegend für den Prozeß der sozialen Differenzierung ist der Prozeß der Arbeitsteilung, „in dem sich die Subsistenzaktivitäten der Individuen gegenseitig spezialisieren"[628]. Eine Folge davon ist die Zusammenfassung von ähnlichen Subsistenzaktivitäten zu Berufen, wobei hiermit genauer eine Klasse ähnlicher Aufgaben bezeichnet wird.

Ebenso beeinflussen Aktivitäten die Raumstruktur, wobei unter Aktivität nach Karl-Dieter OPP „jegliche Bewegung eines Akteurs"[629] verstanden wird, und zwar nur räumliche Bewegungen. Damit kann zwischen Aktivitäten und Gelegenheiten

---

[626] Zum Beispiel in Gravitationsmodellen.

[627] Jürgen FRIEDRICHS (1981: 70).

[628] Ibidem: 69. Subsistenzaktivitäten sind alle Aktivitäten, in denen menschliche Energie eingesetzt wird, um Produkte zu schaffen.

[629] Karl-Dieter OPP (1976: 198).

unterschieden werden.[630] Eine Zusammenfassung dieser beiden Dimensionen zu Funktionen, wie in der Sozialgeographie üblich (Daseinsgrundfunktionen), wird allgemein abgelehnt, da nicht klar ist, ob damit Aufgaben und/oder Aktivitäten und/oder Gelegenheiten gemeint sind. So ist zum Beispiel Wohnen keine Aktivität, sondern es werden in Wohnungen zahlreiche Aktivitäten ausgeübt. Kollektive Aktivitäten der Mitglieder (Bewohner) einer Stadt können als kollektive Anstrengung mit vorhandenen Verfahren absichtlich für bestimmte Zwecke organisiert werden. Diese Regelung eines Komplexes von Aktivitäten wird Institution genannt. Institutionen besitzen die Eigenschaft des Überdauerns. Eine Institution mit geplantem Zusammenhang der Individuen zur Erreichung eines bestimmten Zieles wird Organisation genannt. Die Organisationen sind zugleich der einer räumlichen Analyse zugängliche Teil von Institutionen, eine Art von Gelegenheiten, eine Art der Raumausstattung. Infolgedessen sollte nicht von räumlicher Organisation gesprochen werden, denn es fällt häufig schwer, hier Ziele anzugeben. Dagegen bietet sich der Begriff der räumlichen Struktur an. Zur Beschreibung der Beziehungen zwischen Teilen der Stadtstruktur können Bodenpreise, Produktionsstätten, Arbeitsstätten des tertiären Sektors, Wohnungen, Arztpraxen, Schulen, Verkehrsströme und Transportwege herangezogen werden.

Die Stadt selbst ist also keine Organisation oder Institution, ihre Raumstruktur ist aber Resultat organisierter Systeme, wie sie Niklas LUHMANN nennt. Es sind dies staatliche und private Organisationen, die auch, wenn sie nicht raumbezogen oder raumgebunden sind, den Raum im wesentlichen strukturieren:[631]

„Standortentscheidungen von ‚Organisationen', nach welchen Prinzipien auch immer sie sich richten, konstituieren räumliche ‚Stellen' (Arbeitsplätze, Ämter, Erholungsorte,...). Sie gliedern faktisch den Raum und werden zu Bedingungen des Handelns, müssen z.B. verkehrsmäßig (durch Transport, allgemein durch Infrastruktur) erschlossen und erreichbar sein."

Organisationen erfüllen Aufgaben als zielorientierte Aktivitäten. So kann das Ziel der ökonomischen Produktion auch als Ziel der räumlichen Regelung der Beziehungen zwischen Gelegenheiten angesehen werden:„Die räumliche Organisation der Stadt ist das Ergebnis eines Prozesses, durch den Aktivitäten Stand-

---

[630] Analog den angelsächsischen „opportunities" = öffentliche und private Einrichtungen, die der ganzen Bevölkerung zugänglich sind.

[631] Elisabeth KONAU (1977: 63).

orten zugeordnet werden."⁶³²

6.1.3. Die Konzeption der Sozialökologie

Die Konzeption der Sozialökologie in ihrer klassischen Ausprägung scheint in unserem Zusammenhang wenig ergiebig. Auch die historische Entwicklung einer Human Ecology „as a study of the spatial and temporal relations of human beings as affected by the selective, distributive, and accommodative forces of the environment" in welcher „the spatial relationships of human beings are the products of competition and selection, and are continuously in process of change as new factors enter to disturb the competitive relations or to facilitate mobility"⁶³³ kann in unserem Zusammenhang vernachlässigt werden. Die klassische Sozialökologie hat leider in ihrer Entwicklung zu viele Anleihen bei einer biologischen Ökologie gemacht, weswegen ihr, wohl nicht ganz zu Unrecht, der Vorwurf des Determinismus gemacht wurde. Vor allem aber ist sie eigentlich nie ihrem Anspruch gerecht geworden, Wechselwirkungen zwischen Mensch und Umwelt herauszuarbeiten. Vielmehr wurde die Segregation als Resultat der Anpassung an die Umwelt gesehen. Das zentrale Interesse galt der sich wandelnden demographischen und funktionalen Organisation einer sich ausbreitenden Stadt und deren Wirkungen auf das Zentrum.⁶³⁴ Als Auslöser und Steuerungsmechanismus dieses Hauptforschungsbereichs wurde der menschliche Wettbewerb angesehen. Damit kam eine Terminologie zur Anwendung, die zu Mißverständnissen führen mußte, und welche für die praktische Forschung nur geringe Relevanz besaß. Im Ergebnis wurde die Humanökologie in der Bundesrepublik kaum rezipiert. Lediglich die Geographie übernahm verschiedene Modelle der städtischen Expansion, ohne allerdings nach deren Entstehungszusammenhängen zu fragen. Neuerdings scheinen diese Modelle immer fragwürdiger, weshalb sie in nicht deutschprachigen Lehrbüchern keine Erwähnung mehr finden.

Die bundesrepublikanische Sozialökologie hat sich eigentlich erst Mitte der

---

[632] Jürgen FRIEDRICHS (1981: 61).

[633] R.D. McKENZIE (1967: 63f.).

[634] So auch Amos H. HAWLEY (1974: 72).

siebziger Jahre herausgebildet. Sie befaßt sich im Gegensatz zur Humanökologie nicht mit menschlichen Organismen, sondern mit Reaktionen von Aggregaten (Kollektiven) von Individuen auf ein Aggregatmerkmal der Umwelt. Die Sozialökologie steht in der Tradition der Gemeindesoziologie, deren Mängel sie beheben möchte. Theoretisch weiterentwickelt wird sie heute als Siedlungssoziologie bezeichnet. Diese untersucht die Wechselwirkungen zwischen Raumgestalt und Sozialverhalten:[635]

> „Das Mensch-Umwelt-System muß als dynamisches System angesprochen werden, dessen spezifische Leistung, d.h. seine hervorragende Eigenschaft, in Raumaneignung besteht. Die Schwierigkeiten, es gegen seine Umwelt abzugrenzen, deuten auf ein offenes System hin. Die verschiedenen Komponenten, die oben angeführt sind, lassen sich dann als Subsysteme beschreiben, und zwar
> 1. als das physisch-räumliche Subsystem,
> 2. als das technologische Subsystem,
> 3. als das psycho-physische Subsystem,
> 4. als das sozio-kulturelle Subsystem.
> Offenbar ist keines dieser Subsysteme für sich in der Lage, die Leistung Raumaneignung zu erbringen; erst das spezifische Zusammenwirken aller führt zu dieser Systemeigenschaft."

In der Regel lassen Untersuchungen die Wahrnehmungsebene, das dritte Subsystem, beiseite und benutzen zwei Arten von Daten. Das „town planning inventory" stellt Daten über die Bodennutzung und technische Infrastruktur bereit, während die geographische Untersuchung Beziehungen zwischen der demographischen Struktur und ihrer räumlichen Verteilung herstellt. Der ökologische Ansatz dient dann der Interpretation der räumlichen Prozesse in Abhängigkeit von ökonomischen, technologischen und kulturellen Rahmenbedingungen.[636] Hierzu ist es notwendig, die „Regeln sozialer Interaktion"[637] zu kennen, das heißt die Regeln des Miteinander-Kommunizierens der in der Situation anwesenden Personen. Der sozialökologische Raum wird von ATTESLANDER/HAMM als Raum-Verhalten System beschrieben. Sie fragen danach, „ob es determinierende Beziehungen zwischen physischem Raum und Sozialverhalten gibt, und wenn ja: wie diese qualitativ und quantitativ zu beschreiben wären"[638]. Der große Nachteil der meisten dieser Modellvostellungen liegt, wie auch bei ATTESLANDER/HAMM in dem Versuch,

---

[635] ATTESLANDER/HAMM (1974: 25).

[636] Vgl. hierzu Zygmunt PIORO (1984: 65f.).

[637] Vgl. Bernd HAMM (1982).

[638] ATTESLANDER/HAMM (1974: 27).

getrennt voneinander wirkende Subsysteme zu unterscheiden, zum Beispiel wie hier ein morphologisches, ein institutionelles und ein semiotisches. Raumbeeinflußtes und raumgestaltendes Verhalten als die zwei Komponenten des Verhältnisses von sozialer und räumlicher Organisation wird unterschieden. Unter raumgestaltendem Verhalten werden alle Verhaltensweisen, bzw. deren institutionelle Regelungen verstanden, die mit der Gestaltung, der Veränderung, der Ausbeutung und/oder der Aneignung von physischer Umwelt zu tun haben. Raumbeeinflußtes Verhalten dagegen ist definiert als ein bestimmter Typ nachbarschaftlichen Verhaltens, welcher durch die beiden Variablen Schichtzugehörigkeit und Stellung im Lebenszyklus beschrieben werden kann. Das soziale Verhalten im Raum verändert sich mit dem Wandel dieser zwei Variablen.

6.1.4. Hauptprobleme des Sozialraumes

Eines der Hauptprobleme, die bei komplexen Forschungsansätzen auftauchen, welche sich mit der sozialen und räumlichen Organisation von Gesellschaften befassen, ist die Frage, ob der Raum aktiv beeinflußt oder selbst nur Resultat sozialer Prozesse ist, und wie dieses Problem in ein Konzept eingebaut werden kann. Ist das Mensch-Umwelt Problem durch die Frage nach der räumlichen Organisation der Gesellschaft oder durch die Frage nach der sozialen Organisation des Raumes zu klären?

Besonders französischsprachige Soziologen haben sich dieser Fragestellung gewidmet.[639] So möchte Jean REMY Raum nicht nur als System von Objekten aufgefaßt wissen, deren Anordnung zueinander dargestellt wird.[640] Vielmehr materialisiert der Raum die Kommunikation und den Austausch. Auf zwei Ebenen interveniert er innerhalb der Austauschvorgänge. Einerseits unterstützt er als konkreter Raum den Ablauf sozialer Austauschvorgänge und andererseits repräsentiert er diese als kultureller Code. Der Raum unterstützt aber nicht nur, er determiniert auch das Feld der Möglichkeiten (die Freiheitsgrade) von Verhalten. In diesen Fällen wird von Verhalten gesprochen, da man den Raum innerhalb

---

[639] Auch Anthony GIDDENS (zum Beispiel 1979) versucht seit mehreren Jahren den Einbau in ein interaktionstheoretisches Konzept. Eine Weiterführung seiner Gedanken unternehmen neuerdings einige Geographen und Historische Geographen (zum Beispiel Derek GREGORY und Nigel J. THRIFT).

[640] Vgl. Jean REMY (1975: 279).

eines Prozesses begriffen ansehen kann, in welchem Handlungen durch soziale und kulturelle Strukturen beeinflußt werden. Raum ist nicht nur „code social", sondern auch „code culturel". Beide Bereiche sind nicht voneinander zu trennen. Auch das Erleben der Individuen dient der Aufrechterhaltung sozialer Strukturen.

Dagegen sieht Anthony GIDDENS vom kulturellen Aspekt des Raumes ab, sieht den Raum aber ebenfalls als Vermittler bzw. Medium[641] eines Prozesses der „Strukturation", innerhalb dessen sich soziale Strukturen herausbilden, wirken und verfestigen (reproduzieren).[642] Räumliche Strukturen sind damit weder abgeleitet noch autonom[643], sondern notwendig und somit integriert in den Prozeß der Strukturation. Zeit und Raum bilden einen kontinuierlichen Verhaltensfluß (flow of conduct). Strukturation bedeutet in diesem Zusammenhang die Vermittlung von Struktur und System, sie bedeutet die Aufrechterhaltung der Strukturen, die wesentlich für die Beziehungen des Systems sind.[644] Damit erhalten der Raum und seine räumlichen Phänomene eine historische Dimension innerhalb der Strukturation:[645]

„We may agree, in the sense that every process of action is a production of something new, a fresh act; but at the same time all action exists in continuity with the past, which supplies the means of its initiation."

Der Raum als Teil der Vergangenheit stellt die Mittel für die Entstehung von Handlungen bereit. REMY verbindet damit explizit eine Kritik an der klassischen Sozialökologie, die die Bereiche Soziales und Natürliches bzw. Physisches getrennt voneinander betrachtete. Sie stand damit innerhalb eines allgemein anerkannten Diskurses, der versuchte, einzelne Kausalbeziehungen darzustellen und wirksame Kräfte, die auf die Sozialstruktur wirken, aufzuspüren.

---

[641] Vgl. ebenfalls ibidem: 289: „une médiation organisant les rapports concrets entre agent."

[642] Dieser Prozeß ist ein dynamischer Vorgang, denn soziale Strukturen bestehen nicht an sich, sondern nur innerhalb ihrer Produktion. Ohne Kommunikation existieren dementsprechend keine sozialen Strukturen und damit auch keine räumlichen Strukturen. Die englischsprachige moderne Soziologie wird stark durch die Vorstellungen von Jürgen HABERMAS beeinflußt, dessen Arbeiten recht schnell in das Englische übersetzt werden.

[643] Vgl. auch Jean REMY (1975: 282).

[644] Vgl. Anthony GIDDENS (1979: 69-73).

[645] Ibidem: 70.

Dagegen kann heute ein modernes Konzept der Mensch-Umwelt Beziehung nur noch innerhalb eines prozeßhaften Modells gedacht werden.

6.2. Methodologische Probleme beider Behandlung lebensweltlicher Tatbestände auf mittlerer Ebene

6.2.1. Das Maßstabsproblem

Ein Problem bei der Behandlung lebensweltlicher Tatbestände und im Speziellen bei der Behandlung alltagsräumlicher Probleme entsteht durch deren spezifischen Maßstab, auf welchem sie sich abspielen. Die Prozesse verlaufen innerhalb einer mittleren Fläche, die weder globale noch Einzelfallmethodiken zuläßt. Methodiken sind in der Regel für bestimmte Größenordnungen entwickelt und nur für diese in der Regel allein aussagekräftig, da sie von nur für diese Größenordnung, für diesen Maßstab gültigen Voraussetzungen ausgehen. Wir können leicht feststellen, daß Verallgemeinerungen, die auf einer Bezugsebene gemacht wurden, nicht ohne weiteres für eine andere gelten und das Schlußfolgerungen für einen bestimmten Maßstab nicht unbedingt für einen anderen Maßstab zutreffen.[646] Jeder Wechsel im Maßstab bringt bestimmte Probleme mit sich. So können je nach Ebene die bestimmenden Faktoren für das Auftreten bestimmter Phänomene wechseln.

Als gängige Methodenebenen bestehen bisher ziemlich unvermittelt nebeneinander die Makro- und die Mikromethodiken.[647] Von der einen Seite werden Mikromethodiken für unmöglich, unnötig, irreführend und weniger erfolgversprechend als Makromethodiken gehalten. Die Gefahr bei diesen besteht, daß durch die Anwendung möglichst einfacher sozialer Elemente als Ausgangsbasis ein lediglich künstlicher Eindruck gesellschaftlicher Verhältnisse entsteht. Auf der anderen Seite bescheinigen die Vertreter der Mikromethode dem Gegenüber Erfolglosigkeit bei der Bewältigung von Alltagsproblemen, heben ihre kritische

---

[646] Vgl. Peter HAGGETT (1973: Teil 2, Kap.III).

[647] Man trifft insbesondere in der soziologischen Literatur und in empirischen Arbeiten für die Makroebene auch den Begriff des Exosystems. Damit ist zusätzlich eine Komponente eingeführt, welche Elemente betont, die die gesamte Lebensorganisation beeinflussen, wie zum Beispiel solch komplexe Gebilde wie die Stadtstruktur, welche neben bekannten Einflüssen auf das soziale Verhalten und die Organisation des alltäglichen und gesamten Lebens auch Einflüsse hinsichtlich der kulturellen und ideologischen Einstellung ausübt.

Einstellung allzu schneller Erklärungsversuche hervor und betonen, daß ein Übergang zu größeren Maßstäben sinnvollerweise von kleinen Größenordnungen auszugehen habe. Die Mikromethode liefert somit Ergebnisse, auf welche zur Erklärung größerer Zusammenhänge aufgebaut werden kann:[648]

„Large scale patterns should be derived from explicit statements about individuals rather than the other way around."

RACINE/RAFFESTIN/RUFFY konnten aufgrund ihrer Erfahrungen in der Schweiz die Ausprägungen verschiedener Attribute des großen Maßstabs und des kleinen Maßstabs unterscheiden. Während kleine Flächen Fakteninformationen liefern, stellen größere Flächen strukturelle Informationen zur Verfügung. Während kleine Flächen individuelle oder disaggregierte Angebote machen, liegen diese für große Flächen nur in aggregierter Form vor. Während die Phänomene kleiner Flächen manifest sind, befinden sich diejenigen großer Flächen in einem latenten Zustand. Große Flächen haben die Tendenz homogen zu scheinen, während kleine Flächen den Eindruck der Heterogenität vermitteln. Schließlich wird das Gelebte und die Existenz in der kleinen Fläche als Gemeinschaft, als in Gemeinschaft leben bewertet, während auf der großen Fläche Zusammenleben als Kommunikation erscheint.

Mit der Frage nach dem Maßstab wird zugleich die Frage nach dem Grad der Unmittelbarkeit der räumlich-sozialen Verknüpfung gestellt. Diese Verknüpfung, davon gehen wir hier aus, ist auf der Ebene des Alltagsraumes besonders stark. Der Maßstab der alltagsräumlichen Aktivitäten liegt zwischen einem Makro- und einem Mikromaßstab, er stellt die Mesoebene sozialer Prozesse dar. Diese „mittlere Größenordnung"[649] ist bisher von den meisten Wissenschaften vernachlässigt worden.[650] Diese interessierten sich bisher meist für Mikro- und Ma-

---

[648] Gunnar OLSSON zitiert in Mary K. WATSON (1978: 43).

[649] KOHOUTEK/MAIMANN zitiert nach Gerhard HARD (1985: 19).

[650] Ein Grund hierfür ist sicherlich in der immer weitergehenden Polarisierung überhaupt zu suchen. So untersuchte die REMICA Gruppe verschiedene gesellschaftliche Bereiche in Frankreich daraufhin, inwieweit sie lediglich national und lokal nicht aber intermediär ausgeprägt waren (vgl. REMICA, 1974). Es stellte sich heraus, daß nur wenige Bereiche eine regionale Ausrichtung aufwiesen. Es ist anzunehmen, daß diese Entwicklung für die Bundesrepublik Deutschland weniger kraß ausfällt als für das von jeher zentralorientierte Frankreich. Allein die Gemeindesoziologie ging bisher von diesem mittleren Maßstab aus. Ähnlich wie die länderkundlich orientierte Geographie hypostasierte sie allerdings ihr Objekt und war nicht in der Lage, einen operationa-

krophänomene und stellten dementsprechende Theorien und Modelle auf. Der Blick der etablierten Wissenschaften war eher auf gesamtgesellschaftliche Prozesse oder auf Einzelerscheinungen gerichtet, denn auf regionalverlaufende Eigengesetzlichkeiten. Dabei wurden beide Ebenen so behandelt als ob der Schritt zwischen ihnen lediglich die Multiplikation der Prozesse benötigte. Diejenigen Realitäten, welche zwischen elementaren Phänomenen und Gesamtprozessen liegen wurden ganz außer Acht gelassen. Das führt zu zusätzlichen Problemen beim Vorgang des „Theorieimports". Zum Beispiel bietet die Ökonomie entweder Mikro- oder Makrotheorien an und hat auf diese Ebenen ihren Begriffsapparat abgestellt. Ihre grundlegenden Begriffsebenen verlaufen weniger nach räumlichen Kategorien denn nach Kategorien des ökonomischen Systems. Die Ökonomie unterscheidet hierbei:[651]

- „Globale Prozesse, die alle Sektoren mehr oder minder tangieren: Bewegungen des gesamtwirtschaftlichen Preisniveaus: Inflation/Deflation; Veränderungen des gesamtwirtschaftlichen Produktionspotentials und seines Auslastungsgrades: Wachstum und Konjunktur; Veränderungen des Gesamtarbeitspotentials und seiner Auslastung: Beschäftigung und Arbeitslosigkeit.
- Sektorale Prozesse: Entstehung von Engpässen und Überkapazitäten, Konzentrationsvorgänge, Wettbewerbsvorgänge und damit verbundene Preisänderungen.
- Prozesse in der Einzelunternehmung: Anpassung der Absatzpolitik, der Finanzierung, der Lagerhaltung an veränderte Marktdaten."

Besonders auffallend innerhalb der Ökonomie ist deren Zweiteilung in Volkswirtschafts- und Betriebswirtschaftslehre, auch als ökonomische Einzelwirtschaftslehre bezeichnet.[652] Diese Zweiteilung allein zeigt schon das allgemein verbreitete dichotomische Denken innerhalb der Ökonomie. Ähnlich stellt sich die Situation der Soziologie dar, wenngleich sich die Soziologie stets mehr für generelle Aussagen als für die Beschreibung von Einzelphänomenen interessierte. Eine Ursache ist sicher darin zu suchen, daß gerade die Soziologie einen Begriff von Wissenschaftlichkeit entwickelte, der beinhaltet, daß wissenschaftliche Aussagen über Tatbestände Generalisierungen sein sollten. Eine

---

lisierbaren Begriff von Gemeinde zu entwickeln. Einer ihrer Hauptvertreter innerhalb der Bundesrepublik ist Rene KÖNIG.

[651] Gerard GÄFKEN (1977: 20f.).

[652] Früher wurde dieser Zweig der Ökonomie auch als Handelswissenschaft, später dann als Privatwirtschaftslehre bezeichnet. Sie befaßt sich mit der Innenstruktur des Betriebes und seinen Verflechtungen mit der Umwelt, also mit Verbrauchern, Lieferanten, dem Staat etc. (vgl. Günther SCHANZ, 1979: 7 und speziell Alfred FRITSCH, Lek., 1971).

unbeabsichtigte Konsequenz daraus war, daß man sich nur ungern mit anderen als generellen Phänomenen beschäftigte, da alle anderen sich dem Begriffs- und Methodenapparat unvereinbar zeigten. Für die Geschichtswissenschaft stellte sich das Problem ähnlich wie für andere Sozialwissenschaften. Sie wurde von vielen als Integrationswissenschaft ohne eigene Systematik aufgefaßt. Ihre Aufgabe lag in der Analyse der Enstehung der Gegenwart aus der Vergangenheit heraus. Viele Ansatzpunkte entlieh der Historiker, ob bewußt oder unbewußt, anderen (Sozial-) Wissenschaften und unterschied sich von diesen eher durch die Behandlung der Zeitdimension, langfristige Entwicklungsanalyse hier, kurzfristige Situationsanalyse dort, als durch die Betrachtungsebene. Selbst die Landesgeschichte machte nicht Eigenentwicklungen ihrer räumlichen Bezugsebenen zum Gegenstand der Forschung, sondern die Wirkung allgemeiner Prozesse auf und in eben diesen kleineren räumlichen Bereichen.

Ganz im Gegensatz dazu steht der Maßstab der Geographie. Der geographische Maßstab kann als das verbindende Element aller geographischen Forschung angesehen werden, so vielfältig diese auch erscheinen mag.[653] Der gemeinsame Maßstab der Betrachtung bezieht sich in der Geographie auf einen mittleren, anthropomorphen Maßstab als „geographisches Kriterium der Bedeutsamkeit"[654]. Dieser geographische Maßstab, also die Größe der betrachteten Region und damit die räumliche Reichweite des „geographischen Auges"[655] hat sich während der jüngeren Disziplingeschichte mehrfach verändert. Grob gesagt gelangte man zu immer großmaßstäblicheren und damit kleinräumigeren Betrachtungsebenen, zu Regionen oder Landschaften. Grob lassen sich drei Dimensionen geographischen Arbeitens unterscheiden:[656]

1. die topologische Dimension zur Erkundung unmittelbarer und homogener Landschaftsbausteine,
2. die regionale Dimension zur Erfassung kleinräumiger heterogener aber regelhafter Phänomengruppen und

---

[653] Vgl. Gerhard HARD (1973: 241).

[654] Ibidem: 242.

[655] Ibidem: 243.

[656] Die Einteilung erfolgt auf Grundlage der Bewertung der Vorarbeiten von Ernst NEEF durch Heinrich BARTHELL in Ernst NEEF (1980b: 77). BARTHELL sieht als mittleren geographischen Maßstab allerdings den chorologischen Maßstab, wogegen er den regionalen Maßstab zwischen chorologischen und planetarischen Maßstab legt.

3. die planetarische Dimension zur Erfassung globaler Phänomene meist mit Hilfe deduktiver Verfahren.

Die mittlere Betrachtungsebene wurde zur geographiedefinierenden Kategorie. Infolgedessen legen Geographen diese mittlere Ebene auch dann zugrunde, wenn sie mit anderen Wissenschaftsbereichen an einem bestimmten Problem arbeiten. Der Maßstab oder die Größe eines geographischen Problems ist dann ebenfalls in der Größe des Bezugsraumes zu sehen. Die Ausdehnung des Problems ist notwendigerweise größer als diejenige Ausdehnung, welche ein einzelnes Objekt beschreiben kann. Das geographische Objekt liegt inmitten eines Problemraumes, in welchem es einer großen Anzahl von Beziehungen ausgesetzt ist. Innerhalb dieses Problemraumes ist das geographische Objekt integriert. Somit beschreibt der geographische Maßstab einen Integrationsprozeß, eine Komplexität von Objekten und ihre Verflechtungen. Region bedeutet ebenso Integration wie räumliche Situation, wobei die räumliche Situation das Bezugsobjekt aus der Integration ausschließt. Eine räumliche Variable gibt einen Verursachungsfaktor an, welcher auf dem Maßstab der Integration wirksam ist. Räumliche Zirkulation meint die Bewegung eines Objekts entgegen der Grundlagen des Integrationsprozesses. Räumliche Nachbarschaft bedeutet den Zusammenhang von Objekten innerhalb eines Integrationsprozesses. Mit Hilfe des Begriffs der räumlichen Integration lassen sich die meisten geographischen Begriffe herleiten.

Einen solchen integrierenden Raum stellt ebenso der klassische geographische Maßstab, die Landschaft, dar. Er liegt genau in der Mitte zwischen makroskopischer und mikroskopischer Analyse. Der Landschaftsbegriff hat vor allem in der Humangeographie Anwendung gefunden und kann hier bis hinunter zu Parzelle und Haus reichen.[657] Die absolute Dominanz dieser Betrachtungsgröße für die geographische Forschung und deren Isoliertheit innerhalb der übrigen Wissenschaftskonzeptionen führt zu Problemen der Zusammenarbeit. Elisabeth LICHTENBERGER sieht das Problem für die Geographie darin, daß relevante Nachbarwissenschaften, wie Soziologie, Ökonomie und Politologie Theorien anbieten, deren Bezugsraum[658] oberhalb des Landschaftsbegriffs angesiedelt ist. Somit sind sie nur schwer in die geographische Forschung zu übernehmen, will man nicht die räumliche Bezugsebene verlassen. Ausgehend von der schon bestehenden engen Verflechtung der Geographie mit Nachbarwissenschaften kommt sie zu dem

---

[657] Vgl. auch Elisabeth LICHTENBERGER (1985: 64).

[658] LICHTENBERGER (1985: 65) bezeichnet diesen als "Horizont".

Schluß:[659]

„Der vielzitierte geographische Maßstab ist selbst als heuristisches Prinzip nicht mehr brauchbar, wenn man von den traditionellen Kerndisziplinen des Faches, der Morphologie und der Siedlungsgeographie, absieht."

Die Problematik der Zusammenarbeit der Geographie mit ihren Nachbarfächern wird somit von LICHTENBERGER als Mangel der außergeographischen Wissenschaften an mittlerem Maßstabsdenken interpretiert. Das Maßstabsproblem betrifft allerdings nicht nur die außergeographischen Wissenschaften. Auch die Geographie selbst hat zu lange das Nachdenken über die Auswirkungen ihres Maßstabs auf ihre Objekte vernachlässigt. Das zeigen schon allein die nur vereinzelten und verstreuten Stellungnahmen zu diesem Problem, das, und das sei hier hervorgehoben, neuerdings nicht einmal von der Geographie selbst, sondern von anderen Bereichen aus problematisiert wird. Es kann auch nicht Sinn der Diskussion sein, diesen geographischen Maßstab zu absolutieren. Vielmehr müssen für bestimmte Probleme adäquate Maßstäbe gefunden werden. So können auf dem geographischen Maßstab nicht alle Probleme behandelt werden:[660]

„Räumliche Einheiten nur mittelgroßer Ausdehnung zu analysieren heißt, das Blickfeld möglicher Erklärungen einschränken. Auf bloßer Provinzebene ist es schwierig, die Dynamik der wichtigsten Sozialgruppen festzustellen, unmöglich, die Probleme der modernen Welt zu begreifen. zugrunde gelegt wird aber meist noch die Größenordnung von Gesellschaften der vorindustriellen Epoche, was die allgemeine Fruchtbarkeit der Forschung begrenzt."

Auf diese Tatsache macht auch Yves LACOSTE (1975: 265) aufmerksam. Er betont, daß die Realität je nach Untersuchungsebene verschieden erscheint. Einige Phänomene können eben nur dann wahrgenommen werden, wenn man umfangreiche Räume in Betracht zieht, während andere, die ganz anderer Art sind, nur durch sehr präzise Beobachtungen, die sich auf sehr eingeschränkte Flächen erstrecken, erfaßt werden können. Daraus ergibt sich, daß die intellektuelle Operation, die in der Veränderung des Maßstabs besteht, die Problematik, die man darlegen kann und die Ausführungen, die man entwickeln kann, verwandelt, und dies manchmal auf eine radikale Weise. Die Änderung des Maßstabs entspricht einer Änderung der Untersuchungsebene und müßte einer Änderung auf der Ebene der Begriffsbildung entsprechen. In der geographischen Forschung liegt das Problem dabei mehr im Übergang vom kleineren zur größeren Maßstab der Betrachtung, also beim Schritt vom Allgemeineren zum Individuellen. Dabei kann es sich

---

[659] Ibidem: 65.

[660] Paul CLAVAL zitiert in Gerhard HARD (1973: 246).

nicht allein um die Erfassung weiterer Elemente handeln. Vielmehr müssen neue Beziehungsgefüge aufgedeckt werden, die zu neuen Einsichten führen.[661]

In bezug auf die ökonomische Strukturierung räumlicher Lebenswelt hat Pierre GEORGE, als einer von wenigen Geographen, das Maßstabsproblem erkannt. Fragestellung und Operationalisierung der Fragestellung hängen für ihn ab vom jeweils gewählten Maßstab der Untersuchung:[662]

> „Die fundamentale Bedingung für das Funktionieren einer industriellen Ökonomie ist die Herrschaft und Verfügung über dieses Relationsnetz, welches verschiedene Systeme vereinigt und sich auf verschiedene Maßstäbe projiziert, auf den lokalen oder regionalen Maßstab, den nationalen oder internationalen Maßstab (...) den planetarischen Maßstab. Der lokale oder regionale Maßstab ist jener der Prozesse der Rekrutierung von Arbeitskräften (...) der technischen Verbindungen zur Produktion von Energie und gewisser Rohstoffe. Der nationale oder internationale Maßstab (...) ist jener der wesentlichen Märkte, der höheren technischen Beziehungen, der Gipfelverhandlungen."

Das Maßstabsproblem beinhaltet nicht nur die adäquate Wahl des Maßstabs für ein bestimmtes Problem, sondern auch die Möglichkeit der Herstellung von Verbindungen zwischen verschiedenen Ebenen der Betrachtung. Bei der Darstellung der geographischen Situation, zum Beispiel eines Standortes, hat der Geograph die Möglichkeit, diesen als einander überlagernde Schichten darzustellen. Dieses Vorgehen sichert gegen die Gefahr der autonomen Betrachtung der Landschaft ab. Die Landschaft zerfällt dabei in übereinanderliegende, verschiedene Schichten. Bestimmte Probleme können teilweise nur in dem Maßstab von kleinen Regionen untersucht werden. Diese unterste Schicht entspricht einer kartographischen Darstellung in großem Maßstab. Die weitere Verfolgung des Problems muß dann auf andere Niveaus gehoben werden. Die unterschiedlichen Niveaus fügen sich ineinander, gestalten sich gegenseitig und verzerren sich dabei. Die Aneinanderreihung dieser unterschiedlichen Niveaus sollte auch die Frage klären, inwieweit sich mit zunehmender Quantität der Phänomene auch deren Qualität ändert. Ist dies der Fall, und das ist wahrscheinlich, so besteht ein grundlegendes Problem des maßstäblich differenzierten Raumes, der „diffe-

---

[661] Vgl. Ernst NEEF (1980b: 78, passim).

[662] Pierre GEORGE zitiert in Yves LACOSTE (1971: 270). Das Maßstabsproblem scheint geradezu eine Domäne der Wirtschaftsgeographen zu sein. Ähnlich Pierre GEORGE unterteilt auch Ludwig SCHÄTZL (1981: 53-88) seine Untersuchung räumlicher Wohlstandsunterschiede und erläutert dabei die Probleme, welche bei der Analyse einer einzelnen Fragestellung auf unterschiedlichen räumlichen Ebenen entstehen.

rentiellen Räumlichkeit"[663] in der Verbindung von Maßstab und Begrifflichkeit. Entgegen der allgemeinen Einstellung, wonach dasselbe Phänomen in verschiedenen Maßstäben untersucht werden kann, ist für Forschungsstrategien zu plädieren, die sich nach der Größe der Operationsräume richten. Dieselben Phänomene wandeln ihre Form, Struktur und Funktion je nach Maßstab, in dem sie erfaßt werden. Folglich muß auch die Begrifflichkeit zur Erfassung der Phänomene durch übereinanderliegende Flächen in ihrer Komplexität dargestellt werden können. Nur so lassen sich die analytischen Begriffe durch verschiedene Begrifflichkeitsräume abbilden. Vom Geographen wird verlangt, sowohl unterschiedliche „Theoriehorizonte"[664] in ihrer adäquaten maßstäblichen Dimension erkennen und anwenden zu können als auch, wenn möglich, Modelle aufzustellen, die in der Lage sind, die Verbindungen zwischen den verschiedenen Räumen der Begrifflichkeit zum Ausdruck zu bringen.

Unterschiedliche Maßstäbe der Untersuchung sind geradezu notwendig, um die Unterschiede des Sachverhalts aufzuklären. Diese treten besonders im Vergleich verschiedener Ebenen der Betrachtung auf. Der Maßstab übernimmt somit eine Vermittlerrolle.[665] Vor allem kann mit dem Dimensionswechsel der Aspekt der Homogenität relativiert werden. Mit zunehmender Maßzahl wird nämlich die Homogenität des Untersuchungsraumes abnehmen. Zu diesem Ergebnis kamen RACINE/RAFFESTIN/RUFFY (1980). Somit erhält man beim Wechsel des Objekts (zum Beispiel Individuum oder Gruppe) und des geographischen Maßstabs nicht nur unterschiedliche Probleme und Sachverhalte, sondern auch nuancierte Ergebnisse. Daher sollte in jeder Untersuchung die Dimensionseinheit und der Maßstab der Generalisierung angegeben werden.

Die Chroneographie und insbesondere ihr Netzmodell, versucht dieses Maßstabsproblem zu lösen und Einblick in Prozesse des mittleren Maßstabes zu geben, ohne aber die Zusammenhänge auf anderen Maßstabsebenen zu mißachten. Eine besondere Beachtung finden dabei die Zusammenhänge betreffend Größe bestimmter Phänomene und Dauer oder Zeitaufwand bzw. Zeitpunkt ihres Erscheinens. Sehr viele Tatbestände sind bisher lediglich in ihrer Größe nicht aber in Raum und Zeit beobachtet worden. Quantifizierung, so wie sie alltäglich erscheint und

---

[663] Yves LACOSTE (1975: 271).

[664] Elisabeth LICHTENBERGER (1985).

[665] Vgl. hierzu auch BAILLY/BEGUIN (1982: 61f.).

so wie sie in den Wissenschaften gebraucht wird, geht auf die Tatsache ein, daß ein Großteil der Objekte im menschlichen Leben und Zusammenleben in Mengen und zahlenmäßigen Einheiten erscheint. Quantifizierung beantwortet aber nicht die Frage, warum gerade diese Mengen auftauchen und welche Beziehungen zwischen Größe, Struktur und Prozeß bestehen. Die Chronoegraphie versucht, diesen Beziehungen mit Hilfe von Zeit-Raum Eigenschaften bestimmter Größen auf die Spur zu kommen. Diese Größen sind Aktivitäten im Raum. Aktivitäten sind Einheiten innerhalb von Prozessen und getrennten Mengen, welche eine bestimmte Dauer besitzen bzw. beanspruchen und welche einen bestimmten Raum sowohl in Lage als auch Größe einnehmen. Es existieren Größen- oder Volumenbeziehungen zwischen den einzelnen Aktivitäten, den Individuen und den Aktionsräumen. Diese Beziehungen sind abhängig von den zu beobachtenden Mechanismen im Raum, welche die Aktivitäten determinieren. Das Maßstabsproblem ist somit nicht nur ein Problem der richtigen Auswahl des Maßstabs, sondern geht tiefer in die Strukturen und Prozesse von Mensch-Umwelt Systemen und ihren zeit-räumlichen Beziehungen. Brian P. HOLLY hat hierzu ein Maßstabsmodell weiterentwickelt, daß als einfaches dreidimensionales Modell individueller Bewegung im Raum, Aktivitätstypen, Aktivitätsfrequenzen und räumliche Maßstäbe zueinander in Beziehung setzt, und zwar unter der Annahme, daß eine Hierarchie von Räumen existiert, in welcher Entscheidungen für unterschiedliche Aktivitäten fallen und in unterschiedlichen Frequenzen auftreten.[666] Aktivitäten stellen sich dabei als diskrete Kategorien dar, während Zeit und Raum kontinuierlich zu denken sind. Hausarbeit, zum Beispiel findet im kleinen Raum des Haushalts statt und tritt entweder stündlich oder doch zumindest täglich auf. Demgegenüber findet Erholung lediglich wöchentlich statt und das in den meisten Fällen im suburbanen Raum. Andere Aktivitäten mit größeren Abständen zueinander finden entweder saisonal (Urlaub) oder seltener innerhalb eines Lebenszyklus statt (Arbeitsplatzwechsel). Mit der Ausdehnung der zeitlichen Frequenz ist in den meisten Fällen auch eine Ausdehnung des in Frage kommenden Raumes verbunden.

Das Maßstabsproblem ist, wie die chronoegraphischen Probleme schon angedeutet haben, nicht nur ein Problem der Raumbezogenheit, sondern betrifft auch die dem Untersuchungsgegenstand entsprechend richtige Auswahl der Zeiteinheit. Die Frage, in welchen Abständen Sachverhalte zu messen sind, ist bisher in der

---

[666] Brian P. HOLLY (1978: 12-14).

Geschichtswissenschaft nicht problematisiert worden. In der Regel ging man vom Kalenderjahr aus. Das Jahr ist überhaupt der typische historische Maßstab, was das Auswendiglernen von Jahreszahlen bezeugt. Der Historiker besitzt eigentlich kein Gespür für die Zeit, für die unterschiedlichen Dimensionen der Zeit und für die Bedeutung dieser Dimensionen für menschliche Handlungen und geschichtliche Sachverhalte. Minuten oder Sekunden tauchen in geschichtswissenschaftlichen Arbeiten nie auf, Stunden nur selten. Tageszeiten besitzen sehr geringe Bedeutung und saisonale Frequenzen erscheinen höchstens, wenn bäuerliche Lebens- und Arbeitsformen thematisiert werden. Hier könnte die Lebensweltforschung einen Impuls in Richtung Zeitempfinden und in Richtung kleinerer Zeitmaßstäbe geben. Dies ist umso wichtiger als die Chroneographie darauf aufmerksam gemacht hat, daß die Umwelt des Menschen nicht nur aus gebauter Umwelt und aus der sozialen Organisation besteht, sondern auch aus „Zeitplänen" individueller und kollektiver Art. Im relationalen Sinn ist Zeit stets besetzt, entweder durch Aktivitäten, durch Interaktion oder durch Sinn. Jede Zeit, jede Zeiteinheit hat einen bestimmten Sinn für den betrachteten Kontext. So ist es nicht unwichtig, das richtige Zeitmaß für einen Sachverhalt zu finden. Die Chroneographie ist häufig bis auf die Sekunde heruntergegangen, ohne sich über die Bedeutung, den Sinn von Sekunden für die betroffenen Individuen und deren Handlungen im Klaren zu sein. Hier muß die weitere Forschung Aufschluß über die Bedeutung von Zeit und Zeiteinheiten für das Individuum und für Aktivitäten geben.

6.2.2. Alltag als Interaktion

Alle neueren soziologischen Konzeptionen[667] und mit ihnen auch alle neueren Konzeptionen innerhalb der Sozialwissenschaften, einschließlich Geographie und (Alltags-)Geschichte sehen als ihren Ausgangspunkt die soziale Interaktion an. Diese wird in bestimmten Zusammenhängen, die uns hier nicht näher interessieren müssen, auch mit den Begriffen soziales Handeln, soziale Beziehungen oder soziale Rolle bezeichnet. Aus den gleichen Beweggründen wie bei der modernen Soziologie, Alltagsgeschichte und „Human Geography" entstand „gegen Ende des neunzehnten Jahrhunderts als Reaktion auf die gesellschaftstheoretischen Globalanalysen, die vom strukturbestimmenden Einfluß gesamtgesellschaftlicher

---

[667] Vgl. zum Beispiel Anthony GIDDENS (1979, vor allem Kap.6).

Bewegungsgesetze ausgingen und das soziale Geschehen unter dem Aspekt der großen geschichtlichen Grundlinien und in den Besonderheiten des Verhältnisses zwischen den Teilen und dem Ganzen zu erklären suchten"[668] ein empirisches Unbehagen, das daran zweifelte, daß man mit Globaltheorien hinreichende Informationen über die tatsächliche Beschaffenheit und das reale Leben der Gesellschaft und insbesondere der Individuen liefern könnte. In den nun einsetzenden „illusionslosen"[669] Detailforschungen ging es „um die Aufdeckung der zarten Fäden, der minimalen Beziehungen zwischen Menschen, von deren kontinuierlicher Wiederholung all jene großen, objektiv gewordenen, eine eigentliche Geschichte bietenden Gebilde begründet und getragen werden .(...) Ja, diesen scheinbar unbedeutenden Relationsarten wird zweckmäßig eine um so eingehendere Betrachtung zu widmen sein, je mehr die Soziologie sie sonst zu übersehen pflegt"[670]. Gerade von Vertretern der Beziehungssoziologie wurde auf die Notwendigkeit der Untersuchung alltäglicher Prozesse hingewiesen. So wandte sich zum Beispiel Leopold von WIESE gegen die Verwendung der Kategorie Gesellschaft, die dazu führe, unter Vernachlässigung mikrosozialer Vorgänge nur die Makroebenen des Geschehens, die Geschichte und Wirkung von großen Gebilden zu sehen. Dabei gerät das Alltagsgeschehen für das individuelle Leben außer Sichrweite, das auch das Geschehen der Großgebilde mitträgt.[671] Beziehungen bezeichnen in der Soziologie, besser innerhalb der Interaktionsmodelle und -theorien, aktuelle und potentielle Prozesse, wie Kommunikation, soziales Handeln oder Wahrnehmungen und Erwartungen, in die mehrere Individuen verwickelt sind, gleich ob diese spontan oder sich wiederholend verlaufen. Nur auf Grundlage dieser umfassenden sozialen Theorie läßt sich das besondere Verständnis von Gesellschaft erklären, einer Gesellschaft bestehend aus Individuen, die durch ein „Netzwerk"[672] sozialer Beziehungen miteinander in Kontakt und Interaktion stehen.

Erstaunlich sind die Übereinstimmungen in den Beweggründen und methodischen Lösungen zwischen Interaktionsforschung und Alltagsforschung, insbesondere

---

[668] Gabor KISS (1976: 71).

[669] Ibidem: 72.

[670] Georg SIMMEL (1908) zitiert in Dietrich Rüschemeyer (1969: 480).

[671] Zusammengefaßt nach Gabor KISS (1976: 73f.).

[672] Gabor KISS (1976: 72).

Alltagsgeschichte. Neben den methodischen Übereinstimmungen sind auch die „illusionslosen Detailforschungen" Charakteristikum der Alltagsgeschichte. Sie befaßt sich mit „kleinen" Problemen von Individuen und erhebt nicht den Anspruch, ganze Gesellschaftssysteme erklären zu wollen und womöglich zu verändern. Es besteht hierbei allerdings die Gefahr der Fragmentierung einzelner, zusammenhängender Problembereiche, so daß historische Situationen unübersichtlich erscheinen können.[673] Dieses Problem löst die „time-geography" durch das Gegenangebot einer neuen universalen Sichtweise, ebenso wie sie die Versuche einiger Kommunikationsforscher, wie zum Beispiel Jürgen HABERMAS, darstellen.

6.2.3. Die alltägliche Dimension der Gesellschaft in Raum und Zeit

Neben einer Betrachtung des Problems Gesellschaft in Raum und Zeit auf kleinmaßstäblicher Ebene scheint eine großmaßstäbliche Untersuchung besonders angemessen. Raumprobleme treten hier in konkreten Formen auf und wirken sich direkt auf das Leben der Gesellschaft und der Individuen aus. Eine Verknüpfung von menschlichen Bedürfnissen und räumlichen Problemen scheint auf dieser maßstäblichen Ebene möglich. Insbesondere im methodischen Bereich, aber auch im Bereich der Objektsprache treten spezifische Probleme auf. So muß der Begriff Gesellschaft neu definiert werden und auch die Übertragung forschungsleitender Gedanken aus dem Großbereich auf die mittlere Ebene birgt Schwierigkeiten in sich.

Zur Lösung der methodischen Probleme bietet sich der Alltagsbegriff an. Er hat in den siebziger Jahren zuerst in die Soziologie, dann in die Geschichtswissenschaft Einzug gehalten und einige methodische Unruhe verursacht, da er und die mit ihm verbundenen methodischen Operationen die Fragestellungen und Methoden der anerkannten Wissenschaft auf einer fundamentalen Ebene in Frage stellt. Im technischen Sinn des Wortes unterscheidet sich die mit dem Alltagsbegriff verbundene Methodik von der bislang üblichen der Erforschung von Strukturen, seien dies räumliche oder Strukturen des gesellschaftlichen Zusammenlebens, also von einer „objektivistischen" Analyse durch die Erforschung des Sinnes, in dem die Menschen selbst als Individuen die verschiedenen Aspek-

---

[673] Hierzu den Vorwurf der "unaufhaltsamen Annäherung an das Einzelne" von Gert ZANG (1985).

te ihres Zusammenlebens erfahren. Im Gegensatz zur „objektivistischen" Analyse kann diese Art des Vorgehens als „subjektivistisch" bezeichnet werden, ohne sie damit in irgendeiner Richtung abwerten zu wollen. Komplementäre Untersuchungen wären sicher anzustreben, doch scheinen beide Bereiche im Moment noch weit von einander getrennt zu sein, so daß ein Zusammenkommen nicht möglich ist.[674] Neben der technischen Bedeutung von Alltag ist eine objektivistische und eine prozessuale Abgrenzung des Begriffs möglich. Prozessual bedeutet Alltag eine bestimmte Form der Auseinandersetzung mit individuellen Lebensumständen. Betont werden hier meist die elementaren Aspekte menschlichen Lebens, also alltägliche Momente des Lebens. Die Auseinandersetzung mit Alltag geschieht dann auf eine spontane Art und Weise, auf eine Art und Weise, in der wir uns verhalten, ohne darüber nachzudenken. Es ist ein Handeln, das wir als selbstverständlich hinnehmen. Dieses Handeln liegt begründet in alltäglichen Lebensabläufen, die zur Routine werden, was häufig auch für Bewegungen im Raum gilt. Diese Routine kann in ihren Anfängen auf Zwänge zurückgeführt werden, die uns im Alltag nicht mehr bewußt sind. So sind wir in unserer Bewegungsfreiheit eingeschränkt, gleich ob wir diese sozial oder räumlich auffassen. Auf der anderen Seite ist es möglich, den Begriff des Alltags objektivistisch aufzufassen. In diesem Sinn hat Norbert ELIAS verschiedene Typen zeitgenössischer Alltagsbegriffe aufgelistet und sie den zugehörigen Gegenbegriffen zugeordnet. Alltag wird ja meist als Gegenbegriff zu einem in der Regel nicht näher bestimmten Außenliegenden aufgefaßt. Damit wird die Autonomie der Prozesse innerhalb des Alltags betont. Gerade solch autonome Prozesse interessieren den Alltagswissenschaftler. Einige Begriffe von Alltag lauten demzufolge:[675]

1. Alltag gegenüber Festtag (Feiertag).
2. Routine gegenüber außergewöhnlichen, nicht routinisierten Gesellschaftsbereichen.
3. Arbeitstag (besonders der Arbeiter) gegenüber bürgerlichen Lebensbereichen.
4. Leben der Masse der Völker gegenüber dem Leben der Hochgestellten und Mächtigen.

---

[674] Es könnte hier auch zwischen normativem und interpretativem Paradigma innerhalb der Sozialwissenschaften, einschließlich der Geschichtswissenschaft und mittlerweile auch innerhalb der Geographie unterschieden werden. Im interpretativen Paradigma hat das Alltagswissen eine besondere Bedeutung für das Zustandekommen von Handlungssituationen, zu denen auch zum Beispiel räumliche Handlungen und Raumbewertungen zählen (vgl. auch Hubert MÜCKE, 1985).

[675] In Anlehnung an Norbert ELIAS (1978: 26).

5. Ereignisbereich des täglichen Lebens gegenüber allem dem, was die traditionelle politische Geschichtsschreibung als das einzig Relevante ansieht und als „große" Ereignisse aufgreift, in praxi die Geschichte der Haupt- und Staatsaktionen.
6. Privatleben (Familie, Leben, Kinder etc.) gegenüber der öffentlichen oder beruflichen Späre.
7. Die Sphäre des natürlichen, spontanen, unreflektierten und „wahren"[676] Erlebens und Denkens gegenüber der Sphäre des reflektierten, künstlichen, unspontanen, besonders auch wissenschaftlichen Erlebens und Denkens.[677]
8. Das Alltagsbewußtsein als Inbegriff des ideologischen, naiven, undurchdachten und falschen Erlebens und Denkens gegenüber dem richtigen, echten und wahren Bewußtsein.

Weder Alltagsgeschichte noch Geographie haben sich bisher um Probleme im Alltagsraum bemüht, ja die Geographie besaß bisher, zumindest gilt das für den deutschsprachigen Raum, nicht einmal einen Begriff des Alltags. Ihr Blick war, wie Anne BUTTIMER ganz zu Recht aufzeigt, von zwei sich ablösenden Paradigmen bestimmt:[678]

„Der Blick auf eine ‚Region' mit den Augen eines ‚Rex', d.h. mit dem Ergebnis länderkundlicher Deskriptionen für die Zwecke einer ‚Verwaltungsgeographie'; der Blick mit den Augen eines ‚Kaufmanns' auf die profitablen Lagen, auf zentralörtliche Hierarchien, CBD Erreichbarkeitsmuster, Mietgradienten und Bodenwertprofile."

Die scheinbar perfekte Ordnung der Landschaft wurde von der Geographie gleichgesetzt mit dem Wohlergehen des Menschen im Raum, ohne zu überprüfen, inwieweit das System der Landschaft mit individuellen Bedürfnissen übereinstimmt, inwieweit die räumliche Ordnung die Perfektion eines abstrakten Mechanismus wiederspiegelt losgelöst von individuellen Problemlagen.

Gerhard HARD sieht im Gegensatz zu Anne BUTTIMER und Robert GEIPEL die Geographie als originäre Alltagswissenschaft.[679] Sie hat seiner Meinung nach immer schon das dargestellt, was „der Vater seinen Kindern auf dem Sonntagsspaziergang zeigt". Gerhard HARD vergißt aber im Laufe seiner anschaulichen,

---

[676] So geht die phänomenologische Forschung davon aus, daß alles, was Menschen aussagen, ernst genommen werden soll, denn es repräsentiert die Realität der Menschen, auch wenn eine andere, objektive Realität parallel existiert.

[677] Diese Unterscheidung macht vor allem Alfred SCHÜTZ seinem Alltagskonzept zur Grundlage.

608 Anne BUTTIMER (1984: 158).

[679] Vgl. hier und im folgenden Gerhard HARD (1985). Eine Zusammenfassung der Ergebnisse und Diskussionen der Tagung, deren Grundlage die zitierten Aufsätze von GEIPEL und HARD waren, bringt Hubert MÜCKE (1985).

aber nicht ganz stichhaltigen Darstellung, daß es eine positive Entwicklungsgeschichte war, welche die Geographie zu vermitteln versuchte, eine von praktischen Sachzwängen geprägte Umgestaltung der Landschaft und Kulturlandschaft im Auftrag und zum Wohle des Menschen. Die Reduktion in der Geographie und der Geographie auf das Materielle darf nicht verwechselt werden mit der Hinwendung zum Konkreten. Das Materielle betont das Gegeneinander, den Abstand der Dinge vom Menschen, während im Konkreten die Hinwendung zum Gegenstand vollzogen wird. Das Kontaktfeld Mensch-Materie oder Mensch-Umwelt tritt in den Vordergrund.

Ebenso wie die traditionelle Geographie hat sich auch die Geschichtswissenwissenschaft und auch die Alltagsgeschichte noch nicht dem Alltagsraum zugewandt. Der Alltagsbegriff der Alltagsgeschichte bezieht auf objektsprachlicher Ebene Gegenstände und Dinge des Alltags ein, das heißt Dinge, die für die Befriedigung von Grundbedürfnissen benötigt werden und solche, die die Lebensweise der Menschen repräsentieren. Alltag wurde früher von der Geschichtswissenschaft innerhalb der Kulturgeschichte thematisiert. So nannte Wilhelm TREUE ein zuerst 1942 erschienenes Buch „Kleine Kulturgeschichte des deutschen Alltags". Hierin beschrieb er Alltag als eine Menge unzusammenhängender Elemente dessen „was uns gestern und heute und morgen interessiert; die Entwicklung der Sitten und Gebräuche, der Gepflogenheiten bei Tisch und in der Geselligkeit, die Einführung neuer und das Zurücktreten alter Genußmittel, die Wandlungen der Wohnkultur, der Einfluß des Theaters, der Musik, der Themen bei geselliger Unterhaltung, die modischen Einflüsse auf Reiselust und Wissenschaft, ja bis zu einem gewissen Grade sogar auf Krankheit und Gesundheit, auf die Bedeutung der Religion und des Arztes und anderer Dinge und Menschen, deren Bedeutung für die Kulturgeschichte nicht immer zu jeder Zeit deutlich erkennbar ist."[680] Alltag wurde somit verstanden als etwas was wir heute in den meist wöchentlich erscheinenden Zeitschriften für die Frau, den Mann oder die ganze Familie zu lesen bekommen und auch früher schon zu lesen bekamen, und was ebenfalls früher genauso wie heute in Anstandsbüchern zu lesen war. Es war das, was Alltag ausmachte, zumindest ausmachen sollte, geordnet, gesetzt den Fall, der Haushalt und damit der Alltag waren gerordnet heißt, gut geordnet. Alltag hatte noch nicht den Beigeschmack, den er heute hat, wenn über ihn geredet wird. Diesen schlechten Beigeschmack hat eigentlich erst die „Neue Geschichtsbewe-

---

[680] Wilhelm TREUE (1942: 8).

gung" in der Bundesrepublik Deutschland dem Alltag beigebracht.[681] Ausgehend von immer schlechter werdenden Bewältigungschancen des Alltags und im Alltag[682] und dessen Widerständen, die er selbst gewohnt gewordenen Aktivitäten in den Weg stellt bildete sich seit Mitte der siebziger Jahre eine Alltagsgeschichte heraus, welche zunächst lokal arbeitete und auch lokal organisiert war. Da viele Projekte aufgrund des notwendigen Zeitaufwandes und des geringen zur Verfügung stehenden Zeitbudgets nur im Team zu bewältigen waren, sind solche Teamarbeiten ein Charakteristikum der „Neuen Geschichtsarbeit" geworden.[683] 1983 haben sich schließlich einige Geschichtswerkstätten einzelner Städte und einige Privatpersonen in der bundesweiten Initiative „Geschichtswerkstatt" zusammengeschlossen. Innerhalb dieser Geschichtswerkstatt wird eine sehr heterogene Arbeit geleistet, und auch der Alltagsbegriff ist keinesfalls eindeutig abgesteckt. Die bequemste Art, den Alltag abzugrenzen besteht darin, ihn negativ oder reziprok in einer Gegenüberstellung zum Besonderen als das Nichtbesondere, gegenüber dem Andersartigen als das Nichtandersartige, das Gemeinsame und Gleiche, entgegen Macht als die Ohnmacht, gegenüber nichtroutinisierter Lebensbereiche als routinisierte Lebensbereiche und anstelle des Großen als Kleines, mit geringem Wirkungsgrad und geringem Wirkungsraum versehen aufzufassen.[684] Das Konstituierende und

---

[681] Das scheint mir neben den folgenden Veränderungen der entscheidende Unterschied des neuen Alltagsbegriffs zu demjenigen früherer Forschungen. Dieser Unterschied wird häufig nicht erkannt, so auch nicht von Bernd HEY (1985: 109).

[682] Viele andere "Gründe" lassen sich für das Entstehen einer "neuen Geschichtsbewegung" anführen, so die zunehmende Zerstörung lokaler Bereiche und das daraus entstandene Interesse, sich der Geschichte des Viertels und dessen Bewohner als einer Geschichte der Unterlegenen zu nähern, ebenso wie die zunehmende akademische Arbeitslosigkeit unter Historikern, die nun zur Aufrechterhaltung ihre Fachkompetenz eigene Projekte, die mit geringem monetären Aufwand zu realisieren waren, in Angriff nahmen. Wir bleiben allerdings hier bei den Widerständen des Alltags im Alltag, um so zu unserer Lösungsstrategie hinzuführen.

[683] In der Broschüre "Die Geschichtswerkstatt e.V. stellt sich vor" heißt es dazu: "Wir streben kooperative und solidarische Arbeitsformen an und sind bereit, arbeitshemmende, hierarchische Rituale in Frage zu stellen."

[684] So zum BeispielNorbert ELIAS (1978) und mit Bezug auf diesen Klaus TENFELDE (1984: 387f.). Genauso könnten umgekehrt alle Lebensbereiche aus der Sicht des Alltags definiert werden. So geht zum Beispiel in Ansätzen Hubert Ch. EHALT (1984) vor. Derartige Definitionsversuche von Alltagsgeschichte lei-

Erklärende des Alltags liegt dabei außerhalb des eigentlichen Betrachtungsraumes, weswegen alle die methodischen und begrifflichen Schwierigkeiten, von denen wir schon sprachen, innerhalb dieser Konzeption zum Tragen kommen. Es geht bei dieser häufig anzutreffenden Auffassung nicht eigentlich um den Alltag, sondern um die möglicherweise vorhandenen alltäglichen Dimensionen nichtalltäglicher Phänomene und Prozesse. Die Eigenständigkeit alltäglicher Prozesse wird dabei allerdings negiert. Eigene Begriffe werden nicht entwickelt. Die benutzten Begrifflichkeiten sind stets vorurteilbeladen, da der Maßstab von außerhalb aufgelegt wird. Ohnmacht erscheint als Ohnmacht, da sie als Gegenbegriff zur Macht benutzt wird und sich somit nicht als eigenständige Erscheinung erfassen läßt.[685] Dagegen lassen sich sehr wohl unterschiedliche gesellschaftliche Ebenen mit jeweils eigener Unabhängigkeit analytisch fassen. So betrachtet Niklas LUHMANN Gesellschaftssysteme als umfassendste Form der Vergesellschaftung und hebt sie gegen organisierte Sozialsysteme (Organsationen) und einfache Sozialsysteme elementarer Interaktion ab.[686] Von diesen Arten sozialer Systeme nimmt LUHMANN an, daß sie in komplexen Gesellschaften zunehmend unabhängig voneinander werden, „sie gehorchen jeweils anderen Gesetzmäßigkeiten der Kommunikation und anderen Prinzipien der Grenzziehung zwischen System und Umwelt"[687]. Damit gewinnt das Maßstabsproblem eine historische Dimension. Es wird damit aber das Modell von LUHMANN nur eingeschränkt übertragbar auf historische Zeiten. Die von LUHMANN vorgenommene historische Herleitung des Problems bezieht sich allerdings auf einen Zeitraum, der ungefähr der Geschichte der Zivilisation entspricht. Damit besitzen die von ihm entwickel-

---

den bisher allerdings an der nicht hinreichend entwickelten begrifflichen Stringenz der Alltagsgeschichte.

[685] Daß Klaus TENFELDE (1984: 389) infolgedessen von einem Begriffsverlust spricht, ist nicht verwunderlich, geht er doch vom gleichen Fehlschluß aus, wie die meisten Autoren. Seine, mit einer Vielzahl von Literatur belegte Übersicht, läßt ein weiteres Spezifikum der Alltagsgeschichte erkennen. Diese gibt sich im Gegensatz zur Historischen Sozialwissenschaft mit kürzer gesteckten Erkenntniszielen zufrieden. Sie erhebt nicht den Anspruch, mit einem Schlag die Welt erklären zu können. Eine zu weit gesteckte Zielsetzung scheint auch TENFELDE in seinem Beitrag zum Verhängnis geworden zu sein.

[686] Vgl. zu LUHMANN und allgemein zur Raumbezogenheit sozialen Handelns Elisabeth KONAU (1977, hier S.56-64). Zur fehlenden Raumbezogenheit in neueren Arbeiten LUHMANNs Hubert MÜCKE (1986).

[687] Ibidem: 60.

ten Vorstellungen eine sehr große historische Reichweite, sie gelten für Industriegesellschaften und zumindest eingeschränkt für die mitteleuropäische Neuzeit. Gerade für die Ebene einfacher Sozialsysteme elementarer Interaktion[688] gilt die Raumbezogenheit des Handelns von Individuen. Der Raum bildet für die Interaktion der Individuen im lokalen Bereich das „Interaktionssubstrat"[689]. Dieses Substrat wirkt entscheidend auf die sozialen Beziehungen der Menschen im Raum ein, auch wenn technische Möglichkeiten geschaffen werden, den Raum schneller und mit Umgehung des „Anderen" zu überwinden. Da diese technischen Möglichkeiten in historischen Zeiten nicht weit entwickelt waren, muß der Einfluß in der Vergangenheit eher größer gewesen sein. Historisch gesehen verstärkt sich also der Einfluß des Raumes auf die elementaren Interaktionen der Individuen, wohingegen die Autonomie der einzelnen gesellschaftlichen Ebenen in der Vergangenheit abnimmt. Hier wird die Bedeutung der Aktivitäten der Menschen im Nahraum für die geschichtliche Entwicklung deutlich. In Verbindung mit räumlichen Konzepten läßt sich somit Alltag sehr wohl als mehr oder weniger unabhängiger Bereich im historischen Kontext beschreiben und zur Grundlage historischer oder historisch-geographischer Forschung machen. In das Konzept elementarer Interaktionen ließe sich leicht die Bedeutung von Alltag als der Bereich der „Basisprozesse"[690] integrieren. Auch Dieter GROH geht von der Unbestimmtheit des Alltagsbegriffs aus und definiert dementsprechend zunächst zurückhaltend unspezifisch:[691]

„Basisprozesse meinen (...) nicht ökonomische Prozesse im Sinn des ‚klassischen' Basis-Überbauschemas.[692] Gleichwohl sind sie den Produktionsver-

---

[688] Wir sollten elementare Interaktionen nicht so abstrakt auffassen wie LUHMANN, sondern sie als die Resultate der täglichen Erfahrungen betrachten, die Menschen in ihren konkreten Lebenssituationen machen und die ihre Bedürfnisse prägen. Insbesondere die historische Alltagsforschung behandelt die Frage, was Menschen wichtig ist, was sie - bewußt oder unbewußt - zu erreichen oder zu vermeiden trachten.

[689] Niklas LUHMANN zitiert in Elisabeth KONAU (1977: 61).

[690] Dieter GROH (1976).

[691] Dieter GROH (1976: 415).

[692] Karl MARX formulierte in der „Einleitung zur Kritik der politischen Ökonomie" seine Vorstellungen vom Verlauf der Geschichte und der gesellschaftlichen Entwicklung. Dabei sprach er der Basis, also dem Stand der Produktionsmittel, zum Beispiel Bildungsstand und Technik, einen größeren Einfluß auf den

hältnissen im weiteren Sinn, dem Produktionszusammenhang oder (...) der ‚Produktion und Reproduktion des wirklichen Lebens' zuzuordnen."

Wie andere Autoren faßt auch GROH den Alltagsbegriff zunächst summarisch auf, modifiziert dann aber die „Bewegungsdefinition", indem er die verschiedenen Bewegungsmomente berücksichtigt. Basisprozesse sind demzufolge „Bewegungen, die aufgrund ökonomischer, sozialer, politischer Widersprüche, Konflikte oder Krisen entstehen und letzten Endes auf Veränderung des Status quo zielen"[693]. Es sind Lern- und Erfahrungsprozesse. Für eine Definition im historisch-geographischen Sinn müssen wir den Basisprozessen in dem Sinn „Gewalt antun", indem wir sie auf räumliche Widersprüche, Konflikte und Krisen erweitern. In Anlehnung an Niklas LUHMANN und Dieter GROH bedeutet Alltag im historisch-geographischen Sinn die Ausführung elementarer räumlicher Interaktionen und die mit ihnen zusammenhängenden Widersprüche, Konflikte und Krisen in historischer Perspektive, heißt einerseits in prozeßhafter Analyse mit historischer Herleitung oder mit einem Bezugspunkt in historischer Zeit.

Ebenso läßt sich feststellen, daß Alltagsgeschichte informelle Bereiche zum Thema hat. Informelle Gruppen und informelle Strukturen bilden sich sozusagen hinter dem Rücken formaler Zustände aus.[694] Informelle Strukturen und informelle Gruppen sind im formalen Rahmen nicht vorgesehen, zeigen aber häufig dichtere Strukturen als formale Bereiche. Diese sind häufig sogar auf die Ausbildung von informellen Gruppen oder Bereichen angewiesen. Gerade weil informelle Gruppen und Bereiche lose zusammengehalten werden und nur wenig personale Konstanz aufweisen, ist die räumliche Nähe der Mitglieder und Angehörigen bedeutsam für das Funktionieren. Es ist wahrscheinlich, daß gerade bei Zunahme organisierter Komplexe zugleich „überraschende Koinzidenzen, Vorfälle, Unfälle, kurz die Effekte des nur situativen Zusammentreffens nicht systemisch koordinierter Ursachen zunehmen."[695] Für den Alltagshistoriker ist gerade die

---

Verlauf der Geschichte zu als den Überbauphänomenen, zum Beispiel Philosophie, Religion und Kultur im engen Sinn.

[693] Loc.cit.

[694] Vgl. als Einstieg in die spärliche Literatur zur informellen Gruppe und zu informellen Sektoren oder Bereichen wie wir sie meinen HAHN/RIEGEL (1980).

[695] Niklas LUHMANN (1986: 189).

„informelle Logik"[696] des alltäglichen Lebens von besonderem Interesse. Für ihn lassen sich informelle Bereiche im privaten und halböffentlichen Bereich feststellen.[697]

Andere Arbeiten der neuen Alltagsgeschichte gehen das Problem des Alltags von der lebensweltlichen Seite an. Damit ist eine subjektive Sichtweise der Welt gemeint, für die Welt Lebenswelt ist. Lebenswelt bezeichnet des Gegensatz von außen und innen, von Vertrautheit und Fremdheit und beinhaltet somit Begriffe wie Heimt und Sicherheit.[698] Als Genese von Vertrautheit und damit Lebenswelt kann die Wiederholung von Bezeichnungen angesehen werden. Bezeichnungen sind Ausdruck von Verhalten, von Wahrnehmung und Handlung und von Aktivitäten im raumbezogenen Sinn. Lebenswelt ist in dem Sinn eine universelle Kategorie, da sie dem unvermeidlichen Zwang zur Unterscheidung unterliegt, sie ist ein „unvermeidliches Kondensat des Unterscheidens"[699]. Zwar scheint im Laufe der Geschichte die Unmittelbarkeit von Vertrautem zu Unvertrautem gewichen zu sein, doch das heißt nicht, daß Lebenswelt nicht mehr existierte. Die Unmittelbarkeit ist geschwunden heißt, daß die unmittelbare Beziehung zur Natur, zum Natürlichen, neue, unvertraute Kombinationen von Vertrautem angenommen hat. Eine enge Verbindung gehen informelle Aspekte des Alltäglichen und lebensweltliche Vorstellung im Begriff der „Kolonisierung der Lebenswelten" bei Jürgen HABERMAS ein.[700] Alltagsräume, die bisher lebensweltlicher Erfahrung unterlagen, werden aufgebrochen und von äußeren Einflüssen besetzt. Nicht die Arten „elementarer menschlicher Verhaltensweisen"[701] ändern sich, sondern ihre Symbolkraft und ihr Sinn innerhalb sozialer Kontexte. Die „Strukturen der Lebenswelt" (Alfred SCHÜTZ) erschöpfen sich nicht in materiellen Gegenständen und Ereignissen, die die Umwelt bereitstellt. In den Strukturen sucht die Alltagsgeschichte den sinnhaften Aufbau der Welt, den Sinn, der sich für das In-

---

[696] Clifford GEERTZ (1983: 25).

[697] So zum Beispiel bei Franz BRÜGGEMEIER (1980, insbesondere S.203) und Rudolf BOCH (1985).

[698] So Niklas LUHMANN (1986).

[699] Ibidem: 182.

[700] Vgl. Jürgen HABERMAS (1981).

[701] Hans MEDICK (1984).

dividuum aus den Strukturen ergibt.

Auf der anderen Seite ließe sich Alltag als Alltagsleben definieren "als routinierte(n)<r> und regelmäßige(n)<r> Ausdruck der elementaren Soziokultur, d.h. vor allem Essen, Wohnen, Kleiden, Arbeit, Bildung und Sexualität"[702] oder in einer noch weiteren Fassung als Reproduktion des Lebens im umfassendsten Sinn.[703] Abgesehen von den Versuchen, Alltagsgeschichte auch in lebensweltlichen Definitionsversuchen objektsprachlich festzulegen,[704] scheint diese Herangehensweise bisher am produktivsten als Grundlage für die Arbeit vor Ort. In diese Kategorie der lebensweltlichen Definitionsversuche von Alltag fällt auch der von Karl MARX geprägte Begriff der Lebensweise, welcher häufig synonym zu demjenigen des Alltags benutzt wird. Er bezeichnet soviel wie die sozialen Beziehungen, Werthaltungen und Verhaltensweisen "innerhalb und außerhalb der Produktionssphäre"[705], das was Friedrich ENGELS die "Produktion und Reproduktion des wirklichen Lebens" nannte. Dieser Alltagsbegriff geht weder von einer Entgegensetzung von Alltag und Nichtalltag aus und auch nicht von objektiven Festlegungen, sondern betrachtet den Alltag der Menschen als "die Erscheinungsweise des Wesens ihrer sozialen Verhältnisse"[706]. Diese Methode, dem Alltagsleben näher zu kommen besitzt den Vorteil, daß hierin die neuen Gesellschaftsvorstellungen aus Soziologie und Ethnologie integriert werden können. Diese Vorstellungen spielen auch in der Alltagsgeschichte eine grundlegende Rolle. Und zwar gehen sie von einer Gesellschaft aus, welche aus Individuen besteht. Gesellschaft ist somit nicht mehr irgendein System und das

---

[702] Alfred Georg FREI (1984: 113).

[703] Zum Beispiel Peter STEINBACH (1979). Ob solch umfassenden Definitionen allerdings praktischen Nutzen besitzen, muß bezweifelt werden. Es kann ebenso bezweifelt werden, daß eine genaue Definition von Alltag überhaupt möglich ist, "existiert" Alltag doch in allen Lebensbereichen. Eine Fortführung finden die Gedanken in STEINBACH (1986).

[704] Die objektmäßige Festlegung sollte mehr als Veranschaulichung angesehen werden denn als Versuch, einen Bereichskatalog alltäglicher Verrichtungen festzulegen. Die von Alfred Georg FREI benutzte Aufzählung erinnert stark an die Bemühungen der Sozialgeographie Münchner Provenienz, einen festumrissenen Katalog von Daseingrundfunktionen aufzustellen. Hieraus wird dessen altagsprachliche Genese deutlich, vielleicht ein Grund mit für seine starke Kritik.

[705] Eine Definition aus der DDR Literatur zitiert in Reinhard SIEDER (1984: 28).

[706] K. GÖSSLER zitiert in Wolfgang LUUTZ (1985: 348).

Individuum nichts, sondern Individuen bilden die Grundlage für die Gesellschaft:"Die Gesellschaft, die man so oft gedanklich dem ‚Individuum' gegenüberstellt, wird ganz und gar von Individuen gebildet, und eines dieser Individuen ist man selbst"[707]. Insbesondere die Arbeiten von Norbert ELIAS haben zur Verbreitung dieses Geselschaftsbildes geführt. Er wendet sich damit gegen eine Sichtweise, die auch solch komplexe Begriffe sozialer Beziehungen wie Familie als Gegenstände auffaßt und sie so beschreiben möchte:[708]

"Begriffe wie ‚Familie' oder ‚Schule' beziehen sich ganz offensichtlich auf Geflechte von Menschen. Aber der herkömmliche Typ unserer Wort- und Begriffsbildung läßt es so erscheinen, als ob es sich um Gegenstände, um Objekte von der gleichen Art handele, wie Felsen, Bäume oder Häuser."

Gesellschaft erscheint hier als Interaktion zwischen Menschen, welche durch bestimmte Momente zur Interaktion befähigt oder von dieser abgehalten werden.[709] Alltagsgeschichte hat somit die konkret-historischen Beziehungen zwischen Individuum und Gesellschaft und Individuum zu Individuum zu untersuchen:[710]

"Erst die Untersuchung der widersprüchlichen Beziehung zwischen individueller Tätigkeit und gesellschaftlichen Verhältnissen eröffnet den Blick dafür, welche unmittelbaren Erscheinungsformen im Alltag gegeben sind und durch das Alltagsbewußtsein reflektiert werden."

Das individuelle Verhalten wird in den alltäglichen Prozessen als autonom und getrennt von gesamtgesellschaftlichen Bewegungen aufgefaßt. Der Alltag besitzt einige für das Individuum unersetzbare Funktionen. In diesem Sinne ist er unabhängig von der gesamtgesellschaftlichen Ebene zu untersuchen.[711] Kennzeichnend für die Alltagstätigkeiten der Individuen ist, daß die Befriedigung unmittelbarer Lebensbedürfnisse im Zentrum ihres Handelns steht, weiterhin, daß für diese Tätigkeiten die Herstellung personaler Beziehungen entscheidend ist,

---

[707] Norbert ELIAS (1981: 9). Vgl. auch Thomas LEEB (1984: 123).

630 Norbert ELIAS (1981: 9).

[709] Hierfür beispielhaft auch die Ausführungen von Derek GREGORY (1981b), welcher unterschiedliche Gesellschaftsvorstellungen erläutert und sich dann für diejenige Anthony GIDDENS' entscheidet, der ebenso dieser interaktionistischen Schule angehört.

[710] Wolfgang LUUTZ (1985: 349).

[711] Für die Veränderung von Geschichte, für die Weiterentwicklung der gesellschaftlichen Verhältnisse allerdings ist ein geplantes, bewußtes und gezieltes Vorgehen notwendig.

und schließlich alltägliche Prozesse in der unmittelbaren Umgebung des Standorts der Individuen ablaufen.

In unserem Zusammenhang interessieren aber nicht nur die objektsprachlichen Definitionen von Alltag, sondern vor allem die Entgegensetzung von Zeit und Raum im Alltagsbegriff. Hier läßt sich konstatieren, daß der Alltagsbegriff der Alltagsgeschichte in der Regel einem bestimmten Zeitbegriff folgt. Alltag kann nicht begriffen werden als Objekt, sondern als Prozeß, als Prozeß der Veralltäglichung. Dieser Prozeß führt in das Leben der Menschen ein neues Zeitmaß ein. Die lineare Zeit löst das zyklische Zeitmaß ab. Der Zeitbegriff, welcher bis zur Einführung industrieller, kapitalorientierter Produktionsverfahren vorherrschte, war objektbezogen. Der Tag richtete sich nicht nach Zeiten, sondern nach der Dauer bestimmter Verrichtungen. Zeiten der Eile lösten Zeiten der Ruhe ab; ein zyklisches Wiederkehren naturbestimmter Produktions- und Reproduktionsprozesse. Die lineare Zeit dagegen liefer ein einheitliches Zeitmaß für alle Tätigkeiten, gleich ob naturbestimmt oder nicht. Eine der beiden Grunderfahrungen des Alltags ist somit charakterisiert durch die Wiederholung und die daraus resultierende Monotonie alltäglicher Aktivitäten. Sie erinnert an die Monotonie und Fremdbestimmung der Arbeitszeit seit der Periode der Manufakturen, als zweiter Grunderfahrung des Alltags. Die Entqualifizierung der zyklischen Zeitauffassung wirkt sich zudem nivellierend und homogenisierend auf die Räume der Zeit aus:[712]

„Da nämlich in der archaischen Periodizität der Zyklen keine Veränderungen einer Zeit ohne gleichzeitige Veränderungen in dem ihr jeweils unterworfenen Raum denkbar sind, muß sich die Durchsetzung der homogenen Zeit der klassischen Mechanik zugleich als eine Homogenisierung zuvor unterschiedener Räume darstellen."

Dieser auf der menschlichen Zeiterfahrung gegründete Alltagsbegriff der Alltagsgeschichte, auf welchen die alltägliche Wiederholung den größten Einfluß auszuüben scheint, beinhaltet nur rudimentäre Raumvorstellungen. Ja man könnte für die Alltagsgeschichte geradezu von einer „Entgrenzung des Alltagsbegriffs"[713] sprechen. Die Hinwendung zu Wahrnehmungsphänomenen hat zum „Rückzug aus der Fläche" geführt. Die Alltagsgeschichte hat sich zur Antipode der Makrogeschichte entwickelt und dabei an Raum verloren.

Der Begriff von Alltag im Zusammenhang mit alltagsräumlicher Forschung hat

---

[712] Klaus LAERMANN (1975: 92).

[713] Klaus TENFELDE (1984: 2).

auszugehen von den Bedürfnissen der im Alltagsraum lebenden Menschen. Die Reproduktion dieser Bedürfnisse steht im Mittelpunkt alltäglicher Prozesse im Alltagsraum. Unter Bedürfnissen können je nach Fragestellung individuelle Bedürfnisse, gruppenspezifische Bedürfnisse, materielle Bedürfnisse oder ideelle Bedürfnisse verstanden werden. Die Alltagsgeschichte des Alltagsraumes hat das alltägliche Leben im Raum zum Thema, sie hat dieses zu rekonstruieren. Sie hat darüber hinaus die Aufgabe, die Einwirkungen räumlicher Strukturen auf alltägliches Verhalten zu analysieren.

6.2.4. Methodologische Probleme der lebensweltlichen Alltagsraumforschung

Die historische Alltagsraumforschung steht vor dem Problem, daß für sie neue methodologische Grundlagen geschaffen werden müssen. Sie hat es mit Phänomenen zu tun, die einerseits den geographischen Raum betreffen, welcher bisher beschreibbar war durch die Objekte in ihm und deren Beziehungen zueinander und andererseits einem Sozialraum zugehören, der sowohl von Individuum zu Individuum unterschiedlich erscheint und zudem variabel über die Zeit ist. Beide, sowohl die Geographie als auch die Sozialwissenschaften haben bisher den Raum, gleich ob geographischer Raum oder Sozialraum, durch die Angabe bestimmter Merkmale des Raumes selbst (Ausdehnung, Ausrichtung etc.) oder seiner Objekte zu beschreiben gesucht.[714] Diese Substanzsprache ist allerdings für die Alltagsforschung nicht geeignet. Für deren Probleme ist eine Raum-Zeitsprache notwendig, die in der Lage ist, alltagsräumliche Prozesse sowohl in der Raum- als auch in der Zeitdimension festzulegen, was normalerweise mit (x, y, z, t) angegeben wird.[715] Diese Substanzsprache oder „compositional language", wie sie Torsten HÄGERSTRAND bezeichnet, wurde bisher genauso zur Kennzeichnung von Strukturen ganzer Komplexe, seien es räumliche, historische oder zeitliche benutzt. Zur Kennzeichnung raum-zeitlicher Prozesse allerdings scheint es angebracht, eine Raum-Zeitsprache anzuwenden, welche in der Lage ist, den Pro-

---

[714] Ein Individuum, zum Beispiel ein Raumindividuum würde hier durch die Angabe einer Mengen von Eigenschaften $(e_1, e_2, ..., e_n)$ beschrieben werden.

[715] Vgl. hierzu auch David HARVEY (1970).

zeßverlauf in seinen Zusammenhängen darzustellen. Die Kontextsprache[716] verfolgt ein Ereignis in seinem Verlauf und in seinen Zusammenhängen, während die Substanzsprache versucht, einen Prozeß, eine vorgegebene Menge von Phänomenen oder Ganzheiten, in immer feinere Komponenten zu zerlegen, die häufig hierarchisch strukturiert sind, um diese dann nachträglich wieder zu einem Ganzen zusammenzufassen und somit Form und Struktur eines Systems angeben zu können. Damit aber verliert sich der Prozeßcharakter der Vorgänge. Demgegenüber interessiert innerhalb der Kontextbetrachtung, in welcher Situation ein eingeschlossenes Objekt angetroffen wird und welche Beziehungen zwischen den Charakteristika, Attributen des Objekts und seinem Verhalten in unterschiedlichen Situationen bestehen: Wie verhalten sich Objekte und Individuen aufgrund räumlich eng verbundener Koexistenz? Analog zur Ökologie geht die Kontextsprache davon aus, daß das Verhalten eines Objekts stark von seiner Umwelt, seiner Umgebung, beeinflußt wird. Das Verhalten kann nur erklärt werden, wenn man es in dieser Umwelt, in den Kontext integriert, das heißt wenn man einen Zusammenhang konstruiert zwischen dem Individuum und einem größeren Zusammenhang, zum Beispiel einer Gruppe von Menschen oder einem zeitlichen Prozeß oder einer räumlichen Struktur. Grundlage der Kontextdefinitionen sind Aussagen über Individuen. Diese können mit konstruierten Kollektivaussagen in Beziehung gesetzt werden, welche aus Merkmalen vieler Individuen gebildet werden.[717] Die Kontextanalyse ist einerseits eine Vorgehensweise, bei der Daten nicht nur über einzelne Individuen erhoben werden, sondern zugleich über deren soziales und in unserem Fall räumliches Umfeld. Kontextanalyse ist in dem Sinn eine hermeneutische Methode, als sie danach fragt, inwieweit Strukturen für das Individuum einen Sinn geben, inwieweit sie den Rahmen seiner Handlungen ausmachen. Dabei muß der Plazierung, also der raum-zeitlichen Abfolge[718] von Bewegungen im Raum und damit der raum-zeitlichen Abfolge der Auseinandersetzung mit Raum besondere Beachtung geschenkt werden. Ausgehend von der Gebundenheit

---

[716] Vgl. hierzu auch Nigel THRIFT (1983) und CARLSTEIN/THRIFT (1978).

[717] Vgl. hierzu auch Karl-Dieter OPP (1976: 38f.) und Jürgen FRIEDRICHS (1981: 357-361).

[718] Wir rekapitulieren hier nicht die soziologische Theorie der Kontextanalyse, sondern nehmen sie wie anderswo auch zur Grundlage einer integrativen Historischen Raumwissenschaft, in deren "Kontext" sie einen von der allgemeinen Verwendung abweichenden Inhalt bekommt (vgl. insbesondere Manfred KÜCHLER, 1981).

jeden sozialen Vorgangs an sein Hier und Jetzt[719] ist es innerhalb der Kontextanalyse notwendig, Sinnkontexte der Individuen herzustellen. Das ist nur bei Vorlage möglichst breit angelegter Daten möglich, die sich auf Quellen des Rahmens einzelner Individuen stützen. Dementsprechende Arbeiten historisch-geographischer Rahmenanalyse liegen bereits vor.[720]
Die raum-zeitliche Betrachtung ist in dem Sinne eine Kontextbetrachtung, als sie die Aktivität eines Individuums in den Kontext der Zeit, des Raumes und der Berücksichtigung anderer Individuen stellt. Ebenso wird zum Beispiel ein Alltag dargestellt als Aufeinanderfolge von Aktivitäten. Warum eine Aktivität gerade zu dem bestimmten Zeitpunkt und an dem bestimmten Ort durchgeführt wurde ist nur verständlich, betrachtet man den gesamten Tagesablauf. Ähnliches gilt für Lebensläufe.

Wenn aber Kontextprozesse von außerhalb der Handlungen liegenden Bezügen abhängen, dann ergibt sich das Problem des Zusammenhangs.[721] Hier muß man sich die Kontextanalyse als auf einer mittleren Maßstabsebene liegend vorstellen. Sie versucht, Verbindungen zwischen verschiedenen Systemen herzustellen. Die Beobachtungsebene selbst ist ein Filter, durch den Informationen zwischen den Ebenen vermittelt werden. Diese komplizierteste aller Ebenen mag zudem ein vermittelnder Zusammenhang mit einer Anzahl von gleichlautenden Systemen sein. Die Erhebungseinheit ist hier ein Kollektiv, das sowohl aktiv als auch passiv, sowohl abhängig als auch unabhängig ist. Der Kontextualist geht ebenso wie andere Sozialforscher davon aus, daß Gruppencharakteristika eine große Bedeutung für das individuelle Verhalten haben. Darüber hinaus werden aber zwischenmenschliche, interaktionistische Umwelten und normative Kontexte angenommen, die über die einfache Gruppenmitgliedschaft für das Verhalten verantwortlich sind. Die Frage ist nicht, ob Einflüsse der Gruppe existieren, sondern ob Netto- oder direkte Einflüsse nachweisbar sind, die auf individuelle Abweichungen einwirken. Für die Kontextanalyse sind somit auch nur solche

---

[719] Der phänomenologisch orientierte Ethnomethodologe spricht hier von "local productions".

[720] Vgl. zum Beispiel. Peter Röllin (1981), welcher Zeitungen, Schriften der Zeit und Trivialliteratur systematisch nach dem Empfinden der Stadtveränderung hin befragte. Ohne Zweifel sind solche Arbeiten von den Studien Erwing GOFFMANNs zur Rahmenanalyse beeinflußt (vgl. auch Marie-Elisabeth HILGER, 1984).

[721] Vgl. hierzu BOYD/IVERSON (1979).

Umweltzustände von Relevanz, die eine gewisse Abhängigkeit vom Verhalten des Handelnden zeigen. Hier unterscheidet sich die Kontextanalyse von ökologischen Studien, die auch Variablen miteinbeziehen, welche unabhängig vom Verhalten des Individuums sind, wie die Temperatur. Von Bedeutung ist es nun, Abbildungsvorschriften oder -regeln von einer Ebene auf die andere Ebene zu erkennen. Wie reagiert das Individuum auf bestimmte Stimuli, wie bilden sich bestimmte Probleme zunächst in seiner Wahrnehmung und dann in seinem Handeln ab?

Allerdings wurden von der Forschung, ohne daß die Diskussion um Kontext und Kontextanalyse annähernd abgeschlossen wäre, bisher vier Mängel der Kontextanalyse aufgezählt. Zunächst besteht die Schwierigkeit, daß die Kontexteffekte sehr klein sind. Zweitens fehlen bis heute individuenbezogene Modelle, die nicht aus mehreren individuellen Ergebnissen Gruppenmerkmale konstruieren, sondern Korrelate auf Individuenebene einschließen. Drittens birgt die Verwendung von Kontexteffektvariablen die Gefahr von nichtzufälligen Fehlern in sich und schließlich besteht die Gefahr der Auswahl von Untereinheiten durch einen Auswahlprozeß, der kontingent zu den abhängigen Variablen ist.

6.3. Alltägliche Raumkonzepte
6.3.1. Räumliche Definitionen des Alltags

Ausgehend von einem kontextbezogenen, prozessualen Raumbegriff wird der Alltagsraum als Interaktionsraum begriffen. So läßt sich auch der Regionsbegriff über Interaktionszusammenhänge definieren:[722]

„Regionen lassen sich (...) durch vorhandene Interaktionsketten (Verflechtungszusammenhänge) und den diesen zugeordneten Räumen charakterisieren."

Insbesondere einer Spielart der Interaktion, der Kommunikation, wird im Alltagsraum besondere Bedeutung zugewiesen. Wenn wir zwischen mehreren Stufen der Interaktion unterscheiden, je nachdem wie direkt der Kontakt der kommunizierenden Parteien ist, so haben Kommunikation und Interaktion allgemein im Alltagsraum den Vorteil, daß jede Interaktion lediglich kleine Distanzen zu überbrücken hat. Diese Distanzen müssen nicht räumlich definiert sein. Ebenso sind kulturelle und soziale Distanzen vorstellbar. Gerade diese Distanzen verlieren

---

[722] Thomas LEEB (1984: 126).

allerdings häufig im Alltagsraum an Gewicht. Entweder stellt sich die Sozialstruktur homogen dar oder doch homogener als in größeren Räumen oder die geringen räumlichen Distanzen führen zur Überformung anders begründeter Distanzen.

Gehen wir vom Individuum aus, so kann unter Alltagsraum bei Beachtung sozialanthropologischer Kriterien der Raum einer lokalen Gesellschaft verstanden werden. Dieser Raum ist spezifisch strukturiert und nach Außen hin abgegrenzt ohne abgeschlossen zu sein. Das Lokale ist ein Aspekt des Alltagsraumes. Es kann charakterisiert werden durch Verbundenheit aufgrund geringer räumlicher Distanzen. Diese erhöhen die zeitliche und räumliche Zugänglichkeit zu anderen Individuen. Es bestehen im lokalen Bereich einfach mehr Örtlichkeiten und Zeitspannen, in denen man aufeinandertreffen kann. Bestimmte Verdichtungszentren der Interaktionen erlauben eine selbstgesteuerte, wenn auch von den Bedürfnissen her vorgegebene Kommunikationsfrequenz.

Drei Elemente sind bestimmend für Lokales. Es sind dies Kontinuität, Ortsverbundenheit bzw. Ortsbezogenheit und gesellschaftliche bzw. lokale Identität.[723] Die Kontinuität erweist das Lokale als ein in höchstem Maße geschichtliches Phänomen, wird doch vielfach Geschichte, also der Geschichtsverlauf, mit dem Begriff der Kontinuität gleichgesetzt. Der Satz „Ohne Kontinuität keine Geschichte" trifft für das Lokale genauso zu wie für den Menschen.[724] Kontinuität und alltäglich sich Wiederholendes gehen hier eine enge Verbindung ein. Mit der Kontinuität eng verflochten sind die zwei weiteren Elemente des Lokalen. Sie bezeichnen die Verbindungen der Bewohner zum Lokalen und zu anderen Mitgliedern des Lokalen. Auch diese Verbindungen bzw. Bindungen werden in großem Maße von alltäglichen Erfahrungen beeinflußt. Gerade der lokale Raum erlaubt es, eine lokale Kompetenz hinsichtlich der Gewohnheiten anderer Mitglieder und hinsichtlich räumlicher Strukturen zu entwickeln. Sowohl dieses Wissenspotential als auch die in der Regel größere Homogenität des lokalen Raumes gegenüber „Außenräumen" führt zur Ausbildung von „front" und „back regions"[725], besonders bei zunehmend komplexer werdenden gesellschaftlichen

---

[723] Hierzu auch Nigel J. THRIFT (1980).

[724] Aus dieser Feststellung eine überzogen konservierende Einstellung rechtfertigen wollen, ginge an den Intentionen des Gesagten vorbei.

[725] Vgl. hierzu Erwing GOFFMAN (1959).

Zusammenhängen. In „back regions" wird lokale Kompetenz gefördert und es entstehen Freiräume hinsichtlich des Verhaltens. Das Verhalten in diesen „back regions" weicht von demjenigen in „front regions" ab und zwar im allgemeinen in bezug auf seine Konformität. Gerade äußere Zwänge, die in diesem Fall auch dem Äußeren als räumlichem Bereich zugeordnet werden, können im lokalen Bereich umgangen werden. Tendenzen einer Gegenkultur können so zu Indikatoren von Lokalität werden. Diese ist im Umgekehrten Fall dann am geringsten ausgeprägt, wenn lokales Verhalten den Außenräumen entsprechend konform verläuft. So kann in Arbeitervierteln von Lokalität gesprochen werden, wenn sie sich in ihrem äußeren Erscheinungsbild bewußt absetzen und unter anderem damit versuchen, eine Gegenkultur zur alltäglichen disziplinierten Arbeitswelt zu schaffen.[726]

Der Begriff der Lokalität hat den Vorteil, recht gut operationalisiert werden zu können. Lokalität spiegelt sich offensichtlich gut in Statistiken oder im Raumgefüge wieder. Der Grad der Bevölkerungsfluktuation, Wegzüge und Zuzüge sind ein Indikator für Lokalität ebenso wie die Raumstruktur und der Grad ihrer Veränderung in der Zeit. „Back regions" ließen sich über das Ausmaß der spezifischen Reaktion auf bestimmte Ereignisse ermitteln. Das Verhalten bei Feiertagen oder politischen Ereignissen läßt sich in der gruppenspezifischen und allgemeinen Presse ablesen. Ein Vergleich ergäbe den Grad der Eigenständigkeit und damit den Grad der Lokalität in bestimmten Vierteln.

Dagegen ist die Operationalisierung anderer Begriffe des Alltagsraumes, wie der Region zum Beispiel sehr viel schwieriger, da es sich hier um Begriffe handelt, die sich über Prozesse definieren, welche im Alltagsraum ablaufen. Es geht hier um die Dynamik des Alltagsraumes. Es ist ein bestimmtes soziales Verhalten, das im Rahmen der Region interessiert und die Rolle des Raumes

---

[726] Ähnlich sieht Claude RAFFESTIN (1984) den Begriff der Territorialität definiert als den Gegensatz von Tradition und Moderne, ein Rückzugsgebiet, in welchem sich irrationale Prozesse abspielen, ein Alltagsraum, an welchen nicht zweckrationale Maßstäbe angelegt werden können. Territorialität meint aber auch die emotionale und funktionale Besetzung von Räumen. Dieser Besetzung stehen im Moment vor allem Barrieren im Raum im Wege, welche fragmentierend wirken. Die Fragmentierung des Raumes bewirkt eine fragmentarische und damit unzureichende Inbesitznahme von Räumen. Barrieren werden vor allem durch die unzureichende Nutzflächenverteilung in unserer Landschaft bewirkt. So können Kinder ihre Umwelt nur noch fragmentarisch erfahren, da weite Flächen ihrer näheren Umgebung und Flächen zwischen ihren Aktionsräumen von anderen, lediglich monofunktional zu nutzenden Flächen beansprucht werden.

innerhalb dieses Verhaltens. Zwei Ebenen des Verhaltens sind hierbei von besonderer Bedeutung. Sie stellen die zwei Aspekte von Verhalten dar. Der innere Aspekt von Verhalten wird Erleben genannt und von der Sozialpsychologie behandelt, während der äußere Aspekt, das Handeln, Domäne der Soziologie ist. Analog läßt sich im Alltagsraum zwischen Wahrnehmungsraum und Handlungsraum unterscheiden. Ich werde im folgenden zunächst auf den Wahrnehmungsraum eingehen.

Es lassen sich einige räumliche Relationen erkenen, die den Wahrnehmungsraum beeinflussen. Hier ist zunächst die räumliche Nähe, die Kontiquität oder auch Proximität zu nennen. Die räumliche Nähe erweckt den Eindruck der Zusammengehörigkeit oder Einheit und steigert die Bedeutung räumlicher Phänomene für das Individuum:

„Ce qui est loin est moins important pour moi que ce qui est proche."[727]

Von der Sozialpsychologie werden Grundstrukturen menschlicher Psyche daraufhin befragt, in welcher Form und wie ausgeprägt sie in einzelnen räumlichen Einheiten wirken.

Ein Element der Kontiguität stellt dasjenige der Dichte dar. Faßt man den Begriff der Kontiguität metrisch auf, so könnte man Dichte als multiple Kontiguität bezeichnen.[728] Dichte kann aber auch benutzt werden, um Lebensweisen zu charakterisieren. Diese ließen sich, wie es MOLES/ROHMER getan haben nach

---

[648] MOLES/RHOMER (1978: 226). Die räumliche Nähe spielt auch für den von der Soziologie und Volkskunde verwendeten Begriff der Nachbarschaft eine entscheidende Rolle. Nachbarschaft beinhaltet verschiedenste Gemeinschaftsordnungen und Gesellungsformen, „denen ein Kontakt mit Menschen und Familien, die in der Nähe des eigenen Heimes ihren Wohnplatz haben, und denen dabei aber eine gewisse Distanz eigen ist" Matthias ZENDER (1960: 505). Nachbarschaft kann mit Siedlungsgemeinschaft gleichgesetzt werden, wenn sie nicht sogar aus ihr entstanden ist. Ursprünglich ging sie selten über die Straße hinweg, obwohl der Gegenüberliegende in vielen Fällen häufiger begegnet als der direkte Nachbar. Nachbarschaft sagt aber auch etwas über die soziale Ordnung von Siedlungsgemeinschaften aus, denn hier lassen sich häufig strenge Regeln und Hierarchien der „Nachbarschaftsleistungen" feststellen. In der Regel geht Nachbarschaft nicht über die drei links und rechts stehenden Häuser hinaus, sie kann aber auch ein ganzes Viertel einschließen. Punktuelle Nachbarschaft tritt eigentlich nur dann auf, wenn tradierte verwandtschaftliche Beziehungen vorliegen. In der Industrialisierungsphase ist die Nachbarschaft dann allerdings langsam durch Organisationen, wie Vereine, abgelöst worden.

[728] So fassen zum Beispiel GRAUMANN/KRUSE (1978) Dichte auf.

„mode de vie concentre" und „mode de vie disperse" unterscheiden. Hiermit wird einerseits die permanente Anwesenheit Anderer bezeichnet und andererseits die Situation, daß das Treffen eines Anderen ein Ereignis bedeutet.[729] Der Anteil beider Lebensweisen innerhalb des Alltags und die mit ihnen verbundenen räumlichen Einheiten, lassen sich historisch darstellen. In den einzelnen Epochen verändern sich die Anteile der beiden Lebensweisen innerhalb des Alltagsgeschehens und innerhalb der Zeiten, in denen das Individuum sozialen Beziehungen und sozialen Verhaltensformen unterliegt. In diesem Zusammenhang läßt sich fragen, inwieweit es außersoziale, konzentrierte und disperse Zeiten und Räume für das Individuum gab und wie groß deren Anteil am Tagesablauf war.

Weiterhin lassen sich in der Region zwei topologische Systeme der Kommunikation und Raumaneignung unterscheiden, die man als Zirkulation im Raum bezeichnen kann[730], oder als Raumaneignung durch Bewegung im Raum. Das „systeme arbre", ein System von Ästen, die zwar von nur wenigen Punkten ausgehen, untereinander aber ansonsten keine Verbindung aufweisen, ist charakteristisch für die disperse Lebensweise. Jede Verzweigung ist ein Punkt der Kontrolle, da es nur diesen einen Weg zu einem bestimmten Punkt hin gibt. Die Pfade können nicht gewählt werden, sondern sind vorgegeben. Demgegenüber bietet das „systeme reseau", ein System von Verzweigungen mit vielen Knotenpunkten, eine große Zahl möglicher Pfade, die durch technische Relationen, wie Überfüllung, determiniert werden. Für eine sich bewegende Gemeinschaft ist es notwendig, sich räumlich so anzuordnen, daß sich die Wege der Individuen möglichst häufig treffen. Durch die Steigerung der Kontakthäufigkeit entstehen soziale Örtlichkeiten. Diese Kontakthäufigkeit ist im Alltagsraum in der Regel gegeben und wird durch die geringe Distanz zwischen den Aufenthaltsorten noch gefördert. Außerhalb des Alltagsraumes führt diese Frequenz dagegen zu „kontraproduktiven Effekten". Für die Qualität von Kontakten ist weiterhin die Dauer der Kontakte ausschlaggebend. Diese spezifische Struktur der Region führt zu einem gewissen Grad an Abschluß gegenüber dem Außen, gegen das man die alltagsräumlichen Ressourcen verteidigt und damit eine Destruktion der Gemeinschaft zu verhindern sucht.

Eine Frage ist noch nicht beantwortet worden, nämlich diejenige nach der

---

[729] Vgl. MOLES/RHOMER (1978: Kap. 1.7.).

[730] Vgl. hierzu MOLES/RHOMER (1978: 111).

räumlichen Abgrenzung von Alltagsraum. Dieses Problem wird von den meisten Autoren umgangen und auch wir gehen es eigentlich nur ungern an. Der Grund ist darin zu suchen, daß die Grundlagen der Alltagsraumforschung, wie ich sie nennen möchte und auch die Grundlagen der historischen Alltagsraumforschung in der Interaktion und in der Verbindung von Raum und Zeit zu suchen sind. Analog dem Alltag wird Alltagsraum somit als Prozeß aufgefaßt, als eine Bewegung im Raum, als ein Raum, welcher sich durch alltagsräumliche Prozesse reproduziert. Er stellt sich somit als ein ephemäres Phänomen dar: ohne Aktion kein Alltagsraum. Mit Versuchen der Abgrenzung von Alltagsräumen läuft man Gefahr, den überholten objektivistischen Begriff von Alltag und Alltagsraum indirekt wieder einzuführen. Auf jeden Fall wird man bei der konkreten Arbeit Abgrenzungen, vor allem auf Verwaltungsebene, vornehmen müssen, und sei es nur der Quellenbeschaffung wegen. Es scheint eine Abgrenzung von Alltagsraum und Region aber nur auf Grundlage interaktionistischer, kommunikationstheoretischer Grundlagen sinnvoll. Eine solche Abgrenzung könnte sich zum Beispiel auf die alltägliche Reichweite von Bewegungen beziehen. Region wäre dann zu bestimmen als derjenige Raum innerhalb dessen Menschen an weniger als einem Tag eine Strecke zurücklegen können, um am gleichen Tag wieder heimzukommen. Erste Versuche, solche Isochronen festzulegen stammen schon aus den zwanziger Jahren unseres Jahrhunderts. Dabei ging es aber nur um die zeitliche Entfernung zwischen Raumpunkten,[731] um die enormen Möglichkeiten der immer weiter aufstrebenden Verkehrsmittel zu demonstrieren und nicht um eine alltagsräumliche Definition von Entfernung. Somit erweist sich die Region als der von der Fläche her gesehen größtmögliche Umfang eines Alltagsraumes. Innerhalb der Region existieren aber eine ganze Reihe weiterer Alltagsräume.[732] So ließe sich das Zimmer, die Wohnung, die Straße und das Viertel nennen, die ergänzt werden durch die Außenräume der Stadt und schließlich der Region. Vom notwendigen Aufwand der Bewegung her gesehen ergibt sich mit dem Übergang von Viertel zum Stadtraum ein plötzlicher Anstieg. Ähnlich dürfte es sich mit dem Verhältnis des Bekannten zum Unbekannten verhalten. Auch dieses Verhältnis wird sich beim

---

[731] Eine Entfernung wurde hierbei nur in einer Richtung gemessen. Wir haben es hier mit einstelligen Entfernungen zu tun, im Gegensatz zu zweistelligen Entfernungen des Alltagsraumes.

[732] Diese ließen sich über den Aufwand, ein Kommunikationsmaß und die Wahrnehmungsintensität messen.

Übergang zu größeren Raumeinheiten umkehren. Können diese Raumeinheiten zusammenhängend definiert werden, so bilden sie Lokalitäten aus. Werden sie über alltagsräumliche Aktivitäten oder alltagsräumliche Bewegung definiert, so entstehen alltagsräumliche Strukturen.

6.3.2. Chroneographische Alltagsraumkonzepte

Mit eben diesen Strukturen und den alltagsräumlichen Bewegungen innerhalb dieser Strukturen befaßt sich die Chroneographie, auch „time-geography" genannt.

Sie faßt eine Region als Interaktionsstruktur auf, als Interaktionen, welche durch institutionelle Beziehungen mit sozialen Strukturen vermittelt werden. Institutionelle Beziehungen meinen in diesem Zusammenhang verortete Organisationen und Aktivitäten.[733] Der Alltagsraum besteht im chroneographischen Sinn aus einer Anzahl verschiedener aber verbundener Verortungen von Interaktionen.[734] Jeder Raum stellt die Möglichkeiten und die Widerstände für Aktionen im Raum bereit. Diese Möglichkeiten sind die notwendige Voraussetzung für das individuelle Wissen über den Raum und die individuelle Einschätzung des Raumes. In jedem Alltagsraum können die Tages- und Lebenswege der Individuen interagieren, einfach da sie parallel laufen und sich in enger Nachbarschaft befinden. Ob sie miteinander interagieren, hängt ab den Verteilungsmustern von Produktion und Konsumtion und von den lokal spezifischen Verteilungsmustern der Verortungen ab, welche den Alltagsraum oder die Region punktuell bestimmen. Jeder Lebensweg oder Tagesablauf kann dann als eine besondere Anordnung (Allokation) von Zeit im Raum zwischen diesen Verortungen aufgefaßt werden. Einige dieser Verortungen sind dominanter als andere für das Verhalten der Bewohner, das heißt sie bestimmen im wesentlichen die Wege der lokalen Bevöl-

---

[733] Der Begriff der Institution sollte rein gesellschaftlich aufgefaßt werden. So ist die Religion eine gesellschaftliche Institution. Ihre Organisation ist die Kirche. Nicht die Religion kann verortet werden, sondern nur die Kirche.

[734] Vgl. Anthony GIDDENS (1979). GIDDENS benutzt für das von uns gemeinte den Begriff des Lokalen. Wir haben allerdings das Lokale schon anderweitig definiert und übernehmen daher nicht seine Begrifflichkeit. Vielmehr liefert uns GIDDENS mit dem von ihm Gemeinten eine brauchbare Definition für den Alltagsraum allgemein.

kerung nicht nur räumlich sondern auch zeitlich. Hier sind zum Beispiel Fabriken mit ihrem Wohnumfeld zu nennen. Je nach Kulturkreis und geschichtlicher Zeit variieren diese Dominanten. Fünf Effekte auf Bevölkerung und räumliche Struktur lassen sich diesen Dominanten zuordnen. Zunächst einmal strukturieren sie in einem nicht zu vernachlässigenden Maße die Tages- und Lebenswege der Menschen. Sie stellen die wichtigsten Treffpunkte dar, und solche Verortungen, durch die ein großer Teil der Anwohner seinen Alltags- oder Lebensweg nehmen muß. Zweitens werden auch alle übrigen Anwohner von dem Standort und der Zeit, die dort verbracht wird, betroffen, und drittens stellen sie die wichtigsten zeit-räumlichen Knotenpunkte von Aktivitäten dar. Auch bei der Frage nach Routinen im Alltagsraum stellen sich solche Dominanten als beherrschend heraus. Schließlich findet in ihnen ein Großteil der lokalen Sozialisation der Anwohner statt. Die interne Organisation, die interne Zeiteinteilung dieser Dominanten bestimmt ebenso die Zeiteinteilung der Bewohner des Raumes.[735] Daneben existieren selbstverständlich andere Verortungen, die ebenso wichtig für das Leben der Bewohner des Alltagsraumes sind, je nachdem welcher Lebensbereich und welcher Lebensabschnitt gerade gemeint ist. Gerade die Dominanz von Verortungen ist ein extrem historischer Begriff, da diese Dominanz ständigem Wandel unterworfen ist.

Jede Bewegung, jedes Ereignis und jede Aktivität im menschlichen Leben läßt sich im chronogeographischen Sinn auf einem vierdimensionalen Gitter darstellen. Der Raum stellt dabei eine zweidimensionale Fläche dar und Zeit die dritte Dimension. Das reicht aber zur Festlegung raum-zeitlicher Prozesse nicht aus. Jede Aktivität oder Bewegung stellt sich innerhalb diese Koordninatengitters als Kurve oder als Modell eines Raumes dar. Jede Bewegung generiert ihre eigenen Schachtelungen, Stationen und Knotenpunkte und bahnt sich ihren Weg durch andere Bewegungsbahnen. Vergleicht man diese Bahnen miteinander, so können sie über alltagsräumliche Konflikte Auskunft geben, die aus raum-zeitlichen Disharmonien entstehen und über besonders günstige Konstellationen räumlicher Anordnungen.

---

[735] Anthony GIDDENS (1979) nennt diese Tatsache "Regionalisierung", was mit zeit-räumlicher Ordnung übersetzt ein nicht ganz verfehlter Begriff für das Gemeinte ist und sich in diesem Sinn auch in die traditionelle Terminologie der Geographie einordnen ließe.

6.3.3. Alltagsräumliche Konzeptionen der „time-geography"

Unter dem Begriff „time-geography" wird ebenso eine Richtung innerhalb der Geographie zusammengefaßt, die sich der Lebensgeschichte von Individuen widmet. Seine Grundlagen sind hauptsächlich von Torsten HÄGERSTRAND geliefert worden[736] und wurden seit der Mitte der siebziger Jahre auch von anderen Geographen und Soziologen aufgegriffen.[737] Der Begriff Lebensgeschichte bezieht sich einerseits auf die Biographie von Menschen und deren Verortung und andererseits auf die alltägliche Bewegung von Menschen im Raum. Hierbei betont die „time-geography" insbesondere die Zwänge und Widerstände, denen Menschen bei ihren Aktivitäten ausgesetzt sind. Diese Zwänge liegen für die „time-geography" in räumlichen, oder besser, verorteten gesellschaftlichen Zwängen begründet. Die Bewegung eines Individuums innerhalb einer Gesellschaft ist für die „time-geography" nicht von räumlicher Bewegung zu trennen. Räumliche Bewegung ist eine Grundvoraussetzung für soziale Bewegung. Ein Individuum, daß in eine etablierte Gesellschaft eintritt, wird sehr schnell merken, daß die Menge der möglichen Aktivitäten durch die Anwesenheit anderer Menschen und von einer ganzen Reihe kultureller und rechtlicher Normen begrenzt wird. Auf diese Art und Weise sind die Lebensgeschichten der Individuen in einem Netz von Zwängen gefangen. Die „time-geography" geht von dem Theorem der negativen Determinanten aus. Dieser Weg wurde eingeschlagen, da die Rekonstruktion von Lebenswegen und täglichen Bewegungsformen forschungstechnische Schwierigkeiten mit sich bringt. Alltagsleben kann auch in der Fragestellung der „time-geography" nur durch disaggregierte Daten, durch biographische (personenbezogene) Daten rekonstruiert werden. Diese liegen häufig einfach nicht vor. Für bestimmte Zeiten bieten sich die Methoden der Oral History an, oder Quellengattungen wie Tagebücher, zeitgenössische, realitätsnahe Romane. Mit ihrer Hilfe könnten Lebenswege und Alltagswege gesammelt werden. Diese Lebenswege sind von Menschen in der Geschichte wie tiefgefrorene Spuren hinterlassen worden. Einige von ihnen verliefen erfolgreich, andere führten in eine Sackgasse. Durch ihren Vergleich und Deckung ist die Erstellung von Alltagsräumen möglich. Doch auch hierfür ist ein sinnvoller Begriffsapparat not-

---

[736] Vgl. Torsten HÄGERSTRAND (1970 und 1975).

[737] Hier sind vor allem Anthony GIDDENS, Alan PRED und Nigel THRIFT zu nennen.

wendig.

Das Modell der „time-geography", das Modell eines Alltagsraumes, umfaßt in der Regel Beschreibungen axiomatischer Art betreffend Zwänge bezüglich des Menschen und des Raumes. Wir wollen dieses Modell durch Axiome der Aktivitäten und der Benutzung von Örtlichkeiten erweitern.

Jede Aktivität im Raum kann in Abhängigkeit zu bestimmten Attributen beschrieben werden. Die Attribute einer Aktivität sind:

1. Ihre Lage, ihre Ausdehnung und die Art und Weise der Ortswechselabläufe einschließlich deren zeitlicher Festlegung, wie tageszeitliche Spitzen.
2. Ihr Anfang, Ende und ihre Dauer.
3. Ihre Art und Weise der zeitlichen Wiederholung.
4. Ihre Lage innerhalb von großen Einheiten von Aktivitätssequenzen und Aktivitätstypen.
5. Ihre Lage innerhalb der Örtlichkeiten.[738]

Ebenso wie die Attribute von Aktivitäten läßt sich die Benutzung von Örtlichkeiten Axiomatisieren. Sie kann drei zeitlich-funktionale Formen annehmen:[739]

1. Kontinuierlich, ununterbrochen und unaufhörlich, so daß einige Viertel einer Stadt zum Beispiel immer, also Tag und Nacht und jeden Tag wieder, mit den gleichen Aktivitäten gefüllt sind (bei geringer räumlicher Arbeitsteilung sind Arbeiten und Wohnen örtlich nicht getrennt voneinander. In diesen Fällen kann es zur ständigen Benutzung kommen).
2. Diskontinuierlich, also unterbrochen in bestimmten periodischen Abständen (zum Beispiel einige CBD<[740] in unseren Städten während der Nacht.)
3. Sukzessiv, also nacheinander von verschiedenen Aktivitäten, die sich gegenseitig ablösen und zwar mit oder ohne zeitlichen Zwischenraum (zum Beispiel ein Vergnügungsviertel mit nächtlichen Aktivitäten und tageszeitlicher „normaler" Aktivität.
4. Zyklisch werden Räume genutzt, wenn ihre Nutzung nicht abbricht, aber doch deutliche Spitzen aufweist (zum Beispiel Einkaufszentren).

Diese Merkmale eignen sich auch dazu, die subjektive Bedeutung einer Aktivität zu ermitteln, da diese in enger Beziehung zu Häufigkeit, Dauer und Pen-

---

[738] Vgl. hierzu auch BAILLY/BEGUIN (1982).

[739] Vgl. hierzu ebenfalls ibidem und Mario BUNGE (1979: 235-244.) Lineare oder exponentielle Nutzungen dagegen scheinen nicht vorstellbar. Sie stellen kumulative Effekte dar, die für längere Betrachtungszeiträume eine Rolle spielen können.

[740] CBD=Central Business District (ein hauptsächlich von Dienstleistungen genutzter, zentral gelegener Teil der Stadt mit hohen Bodenpreisen und wenig Wohnbevölkerung).

deldistanz (=Bereitschaft, räumliche Distanzen zu überwinden) steht.[741] Die Existenz von Individuen kann als „trajectory", als Spur oder Pfad beschrieben werden, als Tages-, Jahres oder Lebenspfad einer Bewegung im Raum. Diese Bewegung im Raum unterliegt gewissen Zwängen. Torsten HÄGERSTRAND unterscheidet innerhalb dieser Zwänge zwei Klassen. Die erste Klasse umfaßt solche Zwänge, die keine Wissenschaft oder Planung verändern kann. Es sind dies Zwänge, die zum Teil in der menschlichen Physis begründet liegen, zum Teil den räumlichen Phänomenen inhärent sind:

1. Die Unteilbarkeit des Menschen und vieler anderer Phänomene der lebenden und nichtlebendigen Welt.
2. Die begrenzte Länge jedes menschlichen Lebens und vieler anderer Phänomene der lebenden und nichtlebendigen Welt.
3. Die begrenzte Fähigkeit des Menschen, an mehr als einer Aktivität gleichzeitig teilzunehmen.
4. Die Tatsache, daß jede Aufgabe eine bestimmte Dauer hat.
5. Die Tatsache, daß Bewegung zwischen Punkten im Raum Zeit beansprucht.
6. Die begrenzte Aufnahmenkapazität des Raumes.
7. Der begrenzte Umfang von Erdraum überhaupt.
8. Die Tatsache, daß jede Situation ihren Ursprung in der Vergangenheit hat. Raum kann somit nicht ohne Geschichtlichkeit gedacht werden, denn jede Aktivität im Raum ist in vergangenen Situationen verwurzelt, hat als Ausgangspunkt vergangene Zustände.

Die zweite Klasse der Zwänge umfaßt solche, die nur zum Teil der menschlichen Physis zuzuschreiben sind, also solche, die zu einem Großteil im menschlichen Zusammenleben begründet sind. Drei Zwänge sind zu unterscheiden. Es sind dies „capability constraints", „coupling constraints" und „authority constraints". „Capability constraints" oder Möglichkeitsbeschränkungen umschreiben Beschränkungen der Fähigkeit, an Aktivitäten teilzuhaben, welche durch physiologische Bedürfnisse, wie Schlafen, Essen und Körperpflege sowie durch die beschränkte Fähigkeit der Transportüberwindung durch eine unterentwickelte Transporttechnologie bedingt sind. Menschen benötigen eine Art von häuslicher Basis, in welcher sie ihre natürlichen Bedürfnisse in möglichst regelmäßigen Intervallen befriedigen können und zum Beispiel Post und Besuch empfangen können. Existiert erst einmal eine solche Basis, so muß man sich Gedanken über die möglichst sinnvolle Aufteilung, Allokation, von Zeit machen. Ebenso bestehen sodann Grenzen für die Distanzen von Bewegungen, wenn beabsichtigt wird, an den Ausgangspunkt zurückzukehren. Insbesondere die Transporttechnologie hat diese Grenzen weiter hinausgeschoben. Nichtsdestotrotz bestehen sie in histo-

---

[741] Vgl. Jürgen FRIEDRICHS (1981: 305).

risch definierbarem Maße weiter. Der Mensch befindet sich in einem Prisma, das von raum-zeitlichen Wällen umgeben ist, welche die Beschränkung der Bewegungsmöglichkeiten beschreiben. Mit jedem Aufenthalt an einem Ort schrumpft dieses Prisma zusammen. Der lange Aufenthalt für eine Aktivität beschränkt das Zeitbudget für eine andere. Ein Vieleck gebildet aus den grundlegenden Aktivitäten, die an einem Tage auszuführen sind, kann Einblick in die Gestalt des Zeit-Raumes eines Menschen bringen.

„Coupling constraints" oder Koppelungszwänge geben an, wo, wann und für wie lange Individuen mit anderen Individuen oder Objekten verbunden sein müssen, damit Aktivitäten überhaupt ausgeführt werden können, seien dies Produktion, Konsumtion oder Kommunikation. Koppelungszwänge führen zu „bundles", zu Bündelungen von Zeit, von Aktivitäten und von Menschen. Einerseits wird Zeit gebündelt, da Koppelungszwänge die Dauer einer Aktivität bezeichnen. Andererseits werden Menschen und Aktivitäten gebündelt, da die Ausführung einer Aktivität oder einer Interaktion die Anwesenheit mehrer Individuen benötigt.

Bündel werden nach unterschiedlichen Prinzipien gebildet, je nachdem, welche Aktivität angesprochen wird. Innerhalb dieser Bündel können Individuen verbunden und getrennt werden, je nachdem, wie die interne Organisation der Aktivität verläuft. In den meisten Fällen hat das einzelne Individuum wenig Einfluß auf den Aktivitätsablauf. Alle Aktivitäten besitzen zudem bestimmte Zugangszeiten, in denen ausschließlich der Zugang ermöglicht wird. So muß das Individuum schon einen einigermaßen genauen Zeitplan aufstellen, um einen Großteil der notwendigen Aktivitäten zu absolvieren.[742]

Die dritte Art der Zwänge wird mit „authority constraints" umschrieben, mit ausschließenden Zwängen. „Authority constraints" entspringen der einfachen Tatsache, daß Raumnutzung exklusiv in dem Sinn ist, daß jeder Raum nur eine begrenzte Aufnahmekapazität besitzt. „Authority constraints" umfassen solch generelle Regeln, Gesetze, ökonomische Barrieren und Machtkonstellationen, die determinieren, welche Individuen und welche Individuen nicht, Zugang zu bestimmten Verortungen zu bestimmten Zeiten erhalten, um bestimmte Aktivitäten auszuführen. Diese Aktivitäten könnte man auch als Domänen bezeichnen, als raum-zeitliche Einheiten, die nur einem autorisierten Personenkreis zugänglich

---

[742] Wir alle kennen den Satz "Der Tag müßte dreißig Stunden haben". Er resultiert aus der zeitlichen und räumlichen Determiniertheit der Aktivitäten und dem meist unzureichenden Zeitbudgeplan der Individuen.

sind. In der Regel werden solche Zugangsmöglichkeiten über bestimmte Äquivalente geregelt, wie Geld, Kleidung oder soziale Zugehörigkeit und andere über symbolische Besetzungen.

Diese drei Aggregate von Zwängen besitzen durchaus Verbindungen untereinander. So bestimmt der soziale Status über die Ausstattung mit Transportmitteln und den Zugang zu bestimmten Aktivitäten, einerseits über das Einkommensniveau, andererseits über ausschließende Normen. Auch die Arbeitszeiten, ob selbstbestimmt oder nicht, entscheiden mit über die Zugänglichkeit verorteter Aktivitäten.

Diese Zwänge reproduzieren sich in der Art und Weise, daß sie als die notwendigen, allerdings nicht hinreichenden Voraussetzungen gelten, die eine Aktivität überhaupt ermöglichen. Bestimmte Aktivitäten sind in diesem Sinn nicht von ihren Zwängen, die sie ihrer Benutzung und damit den Individuen auferlegen, zu trennen. Sie sind den Aktivitäten inhärent.

Individuen in einer Region besitzen nur einen begrenzten Zeitvorrat, den sie auf das Aktivitätssystem einer Region verteilen müssen. Das Aktivitätssystem besteht aus Beschäftigung und anderen Aktivitäten bzw. Rollen, wie Einkaufender, Student, Polizist usw., welche einige Charakteristika gemeinsam haben. Sie existieren unabhängig in dem Sinn, daß sie von einer Person ausgefüllt werden müssen und nicht lange ruhen können, ohne von einer Person ausgefüllt zu werden. Sie werden zudem aus den Bedürfnissen sozialer Gruppen heraus entwickelt, angefangen bei der Familie bis zum Staat, und sie beanspruchen die Zeit derjenigen, die sie ausfüllen.

Konkurrenzprozesse im Aktivitätssystem einer Region, im Alltagsraum, also die alltäglichen raum-zeitlichen Probleme von Menschen im Raum bzw. in einer Region, resultieren schließlich aus der Unteilbarkeit der Bewohner, der spezifischen Kompetenzbelange einzelner Rollen, der Immobilität von Straßen und Häusern, dem Zeitanspruch interaktiver räumlicher Bewegung und der Tatsache, daß eine Aktivität und ihre Verortung für andere potentielle Teilhaber gesperrt bleibt, wenn die Kapazität erschöpft ist.

Als besonders produktiv hat sich die Untersuchung einzelner Haushalte oder dominanter Gebäudeeinheiten als Bezugsebene für die Datenbestände erwiesen.[743] Diese werden als Zentren von Lebenszyklen und Bewegungen im Raum aufgefaßt.

---

[743] Vgl. Torsten HÄGERSTRAND (1978a).

Die Geschichte des Hauses, des Hofes oder der öffentlichen Gebäude ist in der Lage, durch die Reinterpretation traditioneller Quellen, wie Personenstandsregister, eine raumbezogene Geschichte der Individuen eines Raumes herzustellen. Ein anschauliches Beispiel für eine historisch-geographische Untersuchung lebensweltlicher Strukturen und Prozesse gab wiederum HÄGERSTRAND (1978a) bei seiner Untersuchung einer Farm in einem schwedischen Kirchspiel für die Jahre 1840-1940. Durch die Analyse der Bevölkerungsbewegungen innerhalb der Farm und von Bewegungen durch sie hindurch, konnte unter Differenzierung nach sozialen Kriterien gezeigt werden, wie die Farm als Aktivitätsbündel Zeitabschnitte der Bevölkerung des Nahraumes in Anspruch nahm und sich so zu einem Zentrum des Raumes entwickelte.

Mit Hilfe der „time-geography" stellt sich Kulturlandschaft als Bündel verorteter Aktivitäten, welche durch raum-zeitliche Bewegungen von Individuen oder Gruppen verbunden sind, dar. Kulturlandschaftswandel tritt durch die Veränderung der Lebensweise, insbesondere durch eine Veränderung der Zeitaufteilung ein und wird durch räumliche Zwänge unterschiedlicher Art beeinflußt. Die Kulturlandschaftsgeschichte traditioneller Art, welche Raumstrukturen als autonome Systme auffaßte, kann so durch eine Kulturlandschaftsgeschichte abgelöst werden, die von den Bedürfnissen der Menschen ausgeht. Lohnende Fragestellungen dürften politische Bewegungen und die historisch-geographischen Bedigungen ihres Entstehens genauso wie die Familienforschung betreffen. Für erstere wäre die Analyse von Versammlungsmöglichkeiten, Informationsempfang und von Möglichkeiten spontaner Aktionen von Ausschlag. Schließlich fallen solche Probleme auf, welche durch die sich schnell wandelnde Umwelt für die Kontakte der Menschen entstehen. Hier wäre zu fragen, inwieweit die Vereinzelung und Entfremdung des Menschen vom Menschen und von der Natur Resultat unpersönlicher, sekundärer Kontakte ist, welche aus einem veränderten raum-zeitlichen Aktivitätsverhalten entstehen.

6.3.4. Quellenprobleme lebensweltlicher Umweltanalyse

Die Untersuchung der räumlichen Komponente, hier vor allem der alltäglichen Bewegungen im Raum in historischen Lebensweisen wird sich in erster Linie auf traditionelle Quellenbestände stützen müssen, wie sie mit Tagebüchern, Biographien, zeitgenössischer Prosa aber auch mit personenbezogenen Daten allgemein vorliegen. Für zeitgeschichtliche Untersuchungen erhält die Befragung von

Zeitzeugen eine herausragende Rolle. Die Methoden der Oral History sind in diesen Fällen von größter Wichtigkeit. Neben dieser bewußt subjektbezogenen Forschung ist eine solche deduktiver Art möglich, die sich die Theoreme der „time-geography" zunutze macht, und versucht, über die alltäglich relevante Raumstruktur alltägliche Prozesse zu rekonstruieren. Diese alltäglich relevante Raumstruktur ist je nach sozialer Gruppe zu definieren. Alltägliche Raumstruktur bedeutet das Ausgehen von zeitspezifischen und sozialspezifischen Bedürfnissen in Verbindung mit der Ermittlung der Zeitgebundenheit der Phänomene.

Die Vertreter der „time-geography" scheinen mit ihrem Konzept den Gegensatz zwischen quantitativer und qualitativer Forschung in vorbildlicher Weise gelöst zu haben. Ob Soziologie, Geographie oder Geschichtswissenschaft, dieser Gegensatz spielt bisher die größte Rolle in der Chronik der Mißverständnisse. Verständlich wird die Heftigkeit der Debatten, wenn man sich klarmacht, daß mit Lebensweltforschung oder Alltagsforschung die Fundamente des (historisch-) sozialwissenschaftlichen Wissenschaftsgebäudes verlassen werden.[744] Das fängt mit der Frage an, ob ein wissenschaftliches Vorgehen geplant und kontrolliert ablaufen muß oder ob es sich frei im Forschungsprozeß entfalten kann. Auch geht die Alltagsforschung eher mit Quellen um, die selbst für den zu untersuchenden Vorgang stehen. Zu diesen Quellen können sogenannte authentische Quellen gezählt werden. Sie stammen von den Personen, über die gearbeitet werden soll. So ist es für den Alltagshistoriker unergiebig, bei einer Thematik über Unterschichten, Quellenbestände der Obrigkeit heranzuziehen. Er möchte das Verhalten der Menschen verstehen, so wie sie es verstanden haben und geht dabei von folgenden theoretischen Implikaten aus:[745]

„1.Menschen handeln Objekten gegenüber aufgrund der Bedeutungen, die diese Objekte für sie haben. Der Begriff Objekt meint alles, worauf sich Menschen im ihrem Handeln beziehen können, also physikalische Gegenstände ebenso wie Mitmenschen und geistige Inhalte.
2.Die Bedeutungen entstehen in sozialen Interaktionen, und sie werden
3. in Interaktionen angewendet, indem sie im Hinblick auf die jeweilige Handlungssituation interpretiert werden. Durch diese situationsbezogene Interpretation werden die Bedeutungen ständig modifiziert."

Entgegen der rational-logischen Erkenntnistheorie, die jedes Forschungsobjekt als Gegenstand ansieht, der nur durch geistige Konstrukte (constructs of

---

[744] Hierzu demnächst ausführlicher Hubert MÜCKE (1987).

[745] Michael MEUSER (1985: 135).

knowlegde) beschrieben werden kann, versucht der Alltagsforscher seine Form der Begründung den Erfahrungsobjekten (phenomena of experience) anzupassen. Das bringt zwar einen Vorteil in der Genauigkeit der Messung, erschwert aber die Generalisierung der Ergebnisse. Der Alltagsforscher will es ganz genau wissen. Er bevorzugt daher Fragestellungen eingeschränkter zeitlicher und räumlicher Reichweite und eine Quellenlage, deren Überlieferung eine hohe „Dichte" aufweist. Unter Beachtung der Authentizität und der „thick description" ist es nicht verwunderlich, daß solche Quellenbestände wie Zeitungen und Zeitzeugenaussagen an Wert zunehmen. Ihnen ist zudem gemeinsam, daß ihre Strukturierung nicht von vornherein vorgegeben ist, sondern erst im nachhinein vorgenommen werden muß. „Dichte Beschreibung"[746] bedeutet im ursprünglichen Sinn, den erstellten Text in seiner ganzen Vielfalt und Hierarchie von Bedeutungen und Bedeutungsstrukturen offenzuhalten. Sie erhebt den Anspruch, einen Sachverhalt möglichst umfassend in seinen Bedeutungen darzustellen. Die Bedeutungen sind in der Regel nicht offensichtlich, sondern müssen rekonstruiert werden. Vielmehr sind die Erscheinungen vieldeutig,[747] so daß eine Erscheinung in unterschiedlichen Kontexten verschiedene Bedeutungen annehmen kann. Theorien der „Dichten Beschreibung" erweisen ihren Allgemeinheitsanspruch somit nicht durch ihren Abstraktionsgrad, sondern aus „den Feinheiten ihrer Unterscheidungen"[748]. Die „Dichte Beschreibung" stellt selbstverständlich gewisse Anforderungen an die zu verwendenden Quellen. In der Regel werden Quellen bevorzugt, die zeitlich dicht überliefert werden. Die „Dichte Beschreibung" wird somit geschichtswissenschaftlich umgedeutet, denn eine zeitliche, chronologische Dichte wird vom Ethnologen nicht verlangt. Dieser benötigt eher Quellen mit komplexen Bedeutungsinhalten. Komplexe Bedeutungsinhalte werden allerdings auch vom Historiker herangezogen, wenn er zeitgenössische authentische Schriften benutzt.

---

[746] Der Begriff stammt von Gilbert RYLE und wurde vor allem durch die Arbeiten des Ethnologen Clifford GEERTZ (1983) bekannt gemacht. Zur Übernahme ethnologischer Arbeitsverfahren durch die Alltagsgeschichte vgl. Hans MEDICK (1984).

[747] Ähnliches hat Gerhard HARD (1973) für die geographische Landschaft konstatiert und damit ihre Funktion als Indikator abgelehnt.

[748] Clifford GEERTZ (1983: 35).

Besonders deutlich wird der Dichteanspruch bei der Form des historischen Interviews, nach ihrem angelsächsischen Ursprung auch im deutschen Sprachraum „Oral History" genannt.[749] Während der Sozialwissenschaftler die Form des strukturierten Interviews bevorzugt und somit gezielte Fragen stellt, Fragen, die sich als vorteilhaft für die Analyse einer bestimmten Situation herausgestellt haben und seinen Fragebogen mit Kontrollfragen zur Widerspruchsfreiheit der Antworten versehen wird, läßt sich der Alltagswissenschaftler in ein Gespräch mit seinem Gegenüber ein. In diesem Gesprächs wird er versuchen, auf bestimmte Punkte hinzulenken, er wird aber stets auf die Subjektivität der Aussagen setzen. Gerade diese Subjektivität wird ihn interessieren. Er wird nicht versuchen, sie auszuschalten, sondern sie benutzten, um mit dem Gesprächsteilnehmer in tiefere Schichten seines historischen Wissens vorzustoßen.

---

[749] Vgl. hierzu vor allem die Arbeit von Paul THOMPSON (1978), aber auch Philippe JOUTARD (1983) und für den bundesdeutschen Raum Lutz NIEHAMMER, Hg. (1980) und (1985).

7. METHODISCHE INSTRUMENTARIEN ZUR RAUM-ZEIT ANALYSE
7.1. Die genetische Erklärung
7.1.1. Die genetische Methode in der Historischen Geographie

Die genetische Methode tritt uns innerhalb der Geographie und der Historischen Geographie in vielfältiger Form gegenüber. Sie scheint die ureigenste, originäre Methode der Historischen Geographie darzustellen. Als Wortverbindungen finden wir, neben anderen, die genetische Kulturlandschaftsforschung und die genetische Siedlungsforschung. Die herausragende Bedeutung der genetischen Methode gilt allerdings erst in neuerer Zeit, also seit der Jahrhundertwende. Diese Einschränkung ist notwendig, da forschungsgeschichtlich die Rekonstruktion von Altlandschaften oder historischen Landschaften in einer Querschnittsanalyse vorausging. Genese wurde in diesem Zusammenhang im Sinn von Ursprung verstanden und angewendet, ohne Betonung des Entwicklungsprozesses. Begriffe und damit forschungslogische Kategorien, wie Entwicklung, Prozeß oder Kulturlandschaftsgeschichte bzw. Kulturlandschaftswandel, hatten noch kein Gewicht innerhalb der Forschung. In der Zeit der zwanziger Jahre kam es dann der Forschung darauf an, zunächst die Querschnittsmethode zu verfeinern, aber auch, sie weiter zu entwickeln, von der Rekonstruktion ganzer, kompletter Landschaften und kontinuierlicher Räume geschichtlichen Datums, in eine Schichtenabfolge bestimmter Phänomene, die wiederum bestimmten Entwicklungsstufen in der Landschaft entsprechen sollten. Insbesondere Wilhelm MÜLLER-WILLE äußerte sich kritisch gegenüber der „statisch-formalen" Methode, die seiner Meinung nach den Zustand von 1800 durch „geschichtsloses Zurückprojizieren" bis zur Erstanlage verfolgte.[750] Dagegen verlangte er, „das besitzrechtliche Flurbild einer jeden Siedlung um 1800 zu analysieren, jede Gemarkungsfeldflur in ‚Flurformenbereiche' aufzugliedern und diese mit Entwicklungsstufen zu parallelisieren"[751]. Damit hatte er die „topographisch-genetische Methode" entwickelt, welche dann später, 1956, durch Harald UHLIG auf die gesamte Kulturlandschaft

---

[750] Vgl. Wilhelm MÜLLER-WILLE (1944: 13).

[751] Loc. cit. Das von MÜLLER-WILLE gewählte Beispiel resultiert aus der Fargestellung, welche die Historische Geographie der dreißiger und vierziger Jahre beherrschte, nämlich die Frage nach dem Ursprung, der Genese, und der Entwicklung von Flurformen. Einen Überblick über diese Fragestellungen bietet der von Hans-Jürgen NITZ 1974 herausgegebene Sammelband.

übertragen wurde. Diese Art der Herleitung gegenwärtiger Landschaftsstrukturen aus vergangenen Strukturen wird von Alan R.H. BAKER als retrospektive Methode bezeichnet. Die retrospektive Methode ist allerdings nach Meinung von führenden Fachvertretern[752] nicht die eigentliche historisch-geographische Methode. Sie wird der genetischen Kulturlandschaftsforschung zugeordnet. Vielmehr verfolgt die Historische Geographie nach Helmut JÄGER eine „vergangenheitsbezogene Zielsetzung"[753] und benutzt folglich die retrogressive Methode des Rückschreitens oder die progressive Methode als ein Fortschreiten aus einem alten Zustand heraus. Das stufenweise Fortschreiten ist aber allen methodischen Verfahren und allen Zielsetzungen gemein. Betrachten wir die historisch-geographischen Arbeiten nach 1945 und hier insbesondere die Dissertationen mit historisch-geographischem Ansatz, so zeigt sich das Überwiegen der progressiven Methode, meist in Verbindung mit der Querschnittsmethode. So werden häufig zeitlich verschiedene Querschnitte gelegt und miteinander verglichen, wobei nach dem Kulturlandschaftswandel gefragt wird.[754]

Neben dieser, aus der Geographie entlehnten eher formal-systematischen Komponente weist eine weitere Linie in die genetische Methode, wie sie gegenwärtig angewandt wird. Es ist dies die historische Dimension oder der Zeitfaktor. Besonderen Anstoß zur Einbeziehung dieser Dimension hat m.E. der Schweizer Geograph Ernst WINKLER Ende der dreißiger Jahre gegeben.[755] In einem Aufsatz von 1939 wies er der Historischen Geographie die Aufgabe zu, das „Landschaftsganze" in seiner Form, Struktur und Physiognomie zu untersuchen. Dazu müsse dann aber auch die Betrachtung der Arten des Wandels hinzutreten und zwar in der Form:

---

[752] Es bleibt zu bedenken, daß eine einheitliche Definition von Historischer Geographie nicht existiert und auch wohl nicht sinnvoll wäre, da ansonsten die Flexibilität der Historischen Geographie in bezug auf das Aufnehmen akuter Probleme eingeschränkt wäre.

[753] Helmut JÄGER (1968: 246).

[754] Diese Ergebnisse erbrachte die Durchsicht der Hochschulschriftenverzeichnisse für die Bundesrepublik Deutschland, insbesondere unter dem Schlagwort "Kulturlandschaft".

[755] Vgl. Ernst WINKLER (1937 und 1939).

Dauer der Änderungen,
der Richtung des Wandels (geradlinig, zyklisch etc.),
mit Unterscheidung von Abschnitten, Epochen und Perioden

In enger Zusammenarbeit mit Teildisziplinen der Geschichte,[756] wären dann die Motive, Kräfte und Bedingungen der Landschaftsveränderungen in den Dimensionen dinglich, räumlich und zeitlich aufzuzueigen. Insgesamt stellt Ernst WNKLER hiermit ein sehr ambivalentes Bild von Historischer Geographie dar. Auf der einen Seite tritt der Faktor Zeit eigentlich nur im Bereich der Kulturlandschaft auf. Es wird eine Entwicklung der Kulturlandschaft vorausgesetzt und nur diese wird periodisiert etc. und zwar nach eigenen Gesetzmäßigkeiten und nach eigenen Forschungskriterien, während die historische Zeit und die historischen Bedingungen als wirkende Kräfte statisch, zwar als Auslöser, aber doch ohne dynamische Betrachtung in Wechselbeziehung angenommen werden. Eine Gewichtung der einzelnen Faktoren findet nicht statt. Sie bilden nach heutiger Terminologie die Rahmenbedingungen. Kulturlandschaftsentwicklung wird ganz allgemein als Prozeß angenommen. Analysiert wird die Zustandsänderung einzelner Phänomene und die Änderung in deren räumlicher Anordnung möglichst mit einschließender Aufdeckung einer nicht näher bestimmten „Ursächlichkeit".

Während bei Ernst WINKLER die Betonung der Zeitkomponente einer letztlich doch eigenen Kulturlandschaftsentwicklung nicht zur Integration geschichtlicher Phänomene führte, legte Anneliese KRENZLIN (1969) in ihrem genetischen Konzept stärkere Betonung auf die Natur-Mensch Beziehung als historische Beziehung. Die jeweilige Betriebsform, das heißt das Anbausystem, dem sich die bäuerlichen Siedlungssysteme anpassen, wurde von ihr zur historischen Form entwickelt. Dementsprechend trat die Zeitkomponente hinter die historische Beziehungskomponente zurück. Letztere wurde dadurch in ihrem historischen Charakter eingeschränkt, daß ihr Ansatz in einen deterministischen Mechanismus verfiel, der schon in der Einleitung ihrer Dissertation deutlich wurde:[757]

„Sie <die Kulturlandschaft> ist das durch menschliche Tätigkeit umgestaltete Landschaftsbild. Als Teil der Erdoberfläche ist sie eng an die natürlichen Bedingungen gebunden (...)."

---

[756] Ernst WINKLER (1937: 50 und 54) wollte die verschiedenen "Zeitwissenschaften" nicht nach ihrer Methode, sondern nach dem Untersuchungsgegenstand unterschieden sehen.

[757] Anneliese KRENZLIN (1969: 1).

Auch innerhalb ihres „kulturökologischen Konzept<s> der Anpassung der bäuerlichen Siedlungsformen an die agraren Betriebsformen bzw. Anbausysteme"[758], das sie eigentlich erst ab 1940 entwickelte, sind eben diese Bewirtschaftungsmethoden auf die natürlichen Verhältnisse begründet. Infolge der Kritik an diesem Determinismus, wird von den Verfechtern[759] auf einen dynamischen Wirkungszusammenhang mit externen Faktoren hingewiesen. Diese externen Faktoren haben bisher einen unscharfen Charakter behalten.

In der genetischen Forschung wie sie uns gegenwärtig gegenübertritt finden sich beide Stränge wieder: Der prozeßhafte Kulturlandschaftswandel als Zustandsänderung und die Betonung der „geschichtslosen" historischen Kräfte. Dabei ist gerade die genetische Betrachtungsweise bisher geradezu synonym mit einer historischen Entwicklung der Kulturlandschaft benutzt worden. So schildert Heinz SCHAMP noch 1958 den Gegensatz von genetischer und querschnitthafter Methode innerhalb der Geographie:

„Die Vielzahl der Arbeiten, die die Untersuchung der Kulturlandschaft zum Gegenstand haben, beschäftigen sich entweder mit ihrer historischen Entwicklung in irgendeinem Zeitabschnitt, oder mit ihrem Zustand zu irgendeinem Zeitpunkt. Während die erste, genetische Betrachtungsweise den seitherigen Verlauf der Lebenskurve der Kulturlandschaft erkennen läßt, gibt die zweite ein statisches Augenblicksbild ihres Zustandes in dem untersuchten Zeitpunkt."

7.1.2. Die genetische Methode in der Wissenschaftstheorie

Ehe wir uns näher der genetischen Methode innerhalb der modernen Historischen Geographie zuwenden, wollen wir auf die genetische Methode im Sinn der Wissenschaftstheorie eingehen. Wir stützen uns dabei auf die Äußerungen von Wolfgang STEGMÜLLER (1969) und beziehen damit Stellung für eine ganz bestimmte Art von Wissenschaftstheorie, nämlich eine gewisse bundesdeutsche Spielart der Analytischen Wissenschaftstheorie. Wolfgang STEGMÜLLER behandelt die genetische Methode im Rahmen allgemeiner Erklärungen. Damit ist vorausgesetzt, daß diejenige Person, welche die genetische Methode anwendet, eine Erklärung anstrebt. Diese Grundposition von STEGMÜLLER repräsentiert den allgemeinen Wissenschaftsbegriff der Analytischen Wissenschaftstheorie, welche den Wissenschaften die Aufgabe zuweist, Tatbestände zu erklären. Das bedeutet aber

---

[758] NITZ/QUIRIN (1983: XV).

[759] Vgl. zum Beispiel NITZ/QUIRIN (1983) und Gottfried PFEIFER (1982).

nicht, daß es nicht verschiedene Methoden geben kann, um zu Erklärungen zu gelangen.

Nach Wolfgang STEGMÜLLER liegt eine genetische Erklärung dann vor, "wenn man eine bestimmte Tatsache nicht einfach aus Antecedensbedingungen und Gesetzmäßigkeiten erschließt, sondern wenn gezeigt wird, daß diese Tatsache das Endglied einer längeren Entwicklungsreihe bildet, deren Stufen man genauer verfolgen kann"[760]. Also stellt eine bestimmte Tatsache X die Endstufe eines Entwicklungsprozesses dar, der mit einem Anfangszustand einsetzt und über eine Reihe von genau beschreibbaren Zwischenstufen zu X führt.[761] Eine genetische Erklärung erreicht mehr als ein bloßes Ursache-Wirkungs-Kalkül. Sie bietet eine mehr oder weniger detaillierte Analyse des Vorgangs mit Hilfe sogenannter "relevanter Zwischengrößen" $A_1, A_2, ..., A_n$ an.[762] Innerhalb der genetischen Erklärung, oder der genetischen Herleitung, sollte die gesetzmäßige Abfolge der Übergänge gezeigt werden, zum Beispiel von A zu A_1 oder von A_n zu E (Ereignis).

Innerhalb der genetischen Erklärung lassen sich kausal-genetische und historisch-genetische Erklärungen unterscheiden. Beide Formen treten allerdings in der Realität der Forschung kaum in reiner Form auf, sondern meist in praktischen Abwandlungen. Die kausal-genetischen Erklärungen bestehen[763]

"(...) aus Folgen von mindestens zwei Gliedern, wobei jedes Glied den Charararkter einer DN-Erklärung[764] hat. Besteht die Folge aus n Gliedern,

---

[760] Wolfgang STEGMÜLLER (1969: 117). Antecedensbedingungen sind Bedingungen, welche mit dem Eintreten eines Ereignisses in Beziehung gesetzt werden und vorher oder gleichzeitig mit diesem Ereignis, dem Explanandum, dem zu Erklärenden, bestanden haben müssen (vgl. Wolfgang STEGMÜLLER, 1969: 82).

[761] Ibidem: 352.

[762] Ibidem: 244.

[763] Ibidem: 117.

[764] DN-Erklärungen sind deduktiv-nomologische Erklärungen im Gegensatz zu induktiv-statistischen. Die Struktur von DN-Erklärungen läßt sich folgendermaßen darstellen:

Explanans	$A_1, ..., A_n$	(Sätze, welche die Antecedensbedingungen beschreiben)
	$G_1, ..., G_r$	(allgemeine Gesetzmäßigkeiten)
Explanandum	E	(Beschreibung des zu erklärenden Ereignisses)

so ist das Antecedens des i-ten Gliedes mit dem Explanandum des (i-1)-ten Gliedes identisch."

Kausal-genetische Erklärungen stellen recht einfache Erklärungen dar, da bei stringenter Anwendung für die ganze Ableitungskette keine weiteren singulären Prämissen benötigt werden, als diejenigen, welche auch in der globalen Erklärung benutzt wurden, einfach aus dem Grund, daß die jeweilige Conclusio, außer der letzten, bei jedem Schluß auf eine nachfolgende Stufe der Entwicklung, als singuläre Prämisse[765] benutzt wurde.[766] Somit wird von einer Stufe auf die andere geschlossen. Der jeweils begründete Sachverhalt[767] bildet in seinem Zustand die Geltungsbedingungen des Arguments, das zur Ableitung des nächsten Zustandes notwendig ist. Somit bestätigt sich die Tatsache, daß zur kausalgenetischen Abfolge nur einmal relevante singuläre Prämissen festgestellt werden müssen. Da in der Regel das Antecedens späterer Schritte nicht mit dem unmittelbar vorangegangenen Explanandum übereinstimmt, wird deren Identifizierung durch die Annahme der Abgeschlossenheit des Vorgangs erreicht. Dieses Vorgehen ist notwendig, denn nur ein geschlossenes System, und hierin nur immanente Vorgänge, können mit Hilfe der kausal-genetischen Erklärung nachvollzogen werden.[768]

Kausal-genetische Erklärungen und historisch-genetische Erklärungen unterscheiden sich in einer sehr charakteristischen Hinsicht:[769]

„Es genügt hier nicht, die Ausgangskonstellation zu beschreiben und mittels bekannter Gesetzmäßigkeiten auf die folgenden Zustände zu schließen. Vielmehr müssen immer wieder reine Beschreibungen von Situationen eingeschoben werden, die in diesem Zusammenhang nicht erklärt werden."

Hier versucht der historisch Arbeitende zu zeigen, wie ein Zustand zum nächsten führt. Die Betonung liegt auf der Phase des Übergangs von einer Stufe

---

[765] Singuläre Prämissen bestehen aus den Antecedensbedingungen und mindestens einer Gesetzmäßigkeit.

[766] Wolfgang STEGMÜLLER (1969: 245).

[767] Sachverhalt heißen gewisse Aspekte eines Ereignisses. Wahre Sachverhalte heißen Tatsachen (vgl. Wolfgang STEGMÜLLER, 1969: 78-82).

[768] Geschlossene Systeme unterliegen keinen Einflüssen von außen. In der Realität sind solche Systeme natürlich nicht vorstellbar, doch kann sich diese Annahme als für den Forschungsgang vorteilhaft herausstellen.

[769] Wolfgang STEGMÜLLER (1969: 354).

zur nächsten, die Phänomene ansich treten in den Hintergrund. Das bedeutet aber nicht, daß diese nicht Objekte der Analyse sein können. Vielmehr wird in der historisch-genetischen Erklärung deren Aufbau in Form, Struktur und Funktion durch den Vorgang ihres Entstehens und durch die daran beteiligten Bedingungen aufgezeigt. Auch das kann zu einer resümierenden Zustandsbeschreibung führen. Eine schematische Darstellung macht die Unterschiede nochmals deutlich:[770]

Kausal-genetisches Erklärungsschema

$$Z_1 \rightarrow Z_2 \rightarrow Z_3 \rightarrow Z_4 \rightarrow Z_5$$

Historisch-genetisches Erklärungsschema

$$Z_1 \rightarrow Z_2 \rightarrow Z_3 \rightarrow Z_4 \rightarrow Z_5$$
$$ D_1 D_2 D_3 D_4$$

Im Schema werden die Antecedensbedingungen mit D bezeichnet. Sie stellen selbstredend den ganzen Komplex aller möglichen Ursachen dar, oder den Komplex von Ursachen, welche in die Begründung für den Übergang von einer Stufe in die andere herangezogen wurde. Eigentlich müßte das Schema folgendermaßen aussehen:

$$Z_1 \xrightarrow{\begin{array}{c} D_{1,1} \\ D_{1,2} \\ D_{1,3} \\ \vdots \\ D_{1,n} \end{array}} Z_2 \rightarrow$$

So läßt sich die Entstehung eines geschlossenen Haufendorfes aus dem eigenen Bevölkerungsüberschuß, aus Intensivierungsmaßnahmen, aus der Heimatverbundenheit der Bewohner, welche durch ihre Tradition den Weg in die Fremde scheuen und durch Vererbungssitten ableiten, wobei viele Bedingungen mehr oder weniger gleichzeitig wirksam sind. Je nach historischem Zeitpunkt treten neue, vielleicht sogar dominante Faktoren hinzu, welche dann zur Erklärung des Übergangs

---

[770] Vgl. Wolfgang STEGMÜLLER (1969: 357) und Dieter RULOFF (1984: 159).

zur nächsten Stufe dienen.

In der historisch-genetischen Erklärung ist der Endzustand nicht allein aus dem Anfangszustand zu erschließen. Genauso kann aus den, auf den verschiedenen Stufen verwendeten Gesetzen, keine spezielle Gesetzmäßigkeit abgeleitet werden, der jeder gleich oder ähnlich gelagerte Fall folgen müßte.

Schließlich lassen sich als übergeordnete Formen der genetischen Vorgehensweise deskriptive und erklärende unterscheiden. Erstere können selbst als die Schilderung der Entwicklungsphasen der Sachverhalte beschrieben werden, indem man diese Sachverhalte zu verschiedenen Zeiten angibt, ohne daß an irgendeiner Stelle Antworten auf Warum-Fragen beantwortet werden. In der erklärenden genetischen Methode entsprechen demgegenüber die einzelnen Stufen der Entwicklungsphasen erklärenden Argumenten:[771]

„Meist geht jedoch der Erkenntnisanspruch weiter <als bei deskriptiven genetischen Erklärungen>, insbesondere dann, wenn davon gesprochen wird, daß ‚ein kausaler Prozeß' verfolgt werde, meist aber bereits in solchen Fällen, wo von einer Analyse physikalischer Prozesse, oder historischer Entwicklungen, die Rede ist (...) Die Erklärung der Tatsache, welche das Schlußstück der Entwicklungsreihe bildet, erfolgt also schrittweise, und die einzelnen erklärenden Argumente schließen sich zu einer ganzen Erklärungskette zusammen."

7.1.3. Die genetische Erklärung in der Historischen Geographie

Bisher liegt überhaupt nur ein Beitrag vor, in welchem sich ein Vertreter der Historischen Geographie mit der genetischen Methode auseinandergesetzt hat.[772] Dabei macht noch Helmut JÄGER in seiner Einführung in die Historische Geographie (1969) darauf aufmerksam, daß die genetische Erklärung früherer oder heutiger Verhältnisse einer Landschaft, die aus der Vergangenheit überliefert werden, von der Historischen Geographie in ihrem „Gewordensein" erklärt werden.

Wir haben bisher versucht, die Kategorien der genetischen Methode abzuleiten, also ihre konstituierenden Komponenten zu bestimmen. Anhand der histori-

---

[771] Wolfgang STEGMÜLLER (1969: 117).

[772] Vgl. Wilhelm MATZAT (1975). MATZAT widmet sich allerdings weniger der genetischen Methode, sondern wert Vorwürfe der Analytischen Wissenschaftstheorie gegen eine historistische Geschichtsschreibung ab, welche er wohl für die wissenschaftstheoretische Grundlage der Historischen Geographie hält.

schen Entwicklung haben wir gezeigt, daß hierbei die Entdeckung der Zeit-Dimension für die Geographie eine wichtige Rolle spielte und sich auch heute noch in den Forschungsprogrammen und in den Termini Entwicklung und Prozeß diese Zeit-Dimension wiederfinden läßt. Zum anderen wurde der Einfluß der „Kräfte" betont und die Behandlung dieser Kräfte in einer statischen Form. Diese Kräfte bilden bei historisch-geographischen genetischen Erklärungen die Antecedensbedingungen.

Von den Forschungszielen bei der Anwendung der genetischen Methode dominiert das Ziel, erklären zu wollen. Diese Tatsache hätte, für sich genommen, keine weitere Bedeutung, ist im Fall der Historischen Geographie allerdings hervorzuheben. Es besteht ein Unterschied in der Erklärung eines Geographen und eines Historischen Geographen dergestalt, daß Erklärung, bzw. erklärende Beschreibung, in der allgemeinen Geographie die chorologische Betrachtungsweise leistet, während in der Historischen Geographie durch das Aufzeigen von Entwicklungsstufen erklärt wird. Das bedeutet, daß sich bestimmte Phänomene in einer Landschaft in ihrer spezifischen Form befinden, weil sie sich funktional mit anderen ergänzen, weil sie eine „Abhängigkeitsbeziehung" eingehen. Sie befinden sich dort und genau dort in der vorhandenen Form, da sie sich innerhalb der vorgegebenen natürlichen und kulturellen Bedingungen nach möglichst großer Effizienz anordnen. Dies wurde schon von Ferdinand Freiherr von RICHTHOFEN 1883 beschrieben, als er den Begriff chorologisch näher bezeichnete als „ursächliches Zusammenwirken"[773].

Einen Forschungsbereich innerhalb der genetisch arbeitenden Historischen Geographie bildete der Versuch, genetische Typen von Siedlungs- und Flurformen aufzustellen. Es geht uns dabei nicht darum, den (neuesten) Forschungsstand aufzuzeigen, sondern darum, den Gebrauch der genetischen Methode innerhalb der Historischen Geographie darzustellen. Die (historisch-) genetische Siedlungsgeographie untersuchte zunächst Siedlungs- und Flurformen nach ihrer Entstehungszeit, um die „Urform" eines Typs aufzuspüren und anhand dessen genetische Typen unterscheiden zu können. Mehrgliedrigkeit der Form deutete auf eine „mehrstufige Genese" hin.[774] So konnten genetische Siedlungstypen aufgestellt werden, die „die Perioden der Siedlungen und die Gestaltung von Wohnplatz und

---

[773] Ferdinand Freiherr von RICHTHOFEN (1975: 23).

[774] Beispiele finden sich bei Helmut JÄGER (1969a).

Flur repräsentierten"[775]. Die Frage nach dem zeitlichen Zusammenhang von Besiedlung und Formenbildung und dem damit verbundenen Grad der Dynamik der Formenentwicklung, hat insbesondere Martin BORN aufgeworfen.[776] In seinem Lehrbuch zur Siedlungsgenese in Mitteleuropa, verfolgte er konsequent Entwicklungsstadien der Siedlungs- und Flurformen und führte somit den prozessualen Ansatz in der genetischen Siedlungsforschung zu höchster Perfektion. Damit half er, die Ursprungsforschung durch die Betonung der Entwicklung abzulösen. Die von BORN aufgestellten Formenreihen, bei denen „die Entwicklung der Reihenbestandteile (...) in formaler Hinsicht verfolgbar sein"[777] muß und Formensequenzen, deren Stadien sich durch die verschieden vorangeschrittene Aufgabe des „primären Gestaltungsprinzips"[778] auszeichnen können, trotz ihrer methodischen Eleganz kaum eine Erklärung der Übergänge leisten. Die in der genetischen Siedlungsforschung verwendeten genetischen Verfahren, müssen der deskriptiven genetischen Methode zugerechnet werden. Die eigene Unsicherheit über den Status der genetischen Erklärung innerhalb der genetischen Siedlungsforschung, macht eine gängige Formulierung deutlich, welche die genetische Analyse als „beschreibende Erklärung" bezeichnet.

Die genetische Methode wird angewandt, um ein Endstadium auf eine Initialform zurückzuführen. Die Methode ist diejenige einer Reduktion, einer Rückschreibung[779], also einer Verringerung von Komplexität innerhalb der Formen. Die unterstellte Entwicklung läuft dabei linear. Schwer lassen sich die Übergänge erklären, da der innere Zusammenhang der Kulturlandschaftselemente nicht klar ist. Die Kulturlandschaft besteht aus sehr heterogenen Elementen, denen aber innerhalb der genetischen Siedlungsforschung eine einheitliche

---

[775] Martin BORN (1980: 205). Vgl. aber auch die übrigen Aufsätze innerhalb der Sammlung von Born's Aufsätzen.

[776] Vgl. auch Hans Jürgen NITZ (1980: XXXVIf.).

[777] Martin BORN (1977: 84).

[778] Ibidem: 91.

[779] Mit Rückschreibung wird in der Historischen Geographie ein vielwandtes Verfahren zur Rekonstruktion von Phasen der Besiedlung verstanden, das von der Auswertung von Katasterbeständen (Urkataster) ausgeht, welche im Zuge der Gemeinheitsteilungen in der Hauptsache am Ende des achtzehnten und Anfang des neunzehnten Jahrhunderts entstanden, und von dort aus, unter zu Hilfenahme älterer Quellenbestände (Urbare, Weistümer), diesen Quellenbestand hinsichtlich der ältesten Besitzverhältnisse weiter zurückzuverfolgen versucht.

Eigenentwicklung als System unterstellt wird. Diese Elemente werden erst fachsprachlich zur Kulturlandschaft aufgerechnet.[780] Dadurch verringert sich automatisch der Umfang an ursächlichen Beziehungsfeldern, welche zur Begründung der Übergänge herangezogen werden könnten.

Diejenigen Rahmenbedingungen, welche zur Beschreibung von „Zeitphasen der Landschaftsgenese"[781] herangezogen werden können, lassen sich anhand des Kanons der Geographie der ländlichen Siedlungen angeben. Dieser Kanon beschreibt Aspekte, welche während der Forschung besondere Beachtung finden. Ihnen wird zusätzlich ein Wirkungszusammenhang unterstellt, ohne daß dafür theoretische Vorarbeiten vorliegen. Die Geographie der ländlichen Siedlungen hat die „synthetische" Aufgabe, „die ländlichen Siedlungs- und Wirtschaftsstrukturen nach der formalen Erscheinung, der Lage und Verteilung, nach der Funktion und der Historiogenese in ihrer räumlichen Ordnung und Bindung erklärend zu beschreiben"[782]. In zeitlicher und historischer, also genetischer Perspektive bearbeitet sie die räumliche Entwicklung ländlicher Siedlungsgebiete, also den Siedlungsgang sowie die Formen und die Funktion der Wohnplätze und Fluren.[783] In der Praxis befaßt sie sich darüber hinaus mit der gesamten Agrarlandschaft, also mit allen Wirtschaftsflächen. Dabei werden Räume, Zeiten und Faktoren in Entwicklungsphasen dargestellt, und die agrarlandschaftlichen und siedlungsrelevanten Vorgänge und Faktoren dargelegt. Die Agrarlandschaft läßt sich dabei forschungssystematisch in drei Bereiche einteilen. Für diese Bereiche, Agrarlandschaft insgesamt, Ortsformen und Fluren, lassen sich jeweils spezifische, die Physiognomie bestimmende Komponenten, ausmachen. Diese Komponenten stellen aber eher die Vorlieben der Disziplin dar, als daß sie sich in ihrer Auswahl begründen ließen. Für die Agrarlandschaft sind dies:[784]

- Die Art der Bodennutzung und Viehhaltung
- Die Parzellierung der Flur
- Formen der Wohnplätze

---

[780] Vgl. Gerhard HARD (1973: 164f.).

[781] Hans NEUMEISTER (1971: 126).

[782] Ewald GLÄSSER (1969: 164).

[783] Martin BORN (1974: 3).

[784] Vgl. ibidem: 1. Von Martin BORN wird leider nicht zwischen Formen der Physiognomie und Formen des Wandels unterschieden. Zu ersteren wollen wir die Punkte zwei und drei rechnen.

- Technische Hilfsmittel
- Das soziale Gefüge der Bevölkerung

Als Faktoren, welche bestimmenden Einfluß auf die Siedlungsformenentwicklung ausüben können, werden von Martin BORN auch nichtphysiognomische Faktoren genannt, wie zum Beispiel das Wachstum oder die Abnahme der Bevölkerung, das Aufkommen sozialer Differenzierungen und das Durchsetzen rechtlicher Normen. Diese Faktoren sind aber in keiner Weise in irgendwelche theoretischen Überlegungen eingebettet und besitzen damit sehr fragmentarischen Charakter.[785] Da auch in der genetischen Erklärung gesetzeshafte Aussagen vorausgesetzt werden müssen, fällt die genetische Erklärung auf der Basis der vorhandenen ursächlichen Beziehungsfelder der genetischen Siedlungsforschung schwer.

Bessere Voraussetzungen bietet da schon das Konzept einer genetischen Wirtschaftsgeographie von Horst-Günter WAGNER.[786] Es geht WAGNER dabei um die ursächlichen Wirkungen eines Prozesses auf die Raumstruktur. Dieser Prozeß ist ein wirtschaftlicher. Innerhalb einer genetischen Betrachtungsweise muß gefragt werden, inwieweit wirtschaftliche Entwicklungen ursächliche Veränderungen in anderen Wirklichkeitsbereichen, wie Sozialstruktur, Raumgefüge und Standortverhalten, hervorrufen. Dabei geht es nicht um den wirtschaftlichen Prozeß als solchen, sondern um dessen zeitlichen Ablauf in Beziehung zu anderen Bereichen. Für den Bereich der Wirtschaft werden bestimmte Annahmen über dominierende Faktoren gemacht, welche den Wirtschaftsprozeß als solchen sich entwickeln lassen. Genese bedeutet in diesem Sinn die Verflechtung von Ursprung, historischer Betrachtung, Prozeßforschung und ursächlichen Wirkungsfeldern. Dazu bieten sich in der genetischen Wirtschaftsgeographie die „Theorien der ungleichen Entwicklung" an. Diese behaupten im Gegensatz zur klassischen ökonomischen Lehre, daß sich gerade kein Gleichgewicht (Äquilibrium) und damit auch kein räumlicher Ausgleich einstellt. Einige Zentren entwickeln sich nicht nur schneller als andere, sie tun dies auch auf Kosten der umliegenden Regionen.

Diese Unterentwicklungstheorien oder Theorien ungleicher Entwicklung gehen in der Regel von einigen marxistischen Theoremen aus. Sie betonen die Rolle des Kapitals, also der Kapitalintensität innerhalb des Wirtschaftsprozesses,

---

[785] Hier liegt die Gefahr der singulären Prämissen und stufenspezifischen Antecedenzbedingungen, daß sie häufig willkürlich ausgewählt werden.

[786] Vgl. Horst-Günter WAGNER (1981: 131f. und Kap.6).

und dessen zentralisierende Tendenz, und sie betonen Begriffe, wie Klassenbildung und Ausbeutung, welche nicht nur innerhalb von Gesellschaften allgemein stattfinden, sondern auch mit räumlichen Schwerpunkten. Zur Operationalisierung des Problems werden Rationalisierung, Intensivierung und technische Entwicklung als Ausdruck der Kapitalintensität herangezogen sowie Austauschbeziehungen. Austauschbeziehungen zeigen das Problem auf, welches uns heutzutage als Problem der „terms of trade" bekannt ist. Es ist das Problem des „gerechten" Austausches von Rohstoffen und landwirtschaftlichen Erzeugnissen gegenüber Fertigprodukten und Industriewaren. Die sicherlich anregenste Studie hat Immanuel WALLERSTEIN, von Hause aus Soziologe und Afrikanist, seit 1974 vorgelegt. Seine Arbeit ist der auf vier Teile angelegte Entwurf Genese und Entwicklung des „modernen Welt-Systems" darzustellen und dabei auf die Herausbildung räumlicher Ungleichgewichte aufmerksam zu machen.[787] WALLERSTEIN geht von einer Darstellung der unterschiedlichen Entwicklung in Ost- und Westeuropa aus. Diese bildet für ihn aber nur ein Teilproblem innerhalb des allgemeinen Komplexes „Entwicklung und Unterentwicklung", die in verschiedenen Weltgegenden zu ähnlich sozial-ökonomischen Erscheinungen geführt hat. Die Gesamtheit dieser Erscheinungen ergibt den einmaligen und einzigartigen Entstehungsprozeß der europäischen kapitalistischen Welt-Wirtschaft. Sie gliedert sich in drei, arbeitsteilig aufeinander bezogene Bereiche, die aufgrund komplexer, über den expandierenden Weltmarkt vermittelter Mechanismen, das moderne Welt-System konstituieren. Dabei besteht der Kernbereich (core area) im 16. Jahrhundert aus Westeuropa, einschließ der mediteranen christlichen Welt, während Spanisch-Amerika und Osteuropa die Peripherie (peripheral areas) bilden. Diese Gebiete haben in der Welt-Wirtschaft vor allem die Funktion, den Kernbereich mit Edelmetallen, bzw. mit Nahrungsmitteln, zu versorgen. Daneben können noch Semi-Peripherien unterschieden werden. Diese einseitige, ganz auf die Bedürfnisse des Kernbereichs zugeschnittene Zuordnung, wird dadurch aufrechterhalten, daß die internationalen Handelsgruppen dem lokalen Aufsichtspersonal in der Peripherie - zum Beispiel dem polnischen Adel - einen Anteil an den unmittelbaren Profiten zukommen lassen. Das Fehlen eines starken Staatsapparats, der mehr Gewicht auf die Entwicklung der Binnennachfrage hätte Wert legen kön-

---

[787] Vgl. Immanuel WALLERSTEIN (1974, 1980 und 1984). Zu seinen Arbeiten als Einführung, Kritik und Interpretationshilfe Dieter SENGHAAS ,ed. (1979) und Jochen BLASCHKE ,Red. (1982).

nen, trägt schließlich dazu bei, daß die Entwicklung der Getreide exportierenden Gebiete an der Ostsee, in Abhängigkeit von der Entwicklung des westeuropäischen Kernbereichs verläuft. Innerhalb des Kernbereichs erreichen gerade Holland und England eine herausgehobene Stellung. Der große Erfolg der Kernstaaten, Holland und England, besteht in der Durchführung einer merkantilistischen Politik auf der Grundlage eines innerlich und äußerlich starken Staates, einer Basis, die in den Peripheriegebieten nicht gegeben ist. Für die Dynamik des Welt-Systems bis zur Industrialisierung, macht I.WALLERSTEIN vor allem institutionelle Innovationen und schließlich Produktivitätssteigerungen verantwortlich.[788]

Den Versuch, die WALLERSTEINschen Überlegungen für eine Siedlungsgeographie als historisch-gesellschaftswissenschaftliche Prozeßforschung aufzubereiten, unternahm kürzlich Hans-Jürgen NITZ.[789] Allerdings bleiben von WALLERSTEINs Modellvorstellung nicht viel mehr als die Begriffe Zentrum, Semi-Peripherie und Peripherie, Begriffe, die dem Geographischen Denken entgegenkommen und ihn sogleich veranlassen, räumliche Faktoren zur Ursachenverknüpfung von gesellschaftlicher Entwicklung und Siedlungsstruktur heranzuziehen. So spielen grundlegende Begriffe, wie Kapital und Innovation in der Darstellung von NITZ, eine nur untergeordnete Rolle. Demgegenüber schildert er die Entwicklung zu kapitalintensiver, landwirtschaftlicher Produktion aus distanziellen Beziehungen heraus. Immerhin erscheinen die Erkenntnisse der historischen Geographie unter einer Betrachtung, welche die allgemeine Entwicklung in den Vordergrund stellt, in neuem Lichte. Es sollte mehr denjenigen Aspekten Aufmerksamkeit geschenkt werden, die auch im Modell eine wesentliche Rolle spielen. Insbesondere die Unterscheidung in institutionelle und produktivitätssteigernde Innovationen scheint uns für die historisch-geographische Arbeit interessant zu sein.[790]

---

[788] Institutionelle Innovationen sind solche, welche entweder die Integration in das Gesamtsystem fördern, also Verkehrsverbindungen zum Beispiel oder solche, die den Arbeitsablauf als solchen erleichtern, wie zum Beispiel die Arrondierung der Feldparzellierung.

[789] Vgl. Hans-Jürgen NITZ (1984). Ein wenig befremdlich wirkt allerdings die Kennzeichnung des Untersuchungsobjekts als "europäisches Weltsystem".

[790] Übrigens eine Unterscheidung, die nicht von Immanuel WALLERSTEIN stammt, sondern eine allgemeine Unterscheidung der historischen frühe Neuzeit-Forschung darstellt.

7.2. Die Prozeßforschung
7.2.1. Der allgemeine Gebrauch von Prozessen

Die technische Verwendung des Prozeßbegriffs unterscheidet sich doch in einigen Aspekten von dem alltäglich benutzten Inhalt. Im allgemeinen Sprachgebrauch verstehen wir darunter die Abfolge von Ereignissen in der Zeit, welche in einer bestimmten Form ablaufen und zu einem erkennbaren Resultat führen. Dieser Gebrauch hat aber wenig mit der Erklärungsfähigkeit der Prozeßkonzeption gemein, da er nicht zwischen den Ereignissequenzen und anderen Sequenzen unterscheidet, die mit der Ereignisabfolge durch bestimmte Mechanismen verbunden sind. Die Bestimmung der zugrundeliegenden Mechanismen ist abhängig von
- dem System, in welchem der Prozeßmechanismus arbeitet,
- dem gegenwärtigen Stadium des Systems,
- den relvanten Variablen, welche innerhalb des Systems in Kontakt miteinander stehen und
- von den die Kommunikation bestimmenden Parametern.[791]

Der Prozeßmechanismus definiert den Weg eines dynamischen Systems, welches aus Elementen besteht, die sich in der Zeit verändern. Betrachten wir folglich ein System über einen längeren Zeitraum, so läßt sich dieses als die Menge von Elementen in verschiedenen zeitlichen Formen darstellen:

$$S^t = (x_1^t, x_2^t, \ldots, x_n^t)$$

Eine Hauptkomponente des Prozesses ist der Wandel. Hier lassen sich sechs verschiedene Möglichkeiten unterscheiden, wie Wandel verläuft. Wandel verläuft in einem genetischen Sinn. Er entwickelt sich von einem Anfangszustand zu einem (vorläufigen) Endzustand hin. Wie die Abbildung zeigt, kann Wandel als „chaotische Verteilung" ohne Gesetzmäßigkeit ebenso wie als Wahrscheinlichkeitsverteilung mit stochastischer Gesetzmäßigkeit beschrieben werden. Eine dritte Möglichkeit bietet die „black-box", welche aufgrund kausaler Verküpfungen einen Input in ein bestimmtes Output verändert. Eine vierte Möglichkeit bietet die Kooperation oder Synergetik, welche den Wandel von B durch die Hilfe von A beschreibt. Als Sechstes zeigt das Wettbewerbsmodell wie A das Wachstum von B hindert und umgekehrt. Letzlich zeigt der gezielte Wandel, daß ein Prozeß sein anvisiertes Ergebnis auch gegen Hindernisse erreicht.

---

[791] In etwas veränderter Form vgl. David HARVEY (1969: 419).

Die zwei Begriffe, mit denen die Prozeßforschung ständig konfrontiert ist, sind Sequenz und Mechanismus. Sequenz bedeutet dabei soviel wie Ereignisablauf. In einen Prozeß sind mehrere Sequenzen involviert, die miteinander in irgendeiner Beziehung stehen, sich gegenseitig beeinflussen. Dabei stellen diese Sequenzen einzelne Stufen des Prozesses dar, das heißt sie wirken auf ihn in einer bestimmten oder zu bestimmenden Reihenfoge ein. Dabei verändern sie sich häufig selbst oder den Prozeß. Prozeßphase meint dann soviel wie die Dauer, in der eine Sequenz den Prozeß, also seine Form, seine Richtung und seine Geschwindigkeit (besser: Beschleunigung) beeinflußt.[792]

Die spezifische Interaktion der einzelnen Sequenzen dagegen wird durch den Mechanismus beschrieben, welcher die Ereignisabfolgen zusammenhält, ihnen erst einen Sinn verleiht. Der Mechanismus kontrolliert die Übergänge von einer Sequenz zur nächsten. In der Regel werden Mechanismen als Transformationsregeln angesehen, gleich ob damit eine Veränderung der Landschaft oder eine Veränderung sozialer und historischer Prozesse gemeint ist. Häufig wird leider Prozeßforschung auch ohne Angabe von „dahinterstehenden" Mechanismen betrieben. Das allerdings ist eine sehr oberflächliche Defintion von Prozeß und bezeichnet lediglich die Abfolge mehr oder weniger willkürlich ausgewählter Elemente oder Ereignisabfolgen. Eine solche Anwendung der Prozeßkategorie findet sich auch bei Teilen der historisch-geographischen Forschung. Hier wird Prozeß begrenzt auf die Identifikation und die Unterscheidung von Stufen einer Entwicklung in ihrer unterschiedlichen Form. Eine komplexere Anwendung der Prozeßforschung innerhalb der Historischen Geographie werden wir mit den Arbeiten von Dietrich FLIEDNER vorstellen.

Diese Reihenfolge der Sequenzen festzulegen und ursächlich zu bestimmen ist Aufgabe des Mechanismus, welcher dem Prozeß zugrundeliegt.

7.2.2. Prozesse innerhalb der Geschichtswissenschaft

Der Prozeßbegriff spielt in der Historischen Forschung seit einigen Jahren eine stetig wachsende Rolle, so daß sie die Diskussion um Erzählung und gene-

---

[792] Die Literatur zum Problem der Prozeßelemente ist spärlich. In den meisten Fällen wird Bezug auf den gesamten Prozeß genommen, ohne aber die Beschreibungskategorien der einzelnen Abläufe darzustellen. Vgl. dazu Günther SCHAEFER (1972) und sehr anregend Charles E. MORTIMER (1980: Kap. "Chemische Kinetik und chemische Gleichgewichte").

tische Methode zu überholen scheint. Außerdem scheinen an den Problemen der Prozeßforschung mehr die Praktiker interessiert, während die genetische Methode den Wissenschaftstheoretikern überlassen bleibt. Trotzdem sind die Auswirkungen der Diskussion um die historische Zeit und die historische Methode auf forschungslogische und begriffliche Äußerungen deutlich erkennbar. Am Anfang der siebziger Jahre machten sich erste Anzeichen einer Prozeßbetrachtung innerhalb der Geschichtswissenschaft bemerkbar:[793]

„Es geht (...) um die einfache, aber in ihren Konsequenzen bedeutsame Tatsache, daß der Vergangenheit in jedem Augenblick neues Geschehen zuwächst, daß also ihr Bestand quantitativ zunimmt. Dieser quantitative Zuwachs ist gleichbedeutend mit einer qualitativen Veränderung des Gesambestandes der Vergangenheit. Das jeweils hinzukommende Stück Vergangenheit umschließt immer auch Wirkungen oder - wenn es eine wichtige Zäsur enthält - das Erlöschen von Wirkungen aus der früheren Vergangenheit."

Hiermit ist Geschichte oder Geschichtsverlauf in historisch-genetischer Form beschrieben. Auch ist es nicht so, daß sich die Geschichtsschreibung und die Theorie nicht mit den Problemen befaßt hätten, die durch die Anwendung der Kategorie Zeit als geschichtliche Zeit entstehen. Schon die Begründung der Geschichtswissenschaft durch Begriffe, wie Historismus und Hermeneutik im neunzehnten Jahrhundert, bezeugen dieses Problembewußtsein und ein Pochen auf eine spezielle geschichtswissenschaftliche Sichtweise, die besondere Betonung auf Antecendens- und Rahmenbedingungen legt, wenn auch die wissenschaftstheoretische Grundunterscheidung von Erklären und Verstehen bis heute oder gerade heute umstritten ist. Gespeist wurde die Diskussion von der Frage nach der Aufgabenstellung der Geschichtswissenschaft. So zeigt sich der Historismus als der Versuch, Chronologie und Geschichtlichkeit zu verbinden. Identifizieren wir Geschichte als Prozeß in chronologischer Zeit, stellen wir fest, daß diese Zeit eine homogene und irreversible Richtung besitzt und daß sie aus mehr oder weniger kontinuierlichen Sequenzen von Ereignissen besteht.

Bestimmt war die Diskussion um historische Zeit und um Geschichte als Prozeß durch die zwei Aufgabenfelder der Geschichtswissenschaft, nämlich erstens Entwicklungslinien zu verfolgen und zweitens den Sinn der Geschichte, also die Richtung des Geschichtsverlaufs zu bestimmen.

Dabei spielt der Begriff der Entwicklung eine herausgehobene Rolle. Eine sehr lehrreiche Debatte über die Bedeutung von Entwicklung in der geschichtswissenschaftlichen Forschung führten 1941/42 Erich BRANDENBURG und Friedrich

---

[793] Karl-Georg FABER (1971: 39).

MEINECKE. Während MEINECKE betonte, „daß alles Geschichtliche, auch das Neue in ihr, daß selbst Revolutionen auf etwas Vergangenem beruhen"[794] und damit Wert auf die geschichtliche Entwicklung und Genese legte, wandte BRANDENBURG gegen den Begriff ein, daß Geschichte „ihrem innersten Wesen nach eben nicht Dagewesenes allmählich zur Erscheinung bringt, sondern weitgehenst Tat des Menschengeschlechts" sei. BRANDENBURGs Stellungnahme beinhaltete gleichzeitig implizit eine Kritik gegen überindividuelle Strukturen und Gesetzmäßigkeiten, welche vom Menschen und seinen Handlungen losgelöst sind. Als dann aber seit den sechziger Jahren eine junge, kritische Geschichtswissenschaft versuchte, den Aufgabenbereich neu zu bestimmen und in engen Kontakt zur Soziologie und anderen systematischen Wissenschaften trat, da mußte es über kurz oder lang im Rahmen einer Kritik der gesamten Forschungssituation und Neubestimmung von Methoden, Fragestellungen und Objektbereichen zu einer Auseinandersetzung mit der Zeit- und Prozeßkategorie kommen, denn für die geschichtswissenschaftliche Diskussion war die Forderung nach ausführlicher Explikation des theoretischen Ansatzes und der methodischen Vorgehensweise charakteristisch.[795] Zu den zwei traditionellen Aufgabenbereichen einer „Geschichte der großen menschlichen Gemeinschaftsgebilde und der in ihnen wirksamen Geschichte gestaltender Menschen und der Geschichte als Kontinuum"[796] gesellte sich in Zusammenarbeit mit anderen Bereichen die Geschichte als „Prüfstein systematischer Wissenschaften", was die Frage nach dem Objektbereich der Geschichtswissenschaft hinter denjenigen der Methode an zweite Stelle drängte.[797]

Die Diskussion um „Zeitstrukturen" wurde in der Bundesrepublik Deutschland Anfang der siebziger Jahre von Reinhart KOSELLECK initiiert. Seine Gedanken waren beeinflußt von Otto BRUNNERs terminologischen Versuchen und von Werner Conze sowie dem BRAUDELschen Zeitstrukturenansatz. KOSELLECK unterschied bei seinen Äußerungen Ereignisse und Strukturen. Ereignisse faßte er auf als die

---

[794] Die Diskussion läßt sich anhand der Ausführungen von Joachim LEUSCHNER (1980: 102-105) verfolgen.

[795] Vgl. Günther HEYDEMANN (1980: 117).

[796] Theodor SCHIEDER (1965: 20).

[797] Reinhart KOSELLECK und ähnlich auch Wolfgang J. MOMMSEN waren sogar der Meinung, daß sich die Geschichtswissenschaft nicht von ihren tatsächlichen Forschungsobjekten her definieren könne und es von daher auch keine eigene Theorie der Geschichte gäbe.

Summe von Begebenheiten innerhalb des Rahmens einer naturalen Chronologie. Die chronologische Richtigkeit in der Zuordnung der Momente, die ein Ereignis ausmachen, gehört daher zum methodischen Postulat. Demgegenüber werden Strukturen im Hinblick auf ihre Zeitlichkeit als solche Zusammenhänge aufgefaßt, die nicht in der strikten Abfolge von erfahrenen Ereignissen aufgehen.[798] Strukturen verlangen daher nach einer funktionalen Bestimmung, was der Anwendung systemtheoretischer Ansätze innerhalb der Geschichtswissenschaft entgegen kam. Ereignisse und Strukturen sind für KOSELLECK allerdings nicht isoliert voneinander zu sehen, sondern stellen für ihn zwei Ebenen dar und sind aufeinander verwiesen. Die Beiträge der Studiengruppe „Theorie der Geschichte" zum Thema „Historische Prozesse" zeigen, daß in der Folgezeit nach terminologischer und analytischer Schärfe gesucht wurde.

Der Begriff des Prozesses und seine Anwendung auf geschichtswissenschaftliche Forschungen stellt momentan den meist beachteten Diskussionsrahmen in bezug auf „geschichtliche Zeiten" dar. Verblüffend dabei ist, wie sich die hier vorgestellten Ansichten ähneln. Was geschichtswissenschaftiche Forschung angeht, muß eigentlich nur zwischen marxistischer und nichtmarxistischer Forschung unterschieden werden. Das mag an der engen Anlehnung an den naturwissenschaftlichen Prozeßbegriff liegen. Besonders interessant zur theoretischen und forschungspraktischen Grundlegung des Prozeßbegriffes sind die Beiträge von Christian MEIER und Wolfgang J. MOMMSEN. Eine Hauptfragestellung besteht darin, irreversible Züge im Geschichtsverlauf festzustellen, und Eigengesetzlichkeiten sowie Gerichtetheit des Prozesses einzuschätzen. Desweiteren spielt die Frage nach der Eigengesetzlichkeit historischer Prozesse eine wichtige Rolle. Dabei dient die Auseinandersetzung mit der Forschungskategorie Prozeß dem Zweck, über das vage Verständnis von Prozeß als „Ablauf" hinauszukommen und einen engeren Bedeutungsinhalt anzustreben und zwar den „eines besonderen, mehr oder weniger eigenständigen Handlungszusammenhangs, einer Entwicklung oder eines Sachzwangs. So ist in der Prozeß-Kategorie die Annahme einer Gerichtetheit und Zwangsläufigkeit des Geschehens, der objektiven Kraft einer nicht oder kaum zu steuernden Bewegung, im äußersten Fall von Determination und Teleologie angelegt."[799]

---

[798] Vgl. Reinhart KOSELLECK (1979: 144-157).

[799] FABER/MEIER (1978: 7).

Als erstes können dem Prozeß die Ereignisse gegenübergestellt werden und zwar zunächst in forschungsprogrammatischem Sinn als einmalige und herausragende Handlungen und Handlungszusammenhänge und zweitens im systematischen Sinn als im Gegensatz zum Prozeß zu verstehende Kontingenten, also zufällige, von individuellen Entscheidungen abhängige Geschehnisse.[800] So ist die Ereigniskategorie zwar für die Erschließung geschichtlicher „Knotenpunkte" geeignet, doch können damit keine langwierigen Vorgänge und Auswirkungen von Sachverhalten (Ereignissen) und deren strukturellem Wandel untersucht werden. So läuft die Prozeß-Kategorie auf eine „Theorie der Handlungskonnexe und -konstellationen"[801] hinaus, das heißt es werden die einzelnen Impulse, gemeint sind Teile einer Handlung mit aus der Struktur gegebener Gerichtetheit, als Handlungsträger in ihren Beziehungen zueinander und in ihrer Aufeinanderbezogenheit identifiziert. Gleichzeitig definieren diese Teile oder Elemente einer Handlung eine bestimmte Stellung im jeweiligen Gesamtvorgang, die mit einer Funktion gekoppelt ist und dazu eine bestimmte Handlungsebene repräsentiert. Diese Impulse müssen keinen aus sich herausgehenden Zusammenhang bilden. Eine „Einheit" ergibt sich lediglich aus der Beteiligung an einem irgendwie einheitlichen Vorgang, der wiederum zuvor „ein Gewirr von parallel laufenden Vorgängen von höchst unterschiedlichem Charakter gewesen sein kann"[802]. Daher geht es bei der Implementierung der Prozeß-Kategorie in die geschichtswissenschaftliche Forschung vor allem um Strukturen verschiedenster Art und um die Frage, wie sich diese bildeten, wie deren Wandel vor sich ging, welche Handlungsspielräume bestanden und wie die einzelnen Impulse nach, neben und aufeinander gewirkt haben und so einen Prozeß konstituierten.[803] Die einzelnen Elemente oder Impulse sind insofern bedeutsam, als sie sich mit den Figurationen, die sie bilden, im Laufe des Prozesses verändern und vom Geschehen als selbst Beteiligte wiederum betroffen sind. Inwieweit sich ihr Eigencharakter verändert, muß jeweils mit untersucht werden. Werden sie von autonomen, ge-

---

[800] Vgl. insbesondere Christian MEIER (1978: 47f.).

[801] FABER/MEIER (1978: 9).

[802] Wolfgang J. MOMMSEN (1978: 257).

[803] Hier ist für den Historiker die Frage bedeutsam, in welcher Weise sich jeweils aus menschlichen Handlungen Zusammenhänge bilden (vgl. Christian MEIER, 1978: 27).

richteten Prozessen aufgesogen und verlieren ihre Eigendynamik, indem sie diese an den Prozeß abgeben, oder behalten sie ihre spezifische Funktion und ihre Interessen zumindest teilweise bei und verändern dadurch die Richtung des Prozesses?

„Das relative Gewicht intentionalen Handelns in der Konfrontation mit überindividuellen, auf den ersten Blick unabwendbaren Prozessen"[804] kommt hier in den Blick des Historikers.

Dabei muß die Richtung des Prozesses keineswegs von vorneherein feststehen. Im allgemeinen Wortgebrauch genügt es, daß man sie im Ergebnis feststellen zu können glaubt. Auch muß der Prozeß nicht zielbezogen sein, ja noch nicht einmal auf Veränderung gerichtet sein. Er kann ebensogut im einfachen Funktionieren oder in der Reproduktion eines Systems bestehen. Hier zeigt sich ein spezifischer Vorteil der historischen Wissenschaften, denn diese befassen sich lediglich mit abgeschlossenen Handlungen, die weiterwirken und deren Ende lediglich zu heuristischen Zwecken festgestellt wird. Das heißt nicht, daß Anfangs- und Endpunkte von Prozessen ohne Bedeutung wären. Sie erst geben den eigentlichen Maßstab zur Verbindung der einzelnen Elemente. Dabei kann die Prozeß-Kategorie drei Ebenen historischer Wirklichkeit unterscheiden helfen. Zum einen besteht die Möglichkeit, eine Ebene von Strukturen mit relativer Dauer festzustellen, zum zweiten die Ebene von Prozessen mit eindeutiger Zielgerichtetheit und hochgradiger Irreversibilität sowie schließlich drittens die Ebene intentionalen sozialen Handelns.

Insbesondere das irreversible Moment historischer Prozesse reizt den Historiker, in seiner Forschung zwangsläufige Momente herauszustellen. Diese entziehen sich prinzipiell einer Steuerung von Einzelnen oder Gruppen, „mögen sie auch bis zu einem gewissen Grade beeinflußbar sein"[805]. Letztendlich entwickelt sich der Prozeß aus einem Umschlagen von Handlungssummen in eine Eigendynamik. Hier gilt es, den Zeitpunkt festzustellen, die daran Beteiligten, welche sich im Laufe des Prozesses auch ändern können und Strukturveränderungen durch exogene Ereignisse und interne (endogene) Transformationen.

Insgesamt ist es bei einer prozeßhaften Analyse notwendig, ein Ereignis zu

---

[804] Wolfgang J. MOMMSEN (1978: 252).

[805] Wolfgang J. MOMMSEN (1978: 248). Ähnlich argumentiert Christian MEIER (1978: 19):„Das ist ein Prozeß: die unkontrollierten, im ganzen weder Anordnungen oder Beschlüssen noch bloßer Kontingenz ausgesetzten, heftigen eigenständigen Gewalten des Geschehens."

konstatieren, die daran Beteiligten festzustellen, die Strukturen des Prozesses, also den Rahmen in welchem sich der Wandel vollzieht aufzuzeigen und Anfänge durch Vergleich der Zielgerichtetheit der Beteiligten ausfindig zu machen.

In seine Analyse des Geschichtsprozesses bei Karl MARX geht Helmut FLEISCHER auf zwei Prozeßkomponenten ein,[806] und zwar auf die Gesetzmäßigkeit des Ablaufs und die Vielfältigkeit der Impulse. Diese Vorgehensweise ist nur zu verstehen, wenn man bedenkt, daß beides, die Gesetzmäßigkeit des Geschichtsverlaufs und die Mißachtung der Mannigfaltigkeit der ursächlichen Momente der marxistischen Theorie vorgeworfen werden. Indem FLEISCHER diese Vorwürfe abwehrt, legt er gleichzeitig einige wichtige Aspekte des Prozeßbegriffs frei.

Betrachten wir die Gesetzmäßigkeit, so war es gerade eine gewisse Teleologie in Form der Zielgerichtetheit und die Irreversibilität, die einen Prozeß ausmachten. Ab einem bestimmten und zu bestimmenden Zeitpunkt tritt ein Prozeß in ein historisch allerdings nicht wiederholbares Stadium der Irreversibilität. In der Praxis des Historikers wird es allerdings reine irreversible Prozesse kaum geben. Dagegen lassen sich Prozesse vorstellen, die sich meandrierend einem Ziel nähern. Dieses Meandrieren bedeutet das Vorhandensein von zeitlichen Verschiebungen (Verwerfungen) in einzelnen beteiligten Komponenten, häufig hervorgerufen durch das Eintreten neuer, fremder Elemente. Auch werden sich Teilprozesse in unterschiedlichen „Sphären" abstecken lassen. Dabei können die dabei auftretenden Konflikte[807] sich in jenen Komplexen erfassen lassen, die den geschichtlich möglichen Realisationen entsprechen.[808]

Denken wir in zeitlichen Dimensionen, so müssen wir auch alle Kategorien zeitlich definieren. Irreversibilität bedeutet also, zeitlich und damit auch

---

[806] Vgl. Helmut FLEISCHER (1977).

[807] Das gerade Konflikte innerhalb marxistischer Prozeßforschung betont werden, hängt mit mit dem zugrundeliegenden System an Theoremen zusammen. Insgesamt muß aber gesagt werden, daß schon seit geraumer Zeit, spätestens seit den strukturalistischen französischen Ansätzen, keine einheitliche marxistische Theorie mehr greifbar ist. Marxistische Theorien zeichnen sich durch die Betonung bestimmter Aspekte aus, wie die Betonung von Konflikten als gegensätzliche Handlungsintentionen, die Betonung von Kapitalverwertungen und ungleich verlaufenden Prozessen allgemein.

[808] Historische Renkonstruktion bedeutet ja auch und gerade die Rekonstruktion von möglichen "Geschichten". Es ist die Aufgabe des Historikers, das historisch Mögliche vom Unmöglichen zu trennen.

geschichtlich abhängige Irreversibilität, die in ihrem Grad und in ihrer Dauer vom Prozeß selbst und den beteiligten Elementen abhängig ist.[809] Einen für Historiker interessanten Sachverhalt stellen die geschichtlich zu bestimmenden Elemente des Prozesses dar, welche seinen Charakter und seinen Verlauf ausmachen. Die an einem Prozeß Beteiligten zu bestimmen, wird in aller Fülle wohl nicht möglich sein, genauso wenig wie eine strikte Abgrenzung der Beteiligten durch ihre Charakterisierung als Gruppe. Darauf mag es allerdings nicht ankommen, denn nur peripher betroffene Elemente greifen auch nicht steuernd in den Prozeß ein. Eine bestimmte Reduzierung scheint hiermit angebracht zu sein. Eine Hierarchisierung dagegen ist nicht implizit notwendig, schließt sich sogar weitgehend aus, da der Prozeß vom Wechselspiel der einzelnen Elemente lebt.

Ein Moment, welches insbesondere zur Abgrenzung von Prozessen durch die als relevant anzusehenden Bereiche wichtig erscheint ist der Grad an Autonomie, welchen historische Prozessse repräsentieren. Die Frage nach der Autonomie ist verbunden mit derjenigen nach der Eingebundenheit der Individuen in bestimmte gesellschaftliche Entwicklungen. In diesem Sinn ist der Oberbegriff zum autonomen Prozeß derjenige des Handlungskonnex.[810] Unter den Handlungskonnexen steht das Ereignis im größten Gegensatz zum Prozeß. Dieser Gegensatz ist die Folge der Unterscheidung von Kontingenz und Notwendigkeit. Unverbundene Handlungen sind als Ereignisse aufzufassen, während solche mit notwendiger Zwangsläufigkeit autonome Prozesse darstellen. Stochastische Prozesse besitzen in

---

[809] Zu diesen Einschränkungen beachte das berühmt gewordene Marx-Zitat:"Eine Gesellschaftsformation geht nie unter, bevor alle Produktivkräfte entwickelt sind, für die sie weit genug ist, und neue, höhere Produktionsverhältnisse treten nie an die Stelle, bevor die materiellen Existenzbedingungen derselben im Schoß der alten Gesellschaft ausgebrütet worden sind" (MEW 13: 9).

[810] Auch der marxistische Begriff der Klasse, in welchen in der Regel der marxistische Historiker den Menschen eingebunden sieht, kann als Prozeß aufgefaßt werden. Dies tat Edward P. THOMPSON in seinem wohl als ein Standardwerk der britischen History Workshop Bewegung anzusehenden Buch "The Making of the English Working Class" 1963. Im Titel erscheint das Wort "making", da THOMPSON einen aktiven Prozeß untersuchen wollte, der aktivem Handeln ebensoviel verdankt wie äußeren Bedingungen. Im Vorwort schreibt er, daß unter Klasse ein historisches Phänomen zu verstehen sei, welches eine Reihe disparater und scheinbar unverbundener Ereignisse der Erfahrung und des Bewußtseins vereinigt. Klasse ist etwas, was in menschlichen Beziehungen tatsächlich geschieht. Sie geschieht, wenn einige Menschen infolge gemeinsamer Erfahrungen die Identität der Interessen zwischen sich selbst wie gegenüber anderen Menschen fühlen und artikulieren.

diesem Zusammenhang einen ungeklärten Status, obgleich die einzelnen unverbundenen Ereignisse erst ihren Sinn durch einen zu definierenden Prozeß geben. Die Hauptfrage im Zusammenhang mit der Betrachtung autonomer Prozesse besteht darin, die Art und Weise des Zusammentreffens der verschiedenen Faktoren, durch die die Autonomie entsteht zu analysieren. Christian MEIER (1978) beschreibt den Verlauf solcher Prozesse folgendermaßen:
1. Der Prozeß beginnt, wenn bestimmte Konstellationen und Randbedingungen vorliegen. Ihr Entstehen ist im allgemeinen kontingent.
2. Aufgrund dieser Konstellationen und Randbedingungen stellen sich bei den Prozeßbeteiligten mit hoher Wahrscheinlichkeit bestimmte Motive ein.
3. Aufgrund dieser Motive führen die Prozeßbeteiligten bestimmte Handlungen aus, die intendierte Wirkungen sowie (unintendierte) Nebenwirkungen besitzen.
4. Die Nebenwirkungen reproduzieren die Ausgangskonstellationen, die relevanten Randbedingungen bleiben ebenfalls stabil.
5. Die gegenüber den Intentionen der Beteiligten bestehende Eigenständigkeit des Prozesses ergibt sich daraus, daß nicht die intendierten Wirkungen, sondern die Nebenwirkungen die treibende Kraft des Prozesses sind.

Interessant innerhalb dieser Verlaufsbeschreibung ist der Punkt vier, welcher nichts anderes besagt, als daß der Prozeß einen Zirkel beschreibt, er zieht Kreise. Er erweist sich dadurch als autonomer Prozeß, daß die Nebenwirkungen die Ausgangskonstellationen reproduzieren, sie also nochmals herstellen. Diese Art von Rückkoppelung heißt in der Kybernetik positive Rückkoppelung.[811] Zwangsläufigkeit bedeutet also positive Rückkkoppelung. Den Grad der Autonomie kann man innerhalb der historischen Forschung durch den Einfluß beschreiben, welchen die beteiligten Individuen ausüben können. Auch wenn die Individuen den Prozeß als ganzen nicht überschauen können, sind sie häufig doch in der Lage, Nebenwirkungen einzuschätzen. Als Beispiel läßt sich die Entwicklung der Motorisierung angeben. In der Frühzeit der Motorisierung besteht ein echtes Bedürfnis nach verbesserter Fortbewegung. Noch ist man allerdings in der Lage, sich auch anders fortzubewegen. Haben sich aber als Folge dieser anfänglichen Motorisierung die Siedlungsgsgewohnheiten geändert, liegen häufig insbesondere Arbeits- und Wohnorte weit auseinander, dann ist die notwendige Fortbewegung nur noch motorisiert möglich, es entsteht ein autonomer Prozeß, welcher seine eigenen Antriebe entwickelt hat.

So komplex und teilweise schwierig sich die Darstellung der Benutzung des Konzepts historischer Prozesse gezeigt hat, so einleuchtend sind doch deren

---

[811] Vgl. hierzu auch Paul HOYNINGEN-HUENE (1983).

Begriffe und Möglichkeiten, diese in die Forschung umzusetzen. Die Komplexität des Konzepts entspricht, und das muß vor allem bedacht werden, der Komplexität der Sachverhalte, die hiermit analysiert werden sollen.

7.2.3. Der geographische Prozeßbegriff

Der Terminus Prozeß wird in der Geographie nicht sehr einheitlich gebraucht, zumindest nicht so einheitlich wie in der Geschichtswissenschaft. Prozeß wird eher als Oberbegriff für verschiedene Vorgänge mit zeitlich lückenloser Abfolge der Veränderungen von „irgendwie miteinander verbundenen Sachverhalten"[812] benutzt, ähnlich der Verwendung in der Geschichtswissenschaft, doch ist die Prozeßforschung weniger mit Fragen nach Eigengesetzlichkeit und Irreversibilität verbunden. Vielmehr wird der Prozeß in seinem räumlichen Ablauf betrachtet. Die Zusammenhänge der Sachverhalte liegen in der Geographie offener vor Augen, sie werden als Randbedingungen nicht in Form von Stufen oder Phasen in den Prozeß integriert, sondern sind eher als statische Bedingungsfaktoren ausgezeichnet. Insbesondere bei der Darstellung von Anfangsbedingungen oder auslösenden Momenten werden zum Beispiel in der Migrationsforschung nach und nach Faktoren angegeben, die den Prozeß in Gang setzen. Dieser wird danach aber als geschlossener Vorgang in seiner räumlichen Ausbreitung beobachtet. Zwei Untergruppen der Prozeßbetrachtung hängen mit der Doppeldeutigkeit der Prozeßkategorie zusammen. Diese kann einmal als „konkrete historische Vergangenheit"[813] aufgefaßt werden, ein anderes Mal als „abstrakte Dimension"[814]. Die erste Definition findet Anwendung innerhalb der Historischen Geographie und innerhalb der historischen Kulturlandschaftsforschung und zwar über die hierin angelegten Axiome Entwicklung, Persistenz und Genese,[815] welche wir schon bei der Betrachtung der genetischen Methode kennenlernten. Bedeutungsvoller für Gegenwartsgeographen ist die Prozeß-Kategorie als „abstrakte Dimension".

Ausgehend von einer Auffassung des Prozesses als zeitlich lückenlose Abfolge der Veränderung von miteinander verbundenen Sachverhalten wurden zunächst

---

[812] Eugen WIRTH (1979: 185).

[813] Eugen WIRTH (1979: 87).

[814] Loc. cit.

[815] Vgl. auch Ernst NEEF (1967a: 91f.).

durch die Münchner Schule der Sozialgeographie Bewegungen im Raum im Rahmen des Konzepts der Aktionsräume untersucht. Diese setzten die zeitliche Dimension per definitionem voraus. Als Bewegung im Raum ist die räumliche Mobilität zu nennen. Pendeln und Wandern, welche räumliche Prozesse darstellen, sind ohne den Raumbezug nicht vorstellbar.[816] Entscheidend ist allerdings nicht nur ihr Raumbezug in dem Sinn, daß sie Raum als Grundlage benötigen, um überhaupt ablaufen zu können, sondern viel entscheidender ist ihr Einfluß auf die Raumstruktur selbst, welcher als positive Rückkoppelung aufgefaßt werden kann. Am deutlichsten wird dieser Prozeß beim Vorgang des Pendelns. Pendeln führt, hat es sich ersteinmal etabliert, das heißt wenn sich der Prozeß verselbständigt hat, zur Veränderung des Verkehrssystems. Anschließend werden Veränderungen im Raumsystem insgesamt notwendig.

Auch die Diffusion von Innovationen kann als räumlicher Prozeß aufgefaßt werden. Die Innovationsforschung hat in der bundesdeutschen Forschung erst in den siebziger Jahren an Bedeutung gewonnen. In der Innovationsforschung wird die Geographie zur reinen Prozeßbeschreibung unter weitgehender Abstrahierung vom Räumlichen.[817] In der Innovationsforschung treten die Objekte, also die Innovationen, in den Hintergrund. Dagegen wird der Ausbreitungs- oder Diffusionsprozeß betont. Dieser soll mit den Methoden der Innovationsforschung, besser mit den Methoden der Diffusionsforschung, beschrieben werden. Der Raum bildet für solche Prozesse die Plattform. Die Innovationsforschung ist aber nur möglich unter Aufgabe des Postulats eines lückenlosen Raumes. Übertragen werden Innovationen durch Individuen, deren Kontaktfähigkeit durch die räumliche Struktur beeinflußt wird. Eine hierarchische Ausbreitung liegt in der Regel bei Vorliegen eines ausgeprägten zentralörtlichen Systems vor, ansonsten hat der Nachbarschaftseffekt die größte Auswirkung auf die Übertragung von Innovationen. Zusätzlich existieren Barrieren, die die Diffusion hemmen, schlucken oder umlenken (Berge, Seen etc.). Innerhalb des Diffusionsprozesses ist meist eine Zunahme der Adaptoren festzustellen, welche eine Innovation in Abhängigkeit von der raum-zeitlichen Distanz zum Ausbreitungszentrum annehmen. Weiterhin lassen sich die Entscheidungsstrukturen und Phasen sowie die sozia-

---

[816] Vgl. hierzu auch Friedbert SCHALLER (1981).

[817] Vgl. insbesondere Peter HAGGETT (1979: 297-317), Hans-Wilhelm WINDHORST (1983) und Eugen WIRTH (1979: 196-228).

len und ökonomischen Faktoren für die Annahme der Ablehnung studieren.[818] Gerade die neuere Innovationsforschung ist, beeinflußt von soziologischen Forschungen, dazu übergegangen, Phasen zu unterscheiden, die den Prozeß nicht nur unter räumlichen Aspekten sehen, sondern auch die Ausbildung gesellschaftlicher Institutionalisierungen der Innovationen und des Diffusionsprozesses als Phasen desselben aufzufassen.

Hermann HAMBLOCH (1983) spricht diesen räumlichen Prozessen den höchsten fachspezifischen Gehalt zu, doch besitzen auch andere raumwirksame Prozesse insbesondere für die Sozialgeographie Bedeutung. Räumliche Prozesse sind geradezu klassische Untersuchungsbereiche der Sozialgeographie. Sie geht dabei von „typischen Prozessen unseres heutigen Lebens aus"[819] und untersucht deren Auswirkungen in der Kulturlandschaft. Diese Auswirkungen werden als „Indikatoren und Prozeßanzeiger" zugrundeliegender sozialer Prozesse angesehen. Ein Element mit Tradition stellt dabei die Untersuchung der Sozialbrache und deren Ursachen dar. Ausgehend von einer Defintion von Sozialgeographie als „Wissenschaft von den räumlichen Organisationsformen und raumbildenden Prozessen der Daseinsgrundfunktionen menschlicher Gruppen und Gesellschaften"[820], faßt die Sozialgeographie die Landschaft als Prozeßfeld auf, aus dem die Aktivitäten der Gruppen durch ihre alltäglichen Bewegungen, Strukturen modelieren. Das Interesse der Sozialgeographie ist auf die Entstehung neuer und die Abwandlung vorhandener Raumsituationen gerichtet. Der sozialgeographische Raum stellt sich als System dar, innerhalb dessen bestimmte Prozesse ablaufen. Die Elemente dieses Systems sind die Funktionen der Funktionsgesellschaft, also die Daseinsgrundfunktionen. Sozialgeographische Prozesse sind folglich Vorgänge, die „funktionsgesellschaftliche Raumsysteme"[821] aufbauen, erneuern, gliedern, abwandeln, ausbreiten oder abbauen. Träger dieser Prozesse sind die sozialgeographisch definierten Gruppen. Die Prozesse entstehen aus dem „Zusammenspiel" dieser Gruppen. Einerseits untersucht die Sozialgeographie vor allem räumliche Mobilitätsvorgänge und ihren Einfluß auf den Siedlungsprozeß, versteht also

---

[818] Vgl. hierzu Peter SCHMIDT ,ed. (1976).

[819] Jörg MEIER et al. (1977: 81).

[820] RUPPERT/SCHAFFER (1973: 2).

[821] RUPPERT/SCHAFFER (1973: 3).

unter Prozeß soviel, wie räumliche Bewegung,[822] andererseits heißen auch schon bloße Veränderungen quantitativer Art Prozeß. So wird ein prozeßhafter Siedlungsbegriff aufgrund des Ausmaßes der Veränderungen in dem absoluten Wachstum des Gewerbesteueraufkommens pro Einwohner, anhand der Bevölkerungsentwicklung und der Veränderungen innerhalb der Erwerbspersonenstruktur, entwickelt. Wir sind der Meinung, daß damit sinnvollen Aussagen getroffen wurden, nur scheint uns die Anwendung der Prozeßkategorie in diesem Zusammenhang nicht sinnvoll. Die von der Sozialgeographie intendierten Forschungsergebnisse können auch ohne Einschluß der Prozeßkategorie ermittelt werden.

Ein dem sozialgeographischen Ansatz ähnliches Konzept von Prozeß firmiert im englischsprachigen Raum unter dem Titel „process-form reasoning"[823]. Die grundlegenden Aussagen des Ansatzes lauten:

1. Raumstrukturen können als Resultate von Prozessen interpretiert werden.
2. Prozeß und Raumstruktur befinden sich in einem ursächlichen Zirkel, in einer Wechselbeziehung, indem der Prozeß die Raumstruktur formt und diese wiederum den Prozeß initiiert.
3. Um eine Raumstruktur zum Zeitpunkt t_1 zu erklären, ist es notwendig, sich auf die Form zum Zeitpunkt t_{n-1} zu beziehen und auf den dazwischenliegenden Prozeß.
4. Raumstruktur und Prozeß unterliegen Veränderungen in der Zeit.
5. Prozesse verlaufen in verschiedenen Betrachtungsebenen, in verschiedenen Maßstäben. Die Beschreibung der Raumstruktur hängt von dem Maßstab ab.
6. Eine vorliegende Raumstruktur kann als Resultat mehrerer Prozesse angesehen werden. Es kann demzufolge nicht von einer vorliegenden Raumstruktur auf einen Prozeß geschlossen werden.
7. Stochastische Prozesse sind in der Lage, eine Reihe verschiedener Raumstrukturen auszubilden.

In der Regel können wir davon ausgehen, daß die Ursachen für eine bestimmte Raumstruktur in einer Menge von Ereignissen und den Beziehungen dieser Ereignisse zueinander zu suchen ist. Die Raumstruktur befindet sich in einem bestimmten Kontext. Jeder Kontext wiederum ist das Resultat ganz bestimmter Prozesse. Können wir diese Prozesse angeben, dann sind uns auch die Ursachen für die vorliegende Raumstruktur bekannt. Wir können dann Auskunft über das spezifische Verteilungsmuster geben. Insbesondere Prozesse mit eindeutigen Raumbeziehungen besitzen einen räumlichen Ausdruck. Es nutzt dann auch wenig, Prozesse sozusagen anzuhalten und sie zu einem bestimmten Zeitpunkt zu beobach-

---

[822] Dies wird besonders deutlich bei Franz SCHAFFER (1971).

[823] Vgl. hierzu AMEDEO/GOLLEDGE (1975: 174-177) und William NORTON (1981 und 1984: 23-27).

ten, da hiermit nicht alle Einwirkungen von Prozessen auf die Raumstruktur erfaßt werden können. Eine grundlegende Prozeß-Form Analyse hat drei Voraussetzungen zu erfüllen:
1. Sie muß explizit die räumlichen Eigenschaften der Phänomene des Prozesses angeben.
2. Sie muß die räumlichen Verbindungen der nichträumlichen Elemente angeben.
3. Sie muß für ein deduktives Vorgehen die notwendigen räumlichen Beziehungen aufbereiten.

Unter Form wird in diesem Zusammenhang der räumliche Typ einer Verteilung verstanden, bezogen auf eine bestimmte Erscheinungsweise von Ereignissen, welche über den Raum verteilt sind. Die Definition von Form beinhaltet noch keine zeitliche Komponente. Form ist die Art der Verteilung von Ereignissen zu einem bestimmten Zeitpunkt.

Prozeß dagegen meint eine Ansammlung untereinander verbundener Aktivitäten, welche auf eine bestimmte Menge von Ereignissen einwirken, und somit Veränderungen in den Charakteristika der Ereignisse bewirken. Prozeß impliziert, daß durch seine Aktivitäten Beziehungen generiert werden. Für eine meist kurze Zeitspanne, eine Dauer, erreichen die Einwirkungen der Aktivitäten des Prozesses einen Gleichgewichtszustand, doch verändern sich die Manifestationen des Prozesses von einem Betrachtungszeitpunkt zum nächsten. Auch wenn häufig auf diskrete, also nichtkontinuierliche Zeiten zurückgegriffen werden muß, so verläuft ein Prozeß doch kontinuierlich, ohne Unterbrechung.

Die Prozeß-Form Analyse hilft somit, komplexe Raumsysteme zu studieren. Diese Raumsysteme bestehen aus einer ganzen Reihe von Subsystemen, welche untereinander in Beziehung stehen und sich gegenseitig beeinflussen. Ihre Beziehungen verlaufen über den Raum bzw. räumliche Muster der Verteilung und verändern durch ihre Wechselbeziehungen diese Muster, wodurch sich auch ihre Beziehungen ändern. Hier liegt ein relationales Raumverständnis zugrunde, wogegen selbst noch solche Versuche, wie die Innovationsforschung von Torsten HÄGERSTRAND, als anfängliche Schritte in Richtung eines komplexeren Raumverständnisses erscheinen.

Neben sozialgeographischen Prozessen und dem Prozeßverständnis der Form-Prozeß Analyse, erlangt die Darstellung und Untersuchung von Prozessen innerhalb quantitativer Verfahren einen stetigen Zuwachs.[824] Eine Prozeß Studie inner-

---

[824] Vgl. hierzu HAY/JOHNSTON (1983).

halb quantitativer Anwendungen versucht, die Regelmäßigkeiten aufzudecken, welche raum-zeitliche Sequenzen (=Abläufe von Ereignissen) steuern. Dabei wird angenommen, die Regelmäßigkeiten in Form der Resultate der Sequenzen beschreiben zu können. Hierzu werden die externen Variablen, welche die Sequenzen beeinflussen, und der Mechanismus herangezogen, durch welchen externe und interne Einflüsse die Resultate erscheinen lassen, die die Sequenz selbst produziert.

Aus dem bisher Gesagten folgt, daß die Definition von Prozeß die Aussagen über den Prozeß auf einer Maßstabsebene macht, welche mit der Ebene des Mechanismus identisch ist und daß die Definition auf zwei Ebenen den Prozeß testen läßt: Auf der Ebene der Fähigkeit, räumliche, zeitliche und raum-zeitliche Abläufe rekonstruieren zu können und auf der Ebene der Konsistenz (Übereinstimmung) des Prozesses mit den realen Prozessen, welche ihn hervorrufen.[825] Das Hauptanliegen quantitativer Prozeßforschung besteht somit darin, Sequenzen in Begriffen eines ursächlichen Mechanismus (Kausalkette) darzustellen, welcher das Produkt externer Variablen ist.

7.2.4. Der historisch-geographische Prozeßbegriff

Wie schon erwähnt, bezog sich der Prozeßbegriff in der Historischen Geographie bisher auf die Aneinanderreihung verschiedener Stufen der Landschaftsentwicklung und vernachlässigte dabei die Mechanismen des Prozesses. Dietrich FLIEDNER unternimmt dagegen schon seit vielen Jahren den Versuch, die Prozeßkategorie in einem sehr stringenten Sinn für die Historische Geographie verfügbar zu machen und ihre Verwendbarkeit nachzuweisen. Dabei versteht er unter Historischer Geographie eine Disziplin, die sich den Beziehungen von Raum und Gesellschaft widmet und langfristig die Involvierung des Raumes in gesell-

---

[825] Diese Konzeption schließt zufällige Prozesse aus der Analyse aus, da diese in der Regel keinen räumlichen Zugang erlauben und keine Mechanismen erkennen lassen. Eine ähnliche Einschränkung muß in bezug auf abgeschlossene Systeme gemacht werden, da auch diese keine Mechanismen, keine Austauschmechanismen feststellen lassen. Schließlich sollten solche Untersuchungen nicht als Prozeßanalysen verstanden werden, die einzelne Mechanismen, meist in Form von (Haushalts-)Aktivitäten untersuchen, ohne diese an irgendwelche Sequenzen, also Ereignisabfolgen zu binden. Dies sagt nichts über den Sinn solcher Untersuchungen, sondern besagt lediglich etwas über den Gebrauch des Prozeßbegriffs. Zu solchen eingeschränkten Prozeßanalysen zählen die eben erwähnten sozialgeographischen Beiträge sowie einige Arbeiten der Chronoographie.

schaftliche Prozesse nachweisen möchte.[826]

Leider hat Dietrich FLIEDNER nie sein Konzept explizit dargelegt und ist wohl auch deshalb von der historisch-geograpischen Forschung in der Bundesrepublik Deutschland wenig beachtet worden.[827] Aus diesem Grunde stellt sich selbst dem im theoretischen Bereich Bewanderten die Arbeit mit seinen Veröffentlichungen recht mühsam dar. Es ist daher notwendig, seine Konzeption zumindest in Ansätzen zu rekonstruieren. Dieses Konzept stellt ein Konglomerat aus verschiedensten theoretischen Ansätzen und Modellvorstellungen dar.

Einen ersten Versuch, Regelmäßigkeiten bei der Verortung von Populationen zu entdecken, stellt die Studie über zyklonale Tendenzen bei Bevölkerungs- und Verkehrsbewegungen aus dem Jahre 1962 dar. Schon hier wird eine Grundlage der FLIEDNERschen Arbeiten deutlich. Es geht ihm nicht um Gesellschaft im soziologischen Sinn, nicht um ein Zusammenwirken von sozialen Gruppen, sondern um Populationen. Population ist ein Begriff aus der Biologie, der aber auch in der Ethnologie Verwendung findet. Er wird dazu benutzt, das Verhältnis der Gesamtheit Population zur Umwelt darzustellen und die Selbsterhaltungsmaßnahmen der Population zu analysieren. Der Art der räumlichen Anordnung von Populationen widmete sich Dietrich FLIEDNER in den Arbeiten über die Population der Pecos Indianer in Neu Mexiko und in der Darstellung der Mischungs- und Segregationsvorgänge von ethnisch definierten Populationen an Grenzzonen zwischen Staaten und innerhalb von Städten.[828] Hier werden zum erstenmal Gedankengänge der Entropie und Synergetik angewandt. Es zeigt sich mit Hilfe dieser theoretischen Systematiken, daß die Konzentration von Populationen vom Produktionsausstoß abhängig ist, das heißt je größer eine Population und die benötigte Produktion, umso größer ist das Verlangen nach Kommunikation und Information. Daraus resultiert eine zunehmend hierarchische und strukturierte räumliche Organisation auf der Grundlage von Kohärenz und „long-rang" Effekt. Der „long-rang" Effekt repräsentiert ein Weitwirkungsprinzip, in älteren Arbeiten

---

[826] Leider sind die Arbeiten von Dietrich FLIEDNER eher von marginaler Bedeutung geblieben, was neben dem hohen theoretischen Anspruch, den sie verkörpern, an der Sprachbarriere liegen mag, denn FLIEDNER veröffentlicht einen Großteil seiner Arbeiten in englischer Sprache. Damit spricht er den nordamerikanischen "Markt" an.

[827] Zum Beipiel ist mir keine Rezension seiner Arbeiten bekannt.

[828] Vgl. Dietrich FLIEDNER (1974).

auch Fernwirkung genannt. Der „long-rang" Effekt besagt, daß sich ein Impuls (zum Beispiel ein Ereignis) ausgehend von einem Initialgebiet nach außen hin ausdehnt, bzw. ein Wirkungsfeld beschreibt, dessen Intensität entweder linear gleichmäßig abnimmt oder dessen Weitwirkungsintensität zunächst stärker und dann mit wachsender Distanz immer weniger abnimmt. Dieser Unterschied hängt entscheidung von der Form des Vorlands ab. Ist das Vorland des Initialgebietes durch Begrenzungen irgendwelcher Art nicht kreisförmig um das Gebiet angelegt, sondern entspricht es in den einzelnen Abschnitten der Form und der Fläche des Initialgebietes, so nimmt die Intensität der Weitwirkung linear ab. Umschließt das Vorland aber das Initialgebiet, so daß mit jeder Stufe der Flächeninhalt zunimmt, so nimmt die Intensität pro Flächeneinheit zuerst stark und dann immer weniger ab. Das Kohärenzprinzip besagt nichts anderes, als daß sich Populationen im Raum nach einem Prinzip anordnen, welches die Dichte der Anordnung bestimmt. So ist festzustellen, daß die meisten räumlichen Anordnungen Dichteprofile aufweisen, die eine hohe Dichte im Zentrum zeigen, welche zum Rand des beobachteten Raumes hin abfällt. Populationen versuchen also, sich zusammenzuhalten. Dies tun sie mit Hilfe unterschiedlichster normativer Setzungen und mit Hilfe einer Reihe informeller Zusammenschlüsse (zum Beispiel Verwandtschaftsverband).

Die innnere Organisation von Gesellschaften als einen Prozeß der räumlichen Organisation, als einen ständig ablaufenden, also notwendigen Prozeß, zur Aufrechterhaltung (Reproduktion) von Gesellschaften und als einen historisch sich entwickelnden Prozeß aufzufassen, dieser Aufgabe widmete sich Dietrich FLIEDNER in der Folgezeit. Um diesem Ziel näher zu kommen, mußte ein theoretischer Rahmen entwickelt werden, der die Geosystemforschung durch Aspekte der Diffusionsforschung erweiterte und ihn in das allgemeine Aussagesystem der Systemtheorie und Kybernetik einordnete. Die Geosystemforschung geht davon aus, daß ein System aus nicht autonomen Elementen besteht, die untereinander durch Informations- und Energiefluß verbunden sind. Durch das Konstanthalten der Relationen innerhalb dieses Systems wird ein Gleichgewichtszustand angestrebt.[829] Da es aber um die Veränderung von Systemen geht, müssen als strukturverändernde Impulse Innovationen eingebaut werden, die den Energiehaushalt des Systems selbst verändern. Dies tun sie durch Abfluß oder Zufluß in oder aus der äußeren Umwelt des Systems. Abfluß und Zufluß meinen hier alle

---

[829] Vgl. Dietrich FLIEDNER (1979b: 29).

denkbaren Möglichkeiten der Energieaufnahme (zum Beispiel durch Ressourcenausbeutung). Weiterhin bestehen alle strukturverändernden und auch die erhaltenden Prozesse aus Vorgängen mit einer bestimmten Prozeßabfolge.[830]
Jeder dieser Prozesse ist nach Meinung FLIEDNERs sinnorientiert. Er entsteht oder wird ausgelöst, um ein bestimmtes Problem zu lösen. Selbstverständlich wurden im Laufe der Geschichte bestimmte formalisierte Problemlösungsprogramme entwickelt, doch daraus auf einen dahinterstehenden Sinn zu schließen, scheint uns etwas gewagt, ändert allerdings an dem weiteren Vorgehen nichts. FLIEDNERs Konzept stellt einen Ordnungsrahmen dar, mit dessen Hilfe sich komplexe Entwicklungen von Raum und Gesellschaft in der Zeit darstellen lassen. Dabei wird von einem Input-Output Prozeß ausgegangen, welcher den Input als Induktionsprozeß auffaßt und den Outputprozeß als Produktionsprozeß. Input und Output werden verbunden durch die zur Reaktion notwendigen Phasen. Diese Phasen können festgelegt werden innerhalb eines 4-dimensionalen Raumes. Dimensionen spielen vor allem in der Physik eine entscheidende Rolle, wenn es darum geht, allen bekannten Grundkräften eine geometrisch vorstellbare Grundlage zu geben:[831]

„In der allgemeinen Relativitätstheorie bildet die Raumzeit das vierdimensionale Analogon einer in sich gewellten Oberfläche. Sie ist vierdimensional, weil man vier Koordinaten benötigt, um einen Punkt zu bestimmen. Ein solcher Punkt der Raumzeit kann (...) zum Beispiel der Zusammenprall zweier Teilchen" sein.

Ebenso wie in der allgemeinen Relativitätstheorie geht FLIEDNER von zwei Grundkräften aus, die die prozessuale Ordnung bestimmen. Diese Grundkräfte lauten Energie und Materie. Der vierdimensionale Raum besteht dann aus einer ersten Dimension „Eintritt in das System" (Perzeption) und Austritt aus dem System als Produkt (Stabilisierung).[832] Die zweite Dimension beschreibt die Sinnorientierung (Determination) und den Vorgang der Produktion ensprechend der Determination (Kinetisierung). Die dritte Dimension beschreibt die Weitergabe der Anweisungen in der Populationshierarchie von oben nach unten (Regulation) und Befolgung der Anweisung durch Lieferung der benötigten Produkte als Rohmaterialien für den Prozeß von unten nach oben (Dynamisierung). Die vierte

---

[830] Dietrich FLIEDNER (1979b: 39).

[831] FREEDMAN/VAN NIEUWENHUIZEN (1985: 80).

[832] Hier und im folgenden Dietrich FLIEDNER (1980a, 1980b und 1984: 82-84).

Dimension schließlich beschreibt die dreidimensionale räumliche Ordnung des Energieflusses (Organisation). Innerhalb dieses vierdimensionalen Raumes verläuft eine Sequenz mit sieben Phasen:

- Perzeption (Informationsempfang, Stimulanz zum Prozeß)
- Determination (Entscheidung und Zielorientierung)
- Regulation (Kontrolle, Weitergabe der notwendigen Informationen an die untergeordneten Populationen)
- Organisation (räumliche Dynamisierung)
- Kinetisierung (Produktion)
- Stabilisierung (Abgabe des Produkts an den Nachfrager)

Jeder Schritt in der Sequenz bedeutet, daß im System eine neue Verknüpfung in den Prozeß miteinbezogen wird. Als Beispiel läßt sich der Aufbau einer Industrieanlage angeben:[833]

- In der ersten Sequenz (Perzeption) folgert ein Industriekonzern aus der ökonomischen Situation auf dem Markt, daß eine Nachfrage nach bestimmten Produkten besteht.
- In der zweiten Sequenz (Determination) wird beschlossen, eine Anlage zu entwickeln.
- In der dritten Sequenz (Regulation) wird der Plan näher erläutert und bestimmt, was zu tun ist.
- Danach folgt in der vierten Sequenz (Organisation) die Feststellung des Standorts und der Größenordnung und des Aufbaus.
- Anschließend wird in der fünften Sequenz (Dynamisierung) das Material besorgt.
- Die Anlage des Unternehmens wird in der sechsten Sequenz der Kinetisierung erstellt.
- Der Prozeß wird vorläufig abgeschlossen in der siebten Sequenz der Stabilisierung durch Inbetriebnahme des Unternehmens.

Somit können Kulturlandschaftsprozesse als Teil gesellschaftlicher Prozesse dargestellt werden. Kulturlandschaftselemente erscheinen nun nicht mehr als „Niederschlag" und damit als Endprodukt einer sozialen Handlung, sondern sind Teil eines Prozesses. Der hier beschriebene Prozeß läuft sozusagen durch die räumliche Organisation hindurch. Diese ist innerhalb des Prozesses eine notwendige Phase.

Ein für Historiker wie Historische Geographen gleichermaßen interessantes Projekt startete FLIEDNER als er versuchte, die moderne Industriegesellschaft wie sie sich in Europa seit dem achtzehnten Jahrhundert entwickelt hat anhand seiner Sequenzen als die Aufeinanderfolge dieser Aufgabenbereiche darzustellen. Die Aufgabenbereiche, welche in den Sequenzen durchgeführt werden, stellen die Kategorien der modernen Gesellschaft dar und haben sich, so die

---

[833] Vgl. Dietrich FLIEDNER (1981: 64).

Hypothese, nacheinander herausgebildet. Mit Hilfe langer Zeitreihen für einzelne Indikatoren der Kategorien, die durch die Auswertung geschichtswissenschaftlicher Literatur zur Entwicklung der modernen Gesellschaft erstellt wurden, konnte die Herausbildung der unterschiedlichen Sequenzen dargestellt werden. Eine kausale Verknüpfung der einzelnen Sequenzen wurde damit nicht nachgewiesen, doch ergaben sich bestimmte Kategorien durch ihre fühere Nennung als Voraussetzung der weiteren Entwicklung. Wann die moderne Gesellschaft eine bestimmte Sequenz durchlaufen hatte, wurde nach dem intensivsten Auftreten bestimmter Phänomene bestimmt, wobei zum Beispiel beim Transportwesen als Indikator für die Kinetisierung, also Realisation der Industrialisierung, die Überlagerung von Eisenbahn und Kanalbau für den Höhepunkt des Transportwesens ausschlaggebend war. Als eine große Schwierigkeit stellte sich dabei heraus, die richtigen nachfolgenden Substitute für historisch obsolete Phänomene zu finden. Für das Verkehrsvolumen wurden zum Beispiel nacheinander der Postkutschenverkehr (bis 1814), die Rheinschiffahrt (bis 1975), Eisenbahntransport, registrierte Kraftwagen, Telefonverbindungen, registrierte Radios und schließlich registrierte Fernseher benutzt.[834]

Die Auswahl geeigneter Indikatoren stellt eines der größten Probleme dar, zumal nicht alle Wissenschaften ein erprobtes Indikatorensystem entwickelt haben. Eine Schwierigkeit entsteht dadurch, daß Phänomene existieren, welche im Laufe der historischen Entwicklung ihren Charakter und damit ihre Funktion innerhalb der Gesellschaft geändert haben. Damit wechseln sie zwangsläufig von einem Erklärungsbereich in einen anderen. So wird von Dietrich FLIEDNER die Innere Kolonisation als Indikator für Populationsexpansion benutzt, also für einen sozio-biotischen Prozeß.[835] Auch von der Historischen Geographie ist Innere Kolonisation meist unter diesem Aspekt behandelt worden. Allerdings bleibt zu fragen, ob sich die Funktion der Inneren Kolonisation im Laufe des Geschichtsprozesses nicht geändert hat. U.E. stellt Innere Kolonisation in ihrer späten Phase in den zwanziger und dreißiger Jahren ein ideologisches Mittel dar, wobei sie ihre materielle Seite längst verloren hat und somit nicht mehr als Indikator für einen materiell begründeten Prozeß herangezogen werden kann. Sie ist somit ein Element, welches einer historischen Zeit unter-

---

[834] Vgl. Dietrich FLIEDNER (1981: 119).

[835] Vgl. ibidem: 163.

liegt. Dieses Element stellt eine historisch vergangene Zeit dar. Es ist in historische Zeitabläufe eingebunden, wie viele andere Elemente auch. Damit unterliegt FLIEDNERs Analyse den Nachteilen aller Sekundäranalysen.[836] Sie können die Fehler der vorliegenden Literatur nicht einsehen, geschweige denn auffangen.

---

[836] Vgl. auch die Kritik an Immanuel WALLERSTEINs Arbeiten.

8. SCHLUSSBETRACHTUNGEN

8.1. Allgemeine Kooperationsschwierigkeiten

Es zeigte sich bei der Arbeit, daß trotz neuerlicher Bemühungen der Annäherung an einen einheitswissenschaftlichen Ansatz, große Unterschiede in der Benutzung und vor allem in der Operationalisierung von Begriffen sowie auf der forschungslogischen Ebene bestehen. Das wurde besonders deutlich beim Gebrauch fachfremder Kategorien. So zeigte es sich, daß trotz der Verwendung gleicher Grundbegriffe, wie Zeit, Raum und Gesellschaft, die Inhalte weit voneinander divergieren. So ist es der Geschichtswissenschaft bis heute nicht gelungen, brauchbare Konzepte der Region und des Räumlichen aufzustellen. Ansatzpunkte wurden in der vorliegenden Arbeit aufgezeigt und vorläufige Konzepte vorgestellt. Ein augenfälliges Merkmal zeichnet dabei insbesondere die Diskussion um Raum und Räumlichkeit aus. Hier befindet sich die Geschichtswissenschaft in der Gefahr, nicht hinter den Historismus zurückzufallen, wie in anderen Zusammenhängen befürchtet wurde, sondern hinter Konzepte zurückzufallen, welche die Geographie und auch die Historische Geographie in weiten Teilen schon überwunden zu haben scheinen. Es zeigt sich hier die Notwendigkeit, bei der Konzepierung neuer Ansätze innerhalb der Geschichtswissenschaft auf den Forschungsstand spezialisierter Fachbereiche zu achten. Während Raum innerhalb der Geographie nicht nur das Forschungsobjekt, sondern auch einen Beschreibungsmaßstab darstellt, der demzufolge in Anlehnung an relationale Konzepte, welche sich u.E. ohne weiteres auch mit landschaftsgeographischen Ansätzen verbinden ließen und somit alle weiteren Begriffe von räumlichen Kategorien ableitbar wären, stellt Raum innerhalb der Geschichtswissenschaft nur in Ansätzen einen Parameter der Forschung dar. Raum dient lediglich der Abgrenzung von Forschungsbereichen, welche sich spezifischen Problemen zuwenden, die entweder nur auf der einen oder der anderen räumlichen Ebene zu lösen sind. Eine sicherlich notwendige Feststellung. Sie reicht aber nicht hin, wenn Probleme des Menschen mit dem Raum im Mittelpunkt der Forschung stehen sollen.

Dagegen zeigt der Umgang mit der Zeitkategorie eindeutig die unterschiedlichen Intentionen, welche geographischer, historisch geographischer und geschichtswissenschaftlicher Forschung zugrunde liegen. Geographische Zeitansätze sind bemüht, den Zeitbegriff neueren Auffassungen vom geographischen Raum anzupassen und analog zum relationalen Raum, relationale Zeitansätze zu entwickeln, welche weniger mit historischer Zeit denn mit dynamischer Zeit zu vergleichen sind. Geographische Zeitansätze zeigen sich aus diesem Grunde eher geeignet für die in der Geographie, weniger in der Historischen Geographie üblichen Modelle der vertikalen Strukturen, denn für Modelle horizontaler Strukturen, welche echte Verläufe wiedergeben und in der Geschichtswissenschaft wie in der Historischen Geographie anzutreffen sind. Diese Verlaufsmodelle haben den Vorteil, zeitliche Verzögerungen, ungleichzeitige Prozeßabläufe und solche mit unterschiedlicher Geschwindigkeit hervorzuheben. Ebenso kann sich ein Bild mehrerer übereinanderliegender historischer Zeiten ergeben, welche Phänomenen zugeordnet werden können. Ein Verfahren, welches in der Historischen Geographie Tradition besitzt. Eine Vermittlung zwischen diesen zwei Modelltypen müßte in Zukunft angestrebt werden.

Ein Grund für diese Unterschiede ist das divergierende Gegenstandsverständnis. Die Geschichtswissenschaft geht von Globalphänomenen aus, innerhalb derer sie bestimmte Prozeßabläufe näher analysiert, während die Geographie und auch die Historische Geographie es mit komplexen Phänomenen zu tun haben und sich dabei auf deren interne Struktur beschränken. Hat sich die Geschichtswissenschaft in den siebziger Jahren sicherlich zu sehr auf die Strukturanalyse beschränkt, so ist ihr traditioneller Ansatz doch auf die Untersuchung individueller Verhaltensweisen innerhalb von Prozessen gerichtet, in welche Individuen involviert zu sein scheinen. Der Kontext, in welchem individuelle Handlungen sich befinden, ist für den Historiker stets von großer Bedeutung gewesen, wenn auch die Operationalisierung von Kontext erst in den letzten Jahren Fortschritte aufweist, welche durch neue Fragestellungen der phänomenologischen und interpretativen Soziologie und der Alltagsgeschichte aufgeworfen wurden. Demgegenüber werden individuelle Verhaltensweisen und Handlungen von Seiten der Geographie und Historischen Geographie in der Form von Mikro-Massenphänomenen behandelt. Zwar wird häufig der Mensch als Ausgangspunkt der Forschung und als Ausgangspunkt raumwirksamer Prozesse dargestellt, doch dient er mehr als Impulsgeber innerhalb eines black-box Systems, welches von außen Impulse erhält, Rückkoppelungen aber vernachlässigt. Die Veränderungen außerhalb des Systems interessieren dann im Laufe der Analyse nicht. Räumliche Prozesse werden als autonom gegenüber sozialen und individuellen Erscheinungen angesehen. Das verdeutlicht auf eine sehr anschauliche Weise die Vorstellung von der Genese sozialräumlicher Prozesse bei zwei Vertretern der Sozialgeographie

Münchner Provenienz:[837]

„1. Veränderung der Wertvorstellung, d.h. die Wertschätzung, die eine Sozialgruppe sozialen, wirtschaftlichen oder natürlichen Umweltfaktoren beimißt, kann sich, durch welche Einflüsse auch immer, mehr oder weniger rasch ändern. Dadurch wandeln sich
2. bestimmte wirtschaftliche und soziale Verhaltensweisen, die
3. ihrerseits neuartige, soziale und wirtschaftliche Prozesse induzieren können, die
4. nach gewisser Laufzeit persistente Muster umbauen, dadurch in räumliche Prozesse umschlagen, d.h. neuartige ‚Verortungen' der Daseinsfunktionen bilden und folglich neue sozialgeographische Strukturen aufweisen."

8.2. Probleme der Modellbildung auf der Ebene der Mensch-Raum Beziehung

Bis vor wenigen Jahren noch hätte man bei der Lösung der hier anstehenden Probleme der Vermittlung von Struktur und Prozeß, von Individuum und Kontext und der Aufstellung von Kausalbeziehungen auf die Anwendung multivariater Methoden, insbesondere auf die Pfadanalyse zurückgreifen können, um kausale Beziehungen deutlich werden zu lassen. Weiterhin wären Instrumente der Simulation in der Lage gewesen, Geschichte als Präsentation einer temporalen Struktur zu rekonstruieren. Innerhalb der Mensch-Umwelt Beziehung allerdings ergibt sich ein zusätzliches Problem. Es stellt sich die Frage, wie individuelle Wahrnehmung und das Handeln von Individuen in Zusammenhang mit Struktureffekten gesellschaftlicher und räumlicher Art gebracht werden können. An diesem Punkt versagen bisher alle Modellvorstellungen, und auch die innerhalb der vorliegenden Arbeit vorgestellten Konzepte lösen dieses Problem erst in Ansätzen. Für die Geographie und die Historische Geographie muß geradezu gesagt werden, daß das Individuum innerhalb von Modellen entweder überhaupt nicht oder wenn, dann nur in Form von Gruppen oder anderen Komplexen (Aggregaten) erscheint. Das gleiche läßt sich, mit Einschränkungen, auch für die Geschichtswissenschaft feststellen. Diese Vernachlässigung hat auf jeden Fall mit der bisher in der Regel verwendeten Betrachtungsebene zu tun. Es liegt hier ein Problem vor, welches alle angesprochenen Disziplinen betrifft. Die Ebenen der Forschung müssen neu überdacht werden. Einige Probleme wurden im Laufe der Darstellung angesprochen.

---

[837] RUPPERT/SCHAFFER (1973: 4).

Es stellt sich hier die Frage des Ausgangspunkts der Forschung. Geht diese von überindividuellen Konstrukten aus, also von Raum und Gesellschaft, so ist es ihr nicht möglich, individuelles Verhalten in Verlaufs- und Strukturmodelle zu integrieren. Ja es besteht sogar die Gefahr, die doch als abstrakte Konstrukte entworfenen Gebilde der Gesellschaft und des Raumes mit realen Gebilden zu verwechseln. Wir plädieren daher für das menschliche Individuum als Ausgangspunkt der Forschung und für eine Theorie- und Modellbildung, welche sich an vorliegende Maßstäbe anpaßt. Die Zeit der universell verwendbaren Theorien und Modelle, wie sie in einigen Beispielen vorgestellt wurden, scheint vorbei zu sein.[838] Auch die in der Vergangenheit häufig und mit einigem Erfolg angewandten kybernetischen Modellvorstellungen werden sicher mehr indirekten Einfluß durch ihre spezifische Denkweise ausüben, als daß sie in der Lage sind, konkrete Anweisungen für das Vorgehen bei konkreten Forschungen oder zumindest bei deren Planung zu machen. Herausgehobene Bedeutung erlangt die Kybernetik allerdings im Zusammenhang mit ökologischen Denkweisen. Solche Ansätze haben in eindrucksvoller Weise gezeigt, wie das Verhalten des Menschen von ökologisch-kybernetisch beschreibbaren Gesetzmäßigkeiten abhängig ist, und wie auch der Anspruch an die Fläche, der Flächenanspruch, nicht, wie bisher angenommen, auf eine zur Verfügung stehende Technik, sondern auf ein durch die Technik unterstütztes Verhalten des Individuums ausgerichtet und in seinen Ausmaßen ausgelegt ist.[839]

8.3. Lebenswelt und Umwelt im Modell

Der Problembereich Lebenswelt läßt sich in unterschiedliche Bereiche zerlegen, die sowohl kooperieren als auch im Raum in Konflikte eintreten, und konkurrierend im Raum bestehen. Wir können hierbei den Raum als die Ressource verschiedener Bereiche auffassen. Im wesentlichen konkurrieren um den Raum

---

[838] In diesen Zusammenhang gehört natürlich auch das theoretische Konzept Dietrich FLIEDNERs, welches wir allerdings im Gegensatz zu vielen anderen als ein sehr fruchtbares betrachten. Zudem sind die Gedankengänge von FLIEDNER noch längst nicht abgeschlossen. Es wird sich zeigen, inwieweit die vorgeschlagenen Entwürfe in der Lage sind, sich neuen wissenschaftlichen Erkenntnissen anzupassen.

[839] Vgl. hierzu die Untersuchungen zu individuellem menschlichen Autofahrerverhalten und Flächenanspruch des Autoverkehrs insbesondere der Berliner Gruppe um ULRICH und der Gruppe um KNOFLACHER in Wien.

Individuen mit anderen Individuen und Menschen mit technischen Produkten. Diese Bereiche nutzen gemeinsam den Raum und beeinträchtigen sich deshalb gegenseitig in ihrer Existenz. Um Lebenswelt als Umwelt begreifen zu können, müssen wir zugestehen, daß verschiedene „Populationen" diachron und synchron bestehen. Menschen und Individuen interagieren mit belebten ebenso wie mit unbelebten „Populationen". Diese Tatsache wird besonders von der „time-geography" hervorgehoben, ohne daß ihr allerdings innerhalb der Konzeption Rechnung getragen wird. Dazu ist sie zu sehr auf die Ressource Zeit festgelegt.[840] Torsten HÄGERSTRAND formuliert das Problem folgendermaßen:[841]

> „In all kinds of ecology the concept of ‚population' is central (...) each separate organism in a population has a limited life-time between a moment of birth and a moment of death (...) Man clearly forms a biological population among others (...) But these facts are only a part of the total picture where man is concerned. Between man and other populations and between man and man lies a world of symbols and artifacts of his own creation (...) One possible way to bridge the gap between biological and human ecology would perhaps be to view symbols and artifacts in the same way that we view populations in general."

Technologie, Gesellschaft und Individuum sowie Umwelt haben spezielle Ansprüche an den Raum und an die übrigen Bereiche. Es bleibt zu prüfen, inwieweit die Ansprüche der übrigen Bereiche, den Bedürfnissen des Menschen als Naturprodukt und als Individuum entsprechen.

Die Konkurrenzfähigkeit der Bereiche hängt von den Umweltbedingungen hinsichtlich ihrer Toleranz- bzw. Präferenzbereiche ab. Technik, Individuum und Mensch benötigen jeweils spezifische Präferenzbereiche, die für ihr Existieren notwendig vorhanden sein müssen.[842] Innerhalb dieser Präferenzbereiche sind nur gewisse Toleranzbereiche optimal für eine Existenz. Werden diese Toleranzbereiche über- oder unterschritten, kann es zur Existenzvernichtung kommen. Im Laufe der Entwicklung kann es zur Anpassung an veränderte Umweltdaten kommen, es stellt sich in der Regel eine „Regulierung des inneren Milieus"[843] ein. Das Überleben von Arten ist wesentlich bestimmt durch deren Fähigkeit, ihr inneres

---

[840] Vgl. hierzu Kapitel 6.3.3.

[841] Torsten HÄGERSTRAND zitiert in Tommy CARLSTEIN (1982: 8).

[842] Anthropologie und Historische Anthropologie haben sich in den letzten Jahren darum bemüht, den Toleranzbereich und Präferenzbereich für den Bereich der menschlichen Gattung festzulegen.

[843] CZIHAK/LANGER/ZIEGLER (1978: 684f.).

Milieu diesen veränderten Daten anzupassen. Dabei ist nicht immer leicht zu unterscheiden, was inneres Milieu und was äußeres Milieu ist. Häufig ist hierfür der Standort der Betrachtung entscheidend. So gehört der technische Bereich, die technische Umwelt, dem äußeren Milieu an. Technik wird aber phänotypisch, das heißt dem Anschein nach und der Motivation entsprechend, zur Regulierung des inneren Milieus benutzt. Hier macht sich ein Umstand bemerkbar, der besagt, daß häufig eine Trennung von Auslösungs- und Anpassungsfaktor eintritt. Probleme, die in einem Problembereich auftauchen, werden mit Hilfe eines anderen Bereiches gelöst.

Innerhalb der Flächennutzungskonflikte erweist sich als ein entscheidender, nahezu überlebensentscheidender Faktor, derjenige der Verträglichkeit oder Nichtverträglichkeit gemeinsamen Auftretens verschiedener Bereiche im Raum. Individuen treten gleichzeitig mit anderen Individuen im Raum auf und Menschen erscheinen gleichzeitig mit technischen Produkten. Von Seiten der Gattungsproblematik stellt sich hier das Verdrängungsproblem Mensch-Technik dar. Innerhalb dieses Verdrängungsproblems gelten verschiedene Mechanismen, von denen das Exklusionsprinzip für die Historische Geographie das bedeutendste darstellt. Das Exklusionsprinzip besagt soviel, daß es unwahrscheinlich ist, daß zwei Arten einen Konkurrenzfaktor, hier den Raum als Umweltbereich, gleich gut nutzen können. Die Frage der Koexistenz kann nur sehr eingeschränkt positiv beantwortet werden. Die Exklusion ausgedrückt als Konkurrenzkoeffizient wird allerdings abgeschwächt durch Unterschiede in den Ansprüchen an die ökologische Nische und durch symbiotische Effekte der positiven Beeinflussung und Kooperation. Der Konkurrenzkoeffizient ist Ausdruck für den zwischenartlichen „Konkurrenzdruck" von einem Bereich auf den anderen und setzt sich aus der „innerartlichen Konkurrenz", der „Fremdkonkurrenz" und der „Eigenkonkurrenz" zusammen.[844] Die „innerartliche Konkurrenz" ergibt sich aus der Verminderung des ungehinderten Wachstums einer Population durch einen Faktor r/K, der der durchschnittlichen Kontakthäufigkeit der Individuen, N^2, proportional ist.

ungehindertes Wachstum $\quad \dfrac{dN}{dt} = rN \quad$ (absoluter Zuwachs pro Zeiteinheit = tatsächliche Veränderung pro Individuum x Gesamtzahl der Individuen)

---

[844] Vgl. hierzu CZIHAK/LANGER/ZIEGLER (1978: 697-700 und 711f.).

innerartlich gehin- $\frac{dN}{dt} = rN - \frac{r}{k} N^2$ (wobei K die Fähigkeit zur
dertes Wachstum   Nutzung der Umwelt angibt
und die maximale Popula-
tionsdichte beschreibt)

Die Formel läßt sich um einen Faktor erweitern, der der Kontakthäufigkeit von Individuen mit Teilen aus anderen Bereichen proportional ist. & als Konkurrenzkoeffizient ist ein Ausdruck für den zwischenartlichen „Konkurrenzdruck" von Bereich 2 auf 1, und in der Höhe von dem Ausmaß an Fremdkonkurrenz und von der Art und dem Ausmaß an Eigenkonkurrenz, welche sich direkt negativ auf die maximale Populationsdichte K auswirkt:

$$\frac{dN_1}{dt} = r_1 N_1 \frac{r_1}{K_1} N_1^2 - \frac{r_1}{K_1} N_1 \cdot \& N_2$$

Stabile Koexistenz ist nur möglich, wenn der Konkurrenzdruck des „Gegners" geringer ist als die eigene Fähigkeit zur Nutzung der Umwelt relativ zum „Konkurrenten". Je überlegener man selbst in der Nutzung der Umwelt ist, desto mehr Konkurrenz kann man ertragen.

Im Problembereich Individuum-Mensch-Technik ergibt sich ein Problem dadurch, daß die Technik dem Menschen bei der Naturbeherrschung dienlich sein soll, daß sie dies aber nur mit sogenannten „kontraproduktiven" Effekten tut, da sie sich dem Menschen als Individuum wiederum bei der Umweltaneignung in den Weg stellt bzw. mit ihm im Raum konkurriert. Das trifft insbesondere für alltägliche Verhaltensformen der Individuen zu. Den alltäglichen Bereich zählen wir zu den sich ständig wiederholenden Bedürfnissen, die ständig, in regelmäßigen Abständen befriedigt werden müssen. Es sind dies existenzielle Bedürfnisse des Individuums und elementare gesellschaftliche Bedürfnisse. Sie sind in der Regel nicht darauf aus, Umwelt zu verändern, sondern sind auf Erhaltung des „status quo" bedacht. Innerhalb des Alltags werden Probleme im Raum besonders deutlich wahrgenommen, da sich die Organisierung des Raumes direkt auf die Organisierung des Alltags auswirkt. Anders als in anderen Lebensbereichen ist das Verhalten des Individuums auf sich gleichartig wiederholende Organisationsformen angewiesen, da Alltagsverrichtungen anderen Verrichtungen untergeordnet sind, für die sie nur hindernd wirken. Die Fahrt zum Arbeitsplatz wird nicht als Fahrt bewertet, sondern als Distanzüberbrückung. Handlungen der Individuen müssen in ihrem jeweiligen Handlungskontext betrachtet werden. Sie sind vom jeweiligen Lebensstil und von der jeweiligen Lebensweise abhängig. Die Auseinandersetzung mit dem Raum als Umweltproblem kann nur als Kulturgeschichte beschrieben werden. Im alltäglichen Umgang mit Raum als Umweltproblem ist das Verhalten der Individuen von Problemen begleitet, die als Konflikte und Konkurrenzen beschrieben werden können. Folgende Probleme und zu erbringende Leistungen der Individuen und Gruppen von Individuen können unterschieden werden:[845]

1. Überlebensprobleme ergeben sich als spezifische existenzielle Gefährdungen (hier des Umwelt-Mensch-Systems), welche nur von partikularen Gruppen wahrgenommen werden und durch diese vermittelt als gesamtgesellschaftliche Probleme erscheinen.
2. Bedürfnis- und Interessenwidersprüche ergeben sich, wenn „egoistische" Interessen oder neu entstandene Bedürfnisse (Folgebedürfnisse) keinen institutionellen Ausgleich gefunden haben. Diese Widersprüche streben nach Ausgleich, wenn die benachteiligten Gruppen, meist nach Änderung der normativ-symbolischen und kontrollierenden Strukturen, in ihrer Existenz, in ihren alltäglichen Existenzerhaltungsfunktionen, gestört sind.
3. Kommunikationsprobleme stellen sich ein, wenn die Beweglichkeit, Artikulation oder intersubjektive Vermittlung gestört sind.
4. Systemspannungen können als Grundprobleme interpretiert werden, die Schwachstellen eines Fließgleichgewichts andeuten.
5. Sinnprobleme entstehen bei existentiellen Problemen der Identität von Personen.
6. Produktionsprobleme bezeichnen alle Schwierigkeiten, die durch die Veränderung menschlicher Umwelt (Individuen, Technik, Raum), bei der Verrichtung konkreter Aktivitäten entstehen.

Die Prozesse, die zur Lösung dieser Probleme vorsichgehen, verlaufen ständig und alltäglich. Sie sind die Versuche „historischer Subjekte"[846], sich in der Welt einzunischen und zu behaupten und zudem sinnstiftende Handlungen ausführen zu können, die die gesellschaftlich-soziale Existenz ermöglichen.

Den Problembereich Lebenswelt als Umweltproblem können wir uns folgendermaßen vorstellen

---

[845] Vgl. hierzu Hans Jürgen KRYSMANSKI (1971: 27f.). Seine Ausführungen wurden für unsere Bedürfnisse umformuliert. Wir hoffen, daß dadurch ihr Sinn nicht verloren geht.

[846] Hans Jürgen KRYSMANSKI (1971: 31).

LEBENSWELT MENSCH

Individuen
Technische Umwelt
Raum

Technische Umwelt

Mensch
Individuum
Wahrnehmung/Handeln

Bauliche Umwelt

Raum

Will die Historische Geographie, oder besser, eine Historische Geographie, an der Frage nach den umwelt- und raumbezogenen Toleranz- und Präferenzbereichen des Menschen mitarbeiten, so muß sie Begriffe in ihre Analysen einbeziehen, die wir innerhalb der Arbeit vorgestellt haben. Neu definierte Begriffe, wie Raum, Region, Lokales, Kontext, Lebensweise und Alltag müssen „essentials" der Methode werden. Sollen Eigenschaftsdimensionen[847], welche bisher die Forschungskonzeptionen in der Historischen Geographie beherrschen, mit in die Analyse einbezogen werden, so kann dies in der von uns verstandenen Historischen Geographie nur kontextbezogen geschehen. Bezogen auf eine Lebensweise hieße das zum Beispiel, den veränderten Kontakt und die veränderte Kontakthäufigkeit mit Umwelt als Substanz in Beziehung zu einem veränderten Verhalten Umwelt gegenüber zu untersuchen. Für eine solche Historische Anthropogeographie bedeutet vom Menschen auszugehen, Aktivitäten, Verhalten, also Wahrnehmung und Handeln, genetisch durch mehrere genetische Stufen zu verfolgen und die Ebenen offenzulegen, welche Handeln und Wahrnehmung durchlaufen. Solch starre deduktive Modelle, wie dasjenige von Dietrich FLIEDNER, scheinen uns zunächsteinmal unzweckmäßig, da sie den Blick für die Komplexität von Realität verstellen und zudem im Fall von individuenbezogenen

---

[847] Vgl. Kapitel 4.1.1.

Analysen ein Referenzrahmen zur Zeit noch nicht in Sicht ist, wie es derjenige einer Population mit systemtheoretischen Anleihen bei FLIEDNER darstellt. Vielmehr existiert innerhalb der kontextbezogenen Analyse ein Referenzsystem in Gestalt des Raumes. Aktivitäten werden hier, und Torsten HÄGERSTRAND's „time-geography" liefert hierfür Beispiele, als soziale Ereignisse in ihrer unmittelbaren räumlichen und zeitlichen Eingebundenheit verstanden, so daß ihre Eigenschaft der Nähe[848] ergänzt wird durch ihre Eigenschaft der Gleichzeitigkeit[849]. Diese beiden Eigenschaftsdimensionen begründen eine neue Eigenschaft des Zusammenhangs[850], die hier zum ersten Mal nicht auseinandergerissen wird, wie noch im den von uns beschriebenen substanzsprachlichen Ansätzen oder auch in kompositionalen Ansätzen, wie demjenigen der Sozialgeographie Münchner Provenienz, die darauf angewiesen war, „Funktionsfelder" zu unterscheiden.[851] Eine spezifische historische, nichtfragmentierte und kontextbezogene Theorie für eine Historische Geographie menschlichen Verhaltens in Raum und Umwelt hat zunächst einmal vom Verhalten auszugehen. Ziel der Forschung kann aber nicht das Verhalten sein, sondern mensch- und inidividuenbezogene Raum- und Umweltparameter. Ebenso müssen Kategorien wie Region und Lokales einbezogen werden. Region darf dabei nicht lediglich einen abstrakten Begriff im Sinne eines technischen Schwellenwertes bedeuten,[852] oder einen lediglich aus heuristischen Gründen gewählten Begrenzungsraum, mit einer eher metatheoretisch beründeten a priori Hypothese über diesen Raum, wie in der

---

[848] Vgl. das Näheprinzip in der Geographie (Kapitel 4.1.1.).

[849] Vgl. die Zeitbegriffe innerhalb der Geschichtswissenschaft (Kapitel 4.3.1.).

[850] Wir würden hier den Begriff der Nachbarschaft verwenden, wäre dieser nicht schon anderweitig belegt (vgl. Kapitel 6.3.1.). Auch der Begriff der Kontiguität böte sich an, scheint uns den Sachverhalt nicht ganz zu treffen, denn er schließt Zeit als historische Zeit ein, also als Erfahrungszeit, und nicht als dynamische Zeit (vgl. ibidem). Am liebsten wäre uns die Beibehaltung des englischen Begriffs „togetherness".

[851] Vgl. hierzu Kapitel 5.2. Zum kompositionalen Ansatz vgl. Nigel THRIFT (1983).

[852] Vgl. hierzu den geographischen Regionsbegriff dargestellt in Kapitel 4.2.2.

Regionalgeschichte[853], sondern sie muß mit analytisch verwertbarem Inhalt gefüllt werden. Dieser ergibt sich, unter Anlehnung an einige unreflektierte Stärken der Kulturlandschaftsgeographie[854], durch deren kontextstiftenden Sinn, durch ihre aktive Passivität als Ort, in dem Struktur (soziale Struktur, Raumstruktur, Umwelt) und Prozeß (Verhalten, geschichtliche Zeit und Ressourcennutzung) aufeinandertreffen und Menschen und Individuen nicht innerhalb der Region, wie es die Kulturlandschaftsgeographie glaubte, sondern sozusagen durch die Region hindurchleben. Region bedeutet einen ständigen Prozeß menschlichen Verhaltens gegenüber einer Umwelt, im vorgenannten Sinn eines Konflikts ökologisch beschreibbarer Art. Er beinhaltet die Wahrnehmung und Umsetzung von Möglichkeiten und die raum-zeitliche Verteilung von Möglichkeiten, Widerständen, Anwesenheiten und Abwesenheiten. Region stellt die Möglichkeiten für alltägliche Routinen und ist selbst alltägliche Routine. Als sinnstiftende Einheit ist sie in diesem Zusammenhang von langzeit-Routinen als langzeit-Kooperationen abhängig. Das bedeutet, daß Region sinnstiftende Ressource und materiale Ressource ist und gleichzeitig ständig neu produziert wird.[855] Dieser Prozeß kann als ein ständiger Anpassungsprozeß in Form eines Fließgleichgewichts aufgefaßt werden.[856] Dann aber ist zu fragen, wann die Anpassungskapazitäten des Menschen als Naturprodukt und des Individuums erschöpft sind und in kontraproduktive Verhaltensweisen umschlagen.

Nach dem bisher gesagten können wir folgende "Schlüsselbegriffe" oder „Schlüsselbeziehungen" für eine lebensweltliche Historische Geographie anführen:

Flächennutzungskonflikte und räumliche Struktur,
Organisierung des Alltags und Organisierung des Raumes sowie
Geschichte der Umwelt und Geschichte der Kultur.

Schon hieraus wird deutlich, daß Historische Geographie für uns eine Beziehungswissenschaft darstellt. Historische Geographie kann Phänomene nicht für sich behandeln, ohne sie dem Raum zuzuordnen. Sie kann aber auch nicht Phänomene behandeln, ohne die kulturellen Folgewirkungen miteinzubeziehen.

---

[853] Vgl. hierzu Kapitel 5.3.3.

[854] Vgl. hierzu Kapitel 5.1.

[855] Vgl. hierzu die Diskussionen um die Bedeutung von Raum in der Soziologie dargestellt in Kapitel 6.1.

[856] Vgl. hierzu die Ausführungen zur Kybernetik in Kapitel 7.2.

Umwelt besteht für eine lebensweltliche Historische Geographie aus räumlichen Phänomenen, die durch kulturelle Prozesse beschrieben werden. Umwelt ist nicht die Anhäufung gegenständlicher Tatbestände, sondern Prozeßfeld kultureller Sachverhalte. Eine lebensweltliche Historische Geographie als Umweltforschung unterscheidet sich mithin von Umweltgeschichte durch zwei Kriterien:
1. Methodisch durch die Beachtung ökologischer Methodologien und
2. objektsprachlich durch die Behandlung von Umwelt als kulturellem Phänomen.

Wir sahen bei der älteren Sozialgeographie (Kap. 5.2.) und in den Versuchen von Martin BORN, „außergeographische" Faktoren des Kulturlandschaftwandels miteinzubeziehen (Kap. 7.1.3.), daß die Historische Geographie lineare Beziehungen in ihren Erklärungsmustern bevorzugt hat. Lineare Beziehungen stellen allerdings die einfachste Art der Beziehung zwischen Sachverhalten dar. Bei linearen Beziehungen verändert sich die Wirkung im gleichen Maße wie die Ursache.[857] In dem gleichen Maße, in dem der Mensch den Wald rodete, nahm dieser an Fläche ab. Zu diesen einfachen Beziehungen sind außerdem noch nichtlineare Beziehungen zu zählen: einfache nicht-lineare Beziehungen, wie exponentielle Beziehungen, und solche höherer Ordnung, wie diejenigen mit Schwankungen, Grenz- und Schwellwerten. Abgesehen vom geringen Realitätsbezug dieser Beschreibungen, werden von einfachen Beziehungen schwer begründbare oder nur offensichtlich begründbare Ursache-Wirkungsschemata repräsentiert.

Wir plädieren daher an dieser Stelle für ökologisch-kybernetische Methoden:[858]

„Die landläufig angebotene Erklärung, es handle sich um Anpassungsleistungen menschlicher Ingenieurskunst an sich weitgehend nach eigenen Gesetzmäßigkeiten wandelnde ‚Umweltbedingungen' ist nicht tragfähig. Technologische Innovationen können als bloße Reakton auf klimatische Schwankungen, Bevölkerungswachstum, Ressourcenverknappung, ‚Naturkatastrophen'usw. nicht adäquat analysiert und beschrieben werden. Vielmehr sind all diese Phänomene in kybernetischen Rückkoppelungsschleifen anzusiedeln, so daß z.B. technologischer Wandel durchaus auch als Auslöser für (scheinbar) ‚natürliche' Notlagen klimatischer, demographischer oder ökonomischlogistischer Art wirken kann, der ‚wissenschaftlich-technische Fortschritt, also den ‚Mangel'/die Notlage erst erzeugt, den/die zu beheben er vergeblich antritt."

Regelkreise mit Hilfe der historischen Dimension aufzuspüren scheint uns

---

[857] Vgl. Frederic VESTER (1976: 65f.).

[858] Vgl. hierzu besonders anschaulich Gerhard SCHAEFER (1972), Frederic VESTER (1976) und von Seiten der Geschichtsdidaktik Frank BARDELLE (1986). Hier auch das Zitat.

eine lohnenswerte Aufgabe. Eine lebensweltliche Historische Geographie hat auch den kulturellen Aspekt nicht zu vernachlässigen. Als Beispiel mag hier die Forschung in Großbritannien dienen (vgl. Kap. 2.4.). Hier wird versucht, Raum als kulturellen (Wirkungs-)Zusammenhang nachzuweisen. Analog angelsächsischer Ansätze wäre auszugehen von den Bedürfnissen des Alltags. die Organisierung des Alltags führt zu einer Organisierung des Raumes. Flächennutzungsveränderungen führen zur Veränderung der räumlichen Strukturen, zur Veränderung der Organisation des Alltags und damit zur Veränderung bzw. zur Anpassung der Kultur als Ausdruck alläglicher Verhaltensweisen. Umwelt und Alltag stellen in diesem Modell zwei Pole dar. Umweltveränderung bedeutet immer auch Veränderung von Alltag und damit Veränderung von Kultur.

Nehmen wir ein Beispiel. Eine Reihe von Arbeiten zur Umweltgeschichte haben die Veränderung von Medien zum Thema, in denen uns die Umwelt entgegentritt. Diese Medien sind in der Regel Boden, Luft und Wasser. Für eine lebensweltliche Betrachtung sind nicht allein die naturwissenschaftlich oder ingenieurwissenschaftlich meßbaren Veränderungen von Bedeutung, sondern vielmehr die Einflüsse auf die Lebensweise der Menschen und ihr Verhältnis zur Natur. So bedeutet Flußverschmutzung mehr als die Verringerung des Sauerstoffgehalts und damit Algenbildung, Absenken der Fließgeschwindigkeit usw., sondern den Verlust an Kultur, z.B. durch die Aufgabe von Flußbadeanstalten, die dann auf synthetisierte Art und Weise mit viel Aufwand an anderer Stelle errichtet werden. Abgesehen von Entfremdungserscheinungen von der Natur wird damit die Zugänglichkeit zu Natur überhaupt verringert. Alltägliche Verhaltensweisen müssen sich ändern. Die Organisierung des Alltagsraumes muß sich verändern. Ähnlich wirkte sich der Ausschluß von Natur aus unseren Städten aus. Distanzierung von Natur bedeutet Entfremdung von Natur und Organisierung von Alltag. Wir plädieren daher für die Anwendung kybernetischer Denkweisen unter Einbeziehung lebensweltlicher Aspekte in einer lebensweltlichen Historischen Geographie.

8.4. Methodische Konsequenzen des Problembereichs
8.4.1. Ein wissenschaftstheoretisch fundiertes relationales Raum-Zeit Konzept[859]

Ausgehend von der analytischen Wissenschaftstheorie müßte ein Raum-Zeit Konzept Raum und Zeit als selbstverständliche Kategorien widerlegen und davon ausgehen, daß bei der Abwesenheit von Dingen, Sachverhalten oder Objekten keine räumlichen Beziehungen und damit auch kein Raum existiert. Analog existieren ohne Wandel von Beziehungen, von Dingen, Objekten und Sachverhalten keine zeitlichen Beziehungen und damit keine Zeit, zumindest keine Zeit, die sich sinnvoll beschreiben ließe. Container Zeit-Räume und universelle Zeit-Räume müssen verworfen werden, da im ersten Fall Raum und Zeit ohne die Existenz von Dingen existieren können und im zweiten Fall Raum und Zeit als elementare Substanzen angesehen werden, welche allen Dingen immanent sind.

Demgegenüber geht die relationale Sicht davon aus, daß Zeit und Raum als Netzwerk von Beziehungen zwischen Tatsachen, also Dingen, und ihrem Wandel aufzufassen sind. Als Ergänzung wird dem relationalen Raum-Zeit Begriff, welcher kein eigenes Verständnis von Raum und Zeit besitzt, hinzugefügt, daß Raum ein Zustand möglicher Koexistenz und Zeit eine Möglichkeit der Aufeinanderfolge sind. Drei Grundbegriffe sind elementar für die modifizierte relationale Denkweise: Dinge, Eigenschaften von Dingen und Beziehungen zwischen Dingen. Raum-Zeit ist eine räumlich-zeitliche Ansammlung von Sachverhalten zusammen mit ihren Unterschieden, ihren Trennvorschriften. Realität ist „the aggregation of things holding spatiotemporal relations. Now, relations do not pre-exist their relata but hold among them. In particular spatiotemporal relations, such as ‚between' and ‚before', can be understood only in terms of the things, states, or events between which they hold."[860] Die Theorie des relationalen Raumes geht weiterhin von mehreren Axiomen aus, von denen drei besonders erwähnenswert erscheinen:

- Jedes Ding befindet sich in einem bestimmten Zustand relativ zu einem Ding der Referenz, einem Ding, an dem (es) gemessen wird, und die Zusammenstellung aller möglichen Zustände eines Dinges x wird sein nach Gesetzmäßigkeiten, Modellen und Theorien festlegbarer Zustandsraum genannt.

---

[859] Unter Anlehnung an Mario BUNGE (1977), Wolfgang STEGMÜLLER (1969), der Linearen Algebra und Funktionentheorie.

[860] Mario BUNGE (1977: 331).

- Die Entwicklung der Geschichte eines Dinges x kann repräsentiert werden durch einen Pfad innerhalb seines Zustandsraumes, seines die möglichen Zustände repräsentierenden Raumes.
- Ein Ding x wirkt auf ein anderes Ding y ein, wenn x die Geschichte von y beeinflußt.

Ein Objekt befindet sich also im Raum in einem Zustand, der durch bestimmte Variablen (Zustandsvariablen) beschreibbar ist, welche ihrerseits Bestandteile bestimmter Gesetzesaussagen, Theorien und Modellvorstellungen sind. Die Geschichte eines Objektes kann durch Änderung der Zustandsvariablen beschrieben werden. Das Objekt bewegt sich in einem Raum aller möglichen (wissenschaftlichen) Aussagen (i.S. der analytischen Wissenschaftstheorie) über dieses Objekt, bzw. innerhalb der möglichen Aussagen über die Klasse von Objekten, der es angehört. Dadurch wird es notwendig, möglichst viele (deduktive) Aussagen über eine Klasse von Objekten zu kennen, um den Zustand durch eine sinnvolle Auswahl zu beschreiben. Keine Theorie ist in der Lage, die vielfältigen Erscheinungen des Zustandes und des Wandels von Objekten allein zu beschreiben.

Der Raum, welchen ein Ding einnimmt[861] ist gleichbedeutend mit dem Umfang eines Dinges und gleich der Funktion ß, welche eine Menge von Dingen in eine Umfangsbeschreibung überführt. Hiermit sind die Aussagen gemeint, die eine Regionalisierung (Umfang = Region) von Dingen rechtfertigen. Ist der Umfang, im Sinne einer Region, einer Menge von Dingen immanent, so ist die Form der Dinge von der Referenz, also vom Beziehungsrahmen oder Betrachtungsstandpunkt abhängig. Form bezeichnet ein geometrisches Muster, welches durch das Zusammenspiel von internen Faktoren und Umwelteinflüssen gebildet wird. Obwohl sie eine abgeleitete Bedingung ist, kann die Form, wenn sie erst einmal besteht, die Aneignung und den Verlust von Eigenschaften reglementieren.

Gleichzeitig ist der Raum ständig im Wandel begriffen und wird so zu einem Zeit-Raum:[862]

„Moreover, the separations or spacings among things may alter with changes in things themselves. Hence real space is as much in flux as are things. Real space is then a dynamic structure of the collection of things. Ordinary space may be pictured as an elastic net, or fluctuating lattice, the nodes of which are things."

---

[861] Bei Wolfgang STEGMÜLLER (1969: Bd.II, Kap. Theorie und Erfahrung) Ort genannt und in der Mathematik gleichbedeutend mit Stelle. Mario BUNGE benutzt dagegen den Begriff "room".

[862] Mario BUNGE (1977: 296).

Die Zeit wird in der relationalen Konzeption in ihrer Eigenschaft als Dauer behandelt. Zeit ist zudem ein geordnetes Nacheinander von Vorher und Nachher. Die Beziehungen zwischen Vorhergehen und Ursache können folgendermaßen beschrieben werden:

Es gilt für alle Ereignisse e und e', wenn e e' verursacht, dann geht e e' voraus.

Die narrative Geschichtsschreibung und der Historismus haben den entscheidenden Fehler begangen, genau von der Umkehrung dieses Satzes auszugehen. Allein das Vorausgehen eines Ereignisses begründet noch nicht dessen verursachende Wirkung. Dieser Satz ist nicht umkehrbar. Die Dauer ist eine relative Zeit, die von dem Referenzsystem (Bezugssystem) abhängt und nur in ihrer Beziehung zu anderen Dingen behandelt werden kann. Sie bezeichnet den zeitlichen Übergang von einem Zustand innerhalb des Zustandsraumes in einen anderen, also eine Zustandsänderung in zeitlicher Dimension. Der Zustandsraum wird auf dieser letzten Stufe der Ableitung definiert als eine bestimmte Menge von Ereignissen mit bestimmter Dauer zusammen mit ihren zeiträumlichen Abständen, welche aus räumlichen und zeitlichen Abständen bestehen und gemeinsam ein Intervall einer Zustandsänderung umfassen. Entscheidend für die Wirkung eines Dinges auf ein anderes Ding ist nicht die raum-zeitliche Nähe, sondern die tatsächliche Möglichkeit der Einwirkung.

8.4.2. Eine Methode zur kontextbezogenen Prozeßanalyse

„Every concrete social action has a temporal structure embodied in the acts of remembrance and anticipation in the actor's stream of consciousness."[863]

Erinnerung und Bewußtsein sind neben ökologischen Verhaltensformen die grundlegenden Faktoren für die Bewegung im Raum und den Umgang im mit der räumlichen Umwelt. Jede Handlung verläuft wie eine Geschichte, die erzählt werden kann. Eine der unbewußten Stärken der narrativen Geschichtsschreibung ist die Annahme, daß Leben in Geschichten verläuft und daß die Ordnung der darin erzählten Ereignisse das Ergebnis bestimmen. Für ein Individuum existiert diese Ordnung, weil es nach dieser und keiner anderen, Ordnung lebt. Um die Effekte der Ordnung sichtbar zu machen, müssen Geschichten in Ereignis-

---

[863] John R. HALL (1984: 209).

se zerlegt werden. Weiterhin werden Indikatoren für konstruierte Ereignisse benötigt. Historische Disziplinen haben es, mehr als andere, mit Ereignissen zu tun. Sie analysieren die Entstehung der Gegenwart und deren Wandel in der Vergangenheit. Die Divergenzen zu den Gegenwartswissenschaften liegen in der Bevorzugung kurzfristiger Situationsanalyse gegenüber langfristiger Entwicklungsanalyse. Ereignisse werden in diesem Zusammenhang als „singuläre Vorgänge" angesehen. Die Singularität der Geschehnisse bedeutet aber nicht, daß diese nicht gesetzmäßigen, theoretischen oder modellhaften Zusammenhängen angehören können. Ereignisse sind für den Wandel von Dingen zuständig. Sie sind nicht mit der Zustandsänderung zu verwechseln. Sie geben Hinweise für Transformationspunkte des Zustands eines Dinges in einen anderen Zustand. Ereignisse sind, wie alle bisher benutzten Konzepte, Konstrukte analytischen Denkens. Was ein Ereignis ist, muß vorher festgelegt und begründet werden. Eine Schwierigkeit besteht vor allem darin, atomisierte Ereignisstrukturen zu komplexen Ereignissen zusammenzufassen. Diese Zusammenfassung beinhaltet drei wesentliche Elemente:

1. Es müssen die Ebenen der Analyse festgelegt werden, innerhalb derer stimmige, zusammenhängende Geschichten erzählt werden können. Diese Ebenen oder Maßstabsebenen können räumlich, zeitlich oder sozial festgelegt werden (Wir erinnern hier an das von uns ausführlich behandelte Maßstabsproblem, unter besonderer Berücksichtigung der mittleren Maßstabsebene und an das Problem der Rückkoppelung innerhalb kybernetisch beschriebener Prozesse).
2. Es muß ein theoretischer Rahmen festgelegt werden, mit Hilfe dessen die Mechanismen des Prozesses beschreibbar sind.
3. Die qualitative Analyse des Prozesses muß nach der Dauer der Ereignisse, nach ihrer räumlichen Verbreitung und Ausdehnung und nach ihrer Zugehörigkeit zu Bewußtseinssphären, ökologischem Verhalten, lebensweltlichpraktischem Verhalten oder technologisch-technokratischem Verhalten fragen.

Die Ebenen der Betrachtung müssen sozial effektiv sein, das heißt sie müssen so ausgelegt sein, daß signifikante Effekte zuordbar sind. Diese Forderung wird in der Regel am besten auf der lokalen Ebene erreicht. Geschehnisse können von Ereignissen aus ganz unterschiedlichen Ebenen beeinflußt sein. Hier ist es entscheidend, herauszufinden wie Ereignis und Geschehnis interagieren. Aus dem Unterschied zwischen Geschehnis und Ereignis resultiert ein Meßproblem, da hier Überschneidungen auftreten können. Ereignisse können als kontinuierliche Kurven einer Ereignisdauer dargestellt werden, welche die Intensität der Aktivitäten angibt. Es stellt sich daraufhin die Frage, durch welche Parameter diese Kurve oder diese Kurven geordnet werden können. Schließlich müssen die Intensität der Ereignisse und die Intensität des Geschehnisses in Einklang gebracht werden.

Prozeßanalyse eines Geschehnisses als ein formaler Vorgang beginnt mit der Isolierung der Betrachtungsebenen und der Subjekte innerhalb dieser Ebenen. Daraufhin wird eine abstrakte Geschichte konstruiert, welche die Geschichten auf jeder Ebene erzählt und sie durch vorliegende Intentionen und Determinanten verbindet. Schließlich bezieht sie sich auf die Qualitäten der Ereignisse, auf ihre Dauer und ihre räumlichen Eigenschaften. Das so zusammengestellte Geschehnis muß in sich schlüssig sein, das heißt es müssen die Ereignisse einen eindeutigen Bezug zueinander aufweisen, der verschiedene Gesichtspunkte nicht miteinander vermengt oder wenn, diese eindeutig aufeinander bezieht.

LITERATURVERZEICHNIS

ABBOTT, Andrew
"Event sequence and event duration: colligation and measurement," Historical Methods 17 (1984) 4: 192-204.

ALBRECHT, Günter
"Theorien der Raumbezogenheit sozialer Probleme," Laszlo A. VASKOVICS (Hg.), Raumbezogenheit sozialer Probleme (Opladen 1982. Beiträge zur sozialwissenschaftlichen Forschung 35) 19-57.

ALBRECHT, Richard
"Geschichte als Alltag. Zwischenbericht über die Mühen der Ebenen," Zeitschrift für Volkskunde 79 (1983): 85-103.

AMEDEO, Douglas und Reginald GOLLEDGE
An introduction to scientific reasoning in geography (New York et al. 1975).

AMSDEN, Jon
"Historians and the spatial imagination," Radical History Review (1979) 21: 11-30.

ANDREAE, Bernd
Allgemeine Agrargeographie (Berlin und New York 1985).

ARBEITSGRUPPE des Projekts "Regionale Sozialgeschichte"
"Neue Regionalgeschichte: Linke Heimattümelei oder kritische Gesellschaftsanalyse? Tendenzen einer neuen Regionalgeschichte," Das Argument (1981) 126: 239-252.

ATTESLANDER, Peter und Bernd HAMM (Hgg.)
Materialien zur Siedlungssoziologie (Köln 1974).

AUBIN, Hermann
"Aufgaben und Wege der geschichtlichen Landeskunde," Ludwig PETRY und Franz PETRI (Hgg.), Hermann Aubin, Grundlagen und Perspektiven geschichtlicher Kulturraumforschung und Kulturmorphologie (Bonn 1965=1925) 17-26.

"Methodische Probleme historischer Kartographie," Ibidem (Bonn 1965=1929) 27-39.

"Gemeinsam Erstrebtes. Umrisse eines Rechenschaftsberichtes," Ibidem (Bonn 1965=1952) 100-124.

-----, Theodor FRINGS und Josef MÜLLER
Kulturströmungen und Kulturprovinzen in den Rheinlanden. Geschichte, Sprache, Volkskunde (Bonn 1926).

BACHMANN, Hans
"Aufgaben der genetischen Siedlungsforschung in Mitteleuropa aus der Sicht der Siedlungsgeschichte," Zeitschrift für Archäologie des Mittelalters 3 (1975): 74-76.

BAHRENBERG, Gerhard
"Räumliche Betrachtungsweise und Forschungsziele der Geographie," Geographische Zeitschrift 60 (1972) 1: 8-24.

"Anmerkungen zu E. Wirths vergeblichem Versuch einer wissenschaftstheoretischen Begründung der Länderkunde," Geographische Zeitschrift 67 (1979) 2: 147-157.

BAILLY, A(ntoine S.) und H(ubert) BEGUIN
Introduction a la geographie humaine (Paris et al. 1982).

----- und Jean-Bernard RACINE
"Espaces et societes: les lecons d'un cheminement au sein de la sociologie nouvelle," L'Espace Geographique (1981) 3: 233-236.

BAKER, Alan R.H.
"A note on the retrogressive and retrospective approaches in Historical Geography," Erdkunde 22 (1968): 244-245.

BAKER, Alan R.H.
"Rethinking Historical Geography," IDEM (ed.), Progress in Historical Geography (Newton Abbot 1972) 11-28.

"A cliometric note on the citation structure of Historical Geography," The Professional Geographer 25 (1973) 4: 347-349.

Historical geography and geographical change (Basingstoke und London 1975).

"Historical Geography: a new beginning?" Progress in Human Geography 3 (1979) 4: 560-570.

"An historico-geographical perspective on time and space and on period and place," Progress in Human Geography 5 (1981) 3: 439-443.

"Reflections on the relations of historical geography and the Annales school of history," IDEM und Derek GREGORY (eds.), Explorations in historical geography. Interpretative essays (Cambridge 1984. Cambridge studies in historical geography 5) 1-27.

"Maps, models and marxism: methodological mutation in British historical geography," L'Espace Geographique 15 (1985) 1: 9-15.

BAKER, Alan R.H. und Derek GREGORY
„Some terrae incognitae in historical geography: an exploratory discussion," Alan R.H. BAKER und Derek GREGORY (eds.), Explorations in Historical Geography. Interpretative essays (Cambridge 1984) 180-194.

BALTZAREK, Franz
„Regional- und Stadtgeschichte im Spannungsfeld zwischen traditioneller Landeskunde und Sozial- und Wirtschaftswissenschaften," Studien zur Wiener Geschichte (Wien 1978. Jahrbuch des Vereins für Geschichte der Stadt Wien 34) 438-459.

BANIK-SCHWEITZER, Renate
„Moderne Regional- und Stadtgeschichtsforschung in Österreich," Informationen zur modernen Stadtgeschichte (1986) 1: 16-18.

BARDELLE, Frank
„Umwelt bekommt Geschichte," Geschichte, Politik und ihre Didaktik 14 (1986) 3/4: 167-172.

BARDO, John W. und John J. HARTMAN
Urban Sociology. A systematic introduction (Wichita 1982).

BARG, M.A. und E.B. CERNJAK
„Die Region als Kategorie der inneren Typologie klassenantagonistischer Gesellschaftsformationen," Theorie und Geschichte (Frankfurt a.M. 1980. Theorie und Methode 5) 56-78.

BARTELS, Dietrich
Zur wissenschaftstheoretischen Grundlegung einer Geographie des Menschen (Wiesbaden 1968. Erdkundliches Wissen 19).

„Einleitung," IDEM (Hg.), Wirtschafts- und Sozialgeographie (Köln und Berlin 1970. Neue Wissenschaftliche Bibliothek, Wirtschaftswissenschaften 35) 13-45.

„Schwierigkeiten mit dem Raumbegriff in der Geographie," Geographica Helvetica, Beiheft zu Nr.2/3 (1974): 7-21.

„Die konservative Umarmung der ‚Revolution'. Zu Eugen Wirths Versuch in ‚Theoretischer Geographie'," Geographische Zeitschrift 68 (1980) 2: 121-131.

„Wirtschafts- und Sozialgeographie," Handwörterbuch der Wirtschaftswissenschaften, 23. Lieferung (Stuttgart 1980) 44-55.

„Geography: paradigmatic change or functional recovery? A view from West Germany," Peter GOULD und Gunnar OLSSON (eds.), A search for common ground (London 1982) 24-33.

BARTOS, Josef
"Methodologische und methodische Probleme der Regionalgeschichte," Jahrbuch für Regionalgeschichte (1981) 8: 7-17.

BASSAND, Michel
"Quelques brèves remarques pour une approche interdisciplinaire de l'espace," L'Espace Géographique 9 (1980): 299-301.

BAUMGARTNER, Hans Michael
Kontinuität und Geschichte. Zur Kritik und Meta-Kritik der historischen Vernunft (Frankfurt a.M. 1972).

BECHMANN, Arnim
Grundlagen der Planungstheorie und Planungsmethodik: eine Darstellung mit Beispielen aus dem Arbeitsfeld der Landschaftsplanung (Bern und Stuttgart 1981).

BECK, Günther
Zur Kritik der bürgerlichen Industriegeographie (Göttingen 1973. Geographische Hochschulmanuskripte 1).

BECKER, Oskar
Grundlagen der Mathematik in geschichtlicher Entwicklung (Freiburg und München 1954).

BEEKMANN, Anton Albert
"Geschiedkundige aardrijkskunde," Tijdschrift K.N.A.G. 29 (1912): 421-429.

BEGUIN, Hubert und Jacques-Francois THISSE
"An axiomatic approach to geographical space," Geographical Analysis 11 (1979): 325-341.

BELLMANN, D(ieter) et al.
"'Provinz' als politisches Problem," Kursbuch (1975) 39: 81-127.

BENDIX, R.
"Modernisierung in internationaler Perspektive," Wolfgang ZAPF (Hg.), Theorien des sozialen Wandels (Köln 1971. Neue Wissenschaftliche Bibliothek 31) 505-512.

BENTHIEN, Bruno und Wilfried STRENZ (Hgg.)
Beiträge der Historischen Geographie und der Geographischen Wirtschaftsgeschichte in der Deutschen Demokratischen Republik (Gotha und Leipzig 1970. Wissenschaftliche Abhandlungen der Geographischen Gesellschaft der Deutschen Demokratischen Republik 8).

BERMBACH, Udo
"Organisierter Kapitalismus. Zur Diskussion eines historisch-systematischen Modells," Geschichte und Gesellschaft 2 (1976): 264-273.

BIRKENHAUER, Josef
"Die Daseingrundfunktionen und die Frage einer 'curricularen Plattform' für das Schulfach Geographie," Geographische Rundschau 26 (1974): 499-503.

BLASCHKE, Jochen (Red.)
Perspektiven des Weltsystems. Materialien zu Immanuel Wallerstein „Der moderne Weltsystem" (Frankfurt a.M. 1982).

BLASCHKE, Karlheinz
„Rezension von Kurt Junghanns, Die deutsche Stadt im Frühfeudalismus," Jahrbuch für Regionalgeschichte (1968) 3: 252-255.

„Die Periodisierung der Landesgeschichte," Blätter für deutsche Landesgeschichte 106 (1970): 76-93.

„Probleme um Begriffe - Beobachtungen aus der Deutschen Demokratischen Republik zum Thema ,Regionalgeschichte'," Informationen zur modernen Stadtgeschichte (1986) 1: 10-15.

BLAUT, J.M.
„Space and process," The Professional Geographer 13 (1961) 4: 1-7.

BOBEK, Hans
„Die Hauptstufen der Gesellschafts- und Wirtschaftsentwicklung aus geographischer Sicht," Die Erde 90 (1959) 3: 259-298.

„Stellung und Bedeutung der Sozialgeographie," Werner STORKEBAUM (ed.), Sozialgeographie (Darmstadt 1969 = 1948. Wege der Forschung 59) 44-62.

BOCH, Rudolf
Handwerker-Sozialisten gegen Fabrikgesellschaft: lokale Fachvereine, Massengesellschaft und industrielle Rationalisierung in Solingen 1870-1914 (Göttingen. Kritische Studien zur Geschichtswissenschaft 67).

BÖHME, Gernot und Wolfgang van DAELE
„Erfahrung als Programm - Über Strukturen vorparadigmatischer Wissenschaft," DIESELBEN und Wolfgang KROHN, Experimentelle Philosophie. Ursprünge autonomer Wissenschaftsentwicklung (Frankfurt a.M.1977) 183-236.

BOGUE, Allan G.
„Editor's introduction," IDEM (ed.), Emerging theoretical models in social and political history (Beverly Hills und London 1973) 7-11.

BORGER, G.J.
Het Werkterrein van de Historische Geografie (Assen 1981).

BORN, Martin
Die Entwicklung der deutschen Agrarlandschaft (Darmstadt 1974. Erträge der Forschung 29).

Die Genese der Siedlungsformen in Mitteleuropa (Stuttgart 1977. Geographie der ländlichen Siedlungen 1).

BORN, Martin
"Die ländlichen Siedlungsformen in Mitteleuropa: Forschungsstand und Aufgaben," Klaus FEHN (Hg.), Siedlungsgenese und Kulturlandschaftsentwicklung in Mitteleuropa. Gesammelte Beiträge von Martin Born (Wiesbaden 1980=1969. Erdkundliches Wissen 53) 202-213.

BOROWSKY, Peter, Barbara VOGEL und Heide WUNDER
Einführung in die Geschichtswissenschaft, Band I, Grundprobleme, Arbeitsorganisation, Hilfsmittel (3. Auflage, Opladen 1978. Studienbücher moderne Geschichte 1).

Einführung in die Geschichtswissenschaft, Band II, Materialien zu Theorie und Methode (2. Auflage, Opladen 1980. Studienbücher moderne Geschichte 2).

BORSCHEID, Peter
Textilarbeiterschaft in der Industrialisierung. Soziale Lage und Mobilität in Württemberg (19. Jh.) (Stuttgart 1978. Industrielle Welt 25).

BOSL, Karl und Eberhard WEIS
Die Gesellschaft in Deutschland, Band 1 (Von der fränkischen Zeit bis 1848) (München 1976).

BOYD, Lawrence H. und Gudmund IVERSON
Contextual Analysis: concepts and statistical techniques (Belmont, Cal. 1979).

BOYER, Jean-Claude
„Formes traditionelles et formes nouvelles de la géographie historique: leur place dans la recherche en géographie," Bulletin de la section de géographie 1975-1977, (1978) 82: 55-63.

BRANDT, A(hasver) von
Werkzeug des Historikers. Eine Einführung in die historischen Hilfswissenschaften (9. Aufl., Stuttgart et al. 1980).

BRANDSTETTER, Gerfried
„Regional- und Heimatgeschichte im Unterricht. Anmerkungen zur Methodik und Didaktik," Zeitgeschichte 11 (1983/84): 19-26.

BRAUDEL, Fernand
La Méditerranée et le Monde méditerranéen a l'époque de Philippe II (Paris 1949).

„Histoire et sciences sociales. La longue durée," Annales E.S.C. 13 (1958): 725-753.

Civilisation materielle, économie et capitalisme, XVe-XVIIIe siècle, 3 Bände (Paris 1969 und 1979).

BRAUN, Gerhard
„Komplexes Faktorensystem räumlicher und zeitlicher Bewegungen," IDEM (Hg.), Räumliche und zeitliche Bewegungen. Methodische und regionale Beiträge zur Erfassung komplexer Räume (Würzburg 1972. Würzburger geographische Arbeiten 37) 1-28.

BRAUN, Gustav
„Geographie als Wissenschaft," Ernst WINKLER (Hg.), Probleme der Allgemeinen Geographie (Darmstadt 1975 = 1919. Wege der Forschung 290) 65-76.

BROEK, Jan O.M.
„The relations between History and Geography," Pacific Historical Review 10 (1941): 321-325.

BROSCH, Franz
„Siedlungsgeschichte des Waxenbergischen Amtes Leonfelden," Jahrbuch des Oberösterreichischen Musealvereins 84 (1932): 215-308.

BRÜGGEMEIER, Franz
„Soziale Vagabundage oder revolutionärer Heros? Zur Sozialgeschichte der Ruhrbergarbeiter 1880-1920," Lutz NIETHAMMER (Hg.), Lebenserfahrung und kollektives Gedächtnis. Die Praxis der „Oral History" (Frankfurt a.M. 1980) 193-213.

BRUIJNE, G.A. de, G.A. HOEKVELD und P.A. SCHAT
Op zoek naar een geografisch wereldbeeld (2. Aufl., Bussum 1973. Geografische Verkenningen 1).

BRUNET, Roger
„Spatial systems and structures. A model and a case study," Geoforum 6 (1975): 95-103.

„La composition des modeles dans l'analyse spatiale," L'Espace Geographique 9 (1980) 4: 253-265.

BRUNNER, Otto
Neue Wege der Verfassungs- und Sozialgeschichte (2., vermehrte Auflage, Göttingen 1968).

BUCHER, August Leopold
Betrachtungen über die Geographie und über ihr Verhältnis zur Geschichte und Statistik (Leipzig 1812).

BUCHHOLZ, Ernst Wolfgang
„Soziologische Bemerkungen zum Thema: ‚Die Ansprüche der modernen Industriegesellschaft an den Raum'," Veröffentlichungen der Akademie für Raumforschung und Landesplanung, Forschungs- und Sitzngsberichte 74, Raum und Natur 2 (Hannover 1972) 81-156.

BÜDEL, Julius
„Die Abgrenzung von Kulturlandschaften auf verschiedenen Wirtschaftsstufen," Herbert LOUIS und Wolfgang PANZER (Hgg.), Länderkundliche Forschung, Festschrift für Norbert Krebs zum 60. Geburtstag (Stuttgart 1936) 25-51.

BÜHL, Walter L.
Theorien sozialer Konflikte (Darmstadt 1976. Erträge der Forschung 53).

BÜLOW, Friedrich
„Gesellschaft," Wilhelm BERNSDORF (Hg.), Wörterbuch der Soziologie (Stuttgart 1969) 355-358.

BUNGE, Mario (Augusto)
Scientific Research, 2 Bände (New York 1967).

The furniture of the world (Dordrecht und Boston 1977. Ontology 1. Treatise on basic philosophy 3).

A world of systems (Dordrecht, Boston und London 1979. Ontology 2. Treatise on basic philosophy 4).

Scientific materialism (Dordrecht 1981. Episteme 9).

Epistemologie: aktuelle Fragen der Wissenschaftstheorie (Mannheim, Wien und Zürich 1983).

BUNGE, William
Theoretical Geography (Lund 1962. Lund studies in geography, ser. C, general and mathematical geography 1).

BUTLIN, R.A.
„Developments in historical geography in Britain in the 1970s," Alan R.H. BAKER, und Mark Billinge (eds.), Period and place. Research methods in historical geography (Cambridge 1982. Cambridge Studies in Historical Geography 1) 10-16.

BUTTIMER, Anne
Society and milieu in the french geographic tradition (Chicago 1970).

„Grasping the dynamism of lifeworld," Annals of the Association of American Geographers 66 (1976) 2: 277-292.

Ideal und Wirklichkeit in der Angewandten Geographie (Regensburg 1984. Münchner Geographische Hefte 51).

BUTZER, Karl W.
„Cultural perspectives on geographical space," IDEM (ed.), Dimensions of human geography. Essays on some familiar and neglected themes (Chicago 1978. University of Chicago, Department of Geography, research paper 186) 1-14.

BUTZER, Karl W.
"Kulturanpassung: Eine Methode zur zeitlichen Untersuchung menschlicher Ökosysteme," Geographische Zeitschrift 70 (1982) 4: 261-272.

CAPEL, Horarcio
Filosofia y ciencia en la geografia contemporanea (Barcelona 1981).

CARLSTEIN, Tommy
Time resources, society and ecology. On the capacity for human interaction in space and time in preindustrial societies (Lund 1982. Lund Studies in Geography, Ser. B. Human Geography 49).

----- und Nigel J. THRIFT
"Afterword: Towards a time-space structured approach to society and environment," DIESELBEN und Don PARKES (eds.), Human activity and time geography (London 1978. Timing space and spacing time 2) 225-263.

CARUSO, Douglas und Risa PALM
"Social space and social place," The Professional Geographer 25 (1973) 3: 221-225.

CHAUNU, Pierre
"L'Histoire Géographique," Revue de l'enseignement superieur (1969) 44/45: 67-78.

CLARK, Andrew H.
"Geographical change: a theme for economic history," Journal of Economic History 20 (1960): 607-616.

CLAVAL, Paul
"Les économistes, les sociologues et les études regionales," IDEM und Etienne JUILLARD (eds.), Region et regionalisation dans la géographie française et dans d'autres sciences sociales. Bibliographie analytique (Paris 1967) 21-29.

"Géographie historique," Annales de Géographie 110 (1981): 669-671.

"Les langages de la géographie et le role du discours dans son évolution," Annales de Géographie 113 (1984): 409-422.

CLIFF, Andrew, Allan FREY und Peter HAGGETT
Locational Analysis in Human Geography (2.Auflage, London 1977).

CLOUT, Hugh D.
"The practise of historical geography in France," IDEM (ed.), Themes in historical geography of France (London, New York und San Francisco 1977) 1-19.

COLEMAN, James S.
"Multidimensional scale analysis," The American Journal of Sociology 63 (1957) 3: 253-263.

CONZE, Werner
„Sozialgeschichte," Hans-Ulrich WEHLER (Hg.), Moderne deutsche Sozialgeschichte (Köln 1973. Neue Wissenschaftliche Bibliothek 10) 19-26.

„Die deutsche Geschichtswissenschaft seit 1945. Bedingungen und Ergebnisse," Historische Zeitschrift (1977) 225: 1-28.

COOK, Edward M.
„Geography and History: spatial approaches to early american history," Historical Methods 13 (1980) 1: 19-28.

COSGROVE, Denis
„Rezension von Leonard GUELKE, Historical understanding in Geography: An idealist approach," Landscape history 5 (1983): 100-101.

CREUTZBURG, Nikolaus
„Über den Werdegang von Kulturlandschaften," Zeitschrift der Gesellschaft für Erdkunde zu Berlin, Sonderband zur Hundertjahrfeier der Gesellschaft, herausgegeben von Albrecht Haushofer (Berlin 1928) 412-425.
CZIHAK, G., H. LANGER und H. ZIEGLER (Hgg.)
Biologie. Ein Lehrbuch (2., verb. u. erw. Aufl., Berlin, Heidelberg und New York 1978).

CZOK, Karl
„Zu den Entwicklungsetappen der marxistischen Regionalgeschichtsforschung in der DDR," Jahrbuch für Regionalgeschichte 1 (1965): 9-24.

DALY, M.T.
Techniques and concepts in geography: a review (Melbourne et al. 1972).

DANN, Otto
„Die Region als Gegenstand der Geschichtswissenschaft," Archiv für Sozialgeschichte 23 (1983): 652-661.

DARBY, Hugh C.
„On the relations of geography and history," Transactions and papers of the Institute of British Geographers 19 (1953): 1-11.

DE PLANHOL, Xavier
„Historical Geography in France," Alan R.H. BAKER (ed.), Progress in Historical Geography (Newton Abbot 1972) 29-44.

DENNIS, Richard
„Rethinking historical geography," Progress in Human Geography 8 (1983) 4: 587-594.

„Historical Geography: theory and progress," Progress in Human Geography 8 (1984) 4: 536-543.

DIRNINGER, Christian
"Regionale Wirtschafts- und Sozialgeschichte," Zeitgeschichte 8 (1980/81): 332-346.

DÖRNER, Dietrich
"Modellbildung und Simulation," Erwin ROTH (Hg.), Sozialwissenschaftliche Methode: Lehr- und Handbuch für Forschung und Praxis (München und Wien 1984) 337-350.

DOLLFUS, Olivier
L'espace géographique (Paris 1970. Que sais-je 1390).

DROEGE, Georg
"Aufgaben und Bedeutung des Instituts für Geschichtliche Landeskunde der Rheinlande an der Universität Bonn," Rheinisches Jahrbuch 1 (1956): 126-131.

DROYSEN, Johann Gustav
Historik. Historisch-kritische Ausgabe von Peter LEYH, Band 1, Rekonstruktion der ersten vollständigen Fassung der Vorlesungen (1857). Grundriß der Historik in der ersten handschriftlichen (1857/58) und in der letzten gedruckten Fassung (1882) (Stuttgart und Bad Cannstatt 1977).

DÜRR, Heiner
Boden- und Sozialgeographie der Gemeinden um Jesteburg/Nördliche Lüneburger Heide. Ein Beitrag zur Methodik einer planungsorientierten Landesaufnahme in topologischer Dimension (Hamburg 1971. Hamburger Geographische Studien 26).

"Empirische Untersuchungen zum Problem der sozialgeographischen Gruppe: der aktionsräumliche Aspekt," Münchner Studien zur Sozial- und Wirtschaftsgeographie (1972) 8: 71-82.

DÜWELL, Kurt
"Die regionale Geschichte des NS-Staates zwischen Mikro- und Makroanalyse. Forschungsaufgaben zur ,Praxis im kleinen Bereich'," Jahrbuch für Westdeutsche Landesgeschichte 9 (1983): 287-344.

DUNBAR, G.S.
"Geosophy, Geohistory and Historical Geography. A study in terminology," Historical Geography Newsletter 10 (1980) 2: 1-8.

DUNFORD, Michael und Diane PERRONS
The arena of capital (London und Basingstoke 1983).

"EDITORs' introduction,"
Radical History Review (1979) 21: 3-9.

EHALT, Hubert Ch.
",Geschichte von unten'. Zwischen Wissenschaft, politischer Bildung und politischer Aktivierung," Beiträge zur historischen Sozialkunde (1984) 1: 32-36.

EHRENBERG, Ralph E. (ed.)
Pattern and Process. Research in historical geography (Washington 1975. National Archives Conferences 9).

EISEL, Ulrich
Die Entwicklung der Anthropogeographie von einer „Raumwissenschaft" zur Gesellschaftswissenschaft (Kassel 1980. Urbs et Regio 17).

ELIAS, Norbert
„Zum Begriff des Alltags," Kurt HAMMERICH und Michael KLEIN (Hgg.), Materialien zur Soziologie des Alltags (Opladen 1978. Kölner Zeitschrift für Soziologie und Sozialpsychologie, Sonderheft 20) 22-29.

Was ist Soziologie? (4. Aufl., München 1981. Grundfragen der Soziologie 1).

EMMERICH, Werner
„Stand und Aufgaben der siedlungskundlichen Erforschung des östlichen Oberfranken," Archiv für die Geschichte von Oberfranken 35 (1951) 3: 1-37 und 36 (1952) 1: 33-81.

„Siedlungsformen als Geschichtsquelle, erläutert an Beispielen aus den oberen Main- und Naablanden," Jahrbuch für fränkische Landesforschung 23 (1963): 67-106.

ENGELS, Friedrich
„Dialektik der Natur," Marx-Engels Werke 20 (Berlin 1966) 305-570.

ENNEN, Edith
„Hermann Aubin und die Geschichtliche Landeskunde der Rheinlande," Rheinische Vierteljahrsblätter 34 (1970) 1: 9-42.

„Diskussionsbeitrag zum Aufsatz von C. Haase," Blätter für deutsche Landesgeschichte 107 (1971): 22-30.

ERBE, Michael
Zur neueren französischen Sozialgeschichtsforschung. Die Gruppe um die „Annales" (Darmstadt 1979. Erträge der Forschung 110).

ERNST, Joseph A. und H. Roy MERRENS
„Praxis and theory in the writing of American historical geography," Journal of Historical Geography 4 (1978) 3: 277-290.

ESENWEIN-ROTHE, Ingeborg
Methoden der Wirtschaftsstatistik, 2 Bände (Göttingen 1976).

FABER, Erwin und Immanuel GEISS
Arbeitsbuch zum Geschichtsstudium: Einführung in die Praxis wissenschaftlichen Arbeitens (Heidelberg 1983).

FABER, Karl-Georg
"Was ist eine Geschichtslandschaft," Festschrift für Ludwig Petry, Teil 1 (Wiesbaden 1968. Geschichtliche Landeskunde 5) 1-23.

Theorie der Geschichtswissenschaft (München 1971).

"Zum Stand der Geschichtstheorie in der Bundesrepublik Deutschland," Jahrbuch der historischen Forschung in der Bundesrepublik Deutschland 1976/77: 13-28.

"Geschichtslandschaft - Region historique - Section in History. Ein Beitrag zur vergleichenden Wissenschaftsgeschichte," Saeculum 30 (1979): 4-21.

"Zur Geschichte und Funktion der Landschaft zwischen Staat und Regionalismus," Jahrbuch der Gesellschaft für Bildende Kunst und Vaterländische Altertümer zu Emden 60 (1980): 5-19.

----- und Christian MEIER
"Vorwort," Dieselben (Hgg.), Historische Prozesse (München 1978. Beiträge zur Historik 2) 7-9.

FEBVRE, Lucien
La Térre et l'évolution humaine. Introduction géographique à l' histoire (Paris 1970 = 1922).

FEHN, Klaus
"Die Bayerische Siedlungsgeschichte nach 1945. Quellen und Methoden-Hauptergebnisse - Bibliographie," Zeitschrift für bayerische Landesgeschichte 28 (1965): 652-676.

"Zum wissenschaftstheoretischen Standort der Kulturlandschaftsgeschichte," Mitteilungen der Geographischen Gesellschaft in München 56 (1971): 95-104.

"Aufgaben der Genetischen Siedlungsforschung in Mitteleuropa. Bericht über die 1. Arbeitstagung des Arbeitskreises für Genetische Siedlungsforschung in Mitteleuropa vom 1. bis 2. November 1974 in Bonn," Zeitschrift für Archäologie des Mittelalters 3 (1975): 69-94.

"Stand und Aufgaben der Historischen Geographie," Blätter für deutsche Landesgeschichte 111 (1975). 31-53.

"Historische Geographie. Eigenständige Wissenschaft oder Teilwissenschaft der Gesamtgeographie," Mitteilungen der Geographischen Gesellschaft in München 61 (1976): 35-51.

FEHN, Klaus
„Zukunftsperspektiven einer ‚historisch-geographischen' Landeskunde. Mit einem wissenschaftsgeschichtlichen Rückblick 1882 - 1981," Berichte zur deutschen Landeskunde 56 (1982a) 1: 113-131.

„Die Historische Geographie in Deutschland nach 1945," Erdkunde 36 (1982b) 2: 65-71.

„Historische Geographie," International geographical glossary, herausgegeben im Auftrag des Zentralverbandes der Deutschen Geographen von Emil MEYNEN, Deutsche Ausgabe (Stuttgart 1985) 378-379.

„Historische Geographie," Carl-Hans Hauptmeyer (Hg.), Landesgeschichte heute (Göttingen 1987. Kleine Vandenhoeck-Reihe; 1522) 55-76.

FILIPP, Karlheinz
Geographie in historisch-politischem Zusammenhang. Aspekte und Materialien zum geographischen Gesellschaftsbezug (Darmstadt 1975).

„Ziele und Wege der deutschen genetischen Siedlungsgeographie. Eine wissenschaftsdidaktische Betrachtung," Charles CHRISTIANS und Jacqueline CLAUDE (eds.), Recherches de Geographie Rurale. Hommage au Professeur Frans Dussart, Band 1 (Liege 1979) 3-20.

FISCHER, Manfred M.
„Zur Entwicklung der Raumtypisierungs- und Regionalisierungsverfahren in der Geographie," Mitteilungen der österreichischen geographischen Gesellschaft 124 (1982): 5-27.

FLEISCHER, Helmut
Marxismus und Geschichte (6. Aufl., Frankfurt 1977).

„Zur Analytik des Geschichtsprozesses bei Marx," Karl-Georg FABER und Christian MEIER (Hgg.), Historische Prozesse (München 1978. Beiträge zur Historik 2) 157-185.

FLIEDNER, Dietrich
„Zyklonale Tendenzen bei Bevölkerungs- und Verkehrsbewegungen in städtischen Bereichen untersucht am Beispiel der Städte Göttingen, München und Osnabrück," Neues Archiv für Niedersachsen 10 (1962) 4: 277-294.

„Räumliche Wirkungsprinzipien als Regulative strukturverändernder landschaftsgestaltender Prozesse," Geographische Zeitschrift 62 (1974) 1: 12-28.

„Der Prozess - ein zentraler Begriff der Historischen Geographie," Verhandlungen des deutschen Geographentages, Band 42 (1979): 389-391.

FLIEDNER, Dietrich
„Geosystemforschung und menschliches Verhalten," Geographische Zeitschrift 67 (1979) 1: 29-42.

Physical Space and Prcess Theory. Some Theoretical Considerations from an Historical Geographic Viewpoint (Saarbrücken 1980. Arbeiten aus dem Geographischen Institut der Universität des Saarlandes, Sonderheft 3).

„Zum Problem des vierdimensionalen Raumes. Eine theoretische Betrachtung aus historisch-geographischer Sicht," Philosophia Naturalis 18 (1980): 388-412.

Society in Space and Time. An Attempt to Provide a Theoretical Foundation from an Historical Geographic Point of View (Saarbrücken 1981. Arbeiten aus dem Geographischen Institut der Universität des Saarlandes 31).

Umrisse einer Theorie des Raumes: Eine Untersuchung aus historisch-geographischem Blickwinkel (Saarbrücken 1984. Arbeiten aus dem Geographischen Institut der Universität des Saarlandes 34).

„Prozess-Sequenzen und Musterbildung," Erdkunde 41 (1987): 106-117.

„Raum, Zeit und Umwelt. Eine theoretische Betrachtung aus anthropogeographischer Sicht," Geographische Zeitschrift 75 (1987) 2: 72-85.

FLORA, Peter
Modernisierungsforschung. Zum empirischen Analyse des gesellschaftlichen Entwicklung (Opladen 1974. Studien zur Sozialwissenschaft 20).

Indikatoren der Modernisierung. Ein historisches Datenhandbuch (Opladen 1975. Studien zur Sozialwissenschaft 27).

FÖRST, Walter (Hg.)
Raum und Politik (Köln und Berlin 1977. Beiträge zur neueren Landesgeschichte des Rheinlandes und Westfalens 6).

FÖRSTER, Horst
Nordböhmen. Raumbewertungen und Kulturlandschaftsprozesse 1918 - 1970 (Paderborn 1978. Bochumer Geographische Arbeiten 11).

FORNDRAN, Erhard (Hg.)
Studiengang Sozialwissenschaften: Zur Definition eines Faches (Düsseldorf 1978. Geschichte und Sozialwissenschaften 1).

FOUCHER, Michel
„L'inégal développement de la géographie dans le monde. Pour une géographie de la géographie et une économie de la cartographie," Herodote (1981) 24: 7-50.

FRAZIER, John W.
"Pragmatism: Geography and the real world," Milton E. HARVEY und Brian P. HOLLY (eds.), Themes in geographic thought (London 1981) 61-72.

FREEDMAN, Daniel Z. und Peter van NIEUWENHUIZEN
"Die verborgene Dimension der Raumzeit," Spektrum der Wissenschaft (1985): 78-86.

FREI, Alfred Georg
"Alltag - Region - Politik. Anmerkungen zur ‚neuen Geschichtsbewegung'," Geschichtsdidaktik (1984) 2: 107-120.

FREISITZER, Kurt
Soziologische Elemente in der Raumordnung. Zum Anwendungsbereich der empirischen Sozialforschung in Raumordnung, Raumforschung und Raumplanung (Graz 1965. Grazer rechts- und staatswissenschaftliche Studien 14).

FRIED, Pankraz
"Einleitung," IDEM (Hg.), Probleme und Methoden der Landesgeschichte (Darmstadt 1978. Wege der Forschung 492) 1-12.

FRIEDRICHS, Jürgen
Stadtanalyse. Soziale und räumliche Organisation der Gesellschaft (2. Aufl., Opladen 1981).

FRITSCH, Alfred (Lektor)
Kaufmännische Betriebslehre (11. Aufl., Wuppertal 1971).

FÜRSTENBERG, M.
"Versuch einer erkenntnistheoretischen Analyse sozialgeographischer Methoden," Geografiker (1970) 4: 34-47.

FULLY, Anthony M.
"Linkages between social and spatial systems - the case of farmer mobility in northern Italy," Sociologia Ruralis 23 (1983): 119-124.

GÄFKEN, Gerard
"Wirtschaftswissenschaft," Manfred TIMMERMANN (Hg.), Sozialwissenschaften. Eine multidisziplinäre Einführung (Konstanz o.J., ca. 1977) 9-34.

GEERTZ, Clifford
Dichte Beschreibung. Beiträge zum Verstehen kultureller Systeme (Frankfurt a.M. 1983).

GEIPEL, Robert
"The landscape indicators school in german geography," David LEY und Marwyn S. SAMUELS (eds.), Humanistic Geography. Prospects and problems (London 1978) 155-172.

"Alltagswissenschaftliche Forschungsansätze in der Geographie," Analyse und Interpretation der Alltagswelt. Lebensweltforschung und ihre Bedeutung für die Geographie (Bergisch Gladbach 1985. Bensberger Protokolle 45) 183-218.

GEORGE, Pierre
Precis de géographie économique (Paris 1964).

Sociologie et géographie (Paris 1966).

Dictionnaire de la géographie (Paris 1970).

----- et al.
Géographie active (Paris 1964).

GEORGE, Siegfried
Sozialwissenschaftliches Fachpraktikum. Ein didaktisches Konzept zur Analyse und Planung des historisch-politischen Unterrichts (Düsseldorf 1977. Beiträge zum sozialwissenschaftlichen Lehrerstudium 1).

GERNERT, Dörte
Lokal- und Regionalgeschichte als Aufgabe von Geschichtswissenschaft und historisch- politischer Bildung. Studien unter besonderer Berücksichtigung des Landkreises Mülheim am Rhein in der Revolution von 1848/49 (Diss. Köln 1983).

GIDDENS, Anthony
Central problems in social theory. Action, structure and contradiction in social analysis (London und Basingstoke 1979).

„Time and space in social theory," Lebenswelt und soziale Probleme: Verhandlungen des 20. Deutschen Soziologentages zu Bremen 1980 (Frankfurt a.M und New York 1981) 88-97.

GLÄSSER, Ewald
„Die ländlichen Siedlungen. Ein Bericht zum Stand der siedlungsgeographischen Forschung," Geographische Rundschau 21 (1969): 161-170.

GOEHRKE, Carsten
„Historische Geographie Rußlands: Entwicklung als Fach, Definitionsprobleme und Darstellungen," Jahrbücher für die Geschichte Osteuropas 23 (1975) 3: 381-418.

GOFFMANN, Erving
The Presentation of self in everyday life (New York 1959).

Rahmen-Analyse. Ein Versuch über die Organisation von Alltagserfahrungen (Frankfurt a.M. 1977, englisch 1975).

GOHEEN, Peter G.
„Methodology in Historical Geography: the 1970's in review," Historical Methods 16 (1983) 1: 8-15.

GOUREVITCH, Peter
„The international system and regime formation. A critical review of Anderson and Wallerstein," Comparative Politics 10 (1977/78) 419-438.

GRADMANN, Robert
„Siedlungsformen als Geschichtsquelle und als historisches Problem," Zeitschrift für Württembergische Landesgeschichte 7 (1943): 25-56.

GRAF, OTTO
Vom Begriff der Geographie im Verhältnis zu Geschichte und Naturwissenschaften (Berlin und München 1925).

GRAUMANN, Carl F. und Lenelis KRUSE
„Sozialpsychologie des Raumes und der Bewegung," Kurt HAMMERICH und Michael KLEIN (Hgg.), Materialien zur Soziologie des Alltags (Opladen 1978) 177-219.

GREGORY, Derek
Ideology, science and human geography (London 1978a).

„Social change and spatial structures," Tommy CARLSTEIN, Don PARKES und Nigel THRIFT (eds.), Making sense of time (London 1978b. Timing space and spacing time 1) 38-46.

„Historical Geography," R.J. JOHNSTON (ed.), Dictionary of human geography (New York 1981a) 146-150.

„Human agency and human geography," Transactions of the Institute of British Geographers, N.S., (1981b) 6: 1-18.

„Region," R.J. JOHNSTON (ed.), The dictionary of human geography (Oxford 1981c) 284-285.

„Contours of a crisis? Sketsches for a geography of class struggle in the early Industrial Revolution in England," Alan R.H. BAKER und Derek GREGORY (eds.), Explorations in Historical Geography. Interpretative essays (Cambridge 1984) 68-117.

GRIGG, David B.
„Regionen, Modelle und Klassen, " Peter SEDLACEK (Hg.), Regionalisierungsverfahren (Darmstadt 1978, zuerst 1967. Wege der Forschung 195) 64-119.

GRIMM, Ronald E.
Historical Geography of the United States. A Guide to information sources (Detroit 1982. Geography and Travel Information Guide Series 5).

GROH, Dieter
„Strukturgeschichte als ‚totale' Geschichte?" Vierteljahrschrift für Sozial- und Wirtschaftsgeschichte 58 (1971): 289-322.

GROH, Dieter
"Basisprozesse und Organisationsproblem: Skizze eines sozialgeschichtlichen Forschungsprojekts," U. ENGELHARDT, V. SELLIN und H. STUKE (Hgg.), Soziale Bewegung und politische Verfassung. Beiträge zur Geschichte der modernen Welt (Stuttgart 1976) 414-431.

"Base-processes and the problem of organization: outline of a social history research project," Social History 4 (1979): 265-283.

GUELKE, Leonard
Historical understanding in geography (Cambridge 1982. Cambridge studies in historical geography 3).

GUERMOND, Yves
"Approches pluridisciplinaires de l'espace," L'espace géographique 9 (1980) 1: 4-6.

GUNST, Peter
"Regionen und Subregionen. Ein methodologisches Problem bei vergleichenden wirtschaftshistorischen Untersuchungen," Jahrbuch für Wirtschaftsgeschichte (1978) 3: 117-124.

HAASE, Carl
"Organisationsprobleme der Landesgeschichtsforschung. Dargestellt am Beispiel Niedersachsens," Blätter für deutsche Landesgeschichte 107 (1971): 1-21.

HAASE, Günter und Jutta HAASE
"Die Mensch-Umwelt Problematik. Gedanken zum Ausgangspunkt und zum Beitrag der geographischen Forschung," Geographische Berichte 1 (1971): 243-270.

HABERMAS, Jürgen
Theorie des kommunikativen Handelns, 2 Bände (Frankfurt 1981).

HÄGERSTRAND, Torsten
"What about people in regional science?" Papers of the Regional Science Association 24 (1970): 7-21.

"Space, time and human conditions," A. KARLQVIST, L. LUNDQVIST und F. SNICKARS (eds.), Dynamic allocation of urban space (Westmead und Lexington 1975) 3-14.

"Survival and arena. On the life-history of individuals in relation to their geographical environment," Tommy CARLSTEIN, Don PARKES und Nigel J. THRIFT (eds.), Human activity and time geography (London 1978a. Timing space and spacing time 2) 122-145.

"A note on the quality of life-times," Tommy CARLSTEIN, Don PARKES und Nigel J. THRIFT (eds.), Human activity and time geography (London 1978b. Timing space and spacing time 2) 214-224.

HAENENS, Albert de
Theorie de la trace (Louvain-la-Neuve 1984).

„Kulturelle Entwicklung und Entwurzelung. Kollektive Identität am Ende des schriftlichen Zeitalters," Geschichtswerkstatt Berlin (Hg.), Die Nation als Ausstellungsstück. Planungen, Kritik und Utopien zu den Museumsgründungen in Bonn und Berlin (Hamburg 1987. Geschichtswerkstatt 11) 65-77.

HAGGETT, Peter
Einführung in die kultur- und sozialgeographische Regionalanalyse (Berlin und New York 1973).

Geography. A modern synthesis (3. Aufl., New York et al. 1979).

HAHN, Alois und Klaus-Georg RIEGEL
„Soziale Gruppe," Axel GÖRLITZ (Hg.), Handlexikon zur Politikwissenschaft (Reinbek bei Hamburg 1980).

HALL, John R.
„Temporality, social action, and the problem of quantification in historical analysis," Historical Methods 17 (1984) 4: 206-218.

HAMBLOCH, Hermann
Kulturgeographische Elemente im Ökosystem Mensch-Erde. Eine Einführung unter anthropologischen Aspekten (Darmstadt 1983).

HAMM, Bernd
Einführung in die Siedlungssoziologie (München 1982).

HANISCH, Ernst
„Regionale Zeitgeschichte. Einige theoretische und methodologische Überlegungen," Zeitgeschichte 7 (1979/80): 39-60.

HANNEMANN, Robert und J. Rogers HOLLINGSWORTH
„Modeling and simulation in historical inquiry," Historical Methods 17 (1984) 3: 150-163.

HANNIG, Jürgen
„Regionalgeschichte und Auswahlproblematik," Geschichtsdidaktik (1984) 2: 131-141.

HANTSCHEL, Roswitha
„Geographie heute - zwischen Wissenschaftstheorie und Technokratie," Gerhard BAHRENBERG und Wolfgang TAUBMANN (Hgg.), Quantitative Modell in der Geographie und Raumplanung (Bremen 1978. Bremer Beiträge zur Geographie und Raumplanung 1) 129-134.

HANTSCHEL, Roswitha
„Der Einbezug sozialphilosophischer Überlegungen in die anthropogeographische Forschung und Theoriebildung," Peter SEDLACEK (Hg.), Kultur-/Sozialgeographie. Beiträge zu ihrer wissenschaftstheoretischen Grundlegung (Paderborn et al. 1982) 257-274.

HARD, Gerhard
„Geographie als Kunst. Zu Herkunft und Kritik eines Gedankens," Erdkunde 18 (1964): 336-341.

Die „Landschaft" der Sprache und die „Landschaft" der Geographen. Semantische und forschungslogische Studien (Bonn 1970. Colloquium Geographicum 11).

Die Geographie. Eine wissenschaftstheoretische Einführung (Berlin und New York 1973).

„Zu den Landschaftsbegriffen der Geographie," Alfred Hartlieb von WALTHOR und Heinz QUIRIN (Hgg.), „Landschaft" als interdisziplinäres Forschungsproblem (Münster 1977a. Veröffentlichungen des Provinzialinstituts für westfälische Landes- und Volksforschung des Landschaftsverbandes Westfalen-Lippe, Reihe 1, Heft 21) 13-23.

„Für eine konkrete Wissenschaftskritik. Am Beispiel der deutschsprachigen Geographie," Johannes ANDEREGG (Hg.), Wissenschaft und Wirklichkeit: zur Lage und zur Aufgabe der Wissenschaft (Göttingen 1977b) 134-161.

„Die Disziplin der Weißwäscher. Über Genese und Funktionen des Opportunismus in der Geographie," Peter SEDLACEK (Hg.), Zur Situation der deutschen Geographie zehn Jahre nach Kiel (Osnabrück 1979. Osnabrücker Studien zur Geographie 2) 11-44.

„Die Alltagsperspektive in der Geographie," Analyse und Interpretation der Alltagswelt. Lebensweltforschung und ihre Bedeutung für die Geographie (Bergisch Gladbach 1985. Bensberger Protokolle 45) 13-77.

HAREVEN, Tamara K.
„The life course and aging in historical perspective," IDEM und Kathleen J. ADAMS (eds.), Aging and life course transitions: An interdisciplinary perspective (New York und London 1982) 1-26.

HARRIS, Cole
„Theory and synthesis in historical geography," The Canadian Geographer 15 (1971): 157-172.

HART, John Fraser
„The highest form of the geographer's art," Annals of the Association of American Geographers 72 (1982) 1: 1-29.

HARTKE, Wolfgang
"Gedanken über die Bestimmung von Räumen gleichen sozialgeographischen Verhaltens," Erdkunde 13 (1959): 426-436.

HARTMANN, Peter Claus
"Regionalgeschichte in Frankreich. Einige Bemerkungen zur neueren und neuesten Geschichtsschreibung," Zeitschrift für bayerische Landesgeschichte 40 (1977) 2/3: 677-686.

HARTSHORNE, Richard
The nature of geography: a critical survey of current thought in the light of the past (Lancaster 1939).

HARVEY, David
"Models of the evolution of spatial patterns in human geography," Richard J. CHORLEY und Peter HAGGETT (eds.), Integrated Models in Geography (London 1967) 549-608.

Explanation in Geography (London 1969).

"Social processes and spatial form: An analysis of the conceptual problems of urban planning," Papers of the Regional Science Association 25 (1970): 47-69.

Social justice and the city (London 1973).

HARVEY, Milton E.
"Functionalism," IDEM und Brian P. HOLLY (eds.), Themes in geographic thought (London 1981) 73-98.

----- und Brian P. HOLLY (eds.)
Themes in geographic thought (London 1981).

HASSINGER, Hugo
"Über einige Beziehungen der Geographie zu den Geschichtswissenschaften," Jahrbuch für Landeskunde von Niederösterreich 21 (1928) 3: 3-29.

Geographische Grundlagen der Geschichte (Feiburg 1931. Geschichte der führenden Völker 2).

HAUMANN, Heiko
"Alltagsgeschichte, Regionalgeschichte, Gesellschaftsgeschichte. Zu einigen Neuerscheinungen," Das Argument (1985) 151: 405-418.

HAUPTMEYER, Carl-Hans
"Geschichte und Geographie. Beziehungen und Gemeinsamkeiten in Forschung, Hochschullehre und Abiturprüfung," Internationales Jahrbuch für Geschichts- und Geographie-Unterricht 17 (1976): 132-144.

HAWLEY, Amos H.
„Theorie und Forschung in der Sozialökologie," Rene KÖNIG (Hg.), Handbuch der empirischen Sozialforschung, Band 4 (Stuttgart 1974) 51-81.

HAY, Alan M. und R.J. JOHNSTON
„The study of process in quantitative human geography," L'Espace Geographique 12 (1983) 1: 69-76.

HAYS, Samuel P.
„Scientific versus traditional history: the limitations of the current debate," Historical Methods 17 (1984) 2: 75-78.

HECKLAU, Hans
„Die Gliederung der Kulturlandschaft im Gebiet von Schriesheim/Bergstraße. Ein Beitrag zur Methodik der Kulturlandschaftsforschung (Berlin 1964. Abhandlungen des ersten Geographischen Instituts der Freien Universität Berlin, N.F. 8).

HEIN, Wolfgang
„Zur Theorie der regionalen Differenzierung kapitalistischer Gesellschaften in der Industriellen Revolution," Gert ZANG (Hg.), Provinzialisierung einer Region (Frankfurt a.M. 1978) 31-133.

HEINEBERG, Heinz
„Geographische Aspekte der Urbanisierung: Forschungsstand und Probleme," Hans Jürgen TEUTEBERG (Hg.), Urbanisierung im 19. und 20. Jahrhundert: historische und geographische Aspekte (Köln und Wien 1983. Städteforschung: Reihe A, Darstellungen 16) 35-63.

HELBOK, Adolf
Was ist Volksgeschichte? Ziele, Aufgaben und Wege (Belin und Leipzig 1935).

„Haus und Siedlung im Wandel der Jahrtausende," IDEM und Heinrich MARZELL (Hgg.), Deutsches Volkstum. Haus und Siedlung im Wandel der Jahrtausende (Berlin und Leipzig 1937. Deutsches Volkstum 6) 11-121.

Deutsche Siedlung. Wesen, Ausbreitung und Sinn (Halle a.d. Saale 1938. Volk, Grundriß der deutschen Volkskunde in Einzeldarstellungen 5).

HELBIG, Herbert
„Fünfzig Jahre Institut für Deutsche Landes- und Volksgeschichte (Seminar für Landesgeschichte und Siedlungskunde) an der Universität Leipzig," Berichte zur deutschen Landeskunde 19 (1958): 55-77.

HENNIG, Hans Christian
„Erklären-Verstehen-Erzählen," Jörn RÜSEN und Hans SÜSSMUTH (Hgg.), Theorien in der Geschichtswissenschaft (Düsseldorf 1980. Geschichte und Sozialwissenschaften: Studientexte zur Lehrerbildung 2) 60-78.

HERLYN, Ulfert
"Lebensgeschichte und Stadtentwicklung. Zur Analyse lokaler Bedingungen individueller Verläufe," Lebenswelt und soziale Probleme: Verhandlungen des 20. Deutschen Soziologentages zu Bremen 1980 (Frankfurt a.M. und New York 1981) 480-491.

HERRMANN, Theodor
"Methoden als Problemlösungsmittel," Erwin ROTH (Hg.), Sozialwissenschaftliche Methoden: Lehr- und Handbuch für Forschung und Praxis (München und Wien 1984) 18-46.

HESLINGA, Marcus Willem
"Historische Geografie. En land zonder grenzen," B. de PATER und Marjanne SINT (Hgg.), Rondgang door de sociale geografie (Groningen 1982) 174-189.

HETTNER, Alfred
Die Geographie. Ihre Geschichte, ihr Wesen und ihre Aufgaben (Breslau 1927).

HEXTER, J.H.
"Fernand Braudel and the ‚Monde Braudelian'...," Journal of Modern History 44 (1972) 1: 480-539.

HEY, Bernd
"‚Geschichte von unten'. Lokale Geschichtsforschung und die Erkundung des historisch-politischen Alltags," Analyse und Interpretation der Alltagswelt. Lebensweltforschung und ihre Bedeutung für die Geographie (Bergisch Gladbach 1985. Bensberger Protokolle 45) 107-126.

HEYDEMANN, Günther
Geschichtswissenschaft im geteilten Deutschland. Entwicklungsgeschichte, Organisationsstruktur, Funktionen, Theorie- und Methodenprobleme in der Bundesrepublik Deutschland und in der DDR (Frankfurt a.M. 1980. Erlanger Historische Studien 6).

HILLES, Hans-Ulrich
"ökonomische Theorie der Politik," Oscar W. GABRIEL (Hg.), Grundkurs politische Theorie (Köln und Wien 1978) 109-142.

HINRICHS, Ernst
"Regionale Sozialgeschichte als Methode der modernen Geschichtswissenschaft," Ernst HINRICHS und Wilhelm NORDEN, Regionalgeschichte. Probleme und Beispiele (Hildesheim 1980. Veröffentlichungen der Historischen Kommission für Niedersachsen und Bremen 34: Quellen und Untersuchungen zur Wirtschafts- und Sozialgeschichte Niedersachsens in der Neuzeit 6) 1-20.

"Zum gegenwärtigen Standort der Landesgeschichte," Niedersächsisches Jahrbuch für Landesgeschichte 57 (1985): 1-18.

HINRICHS, Ernst
„Zusammenfassender Bericht der Sektion 16 (Region und Geschichte - Geschichte in der Region. Erträge historischer Regionalforschung am Beispiel Deutschlands vom 18. bis 20. Jahrhundert)," Peter SCHUMANN (Red.), Bericht über die 35. Versammlung deutscher Historiker in Berlin (3. bis 7. Oktober 1984) (Stuttgart 1985) 154-160.

Historisch-geografische bijdragen betreffende laag-Nederland
Ten afscheid aangeboden aan Dr. M.K.E. Gottschalk (Leiden 1977. Geografisch Tijdschrift 11).

HOBSBAWM, Eric J.
„Von der Sozialgeschichte zur Geschichte der Gesellschaft," Hans Ulrich WEHLER (Hg.), Geschichte und Soziologie (Köln 1972. Neue Wissenschaftliche Bibliothek 53) 331-353.

HÖMBERG, Albert
Grundfragen der deutschen Siedlungsforschung (Berlin 1938. Veröffentlichungen des Seminars für Staatenkunde und historischen Geographie an der Friedrich-Wilhelms-Universität zu Berlin 5).

HOLLY, Brian P.
„The problem of scale in time-space research," Tommy CARLSTEIN, Don PARKES und Nigel THRIFT (eds.), Time and regional dynamics (London 1978. Timing space and spacing time 3) 5-18.

HOLZHEY, Helmut
„Interdisziplinarität," IDEM (Hg.), Interdisziplinäre Arbeit und Wissenschaftstheorie. Ringvorlesung der Eidgenössischen Technischen Hochschule an der Universität Zürich im Wintersemester 1973/74, Teil 2 (Basel und Stuttgart 1974. Philosophie aktuell 2.3) 105-129.

HOMANS, George Caspar
Was ist Sozialwissenschaft? (Köln und Opladen 1969).

HOYNINGEN-HUENE, Paul
„Autonome historische Prozesse - kybernetisch betrachtet," Geschichte und Gesellschaft 9 (1983): 119-123.

IGGERS, Georg G.
Deutsche Geschichtswissenschaft. Eine Kritik der traditionellen Geschichtsauffassung von Herder bis zur Gegenwart (München 1971).

Neue Geschichtswissenschaft. Vom Historismus zur Historischen Sozialwissenschaft (München 1978).

„Epilogue: The last fifteen years," IDEM, The german conception of history. The national tradition of historical thought from Herder to the present (erweiterte Auflage, Middletown/Connecticut 1983) 269-294.

IMMENKÖTTER, Reinhard
Wirtschaftsgeschichte und Wirtschaftstheorie. Methodologische Probleme quantitativer Wirtschaftsgeschichtsschreibung (Diss., Köln 1978).

JÄGER, Helmut
Entwicklungsperioden agrarer Siedlungsgebiete im mittleren Westdeutschland seit dem frühen 13. Jahrhundert (Würzburg 1958. Würzburger Geographische Arbeiten 6).

„Reduktive und progressive Methoden in der deutschen Geographie. Zum Beitrag von A.R.H. Baker," Erdkunde 22 (1968): 245-246.

Historische Geographie (Braunschweig 1969a).

„Historische Geographie," Westermann Lexikon der Geographie, Band 2 (Braunschweig 1969b) 417-419.

„Siedlung," Westermann Lexikon der Geographie, Band 4 (Braunschweig 1969c) 238.

„Historical Geography in Germany, Austria and Switzerland," Alan R.H. BAKER (ed.), Progress in Historical Geography (Newton Abbot 1972) 45-62.

„Wüstungsforschung in geographischer und historischer Sicht," Herbert JAHNKUHN und Reinhard WENSKUS (Hgg.), Geschichtswissenschaft und Archäologie: Untersuchungen zur Siedlungs-, Wirtschafts- und Kirchengeschichte (Sigmaringen 1979. Vorträge und Forschungen des Konstanzer Arbeitskreises für mittelalterliche Geschichte 22) 193-240.

„Revolution oder Evolution der Historischen Geographie?" Erdkunde 36 (1982) 2: 119-123.

JÄNICH, Klaus
Lineare Algebra. Ein Skriptum für das erste Semester (2.Aufl., Berlin, Heidelberg und New York 1981).

JAKLE, John A.
„Time, space and the geographic past: a prospectus of Historical Geography," The American Historical Review 76 (1971) 4: 1084-1103.

JANSSENS, Paul
„Histoire economique ou economie retrospective?" History and Theory 13 (1974): 21-38.

JONES, E.L.
Rezension „Immanuel Wallerstein. The Modern World-System II: Mercantilism and the Consolidation of the European World-Economy, 1600-1750. (New York: Academic Press. 1980. Pp.xii+370. Illus. $ 22.00)," The Economic History Review, 2. Serie, 34 (1981) 2: 343-344.

JOUTARD, Philippe
Ces voix qui nous viennent du passe (Paris 1983).

JUILLARD, Etienne
„Historique de la notion de region dand la géographie francaise," Paul CLAVAL und Etienne JUILLARD (ed.), Region et regionalisation dans la géographie francaise et dans d'autres sciences sociales. Bibliographie analytique (Paris 1967) 9-20.

KAUFHOLD, Karl H.
„Wirtschaftsgeschichte und ökonomische Theorien," Gerhard SCHULZ (Hg.), Geschichte heute. Positionen, Tendenzen und Probleme (Göttingen 1973) 256-280.

KIESEWETTER, Hubert
„Erklärungshypothesen zur regionalen Industrialisierung in Deutschland im 19. Jahrhundert," Vierteljahrschrift für Sozial- und Wirtschaftsgeschichte 67 (1980): 305-333.

KILLISCH, Winfried und Harald THOMS
Zum Gegenstand einer interdisziplinären Sozialraumbeziehungsforschung (Kiel 1973. Schriften des Geographischen Instituts der Universität Kiel 41).

KINSER, Samuel
„'Annaliste' paradigm? The geohistorical structure of Fernand Braudel," American Historical Review 86 (1981) 1: 63-105.

KISS, Gabor
Steckbrief der Soziologie (Heidelberg 1976).

KLAUS, Georg und Manfred BUHR
Philosophisches Wörterbuch, 2 Bände (12., neubearb. Aufl., Leipzig 1976).

KLINGBEIL, Detlev
Aktionsräume im Verdichtungsraum. Zeitpotentiale und ihre räumliche Nutzung (Kallmünz 1978. Münchner Geographische Hefte 41).

KNORR, Gabriele
„Transformationsmerkmale von Siedlungen in ländlichen Gebieten," W. FRICKE und K. WOLF (Hgg.), Neue Wege in der geographischen Erforschung städtischer und ländlicher Siedlungen, Festschrift für Anneliese Krenzlin zu ihrm 70. Geburtstag (Frankfurt a.M. 1975. Rhein-Mainische Forschungen 80) 177-200.

KOCKA, Jürgen
„Sozialgeschichte - Strukturgeschichte - Gesellschaftsgeschichte," Archiv für Sozialgeschichte 15 (1975): 1-42.

KOCKA, Jürgen
Sozialgeschichte. Begriff - Entwicklung - Probleme (Göttingen 1977).

"Theorieorientierung und Theorieskepsis in der Geschichtswissenschaft. Alte und neue Argumente," Historische Sozialforschung (1982) 23: 4-19.

KÖCK, Helmut
"Der Modellbegriff in der Geographie," Hefte zur Fachdidaktik der Geographie 3 (1979) 2: 5-12.

"Chorologische Modell - oder was man dafür hält!" Geographische Rundschau 32 (1980) 8: 374-376.

"Induktion oder /und Deduktion im anthropogeographischen Erkenntnisprozeß," Peter SEDLACEK (Hg.), Kultur-/Sozialgeographie. Beiträge zu ihrer wissenschaftstheoretischen Grundlegung (Paderborn et al. 1982) 219-255.

"Thesen zur Raumwirksamkeit sozialgeographischer Gruppen," Zeitschrift für Wirtschaftsgeographie 22 (1978) 4: 106-114.

KÖHLER, Oskar
"Raum und Geschichte," Saeculum 14 (1963): 383-428.

KÖLLMANN, Wolfgang
"Zur Bedeutung der Regionalgeschichte im Rahmen struktur- und sozialgeschichtlicher Konzeptionen," Archiv für Sozialgeschichte 15 (1975): 43-50.

KONAU, Elisabeth
Raum und soziales Handeln: Studien zu einer vernachlässigten Dimension soziologischer Theoriebildung (Stuttgart 1977. Göttinger Abhandlungen zur Soziologie und ihrer Grenzgebiete 25).

KONRAD, Helmut
"Arbeitergeschichte und Raum," Geschichte als domokratischer Auftrag. Karl STADLER zum 70. Geburtstag (Wien, München und Zürich 1983) 37-75.

KOSELLECK, Reinhart
"Über die Theoriebedürftigkeit der Geschichtswissenschaft," Peter BÖHNING (Hg.), Geschichte und Sozialwissenschaften. Ihr Verhältnis im Lehrangebot der Universität und der Schule (Göttingen 1972) 18-35.

Vergangene Zukunft: zur Semantik geschichtlicher Zeiten (Frankfurt 1979).

KOSIK, Karel
Die Dialektik des Konkreten. Eine Studie zur Problematik des Menschen und der Welt (Frankfurt a.M. 1976).

KRACAUER, Siegfried
„Time and history," History and the concept of time (History and Theory; Beiheft 6, 1966) 66-77.

KREBS, Norbert
„Natur und Kulturlandschaft," Zeitschrift der Gesellschaft für Erdkunde zu Berlin (1923) 3/4: 81-94.

KRENZLIN, Anneliese
Die Kulturlandschaft des hannoverschen Wendlandes (Bonn-Bad Godesberg 1969. Forschungen zur deutschen Landeskunde 28, Heft 4, unveränderter Nachdruck, ergänzt durch ein neues Nachwort, der Ausgabe von 1931).

KRETSCHMER, Konrad
„Die Beziehungen zwischen Geographie und Geschichte," Geographische Zeitschrift 5 (1899) 12: 665-671.

KRINGS, Wilfried
„Rahmenbedingungen und Zukunftsperspektiven für die Historische Geographie in der Bundesrepublik Deutschland," A.O. KOUWENHOVEN, G.A. DE BRUIJNE und G.A. HOEKVELD (Hgg.), Geplaatst in de tijd: Liber amicorum aangeboden aan Prof. Dr. M.W. Heslinga bij zijn afscheid als hoogleraar in de sociale geografie aan de Vrije Universiteit te Amsterdam op vrijdag 12 oktober 1984 (Amsterdam 1984. Bijdragen tot de Sociale Geografie en Planologie 9) 211-225.

KRÖBER, G.
Das städtebauliche Leitbild zur Umgestaltung unserer Städte. Dargestellt am Beispiel der Stadt Halle (Berlin/DDR 1980).

KRYSMANSKI, Hans Jürgen
Soziologie des Konflikts. Materialien und Modelle (Reinbek bei Hamburg 1971).

KRYSMANSKI, Renate
Bodenbezogenes Verhalten in der Industriegesellschaft (Münster 1967. Materialien zur Raumplanung 2).

KUCZYNSKI, Jürgen
„Einige Überlegungen über die Rolle der Natur in der Gesellschaft anläßlich der Lektüre von Abels Buch über Wüstungen," Jahrbuch für Wirtschaftsgeschichte (1963) III: 284-297.

KÜCHLER, Manfred
„Kontext - eine vernachlässigte Dimension empirischer Sozialforschung," Lebenswelt und soziale Probleme: Verhandlungen des 20. Deutschen Soziologentages zu Bremen 1980 (Frankfurt a.M und New York 1981) 344-354.

KUHN, Thomas S.
Die Struktur wissenschaftlicher Revolutionen (Frankfurt a.M. 1967).

„Neue Überlegungen zum Begriff des Paradigmas," IDEM, Die Entstehung des Neuen. Studien zur Struktur der Wissenschaftsgeschichte (Frankfurt 1977) 389-420.

KULIKOFF, Allan
„Historical Geograpers and social history. A review essay," Historical Methodes Newletter 6 (1973) 3: 122-128.

KULS, Wolfgang
„Über einige Entwicklungstendenzen in der geographischen Wissenschaft seit der zweiten Hälfte des neunzehnten Jahrhunderts," Mitteilungen der Geographischen Gesellschaft in München 55 (1970): 11-31.

LACOSTE, Yves
„Die Geographie," Francois Chatelet (Hg.), Geschichte der Philosophie. Ideen und Lehren, Band 7 (Frankfurt a.M., Berlin und Wien 1975) 231-287.

LAERMANN, Klaus
„Alltags-Zeit. Bemerkungen über die unauffälligste Form sozialen Zwangs," Kursbuch (1975) 41: 87-105.

LAKATOS, Imre
„Die Geschichte der Wissenschaft und ihre rationalen Rekonstruktionen," Werner DIEDERICH (Hg.), Theorien der Wissenschaftsgeschichte. Beiträge zur diachronen Wissenschaftstheorie (Frankfurt 1974) 55-119.

LANGTON, John
„Potentialities and problems of adopting a systems approach to the study of change in human geography," Progress in Geography (1972) 4: 125-179.

LASCHINGER, Werner und Lienhard LÖTSCHER
„Urbaner Lebensraum. Ein systemtheoretischer Ansatz zu aktualgeographischer Forschung," Geographica Helvetica (1975) 3: 119-132.

„Systemtheoretischer Forschungsansatz in der Human-Geographie dargestellt am urbanen Lebensraum Basel," Gerhard BAHRENBERG und Wolfgang TAUBMANN (Hgg.), Quantitative Modelle in der Geographie und Raumplanung (Bremen 1978. Bremer Beiträge zur Geographie und Raumplanung 1) 117-127.

LECHNER, Karl
„Besiedlungs- und Herschaftsgeschichte des Waldviertels. Mit besonderer Berücksichtigung des Mittelalters und der frühen Neuzeit," Eduard STEPHAN (Hg.), Das Waldviertel, Band 7, Buch 2 (Wien 1937) 3-276.

„Allgemeine Geschichte und Landesgeschichte - Probleme des östlichen Alpen- und Donauraumes," Blätter für deutsche Landesgeschichte 92 (1956): 40-77.

LEEB, Thomas
„Region als Figuration - Bemerkungen zu einer Didaktik der Regionalität des Menschen," Geschichtsdidaktik (1984) 2: 121-130.

LEFEBVRE, Henri
La pensée marxiste et la ville (Paris 1972).

LEHMANN, Edgar
"Historische Prinzipien in der geographischen Raumforschung," Hellmuth BARTHEL (Hg.), Landschaftsforschung. Beiträge zur Theorie und Anwendung. Festschrift für Ernst Neef zum 60. Geburtstag (Gotha und Leipzig 1968) 19-37.

LEHR, Ursula
"Das mittlere Erwachsenenalter - ein vernachlässigtes Gebiet der Entwicklungspsychologie," Rolf OERTER (Hg.), Entwicklung als lebenslanger Prozeß. Aspekte und Perspektiven (Hamburg 1978) 147-177.

LEIDLMAIER, Adolf
"Ernst Plewe und das historische Element in der geographischen Wissenschaft," Geographische Zeitschrift 75 (1987) 2: 63-71.

LEIMGRUBER, Walter
"Humangeographie: Der historische Aspekt. Gedanken zur Stellung der Historischen Geographie," Regio Basiliensis 13 (1972): 3-9.

LEINFELLNER, Werner
"Historical time and a new conception of the historical sciences," Mario BUNGE (ed.), The Methodological Unity of Science (Dordrecht 1973) 193-215.

LENDL, Egon
"Was ist Historische Geographie. Gedanken zu einer Begriffserklärung," Bericht über den 8. österreichischen Historikertag 1964: 173-177.

LENG, Günther
"Zur ,Münchner' Konzeption der Sozialgeographie," Geographische Zeitschrift 61 (1973) 2: 121-134.

LEOPOLD-WILDBURGER, Ulrike
"Der Modellbegriff im Aufbau und Vergleich von Theorien," Kurt FREISITZER und Rudolf HALLER (Hgg.), Probleme des Erkenntnisfortschritts in den Wissenschaften (Wien 1977) 216-247.

LEPETIT, Bernard
"Histoire urbaine et espace," L'Espace Géographique (1980) 1: 43-54.

LEUSCHNER, Joachim
Geschichte in Vergangenheit und Gegenwart. Eine Einführung (Stuttgart 1980).

LEVINE, Jonathan
"A conference on Historical Geography," Historical Methodes Newsletter 7 (1971) 1: 27-32.

LICHTENBERGER, Elisabeth
"Theoretische Konzepte der Geographie als Grundlagen für die Siedlungsgeschichte," Siedlungs- und Bevölkerungsgeschichte Österreichs (Wien 1974) 5-33.

"Zum Standort der Geographie als Universitätsdisziplin," Geographica Helvetica (1985) 2: 55-66.

LITZ, Karl
„Theorie einer Raumgeschichte," Die alte Stadt 9 (1982): 52-76.

„Raumgeschichte und ihre Arten historischer Erkenntnis," Die alte Stadt 9 (1982): 309-322.

LORENZEN, Paul
Konstruktive Wissenschaftstheorie (Frankfurt a.M. 1974).

LUDZ, Peter Christian
„Soziologie und Sozialgeschichte: Aspekte und Probleme," IDEM (Hg.), Soziologie und Sozialgeschichte. Aspekte und Probleme (Köln 1973. Kölner Zeitschrift für Soziologie und Sozialpsychologie; Sonderheft 16) 9-28.

LÜDTKE, Alf
„Alltagswirklichkeit, Lebensweise und Befürfnisartikulation," Gesellschaft. Beiträge zur Marxschen Theorie 11 (Frankfurt 1978) 311-350.

„,Kolonisierung der Lebenswelten' - oder: Geschichte als Einbahnstraße," Das Argument 140 (1983): 536-541.

LUHMANN, Niklas
„Allgemeine Theorie organisierter Sozialsysteme," IDEM, Soziologische Aufklärung. Aufsätze zur Theorie sozialer Systeme, Band 2 (Opladen 1975) 39-50.

Soziale Systeme. Grundriß einer allgemeinen Theorie (Frankfurt a. M. 1984).

„Die Lebenswelt - nach Rücksprache mit Phänomenologen," Archiv für Rechts- und Sozialphilosophie 72 (1986) 2: 176-194.

LUUTZ, Wolfgang
„Alltag und Alltagsbewußtsein," Deutsche Zeitschrift für Philosophie (1985) 4: 348-352.

LYONS, James V. und Richard PEET
„Marxism: Dialectical materialism, social formation and the geographic relations," Milton E. HARVEY und Brian P. HOLLY (eds.), Themes in geographic thought (London 1981) 187-205.

MATZAT, W(ilhelm)
„,Genetische' und ,Historische' Erklärung in der Geographie und die analytische Wissenschaftstheorie," W. FRICKE und K. WOLF (Hgg.), Neue Wege in der geographischen Erforschung städtischer und ländlicher Siedlungen. Festschrift für Anneliese Krenzlin zu ihrem 70. Geburtstag (Frankfurt a.M. 1975. Rhein-Mainische Forschungen 80) 59-80.

MAULL, Otto
Geographie der Kulturlandschaft (Leipzig 1932).

MAURO, Frederic
„Pour une classification des sciences humaines," Methodologie de l'histoire et des sciences humaines (Paris 1972. Melanges en l'honneur de Fernand Braudel 2) 397-408.

MARX, Karl
Das Kapital. Kritik der politischen Ökonomie, Band 1 (Berlin 1962. Marx-Engels-Werke 23).

McKENZIE, R.D.
„The ecological approach to the study of the human community," R.E. PARK, E.W. BURGESS und R.D. McKENZIE, The city (Chicago 1967) 63-79.

MECKELEIN, Wolfgang
„Entwicklungstendenzen der Kulturlandschaft im Industriezeitalter," Ramordnung und Bauleitplanung im ländlichen Raum (Stuttgart et al. 1965. Schriften des Instituts für Städtebau und Raumordnung Stuttgart 1) 132-156.

MEDICK, Hans
„,Missionare im Ruderboot'? Ethnologische Erkenntnisweisen als Herausforderung an die Sozialgeschichte," Geschichte und Gesellschaft 10 (1984): 295-319.

MEIER, Christian
„Fragen und Thesen zu einer Theorie historischer Prozesse," Karl-Georg FABER und IDEM (Hgg.), Historische Prozesse (München 1978. Beiträge zur Historik 2) 11-66.

MEIER, Jörg
„Einführung in die Sozialgeographie," Sozial- und Wirtschaftsgeographie. Studienausgabe Band 2 (München 1982) 11-38.

-----, Reinhard PAESLER, Karl RUPPERT und Franz SCHAFFER
Sozialgeographie (Braunschweig 1977).

MEINIG, D(onald) W.
„The continuous shaping of america: a prospectus for geographers and historians," American Historical Review 83 (1978): 1186-1205.

MERAN, Josef
Theorien in der Geschichtswissenschaft. Die Diskussion über die Wissenschaftlichkeit der Geschichte (Göttingen 1985. Kritische Studien zur Geschichtswissenschaft 66).

MERTON, Robert K.
Social theory and social structure (2. Aufl., Glencoe 1957).

MITTELSTÄDT, Fritz-Gerd
„Modellvorstellungen in der Geographie," Zeitschrift für Wirtschaftsgeographie 18 (1974) 2: 45-49.

MITTERAUER, Michael
„Zweierlei Wissenschaft?" Unsere Heimat (Niederösterreich) (1975) 1: 20-27.

MÖLLER, Hans, Rigmar OSTERKAMP und Wolfgang SCHNEIDER (Hgg.)
Umweltökonomik. Beiträge zur Theorie und Politik (Königstein/Ts. 1982. Neue wissenschaftliche Bibliothek 107).

MOEWES, Winfried
„Integrierende geographische Betrachtungsweise und Angewandte Geographie," Geoforum 2 (1971): 55-68.

Grundfragen der Lebensraumgestaltung: Raum und Mensch, Prognose, „offene" Planung und Leitbild (Berlin und New York 1980).

MOLES, Abraham A. und Elisabeth ROHMER
Psychologie de l'espace (Tournai 1978).

MOMMSEN, Hans
„Sozialgeschichte," Hans-Ulrich WEHLER (Hg.), Moderne deutsche Sozialgeschichte (4.Auflage, Köln 1973) 27-34.

MOMMSEN, Wolfgang J.
Die Geschichtswissenschaft jenseits des Historismus (Düsseldorf 1971).

„Der Hochimperialismus als historischer Prozeß. Eine Fallstudie zum Sinn der Verwendung des Prozeßbegriffs in der Geschichtswissenschaft," Karl-Georg FABER und Christian MEIER (Hgg.), Historische Prozesse (München 1978. Beiträge zur Historik 2) 248-265.

„Gegenwärtige Tendenzen in der Geschichtsschreibung der Bundesrepublik," Hans-Christoph SCHRÖDER (Hg.), Kontroversen über Historiographie (Göttingen 1981. Geschichte und Gesellschaft, 7, 2) 149-188.

MOODIE, D.W. und John C. LEHR
„Fact and theory in historical geography," The Professional Geographer 28 (1976) 2: 132-135.

MORTIMER, Charles E.
Chemie: das Basiswissen der Chemie in Schwerpunkten (3., neubearbeitete Aufl., Stuttgart und New York 1980).

MOTTEK, Hans
„Zu einigen Grundfragen der Mensch-Umwelt-Problematik," Wirtschaftswissenschaft 20 (1982) 1: 36-43.

„Wirtschaftsgeschichte und Umwelt," Jahrbuch für Wirtschaftsgeschichte (1974) 2: 77-82.

MÜCKE, Hubert
„Analyse und Interpretation der Alltagswelt," Das Argument Nr.153 (1985) 731-733.

MÜCKE, Hubert
"Organisatorische Probleme von Regionalgeschichte in Zentrum und Peripherie," Geschichtswerkstatt-Info Nr.10 (1986a) 20-21.

"Heimatgeschichte, Regionalgeschichte, Landesgeschichte, Historische Geographie," Geschichtsdidaktik (1986b) 4: 406-412.

"Alltagsgeschichte als Methode historisch betrachtet," Bensberger Protokolle Nr.46 (1987). (Im Druck.)

MÜLLER-WILLE, Wilhelm
"Langstreifenflur und Drubbel. Ein Beitrag zur Siedlungsgeographie Westgermaniens," Deutsches Archiv für Landes- und Volksforschung 8 (1944) 1: 9-44.

MUSOLEK, Peter et al.
"Zu Problemen von Gesellschaft und Umwelt in den vorkapitalistischen Produktionsweisen," Jahrbuch für Wirtschaftsgeschichte (1983) 4 : 105-128.

NARWELEIT, Gerhard
"Bericht über die Tagung ,Gegenwärtige Probleme der Historischen Geographie bzw. der Geographischen Wirtschaftsgeschichte in der DDR' am 10. und 11. März 1967 in Berlin," Jahrbuch für Wirtschaftsgeschichte (1967) 4: 313-331.

-----, Wolfgang NEEF und Wilfried STRENZ
"Bemerkungen zum Wesen und Inhalt des geographischen Milieus," Jahrbuch für Wirtschaftsgeschichte (1967) I: 209-238).

Historische Geographie der Deutschen Demokratischen Republik, Literaturbericht 1945-1968, 3 Teile (Gotha und Leipzig 1976-1979. Geographisches Jahrbuch 63-65).

NEEF, Ernst
Die theoretischen Grundlagen der Landschaftslehre (Gotha 1967a).

"Geographie und Umweltwissenschaft," Petermanns Geographische Mitteilungen 116 (1972) 2: 81-88.

"Ein Modell für landschaftsverändernde Prozesse," Geographische Rundschau 32 (1980) 11: 474-477.

"Das Kausalitätsproblem in der Entwicklung der Kulturlandschaft," Hellmuth BARTHEL (Hg.), Ernst Neef. Ausgewählte Schriften (Gotha 1983=1951/52) 51-67.

"Dimensionen geographischer Betrachtungen," Hellmuth BARTHEL (Hg.), Ernst NEEF. Ausgewählte Schriften (Gotha 1980=1963) 77-80.

NEEF, Ernst
"Der Stoffwechsel zwischen Gesellschaft und Natur als geographisches Problem,"
Hellmth BARTHEL (Hg.), Ernst Neef. Ausgewählte Schriften (Gotha 1983=1969)
158-168.

NEEF, Wolfgang
"Bericht über die konstituierende Sitzung des Arbeitskreises Historische Geographie' in der Fachsektion Ökonomische Geographie der Geographischen Gesellschaft der DDR am 1. Juli 1967," Jahrbuch für Wirtschaftsgeschichte (1967b) 4: 333-336.

NEGT, Oskar
Lebendige Arbeit, enteignete Zeit: politische und kulturelle Dimensionen des Kampfes um die Arbeitszeit (2. Aufl., Frankfurt a.M. 1985).

NEUMANN, Hans und Rudolf KRÖNERT
"Zur Konzeption der Sozialgeographie," Geographische Berichte 95 (1980) 2: 101-112.

NEUMEISTER, Hans
"Das System der Landschaft und die Landschaftsgenese," Geographische Berichte 59 (1971) 2: 119-133.

NIETHAMMER, Lutz
"Wozu taugt Oral History?" Prokla 60 (1985): 105-124.

----- (Hg.)
Lebenserfahrung und kollektives Gedächtnis. Die Praxis der "Oral History" (Frankfurt a.M. 1980).

NITZ, Hans-Jürgen
"Einleitung. Wege der historisch-genetischen Siedlungsforschung," IDEM (Hg.), Historisch-genetische Siedlungsforschung. Genese und Typen ländlicher Siedlungs- und Flurformen (Darmstadt 1974. Wege der Forschung 300) 1-11.

"Martin Borns wissenschaftliches Werk unter besonderer Berücksichtigung seines Beitrages zur Erforschung der ländlichen Siedlungen in Mitteleuropa," Klaus FEHN (Hg.), Siedlungsgenese und Kulturlandschaftsentwicklung in Mitteleuropa. Gesammelte Beiträge von Martin Born (Wiesbaden 1980. Erdkundliches Wissen 53) XXIII-XL.

"Der Beitrag Anneliese Krenzlins zur historisch-genetischen Siedlungsforschung in Mitteleuropa," DIESELBEN (Hgg.), Anneliese Krenzlin: Beiträge zur Kulturlandschaftsgenese in Mitteleuropa. Gesammelte Aufsätze aus vier Jahrzehnten (Wiesbaden 1983. Erdkundliches Wissen 63) XI-XXVIII.

"Siedlungsgeographie als historisch-gesellschaftswissenschaftliche Prozeßforschung," Geographische Rundschau 36 (1984) 4: 162-169.

NITZ, Hans-Jürgen (Hg.)
Historisch-genetische Siedlungsforschung. Genese und Typen ländlicher Siedlungen und Flurformen (Darmstadt 1974. Wege der Forschung 300).

NOMMIK, Salme
"Die sozial-ökonomische Geographie und die Untersuchung von Raum-Zeit-Gesetzen der Gesellschaft," Petermanns Geographische Mitteilungen (1986) 2: 73-78.

NORTON, William
"The analysis of process in quantitative human geography," South African Geographical Journal 63 (1981) 1: 24-34.

Historical Analysis in Geography (London und New York 1984).

NYSTUEN, J.D.
"Zur Bestimmung einiger fundamentaler Raumbegriffe," Dietrich BARTELS (Hg.), Wirtschafts- und Sozialgeographie (Köln und Berlin 1970 = 1963. Neue Wissenschaftliche Bibliothek, Wirtschaftswissenschaften 35) 85-94.

OBERHUMMER, Eugen
Die Stellung der Geographie zu den Historischen Wissenschaften, Antrittsvorlesung (Wien 1904).

OEXLE, Otto Gerhard
"Sozialgeschichte - Begriffsgeschichte - Wissenschaftsgeschichte. Anmerkungen zum Werk Otto Brunners," Vierteljahrschrift für Sozial- und Wirtschaftsgeschichte 71 (1984) 3: 305-341.

OGILVIE, A.G.
"The time-element in geography," Transactions and Papers (1952) 18: 1-15.

OPP, Karl-Dieter
Kybernetik und Soziologie. Zur Anwendbarkeite und bisherigen Anwendung der Kybernetik in der Soziologie (Neuwied und Berlin 1970).

Methodologie der Sozialwissenschaften. Einführung in Probleme ihrer Theoriebildung (erw. Neuausgabe, Reinbek bei Hamburg 1976).

"Wissenschaftstheoretische Grundlagen der empirischen Sozialforschung," Erwin ROTH (Hg.), Sozialwissenschaftliche Methoden: Lehr- und Handbuch für Forschung und Praxis (München und Wien 1984) 47-71.

OTREMBA, Erich
"Räumliche Ordnung und zeitliche Folge im industriell gestalteten Raum," Geographische Zeitschrift 51 (1963) 1: 30-53.

"Der Bauplan der Kulturlandschaft," Werner STORKEBAUM (Hg.), Zum Gegenstand und zur Methode der Geographie (Darmstadt 1967. Wege der Forschung 58) 515-533.

OVERBECK, Hermann
"Die Entwicklung der Anthropogeographie (insbesondere in Deutschland) seit der Jahrhundertwende und ihre Bedeutung für die geschichtliche Landesforschung," Pankraz FRIED (Hg.), Probleme und Methoden der Landesgeschichte (Darmstadt 1978 = 1954. Wege der Forschung 492) 90-271.

PADDISON, R. und FINDLAY, A.
"Radicals vs positivists and the diversification of paradigms in geography," L'Espace Géographique 15 (1985) 1: 6-8.

PAGES, Pelai
Introduccion a la Historia. Epistemologia, teoria y problemas de metodo en los estudios historicos (Barcelona 1983).

PARTHEY, Heinrich
"Forschungssituation interdisziplinärer Arbeit in Forschergruppen," IDEM und Klaus SCHREIBER (Hgg.), Interdisziplinarität in der Forschung. Analysen und Fallstudien (Berlin-DDR 1983) 13-46.

PATZE, Hans
"Landesgeschichte. Rudolf Lehmann zum 90. Geburtstag," Jahrbuch der Historischen Forschung in der Bundesrepublik Deutschland 1981/1982: 15-40 (Teil 1) und 27-33 (Teil 2).

PAUCKE, Horst
"Wissenschaftlich-technischer Fortschritt und rationelle Naturnutzung im Spiegel der Werke von Karl Marx und Friedrich Engels," Zeitschrift für den Erdkundeunterricht 35 (1983) 7: 257-264.

PAUL-LEVY, Francoise und Marion SEGAUD
Anthropologie de l'espace (Paris 1983).

PEET, Richard
Radical geography (Chicago 1979).

PENCK, Albrecht
"Geographie und Geschichte," Neue Jahrbücher für Wissenschaft und Jugendbildung 2 (1926): 47-54.

PETRI, Franz
"Die Funktion der Landschaft in der Geschichte, vornehmlich im Nordwestraum und mit besonderer Berücksichtigung Westfalens," Alfred Hartlieb von WALLTHOR und Heinz QUIRIN (Hgg.), "Landschaft" als interdisziplinäres Forschungsproblem (Münster 1977. Veröffentlichungen des Provinzialinstituts für westfälische Landes- und Volksforschung des Landschaftsverbandes Westfalen-Lippe, Reihe 1, Heft 1) 72-90.

PETRY, Ludwig
"In Grenzen unbegrenzt. Möglichkeiten und Wege der geschichtlichen Landeskunde," Pankraz FRIED (Hg.), Probleme und Methoden der Landesgeschichte (Darmstadt 1978=1961. Wege der Forschung 492) 280-304.

PEUKERT, Helmut
„Zur Frage einer ‚Logik der interdisziplinären Forschung'," Die Theologie in der interdisziplinären Forschung (Düsseldorf 1971) 65-71.

PFEIFER, Gottfried
„Raum und Zeit als Kategorien kulturgeographischer Forschung," Kulturgeographie in Methode und Lehre. Das Verhältnis zu Raum und Zeit. Gesammelte Beiträge von Gottfried PFEIFER (Wiesbaden 1982. Erdkundliches Wissen 60) 316-338.

PIORO, Zygmunt
„Social Ecology - the Science of Physical Structure and Spatial Behavior," Bernd HAMM (ed.), Urban and Regional Sociology in Poland and West Germany (Bonn 1984. Seminare, Symposien, Arbeitspapiere 14) 63-71.

POPPER, Karl
Logik der Forschung (2. Aufl., Tübingen 1965).

PORTER, Dale H.
„History as process," History and Theory 14 (1975) 3: 297-313.

POUNDS, Norman J.G.
An historical geography of Europe (1500-1840) (Cambridge 1979).

An historical geography of Europe (1800-1914) (Cambridge 1985).

PRED, Allan
„The choreography of existence: comments on Hägerstrand's time - geography and its usefulness," Economic Geography 53 (1977): 207-220.

QUIRIN, Heinz
„Historische Landeskunde und moderne Landesgeschichtsschreibung," Nassauische Annalen 81 (1970): 303-319.

Einführung in das Studium der mittelalterlichen Geschichte (4. Aufl, mit e. neuen Einl., Stuttgart 1985).

RABE, Horst
„Interdisziplinäre Aspekte der Geschichtswissenschaft," Internationales Jahrbuch für interdisziplinäre Forschung, Band 2 (1975): 3-30.

RACINE, J.B., C.RAFFESTIN und V.RUFFY
„Echelle et action, contributions à une interprétation du mécanisme de l'échelle dans la pratique de la géographie," Geography in Switzerland (Bern und Zürich 1980. Geographica Helvetica 35 (1980) 5, Sonderheft) 87-94.

RAFFESTIN, Claude
„Les construits en géographie humaine: notions et concepts," Géopoint (1978): 55-73.

RAFFESTIN, Claude
„La territorialité: miroir des discordances entre tradition et modernité," Revue de l'institut de sociologie et de l'université libre de Bruxelles (1984) 3/4: 437-447.

RAISON, Jean-Pierre
„Géographie historique," Jacques le GOFF, Roger CHARTIER und Jacques REVEL (eds.), La nouvelle histoire (Paris 1978) 183-194.

RATZEL, Friedrich
Anthropogeographie. Grundzüge der Anwendung der Erdkunde auf die Geschichte, 2 Teile (3. Auflage, Stuttgart 1909).

RAUMOLIN, Jussi
„L'homme et la déstruction des ressources naturelles," Annales E.S.C. 39 (1984) 4: 798-819.

REINALTER, Helmut
„Kritisches Geschichtsverständnis und Landesgeschichtsforschung," Tiroler Heimatblätter 4 (1975): 110-117.

RELPH, Edward C.
„Phenomenology," Milton E. HARVEY und Brian P. HOLLY (eds.), Themes in geographic thought (London 1981) 99-114.

REMICA
„Systèmes spatiaux et structures régionales," Espaces et Societés 12 (Mai 1974): 61-70.

REMY, Jean
„Espace et théorie sociologique. Problématique de recherche," Recherches Sociologiques 6 (1975) 3: 279-293.

----- und Liliane VOYE
Ville. Ordre et violence. Formes spatiales et transaction sociale (Paris 1981).

RICHTHOFEN, Ferdinand Freiherr von
„Aufgaben und Methoden der heutigen Geographie," Ernst WINKLER (Hg.), Probleme der Allgemeinen Geographie (Darmstadt 1975. Wege der Forschung 190) 22-39.

Vorlesungen über allgemeine Siedlungs- und Verkehrsgeographie, Otto SCHLÜTER (Hg.), (Berlin 1908).

RIEDEL, Manfred
„Gesellschaft, Gemeinschaft," Otto BRUNNER, Werner CONZE und Reinhart KOSELLECK (Hg.), Geschichtliche Grundbegriffe. Historisches Lexikon zur politisch-sozialen Sprache in Deutschland, Band 2 (Stuttgart 1975) 801-862.

„Historismus," Jürgen MITTELSTRAß (Hg.), Encyclopädie Philosophie und Wissenschaftstheorie, Band 2 (Mannheim, Wien und Zürich 1984) 113-116.

RITSERT, Jürgen
"Praktische Implikationen in Theorien," IDEM (Hg.), Zur Wissenschaftslogik einer kritischen Soziologie (Fankfurt 1976) 46-83.

RITTER, Carl
Einleitung zur allgemeinen vergleichenden Geographie und Abhandlungen zur Begründung einer mehr wissenschaftlichen Behandlung der Erdkunde (Berlin 1852a).

"Über das historische Element in der geographischen Wissenschaft, " IDEM, Einleitung zur allgemeinen vergleichenden Erdkunde und Abhandlungen zur Begründung einer mehr wissenschaftlichen Behandlung der Erdkunde (Berlin 1852b) 152-181.

RITTER, Henning
"Historiker von ,allem und jedem': Ein Blick auf die ,Annales'," Journal für Geschichte 1 (1979) 2: 27-28.

ROBERTS, Brian K.
"The anatomy of the village: observation and extrapolation," Landscape History 3 (1981): 11-20.

ROECK, Bernd
"Geschichte des Alltags in der frühen Neuzeit. Bemerkungen zu einer historiographischen Richtung," Jahrbuch der historischen Forschung (1983): 30-33.

RÖLLIN, Peter
St. Gallen - Stadtveränderung und Stadterlebnis im 19. Jahrhundert (St. Gallen 1981).

ROGNANT, Loic
"Géographie historique et modèles, à propos de la Valteline," L'Espace Géographique 9 (1980) 4: 302-303 und 314.

ROHE, Karl
"Großbritannien: Krise einer Zivilkultur?" Peter REICHEL (Hg.), Politische Kultur in Westeuropa. Bürger und Staaten in der Europäischen Gemeinschaft (Frankfurt und New York 1984) 167-193.

ROSCISZEWSKI, Marcin
"Géographie historique et problèmes d'espace socio-géographique dans les pays du tiers monde," Bulletin de la section de géographie (1975-1977) 82: 197-202.

ROSSINI, Rosa Ester
"Space and Population," John I. CLARKE (ed.), Geography and Population. Approaches and Applications (Oxford et al. 1984) 35-42.

ROTH, Erwin
"Allgemeine Forschungsstrategien," IDEM (Hg.), Sozialwissenschaftliche Methoden: Lehr- und Handbuch für Forschung und Praxis (München und Wien 1984) 86-121.

RÜRUP, Reinhard (Hg.)
Historische Sozialwissenschaft. Beiträge zur Einführung in die Forschungspraxis (Göttingen 1977).

"Zur Einführung," IDEM (Hg.), Historische Sozialwissenschaft. Beiträge zur Einführung in die Forschungspraxis (Göttingen 1977) 5-15.

RÜSCHEMEYER, D(ietrich)
"Interaktion (und Soziale Beziehung)," Wilhelm BERNSDORF (Hg.), Wörterbuch der Soziologie (Stuttgart 1969) 479-487.

RÜSEN, Jörn
"Theorien im Historismus," Jörn RÜSEN und Hans Süssmuth (Hgg.), Theorien in der Geschichtswissenschaft (Düsseldorf 1980. Geschichte und Sozialwissenschaften: Studientexte zur Lehrerbildung 2) 13-33.

"Geschichtsschreibung als Theorieproblem der Geschichtswissenschaft. Skizze zum historischen Hintergrund der gegenwärtigen Diskussion," Reinhart KOSELLECK, Heinrich LUTZ und Jörn RÜSEN (Hgg.), Formen der Geschichtsschreibung (München 1982. Beiträge zur Historik 4) 14-35.

RULOFF, Dieter
Geschichtsforschung und Sozialwissenschaft: eine vergleichende Untersuchung zur Wissenschafts- und Forschungskonzeption in Historie und Politologie (München 1984).

RUPPERT, Karl und Franz SCHAFFER
"Zur Konzeption der Sozialgeographie," Geographische Rundschau 21 (1969) 6: 205-214.

Sozialgeographische Aspekte urbanisierter Lebensformen (Hannover 1973. Veröffentlichungen der Akademie für Raumforschung und Landesplanung; Abhandlungen 68).

SACK, Robert David
"A concept of physical space in geography," Geographical Analysis 5 (1973) 1: 16-34.

"Chorology and spatial analysis," Annals of the Association of American Geographers 64 (1974): 439- 452.

"Geographic and other views of space," Karl W. BUTZER (ed.), Dimensions of human geography. Essays on some familiar and neglected themes(Chicago 1978. University of Chicago, Department of Geography, research paper 186) 166-186.

Conceptions of space in social thought. A geographic perspective (London und Basingstoke 1980).

SAMUELS, Marwyn S.
"Existentialism and human geography," David LEY und IDEM (eds.), Humanistic geography (Chicago 1978) 22-40.

"The biography of the landscape," David MEINIG (ed.), The interpretation of ordinary landscapes (London 1979).

SANDKÜHLER, Hans Jörg
Praxis und Geschichtsbewußtsein. Studie zur materialistischen Dialektik, Erkenntnistheorie und Hermeneutik (Frankfurt a.M. 1973).

"Materialistische Dialektik - Wissenschaft - Wissenschaftstheorie," IDEM (Hg.), Marxistische Wissenschaftstheorie. Studien zur Einführung in ihren Forschungsbereich (Frankfurt 1975) VIII-XLII.

SANSOT, Pierre
"Mais qu'est-ce qui nous assure que nous vivons bien dans une ville? suivi de la modernité de notre paysage," Revue de l'institut de sociologe et de l'université libre de Bruxelles (1984) 3/4: 481-488.

SARRAZIN, Thilo
"Theorien in der quantifizierenden Geschichtsforschung," Jörn RÜSEN und Hans SÜSSMUTH (Hgg.), Theorien in der Geschichtswissenschaft (Düsseldorf 1980. Geschichte und Sozialwissenschaften: Studientexte zur Lehrerbildung 2) 79-97.

SAUER, Carl O.
"Foreward to historical geography," Annales of the Association of American Geographers 31 (1941) 1: 1-24.

SAUTTER, Gilles
"La géographie en question," L'Espace Géographique 15 (1985) 1: 59-64.

SCHAEFER, F.K.
"Exzeptionalismus in der Geographie; eine methodologische Untersuchung," Dietrich BARTELS (Hg.), Wirtschafts- und Sozialgeographie (Köln und Berlin 1970 = 1953. Neue wissenschaftliche Bibliothek 35) 50-65.

SCHAEFER, Gerhard
Kybernetik und Biologie (Stuttgart 1972).

SCHÄFER, Gisela
Die Entwicklung des geographischen Raumverständnisses im Grundschulalter: Ein Beitrag zur Curriculumsdiskussion (Berlin 1984. Geographiedidaktische Forschungen 9).

SCHÄTZL, Ludwig
Wirtschaftsgeographie, Band 1, Theorie (Paderborn 1978).

Wirtschaftsgeographie, Band 2, Empirie (Paderborn et al. 1981).

SCHAFFER, Franz
"Prozeßhafte Perspektiven sozialgeographischer Stadtforschung - erläutert am Beispiel von Mobilitätserscheinungen," Zum Standort der Sozialgeographie. Wolfgang Hartke zum 60. Geburtstag (Kallmünz 1968. Münchner Studien zur Sozial- und Wirtschaftsgeographie 4) 185-207.

"Prozeßtypen als sozialgeographisches Gliederungsprinzip," Mitteilungen der Geographischen Gesellschaft in München, Band 56 (1971): 33-52.

SCHALLER, Friedbert
Soziallandschaften. Sozialräumliche Strukturen und Prozesse in Stadt und Land (2. Aufl., Freiburg und Würzburg 1981).

SCHAMP, Heinz
"Der Wandel der Kulturlandschaft als geographisches Problem," Geographische Rundschau 10 (1958) 8: 281-287.

SCHANZ, Günther
Betriebswirtschaftslehre als Sozialwissenschaft. Eine Einführung (Stuttgart, Berlin, Köln und Mainz 1979).

SCHIEDER, Theodor
Geschichte als Wissenschaft (München und Wien 1965).

SCHILLING, Heinz
"Die Geschichte der nördlichen Niederlande und die Modernisierungstheorie," Geschichte und Gesellschaft 8 (1982): 475-517.

SCHLENGER, Herbert
"Die geschichtliche Landeskunde im System der Wissenschaften," Probleme und Methoden der Landesgeschichte, hg. von Pankraz FRIED (Darmstadt 1978 = 1950/51. Wege der Forschung 492) 53-82.

SCHLESINGER, Walter
"Zum hundertsten Geburtstag von Rudolf Kötzschke," Blätter für deutsche Landesgeschichte 103 (1967): 85-86.

SCHLÜTER, Otto
"Die Erdkunde in ihrem Verhältnis zu den Natur- und Geisteswissenschaften," Geographischer Anzeiger 21 (1920): 145ff; 213ff.

SCHMID, Georg
"Jouir de l'histoire. Die Annales der siebzigerjahre," Zeitgeschichte 6 (1978/79): 32-45.

"Transportgeschichte. Die materiellen Grundlagen der Mobilität," Zeitgeschichte 7 (1979/80): 218-232.

SCHMIDT, Alfred
Geschichte und Struktur. Fragen einer marxistischen Historik (durchgesehene Ausgabe, Frankfurt a.M.,Berlin und Wien 1978).

SCHMIDT, Heinrich
„Über die Anwendbarkeit des Begriffs ‚Geschichtslandschaft'," Alfred Hartlieb von WALLTHOR und Heinz QUIRIN (Hgg.), „Landschaft" als interdisziplinäres Forschungsproblem (Münster 1977. Veröffentlichungen des Provinzialinstituts für westfälische Landes- und Volksforschung des Landschaftsverbandes Westfalen-Lippe, Reihe 1, Heft 1) 25-34.

SCHMIDT, Jörg
Studium der Geschichte. Eine Einführung aus sozialwissenschaftlicher und didaktischer Sicht (München 1975).

SCHMIDT, Peter (Hg.)
Innovation. Diffusion von Neuerungen im sozialen Bereich (Hamburg 1976).

SCHMIDT-RENNER, Gerhard
Elementare Theorie der ökonomischen Geographie nebst Aufriß der Historischen Ökonomischen Geographie (2., erw. Aufl., Gotha und Leipzig 1966).

„Über den Umweltbegriff als Kombination verschiedener Umweltaspekte," Petermanns Geographische Mitteilungen (1978) 4: 209-211.

SCHMITHÜSEN, Josef
„Was ist eine Landschaft," Karlheinz PAFFEN (Hg.), Das Wesen der Landschaft (Darmstadt 1973 = 1964. Wege der Forschung 39) 156-174.

Allgemeine Geosynergetik: Grundlagen der Landschaftskunde (Berlin und New York 1976. Lehrbuch der allgemeinen Geographie 12).

SCHÖLLER, Peter
„Kulturraumforschung und Sozialgeographie," Aus Geschichte und Landeskunde. Forschungen und Darstellungen. Franz Steinbach zu 65. Geburtstag gewidmet von seinen Freunden und Schülern (Bonn 1960) 673-685.

„Kräfte und Konstanten historisch-geographischer Raumbildung. Gemeinsame Probleme geschichtlicher und geographischer Landeskunde," Georg DROEGE et al. (Hgg.), Landschaft und Geschichte. Festschrift für Franz Petri zu seinem 65. Geburtstag am 22. Februar 1968 (Bonn 1970) 476-484.

SCHRETTENBRUNNER, Helmut
„Die Systematik einer Raumwissenschaft," Wolf BENICKE (Hg.), Geographie (7., überarb. Neuausgabe Frankfurt a.M. 1983).

SCHULZE, Winfried
Soziologie und Geschichtswissenschaft. Einführung in die Probleme der Kooperation beider Wissenschaften (München 1974).

SCHWARZ, Richard
"Interdisziplinarität der Wissenschaften als Problem und Aufgabe heute," Jahrbuch für interdisziplinäre Forschung, Band I (1974): 1-132.

SEDLACEK, Peter
"Einleitung," IDEM (Hg.), Regionalisierungsverfahren (Darmstadt 1978. Wege der Forschung 195) 1-19.

SENGHAAS, Dieter (Hg.)
Kapitalistische Weltökonomie. Kontroversen über ihren Ursprung und ihre Entwicklungsdynamik (Frankfurt a.M. 1979).

SHARPLESS, John
"Collectivity, hierarchy, and context: the theoretical framework for the aggregation problem," Historical Methods 17 (1984) 3: 132-140.

SIEBERT, Horst
"Die Anwendung der Mengentheorie für die Abgrenzung von Regionen," Peter SEDLACEK (Hg.), Regionalisierungsverfahren (Darmstadt 1978, zuerst 1967. Wege der Forschung 195) 54-63.

----- (Hg.)
Umwelt und wirtschaftliche Entwicklung (Darmstadt 1979. Wege der Forschung 331).

SIEDER, Robert
"Zur Theoriebedürftigkeit der Neuen Alltagsgeschichte," Herta NAGL-DOCEKAL und Franz WIMMER (Hgg.), Neue Ansätze in der Geschichtswissenschaft (Wien 1984) 24-41.

SIEGER, Reinhard
"Zur Behandlung der historischen Länderkunde," Mitteilungen des Instituts für Österreichische Geschichtsforschung 28 (1907): 209-260.

SIEWERT, H.-Jörg
"Ansätze und Konzepte innerhalb der Gemeindesoziologie. Versuch einer wissenschaftssoziologischen Betrachtung," Hans-Georg WEHLING (Hg.), Kommunalpolitik (Hamburg 1975) 43-94.

SIMMS, Anngret
"Internationales Symposium über Forschugsmethoden in der Historischen Geographie (Cambridge, Juli 1979). Ein kommentierter Tagungsbericht," Forum 4 (1979): 3-16.

"Die Historische Geographie in Großbritannien. ,A personal view'," Erdkunde 36 (1982) 2: 71-79.

SMITH, Neil und Phil O'KEEFE
"Geography, Marx and the concept of Nature," Antipode 12 (1980) 2 : 30-39.

SMITH, Peter H.
"Time as a historical construct," Historical Methods 17 (1984) 4: 182-191.

SONNET, Peter
"Heimat und Sozialismus. Zur Regionalgeschichtsschreibung in der DDR," Historische Zeitschrift (1982) 235: 121-135.

SPETHMANN, Hans
Dynamische Länderkunde (Breslau 1928).

STEGMÜLLER, Wolfgang
Wissenschaftliche Erklärung und Begründung (Berlin, Heidelberg und New York 1969. Probleme und Resultate der Wissenschaftstheorie und analytischen Philosophie 1).

STEINBACH, Franz
"Die Aufgaben der landschaftlichen Geschichtsvereine," Franz PETRI und Georg DROEGE (Hgg.), Collectanea Franz Steinbach. Aufsätze und Abhandlungen zur Verfassungs-, Sozial- und Wirtschaftsgeschichte, geschichtlichen Landeskunde und Kulturraumforschung (Bonn 1967a=1952) 18-29.

"Geschichtliche Landes- und Volkskunde," Ibidem (Bonn 1967b=1956) 13-17.

STEINBACH, Peter
"Alltagsleben und Landesgeschichte. Zur Kritik an einem neuen Forschungsinteresse," Hessisches Jahrbuch für Landesgeschichte 29 (1979): 225-305.

"Geschichte des Alltags - Alltagsgeschichte. Erkenntnisinteresse, Möglichkeiten und Grenzen eins ‚neuen' Zugangs zur Geschichte," Neue Politische Literatur 31 (1986) 2: 249-273.

STORKEBAUM, Werner
"Einleitung," IDEM (Hg.), Sozialgeographie (Darmstadt 1969. Wege der Forschung 59) 1-18.

STRENZ, Wilfried
"Zur Aufgabenstellung und Problematik der Geographischen Wirtschaftsgeschichte," Jahrbuch für Wirtschaftsgeschichte (1963) 4: 111-136.

"Entwicklung, gegenwärtiger Stand und Perspektive der Historischen Ökonomischen Geographie," Die Teildisziplinen der ökonomischen Geographie in der DDR. Entwicklung, Stand, Perspektive (Gotha 1985) 99-106.

IDEM et al.
"Zu den Beziehungen zwischen Gesellschaft und Umwelt von der Industriellen Revolution bis zum Übergang zum Imperialismus," Jahrbuch für Wirtschaftsgeschichte (1984) 1: 81-131.

STÜRZBECHER, Kurt und Gerd Förch
"Erfahrungen mit integrierter Stadtentwicklung," Zeitschrift für Wirtschaftsgeographie 25 (1981) 6: 181-184.

SÜSSMUTH, Hans
„Studiengang Sozialwissenschaften. Problemaufriß," Erhard FORNDRAN, Hans J. HUMMELL und Hans SÜSSMUTH (Hgg.), Studiengang Sozialwissenschaften: Zur Definition eines Faches (Düsseldorf 1978a. Geschichte und Sozialwissenschaften 1) 11-13.

„Der Beitrag der Geschichtswissenschaft zum Studium des Unterrichtsfaches Sozialwissenschaften," IBIDEM (1978b): 63-136.

TAAFFE, Edward J.
„The spatial view in context," Annals of the Association of American Geographers 64 (1974) 1: 1-16.

TENFELDE, Klaus
„Schwierigkeiten mit dem Alltag," Geschichte und Gesellschaft (1984): 376-394.

„Landes- oder Regionalgeschichte, Stadt- oder Lokalgeschichte?" Informationen zur modernen Stadtgeschichte (1986) 1: 1-4.

TEUTEBERG, Hans Jürgen
„Historische Aspekte der Urbanisierung: Forschungsstand und Probleme," IDEM (Hg.), Urbanisierung im 19. und 20. Jahrhundert: historische und geographische Aspekte (Köln und Wien 1983. Städteforschung: Reihe A, Darstellungen 16) 2-34.

THOMALE, Eckhard
Sozialgeographie. Eine disziplingeschichtliche Untersuchung zur Entwicklung der Anthropogeographie (Marburg 1972. Marburger Geographische Schriften 53).

„Entwicklung und Stagnation in der Sozialgeographie," Die Erde 109 (1978): 81-91.

THOMPSON, Edward P.
The making of the english working class (London 1963).

THOMPSON, Paul (R.)
The voice of the past. Oral History (Oxford, London und New York 1978).

THRIFT, N(igel) J.
„Reviews of various books on local history," Environment and Planning A, 12 (1980): 855-866.

„On the determination of social action in space and time," Environment and Planning D: Society and Space 1(1983): 23-57.

THÜMMLER, Heinzpeter
„Die Darstellung von Entwicklungen regionaler Raumstrukturen aus historischer bzw. historisch-geographischer Sicht. Achte Tagung des Arbeitskreises Historische Geographie am 16.1.1974 in Berlin," Jahrbuch für Wirtschaftsgeschichte (1974) 4: 355-360.

TILLY, Charles und R.A. SCHWEITZER
„How London and its conflicts changed shape," Historical Methods 15 (1982) 2: 67-77.

TIMMERMANN, Manfred (Hg.)
Sozialwissenschaften. Eine multidisziplinäre Einführung (Konstanz o.J., ca. 1977).

TORSTENDAHL, Rolf
„Das Konzept des Organisierten Kapitalismus und seine Anwendung auf Schweden," Geschichte und Gesellschaft 11 (1985): 90-98.

TRAPP, Werner und Gert ZANG
„Regionalgeschichte als Weg zur Gesellschaftsgeschichte - Ein Überblick über die Arbeit der Forschungsgruppe Regionalgeschichte an der Universität Konstanz," Informationen zur mordernen Stadtgeschichte (1986) 1: 18-21.

TREUE, Wilhelm
Kleine Kulturgeschichte des deutschen Alltags (Potsdam 1942).

TUAN, Yi-Fu
„Geography, phenomenology and the study of human nature," Canadian Geographer 15 (1971): 181-192.

UHLIG, Harald
Die Kulturlandschaft. Methoden der Forschung und das Beispiel Nordost-England (Köln 1956. Kölner Geographische Arbeiten 9 und 10).

„Kulturlandschaft," Westermann Lexikon der Geographie, Band 2 (Braunschweig 1969) 905-907.

UHLIG, Ralph
Historische Grundlagenforschung als Problem der Geschichtswissenschaft. Zur Analyse der historischen Aussage (Berlin 1980).

VASKOVICS, Laszlo A.
„Raumbezug sozialer Probleme," IDEM (Hg.), Raumbezogenheit sozialer Probleme (Opladen 1982. Beiträge zur sozialwissenschaftlichen Forschung 35) 1-17.

VEIT-BRAUSE, Irmline
„The place of local and regional history in German and French historiography," Australian Journal of French Studies 16 (1979) 5: 447-478.

VESTER, Frederic
Ballungsgebiete in der Krise. Eine Anleitung zum Verstehen und Planen menschlicher Lebensräume mit Hilfe der Biokybernetik (Stuttgart 1976).

VOGEL, Barbara
„Frühindustrialisierung, regionale Differenzierung, gewerblicher Bereich," Sozialwissenschaftliche Informationen für Unterricht und Studium 3 (1974) 1: 8-12.

VOPPEL, Götz
„Wirtschaftslandschaft," Westermann Lexikon der Geographie, Band 4 (Braunschweig 1970) 999.

VORÖS-RADEMACHER, Hildegard
„Was heißt: Geschichte genetisch erzählen können?" Geschichtsdidaktik (1985) 3: 295-299.

„Vorwort der Herausgeber,"
Geschichte und Gesellschaft 1 (1975) 1: 5-7.

WAGNER, Horst-Günter
„Der Kontaktbereich Sozialgeographie - Historische Geographie als Erkenntnisfeld für eine theoretische Kulturgeographie," Gerhard BRAUN (Hg.), Räumliche und zeitliche Bewegungen. Methodische und regionale Beiträge zur Erfassung komplexer Räume (Würzburg 1972. Würzburger Geographische Arbeiten 37) 29-52.

Wirtschaftsgeographie (Braunschweig 1981).

WAIBEL, Leo
„Probleme der Landwirtschaftsgeographie," IDEM, Wirtschaftsgeographische Abhandlungen, Band 1 (Breslau 1933) 47-78.

WALLERSTEIN, Immanuel
The modern world system. Capitalist Agriculture and the origins of the european world-economy in the sixteenth century (New York et al. 1974. Als deutsche Übersetzung, Berlin 1984).

The modern world-system II. Mercantilism and the consolidation of the european world-economy, 1600-1750 (New York et al. 1980).

„Fernand Braudel, Historian, ‚homme de la conjuncture'," Radical History Review (1982) 26: 105-119.

WALTER, Heinz
„Region und Sozialisation. Ein neuer Schwerpunkt zur Erforschung der Voraussetzungen menschlicher Entwicklung," IDEM (Hg.), Region und Sozialisation: Beiträge zur sozialökologischen Präzisierung menschlicher Entwicklungsvoraussetzungen, Band 1 (Stuttgart und Bad Cannstatt 1981. Problemata 81) 1-55.

WARD, David
„The debate on alternative approaches in historical geography," Historical Methods Newsletter 8 (1975) 2: 82-87.

WATSON, Mary K.
„The scale problem in human geography," Geografiska Annaler 60B (1978) 1: 36-47.

WEHLER, Hans-Ulrich
Geschichte als Historische Sozialwissenschaft (Frankfurt a.M. 1973).

WEHLER, Hans-Ulrich
Modernisierungstheorie und Geschichte (Göttingen 1975).

„Anwendung von Theorien in der Geschichtswissenschaft," Jürgen KOCKA und Thomas NIPPERDEY (Hgg.), Theorie und Erzählung in der Geschichte (München 1979. Beiträge zur Historik 3) 17-39.

Historische Sozialwissenschaft und Geschichtsschreibung. Studien zu Aufgaben und Traditionen deutscher Geschichtswissenschaft (Göttingen 1980).

WEISSEL, Bernhard und Hans-Jürgen RACH
„Einführung," IDEM (Hgg.), Landwirtschaft und Kapitalismus, Halbband 1 (Berlin 1978. Untersuchungen zur Lebensweise und Kultur der werktätigen Dorfbevökerung in der Magdeburger Börde, Teil I. 1. Veröffentlichungen zur Volkskunde und Kulturgeschichte 66/1) 1-20.

WENDT, Bruno
Geografie - Gegenstand und Methode. Eine wissenschaftspropädeutische Einführung (Freiburg und Würzburg 1978. Der moderne Geografieunterricht 1).

Ökonomie und Soziologie als geografische Hilfswissenschaften. Grundbegriffe und Anwendungsbereiche (Freiburg und Würzburg 1979. Der moderne Geografieunterricht 2).

WEYMAR, Ernst
„Dimensionen der Geschichtswissenschaft. Geschichtsforschung - Theorie der Geschichtswissenschaft - Didaktik der Geschichte," Geschichte in Wissenschaft und Unterricht (1982) 1: 1-11 und 2: 65-78.

„Literaturbericht: Geschichtswissenschaft und Theorie," Geschichte in Wissenschaft und Unterricht (1983) 2: 128-142 und 3: 188-208.

WICKE, Lutz
Umweltökonomie: eine praxisorientierte Einführung (München 1982).

WINDHORST, Hans-Wilhelm
Geographische Innovations- und Diffusionsforschung (Darmstadt 1983. Erträge der Forschung 189).

WINKLER, Ernst
„Geographie als Zeitwissenschaft," Zeitschrift für Erdkunde 5 (1937) 2: 49-57.

„Kulturlandschaftsgeschichte," Zeitschrift für Schweizerische Geschichte 29 (1939) 1: 54-76.

WINKLER, Ernst
„Fünfzig Jahre schweizerische Kulturlandschaftsgeschichtsforschung. Ein Rückblick und ein Programm," Zeitschrift für Schweizerische Geschichte 24 (1944): 107-128.

„Einleitung," IDEM (Hg.), Probleme der Allgemeinen Geographie (Darmstadt 1975. Wege der Forschung 190) IX-XXVI.

WINKLER, Heinrich August
Organisierter Kapitalismus. Voraussetzungen und Anfänge (Göttingen 1974. Kritische Studien zur Geschichtswissenschaft 9).

WIRTH, Eugen
„Zum Problem einer allgemeinen Kulturgeographie. Raummodelle - kulturgeographische Kräfte - raumrelevante Prozesse - Kategorien," Die Erde 100 (1969): 155-193.

„Die deutsche Sozialgeographie in ihrer theoretischen Konzeption und in ihrem Verhältnis zu Soziologie und Geographie des Menschen. Zu dem Buch ,Sozialgeographie' von J.Maier, R.Paesler, K. Ruppert und F.Schaffer (Braunschweig 1977)," Geographische Zeitschrift 65 (1977) 3: 161-187.

WIRTH, Eugen
Theoretische Geographie. Grundzüge einer Theoretischen Kulturgeographie (Stuttgart 1979).

WITTFOGEL, K(arl)-A(ugust)
„Geopolitik, Geographischer Materialismus und Marxismus," Unter dem Banner des Marxismus 3 (1929) 1: 17-51; 4: 485-522; 5: 698-735.

WOLFF, Klaus
„The theories of Hermann Aubin critically considered," The Journal of Economic History 20 (1960) 4: 601-606.

WREDE, Günther
„Probleme der Siedlungsforschung in der Sicht eines Historikers," Geografiska Annaler 43 (1961) 1/2: 313-320.

WÖHLKE, Wilhelm
„Die Kulturlandschaft als Funktion von Veränderlichen. Überlegungen zur dynamischen Betrachtung in der Kulturgeographie," Geographische Rundschau 21 (1969): 298-308.

ZANG, Gert
„Einleitung: Die innerstaatliche ungleiche Entwicklung als Problem der historischen Forschung," IDEM (Hg.), Provinzialisierung einer Region (Frankfurt a.M. 1978a) 15-29.

ZANG, Gert
„Subjektive Reflexionen über ein Projekt und seine organisatorische, methodische und inhaltliche Entwicklung," IDEM (Hg.), Provinzialisierung einer Region (Frankfurt a.M. 1978b) 465-538.

Die unaufhaltsame Annäherung an das Einzelne. Reflexionen über den theoretischen und praktischen Nutzen der Regional- und Alltagsgeschichte (Konstanz 1985. Schriftenreihe des Arbeitskreises für Regionalgeschichte e.V. 6).

----- (Hg.)
Provinzialisierung einer Region. Regionale Unterentwicklung und liberale Politik in der Stadt und im Kreis Konstanz im 19. Jahrhundert. Untersuchungen zur Entstehung der bürgerlichen Gesellschaft in der Provinz (Frankfurt a.M. 1978).

ZAPF, Wofgang (Hg.)
Soziale Indikatoren. Konzepte und Forschungsansätze (Frankfurt a.M. und New York 1975).

ZENDER, Matthias
„Gestalt und Wandel der Nachbarschaft im Rheinland," Aus Geschichte und Landeskunde. Forschungen und Darstellungen. Fanz Steinbach zum 65. Geburtstag (Bonn 1960) 502-534.

ZORN, Wolfgang
Einführung in die Wirtschafts- und Sozialgeschichte des MIttelalters und der Neuzeit. Probleme und Methoden (München 1972).

Lebenslauf

Am 18. Mai 1955 wurde ich als drittes Kind der deutschen Staatsangehörigen katholischer Konfession, des Handwerkers Hubert Mücke und seiner Frau Brunhilde Mücke, geborene Mallach, in Herford geboren.
Von 1962 bis 1966 besuchte ich die Grundschule Marienfeld in Herford. 1966 ging ich auf das Ravensberger Gymnasium und besuchte ab 1972 das wirtschafts- und sozialwissenschaftliche Gymnasium der Friedrich List Schule, welche ich 1975 mit dem Abitur verließ.
Von 1975 bis 1977 leistete ich meinen Wehrdienst ab.
Seit dem Wintersemester 1976/77 studierte ich an der Universität Bonn Geodäsie und dann seit Sommersemester 1980 Geschichte, Geographie und ein Semester später Historische Geographie, das ich bald zu meinem Hauptfach machte. Außerdem belegte ich Veranstaltungen im Fach Kunstgeschichte.
Zu meinen akademischen Lehrern sind neben Herrn Prof. Dr. Klaus Fehn vor allem Herr Prof. Dr. Hans Böhm und Herr Prof. Dr. Wolfgang Kuls in der Geographie sowie Herr Prof. Dr. Georg Droege für die geschichtliche Landeskunde der Rheinlande zu zählen. In der Kunstgeschichte belegte ich Seminare zur Architekturanalyse bei Herrn Prof. Dr. Oechslin.
In den letzten drei Jahren habe ich mich vor allem mit der Arbeit an meiner Dissertation beschäftigt.